PRUEBAS OBJETIVAS DE CIRCUITOS ELÉCTRICOS

LUIS I. EGUÍLUZ
PAULINO SÁNCHEZ
M.ª DE LOS ÁNGELES CAVIA
JOSÉ C. LAVANDERO

PRUEBAS OBJETIVAS DE CIRCUITOS ELÉCTRICOS

EUNSA
EDICIONES UNIVERSIDAD DE NAVARRA, S.A.
PAMPLONA

Primera edición: Julio 2001

Ediciones Universidad de Navarra, S.A. (EUNSA)
Plaza de los Sauces, 1 y 2. 31010 Barañáin (Navarra) - España
Teléfono: (34) 948 25 68 50 - Fax: (34) 948 25 68 54
e-mail: eunsa@cin.es

ISBN: 84-313-1888-0
Depósito legal: NA 1.608-2001

Imprime: LINE GRAFIC, S.A. Hnos. Noáin, 11. Ansoáin (Navarra)

Printed in Spain - Impreso en España

ÍNDICE

NOMENCLATURA Y SIMBOLOGÍA

Normas generales

Letra mayúscula: Valor eficaz del parámetro.
Letra minúscula: Valor instantáneo del parámetro.

SÍMBOLO	MAGNITUD	UNIDAD
i	Intensidad instantánea	Amperio (A)
I	Intensidad eficaz	Amperio (A)
$\overline{\mathbf{I}}$	Intensidad compleja	Amperio (A)
v	Tensión instantánea	Voltio (V)
V	Tensión eficaz	Voltio (V)
$\overline{\mathbf{V}}$	Tensión compleja	Voltio (V)
R	Resistencia	Ohmio (Ω)
G	Conductancia	Siemens (S)
L	Coeficiente de autoinducción	Henrio (H)
M	Coeficiente de inducción mutua	Henrio (H)
C	Capacidad	Faradio (F)
X	Reactancia	Ohmio (Ω)
B	Susceptancia	Siemens (S)
Z	Impedancia	Ohmio (Ω)
Y	Admitancia	Siemens (S)
$\overline{\mathbf{Z}}$	Impedancia compleja	Ohmio (Ω)
P	Potencia activa	Vatio (W)
Q	Potencia reactiva	Voltamperio reactivo (VAr)
S	Potencia aparente	Voltamperio (VA)
$\overline{\mathbf{S}}$	Potencia aparente compleja	Voltamperio (VA)
f	Frecuencia	Hertzio (Hz)
ω	Pulsación	Radian/segundo (rad/s)
a	Operador trifásico	$a = 1_{\underline{/120^\circ}}$
j	Unidad imaginaria	$j = 1_{\underline{/90^\circ}}$
φ	Desfase entre $\overline{\mathbf{V}}$ e $\overline{\mathbf{I}}$	Grado sexagesimal

Símbolos y elementos

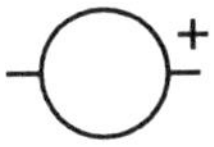
Fuente de Tensión

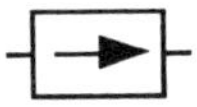
Fuente de Intensidad

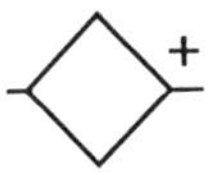
Fuente Controlada de Tensión

Fuente Controlada de Intensidad

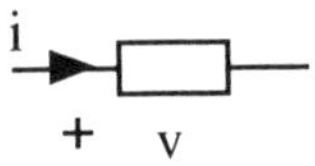

Referencias de Tensión e Intensidad

Condensador

Bobina

Impedancia y Resistencia

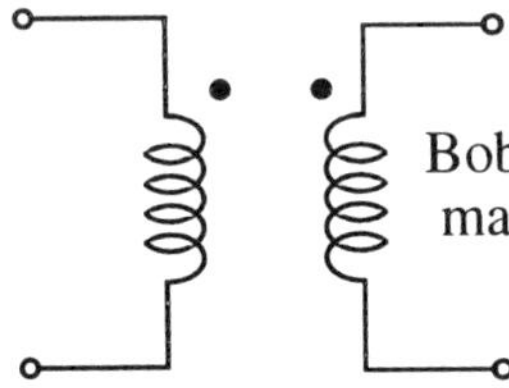
Bobinas acopladas magnéticamente

Elemento Variable

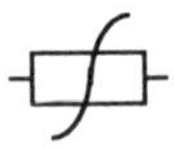
Elemento no Lineal

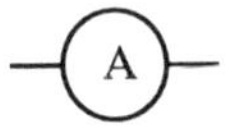

Amperímetro

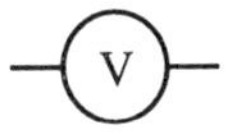

Voltímetro

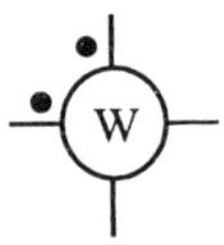

Vatímetro

PRÓLOGO

En septiembre de 1981 se defendía, en la Universidad Politécnica de Madrid, la Tesis Doctoral "*Eficiencia de las pruebas objetivas para la enseñanza superior de la Electrotecnia y para la formación permanente en este campo*", que demostraba la eficacia de la utilización de las pruebas objetivas en el aprendizaje de la Ingeniería Eléctrica, no sólo como simple instrumento de evaluación, sino también como material de trabajo para el alumno ya que combinaba la característica de una colección de ejercicios y problemas de la asignatura, con la posibilidad de su fácil autoevaluación y, si aún quiere profundizar en la causa del error, puede ser un buen instrumento de detección de errores conceptuales.

Desde entonces las pruebas objetivas se han seguido utilizando, en múltiples asignaturas de Electrotecnia y Circuitos Eléctricos, en la Escuela Técnica Superior de Ingenieros Industriales de Santander, así como en diversos Centros de Ingeniería de otras Universidades españolas. En general, las evaluaciones constan de pruebas objetivas y problemas por motivos que se han expuesto en múltiples ocasiones, ya que ambos instrumentos tienen carácter complementario, no sustitutivo.

Durante el período 1988-1994, nuestro Grupo ha liderado dos proyectos interuniversitarios de investigación, cuyo objetivo consistía en obtener, de las pruebas objetivas, el máximo rendimiento educativo; la principal aportación, a la construcción de pruebas objetivas, consistió en el diseño de *ítems con informe* que, a través de un sencillo software, suministraba un informe personal, a cada alumno, que indicaba las causas más probables de los fallos cometidos y, por tanto, se detectaban los errores conceptuales adquiridos en el proceso de aprendizaje. Estos trabajos dieron lugar a la Tesis Doctoral "*Nuevas Estrategias de Enseñanza y Evaluación de la Electrotecnia en la Universidad*", defendida en la Universidad de Cantabria en 1991.

Recientemente, se ha abordado otro trabajo de investigación, que trata de complementar la enseñanza presencial, utilizando las nuevas tecnologías de la información -servidor web, herramientas multimedia de autor y sistemas expertos- que están irrumpiendo con fuerza en nuestra sociedad; como consecuencia del mismo se presentó, en 1999, en el Departamento de Ingeniería Eléctrica y Energética de nuestra Universidad, la Tesis Doctoral "*Sistema Hipermedial Inteligente para el Aprendizaje de la Electrotecnia en Enseñanzas de Ingeniería*".

Paralelamente a esta labor investigadora, en 1985, Editorial Alhambra publica "*Pruebas Objetivas de Ingeniería Eléctrica*" y en 1989, aparece otro libro de ítems "*Pruebas de examen de Teoría de Circuitos. Tomo I* ". En la década de los 90, los alumnos han seguido demandando nuevas colecciones de ítems, como material de estudio para su autoevaluación.

En la obra que se presenta, se recopilan más de cuatrocientos ítems inéditos, que han ido constituyendo diversas evaluaciones de asignaturas de nuestro Departamento; se han clasificado en las siguientes materias:

1. *Elementos de Circuitos.* En este bloque, se integran los ítems correspondientes a campo y potencial eléctricos y asociación de elementos pasivos lineales.

2. *Circuitos de corriente continua.* Se recogen los que tratan del funcionamiento y comportamiento de los elementos activos y pasivos, del estudio de circuitos que incluyen aparatos de medida ideales, del análisis de redes con excitación continua y de las aplicaciones de los teoremas.

3. *Circuitos en corriente alterna.* Este apartado incluye pruebas objetivas referentes al comportamiento y análisis de circuitos en régimen permanente sinusoidal, poniendo de manifiesto la importancia del uso de los diagramas fasoriales. Se presenta una extensa colección dedicada al estudio de la potencia en alterna. Al final del bloque, aparecen algunos ítems de redes excitadas con tensiones no sinusoidales.

4. *Circuitos acoplados y cuadripolos.* Las bobinas acopladas magnéticamente son parte de los contenidos de este bloque; se estudia su comportamiento, como elemento de un circuito, y su integración en una red más compleja. El resto de los ítems se dedican a la obtención de las diferentes familias de cuadripolos.

5. *Circuitos polifásicos.* Se presentan ítems de circuitos bifásicos, tetrafásicos y hexafásicos, aunque el bloque más numeroso está relacionado con los sistemas trifásicos, tanto en lo que se refiere a análisis en régimen equilibrado o desequilibrado, como a la medida de las potencias a través de las lecturas de aparatos de medida.

6. *Regímenes transitorios.* En este último bloque se ha recogido una extensa colección de ítems de regímenes transitorios con excitaciones de continua y alterna, tanto de circuitos de primer orden como de segundo.

Afortunadamente, actualmente, se han publicado varias colecciones de pruebas objetivas y de problemas, aumentando las posibilidades de los estudiantes de ingeniería de poder disponer de nuevos materiales de estudio. Los autores de esta obra esperamos que esta colección sea de utilidad para los alumnos e, incluso, para los profesores que trabajan en este complejo mundo de la Universidad.

LOS AUTORES

1.
ELEMENTOS DE CIRCUITOS

ITEM 1.1

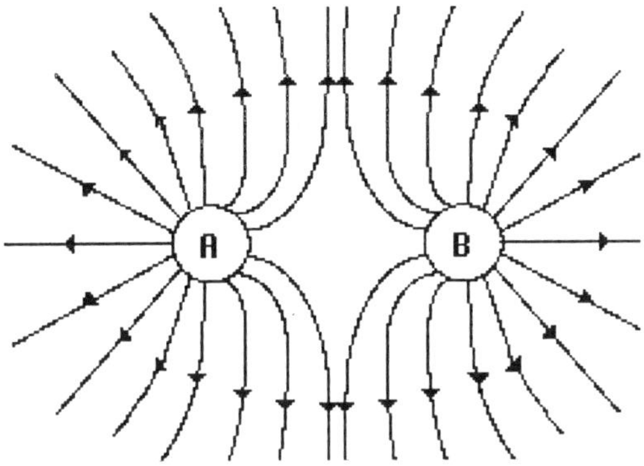

La figura representa las líneas de campo eléctrico, de una distribución constituida por dos cargas puntuales A y B. Se deduce:

A. Las cargas A y B son positivas.
B. Las cargas A y B son negativas.
C. La carga A es positiva y la B negativa.
D. La carga B es positiva y la A negativa.
E. Son posibles las respuestas A y B.
F. Son posibles las respuestas C y D.

SOLUCIÓN 1.1

Las líneas de campo no van de una carga a otra, por lo que éstas son del mismo signo; por otra parte, los sentidos -salientes en ambas- indican que las dos cargas son positivas.

Respuesta A

ITEM 1.2-3

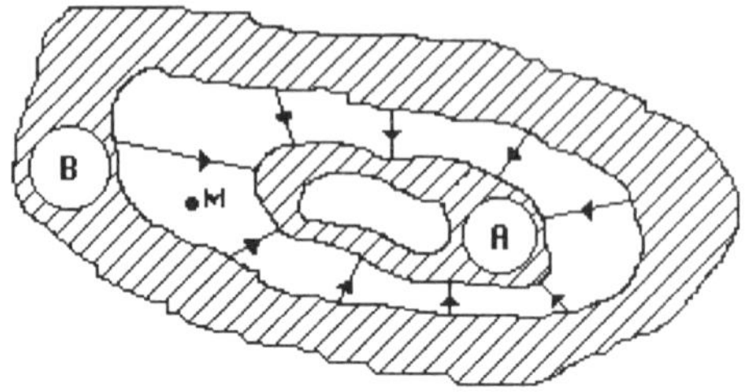

1.2. A y B, son dos cuerpos conductores en equilibrio. En la figura están dibujadas las líneas de campo que origina el sistema. Con referencia a la distribución de carga en los conductores A y B, se deduce:

A. La carga de la superficie exterior del cuerpo A es positiva y la carga de la superficie interior del cuerpo B es positiva.
B. La carga de la superficie exterior del cuerpo A es positiva y la carga de la superficie interior del cuerpo B es negativa.
C. La carga de la superficie exterior del cuerpo A es negativa y la carga de la superficie interior del cuerpo B es negativa.
D. La carga de la superficie exterior del cuerpo A es negativa y la carga de la superficie interior del cuerpo B es positiva.
E. Son posibles las respuestas B y D.
F. Resulta indeterminado.

1.3. Igual enunciado que el ítem 1.2. Con referencia a los potenciales, se verifica:

A. $V_A > V_B > V_M$.
B. $V_B > V_A > V_M$.
C. $V_M > V_A > V_B$.
D. $V_B > V_M > V_A$.
E. $V_B > V_M = V_A$.
F. Todas las respuestas son falsas.

SOLUCIÓN 1.2

Teniendo en cuenta los sentidos de las líneas de campo, la carga de la superficie interior del cuerpo B será positiva (fuente) y la correspondiente a la superficie exterior del cuerpo A será negativa (sumidero).

Respuesta D

SOLUCIÓN 1.3

Las líneas de campo van de los puntos de mayor a los de menor potencial.

Respuesta D

ITEM 1.4-5

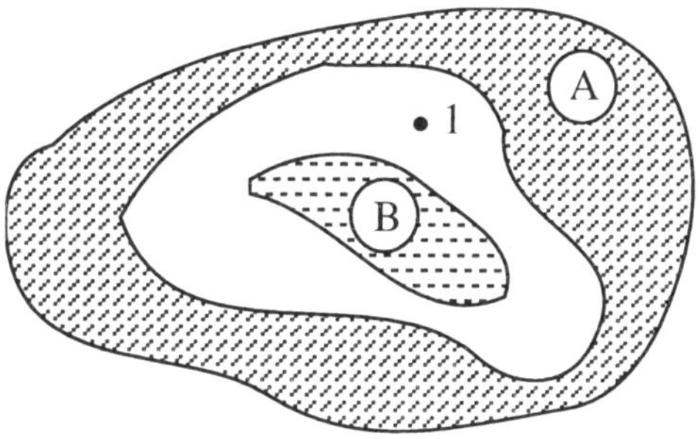

1.4. Sean los cuerpos conductores A y B en la posición indicada en la figura. La carga del B es positiva de Q culombios y la del A es nula. Sin variar su posición, unimos ambos cuerpos por un hilo conductor hasta que se alcanza el equilibrio; a continuación, los aislamos de nuevo conservando su misma posición. Se supone que en el hilo de unión no se ha depositado carga alguna del sistema. En estas condiciones, la distribución de carga del cuerpo A, será la siguiente:

A. Superficie interior: - Q; Superficie exterior: Q.
B. Superficie interior: 0; Superficie exterior: Q.
C. Superficie interior: 0; Superficie exterior: 0.
D. Superficie interior: - Q; Superficie exterior: 0.
E. Valores indeterminados.
F. Valores diferentes.

1.5. Igual enunciado que el ítem 1.4. Sean V_A, V_B, V_1 los potenciales de los cuerpos A, B y del punto 1, respectivamente. Se verifica:

A. $V_A = V_1 = V_B > 0$.
B. $V_A = V_1 = V_B = 0$.
C. $V_A = V_1 = V_B < 0$.
D. $V_A > V_1 > V_B > 0$.
E. $0 > V_A < V_1 < V_B > 0$.
F. Todas son falsas.

SOLUCIÓN 1.4

Al unir los cuerpos A y B hasta que se alcanza el equilibrio, la carga de la superficie interior del A y la del B se anulan, ya que: $V_A = V_B = V_1$; quedando, por tanto, una carga Q en la superficie exterior del cuerpo A, haciendo que se verifique: $V_A > 0$.

Respuesta B

SOLUCIÓN 1.5

Teniendo en cuenta el razonamiento anterior: $V_A = V_B = V_1 > 0$.

Respuesta A

ITEM 1.6

Una carga puntual positiva de 5 μC, se encuentra situada en el punto de coordenadas (5,5,5), expresadas en metros. El módulo del campo eléctrico en el punto P (1,2,5), tiene el valor:

A. 600 V/m.
B. 1800 V/m.
C. 1500 V/m.
D. 9000 V/m.
E. $3000\sqrt{3}$ V/m.
F. Diferente.

SOLUCIÓN 1.6

$$E = K \frac{Q}{r^2} = 9 \cdot 10^9 \frac{5 \cdot 10^{-6}}{5^2} = 1800 \text{ V/m.}$$

Siendo:

$$r = \sqrt{(5 - 1)^2 + (5 - 2)^2} = 5 \text{ m.}$$

Respuesta B

ITEM 1.7

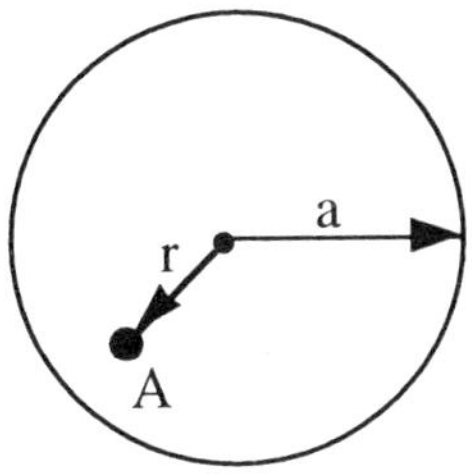

Un cuerpo esférico macizo de radio a, contiene en su interior una carga que viene dada por:

$$\rho = \frac{K}{r^2} \text{ Cul/m}^3.$$

El campo en el punto A, vale:

A. $\frac{Ka}{\varepsilon_0 r^2}$.

B. $\frac{K}{\varepsilon_0 r}$.

C. $\frac{Ka^3}{3\varepsilon_0}$.

D. $\frac{Kr}{3\varepsilon_0}$.

E. Cero.

F. Diferente.

SOLUCIÓN 1.7

La carga contenida en el interior de una esfera de radio r, tiene el valor:

$$Q = \int_0^r K \frac{1}{r^2} 4 \pi r^2 dr = K 4 \pi r.$$

Aplicando el teorema de Gauss:

$$E = \frac{Q}{4 \pi \varepsilon_0 r^2} = \frac{4 K \pi r}{4 \pi \varepsilon_0 r^2} = \frac{K}{\varepsilon_0 r}.$$

<u>Respuesta B</u>

ITEM 1.8

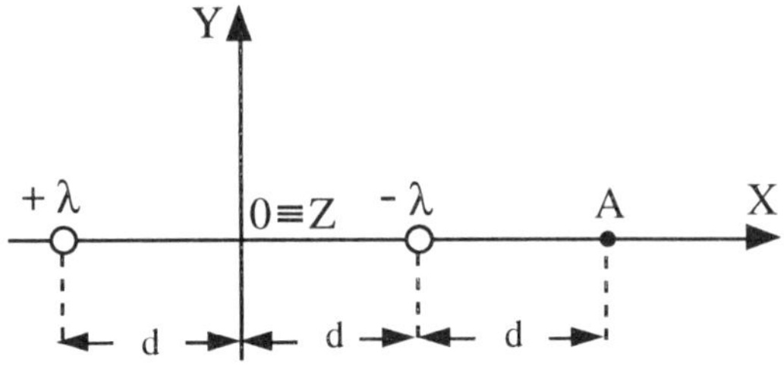

Dos líneas rectilíneas infinitas, cargadas uniformemente con $\pm \lambda$ Cul/m, corren paralelas al eje Z, tal como se indica en la figura. El módulo del campo eléctrico en el punto A, tiene el valor:

A. $\dfrac{\lambda}{2 \pi \varepsilon_0 d}$ V/m.

B. $\dfrac{\lambda}{6 \pi \varepsilon_0 d}$ V/m.

C. $\dfrac{\lambda}{3 \pi \varepsilon_0 d}$ V/m.

D. $\dfrac{\lambda}{4 \pi \varepsilon_0 d}$ V/m.

E. Cero.

F. Un valor diferente.

SOLUCIÓN 1.8

El campo en el punto A, será:

$\overline{\mathbf{E}}_A = \overline{\mathbf{E}}_1 + \overline{\mathbf{E}}_2$, siendo $\overline{\mathbf{E}}_1$ y $\overline{\mathbf{E}}_2$ los campos en A creados por λ y - λ, independientemente.

Aplicando el teorema de Gauss, resulta:

$$\overline{\mathbf{E}}_1 = \frac{\lambda}{6 \pi \varepsilon_0 d} \quad \text{y} \quad \overline{\mathbf{E}}_2 = \frac{-\lambda}{2 \pi \varepsilon_0 d} \quad \Rightarrow \quad \overline{\mathbf{E}}_A = \frac{\lambda}{\pi \varepsilon_0 d}\left(\frac{1}{6} - \frac{1}{2}\right).$$

El campo E_1 es en el sentido positivo del eje X y el E_2, de sentido contrario a E_1, por tanto:

$$\left|\overline{\mathbf{E}}_A\right| = \frac{\lambda}{3\pi \varepsilon_0 d} \text{ V/m.}$$

<u>Respuesta C</u>

ITEM 1.9

Sea una esfera de 5 metros de diámetro, cuyo centro es el origen de coordenadas. Las cargas ± q de un dipolo eléctrico se sitúan de la siguiente manera:

- La + q en el punto A(1, 0, 0)
- La - q en el punto B(- 1, 0, 0).

El flujo neto que atraviesa la superficie esférica, tiene el valor:

A. $100\pi q$.

B. $50\pi q$.

C. $\dfrac{100\pi q}{\varepsilon_0}$.

D. Cero.

E. Indeterminado.

F. Diferente.

SOLUCIÓN 1.9

Aplicando el teorema de Gauss, el flujo total a través de la superficie es nulo.

Respuesta D

ITEM 1.10

Las componentes del campo eléctrico en una zona espacial, vienen dadas por las expresiones:

$$E_x = \frac{K}{x^2yz} \text{ V/m}; \quad E_y = \frac{K}{xy^2z} \text{ V/m}; \quad E_z = \frac{K}{xyz^2} \text{ V/m}.$$

La distribución volúmica de carga (en C/m^3) que crea este campo, en el vacío, viene dada por la expresión:

A. $\rho = K\varepsilon_0\left(\dfrac{\vec{i}}{x^2yz} + \dfrac{\vec{j}}{xy^2z} + \dfrac{\vec{k}}{xyz^2}\right)\dfrac{C}{m^3}$.

B. $\rho = 4K\pi\varepsilon_0\left(\dfrac{1}{x^2yz} + \dfrac{1}{xy^2z} + \dfrac{1}{xyz^2}\right)\left(x^2 + y^2 + z^2\right)\dfrac{C}{m^3}$.

C. $\rho = -2K\varepsilon_0\left(\dfrac{1}{x^3yz} + \dfrac{1}{xy^3z} + \dfrac{1}{xyz^3}\right)\dfrac{C}{m^3}$.

D. $\rho = \dfrac{K\varepsilon_0}{xyz}\dfrac{C}{m^3}$.

E. Indeterminado.

F. Diferente.

SOLUCIÓN 1.10

Teniendo en cuenta que: $\frac{dE_x}{dx} + \frac{dE_y}{dy} + \frac{dE_z}{dz} = \frac{\rho}{\varepsilon_o}$; deducimos:

$$\rho = -\,2K\varepsilon_o\left(\frac{1}{x^3yz} + \frac{1}{xy^3z} + \frac{1}{xyz^3}\right)\frac{C}{m^3}.$$

Respuesta C

ITEM 1.11

El trabajo eléctrico realizado al desplazar una carga de 1 μC, la trayectoria de 2 metros, desde la superficie equipotencial de 100 V a la de 500 V, tiene el valor:

A. 400 julios.
B. - 4 $\cdot 10^{-4}$ julios.
C. 4 $\cdot 10^{-4}$ julios.
D. Cero.
E. Indeterminado.
F. Diferente.

SOLUCIÓN 1.11

El trabajo eléctrico realizado será la diferencia de las energías almacenadas por la carga:

$$W_1 = 10^{-6} \cdot 100 = 10^{-4} \text{ julios y } W_2 = 10^{-6} \cdot 500 = 5 \cdot 10^{-4} \text{ julios.}$$

$$\Delta W = (100 - 500)10^{-6} = -\,4 \cdot 10^{-4}.$$

Respuesta B

ITEM 1.12

Sean dos condensadores $C_1 = 10\ \mu F$ y $C_2 = 15\ \mu F$. El primero está descargado y el segundo tiene una carga de 10 μC. Unimos sus placas entre sí; una vez alcanzado el régimen permanente, la tensión del condensador C_1 tiene el valor:

A. 2,5 V.

B. 0,4 V.

C. $\frac{5}{3}$ V.

D. 6 V.

E. 400 V.

F. Diferente.

SOLUCIÓN 1.12

La carga del condensador C_2 vale:

$$Q_2 = 10 \mu C.$$

Siendo la carga del sistema $Q_T = Q_2 = 10^{-5}$ C.

Por tanto:

$$v = \frac{Q_T}{C_{eq}} = \frac{10^{-5}}{25 \cdot 10^{-6}} = \frac{10}{25} = 0{,}4 \text{ V}.$$

Respuesta B

ÍTEM 1.13

Sean dos condensadores C_1 y C_2, siendo: $C_1 = 2C_2$. Estando aislados, se verifica: $W_1 = W_2/2$. Se unen las armaduras de signos contrarios. Sean V_1' y V_2', las tensiones de los condensadores una vez alcanzado el equilibrio del sistema, se verifica:

A. $V_1' = V_2' = V_1/4$.

B. $V_1' = V_2' = V_1/2$.

C. $V_1' = V_2' = 0$.

D. $V_1' = V_2' = V_1$.

E. V_1' y V_2' son indeterminados.

F. Todas las respuestas son falsas.

SOLUCIÓN 1.13

Para el condensador:

$$C_1 \quad \Rightarrow \quad W_1 = \frac{1}{2} C_1 V_1^2 .$$

Para el condensador:

$$C_2 \quad \Rightarrow \quad W_2 = \frac{1}{2} C_2 V_2^2 \text{ con } C_2 = \frac{C_1}{2} \text{ y } W_2 = 2\, W_1 .$$

Sustituyendo:

$$2\,\frac{1}{2} C_1 V_1^2 = \frac{1}{2}\,\frac{1}{2} C_1 V_2^2 \quad \Rightarrow \quad V_2 = 2\, V_1 .$$

Teniendo en cuenta que:

$$Q_1 = C_1 V_1 \text{ y } Q_2 = C_2 V_2 = \frac{C_1}{2}\, 2\, V_1 = C_1 V_1 \quad \Rightarrow \quad Q_1 = Q_2 \text{ estando aislados.}$$

Si unimos terminales de signos contrarios, alcanzado el equilibrio:

$$Q_1' + Q_2' = 0 \quad \Rightarrow \quad V_1' = V_2' = 0$$

<u>Respuesta C</u>

ITEM 1.14

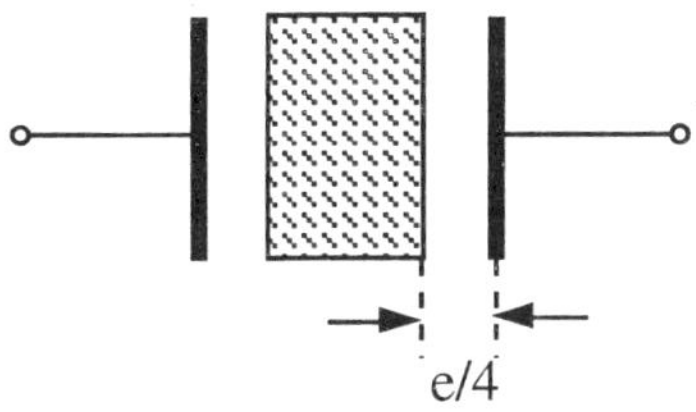

En un condensador plano y paralelo de espesor e y capacidad C, se introduce una placa metálica de espesor e/2 como se indica en la figura. La capacidad del condensador resultante, es:

A. C/2.
B. 2C.
C. C/8.
D. C/4.
E. Indeterminado.
F. Diferente.

SOLUCIÓN 1.14

El condensador, en estas condiciones, se comporta como dos condensadores plano-paralelos asociados en serie, de espesor e/4.

- Capacidad sin placa metálica:

$$C = \frac{\varepsilon S}{e}.$$

- Capacidad con placa metálica:

$$C_1 = C_2 = \frac{\varepsilon S}{e/4} = 4C.$$

Como están en serie:

$$C' = 2\,C.$$

Respuesta B

ITEM 1.15

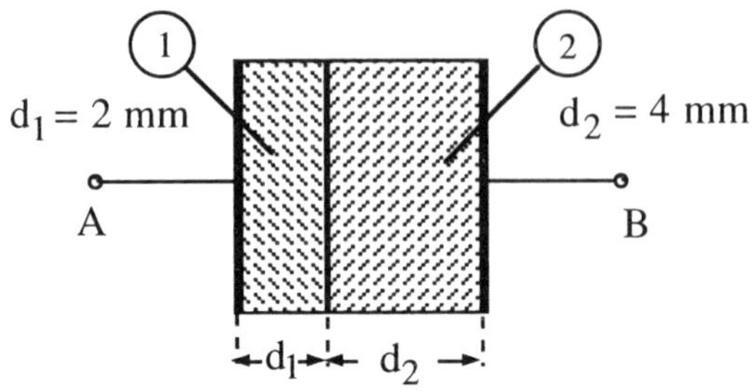

El condensador AB, consta de dos aislantes de la misma constante dieléctrica y de rigidez dieléctrica diferente.
Rigidez del aislante 1: 15 kV/cm.
Rigidez del aislante 2: 10 kV/cm.
La máxima tensión que puede soportar el condensador sin perforarse, tendrá el valor:

A. 4 kV.
B. 3 kV.
C. 9 kV.
D. 7 kV.
E. 6 kV.
F. Diferente.

SOLUCIÓN 1.15

La capacidad de un condensador plano es: $C = K_e \dfrac{\varepsilon_o \; S}{d}$. Por tanto:

$$C_1 = K_e \frac{\varepsilon_o \; S}{2} \;\; y \;\; C_2 = K_e \frac{\varepsilon_o \; S}{4} \;\; => \;\; C_1 = 2\, C_2.$$

Como las cargas Q_1 y Q_2 son idénticas, resulta: $C_1 V_1 = C_2 V_2$ => $V_2 = 2 V_1$.

$$V_{1máx.} = 3 \text{ kV}, \quad y \quad V_{2máx.} = 4 \text{ kV}.$$

Si C_1 soporta 3 kV => C_2 soporta 6 kV, mayor que $V_{2máx.}$; por tanto se perfora.

Si C_2 soporta 4 kV => $V_1 = 2$ kV.

Esta situación es posible, luego: $V_{máx.} = 6$ kV.

<u>Respuesta E</u>

ITEM 1.16

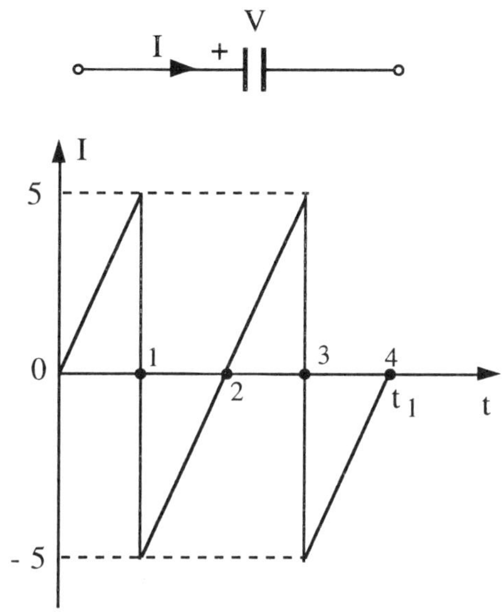

Un condensador de 100 μF de capacidad que en el instante t = 0 tiene una tensión de 100 V, con la referencia de polaridad que se indica, se somete a una intensidad I dada por la gráfica adjunta. La intensidad se expresa en amperios y el tiempo en milésimas de segundo. En el instante t_1 = 4 ms, la tensión V del condensador, tiene el valor:

A. 100 V.
B. 125 V.
C. 150 V.
D. 200 V.
E. Indeterminado.
F. Diferente.

SOLUCIÓN 1.16

De 0 a t_1 la carga neta suministrada al condensador es nula.

Luego:

$$V_0 = V_{t_1} = 100 \text{ V}.$$

<u>Respuesta A</u>

ITEM 1.17

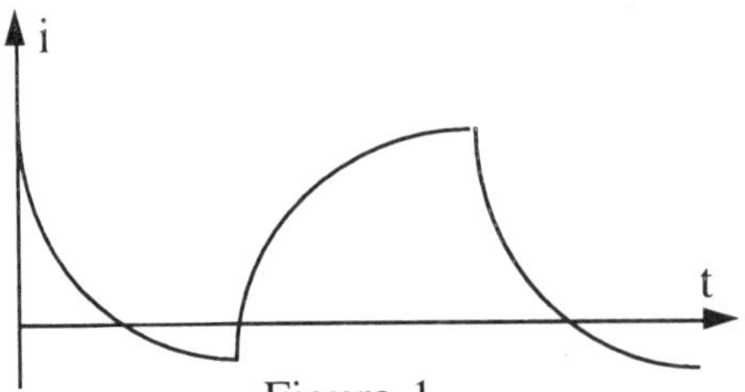

Figura 1

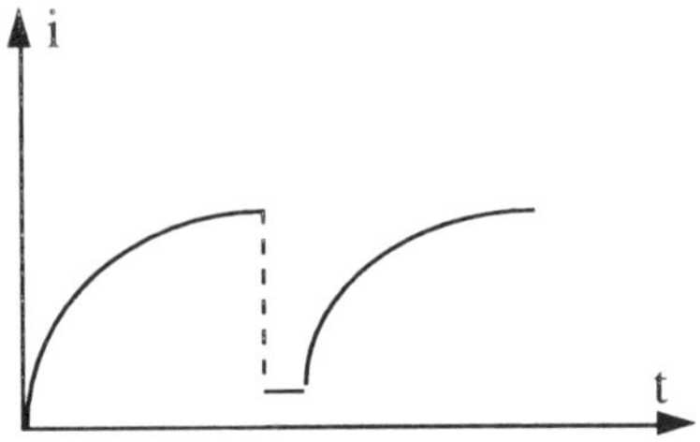

Figura 2

Las figuras 1 y 2, representan funciones i = f(t) correspondientes a circuitos en los que no se originan tensiones infinitas. Son ciertas las siguientes proposiciones:

A. La figura 1 puede representar la intensidad que circula por una bobina.
B. La figura 1 puede representar la intensidad de un condensador en el que está aumentando su tensión para $t > 0$.
C. La figura 2 puede representar la intensidad que circula por una bobina.
D. La figura 2 puede representar la intensidad de un condensador en el que está aumentando su tensión para $t > 0$.
E. Solamente son ciertas las respuestas A y D.
F. Solamente son ciertas las respuestas A, B y D.

SOLUCIÓN 1.17

Analizando las distintas proposiciones, resulta:

- A: No hay discontinuidad de la intensidad => cierta.

- B: En el tramo en que la intensidad es negativa, la tensión del condensador disminuye => falsa.

- C: En los instantes en que la intensidad es discontinua, la tensión de la bobina $V_L(di/dt)$ sería infinita => falsa.

- D: La intensidad es siempre mayor que cero => cierta.

<u>Respuesta E</u>

ITEM 1.18

La capacidad de un condensador plano-paralelo es de 10 nF y la carga de 1μC. Si mantenemos la carga constante, el trabajo exterior para duplicar la distancia entre placas, vale:

A. $2{,}5 \cdot 10^{-5}$ julios.
B. Cero.
C. 10^{-4} julios.
D. $5 \cdot 10^{-5}$ julios.
E. $15 \cdot 10^{-5}$ julios.
F. Diferente.

SOLUCIÓN 1.18

La tensión del condensador, será:

$$V_1 = \frac{10^{-6}}{10^{-8}} = 100 \text{ V.}$$

Y la energía almacenada:

$$W_1 = (1/2) \cdot 10^{-8} \cdot 10^4 = 5 \cdot 10^{-5} \text{ julios.}$$

Al duplicar la separación entre armaduras:

$$C_2 = C_1/2;$$

Como la carga es la misma:

$$V_2 = 2\ V_1 = 200 \text{ V.}$$

Y la energía tiene el valor:

$$W_2 = (1/2) \cdot 5 \cdot 10^{-9} \cdot 4 \cdot 10^4 = 10^{-4} \text{ julios.}$$

Entonces:

$$\Delta W = 5 \cdot 10^{-5} \text{ julios.}$$

<u>Respuesta D</u>

ITEM 1.19

Cuando conectamos un condensador de capacidad conocida C a una fuente de tensión ideal de f.e.m E, éste toma una carga de Q culombios. Si conectáramos a la misma fuente el condensador C en serie con otro C_1, la carga del primero es de $\frac{Q}{3}$ culombios.

La capacidad del condensador C_1, tiene el valor:

A. C.
B. 3C.
C. 2C.
D. C/3.
E. C/2.
F. Diferente.

SOLUCIÓN 1.19

Si conectamos el condensador C:

$$Q = C \cdot E.$$

Si conectamos C en serie con C_1, la carga del condensador equivalente, será:

$$Q_e = E \frac{C \cdot C_1}{C + C_1} = \frac{Q}{3} = \frac{C \cdot E}{3}.$$

De dónde:

$$\frac{C_1}{C + C_1} = \frac{1}{3} \quad => \quad C_1 = \frac{C}{2}.$$

Respuesta E

ITEM 1.20-21

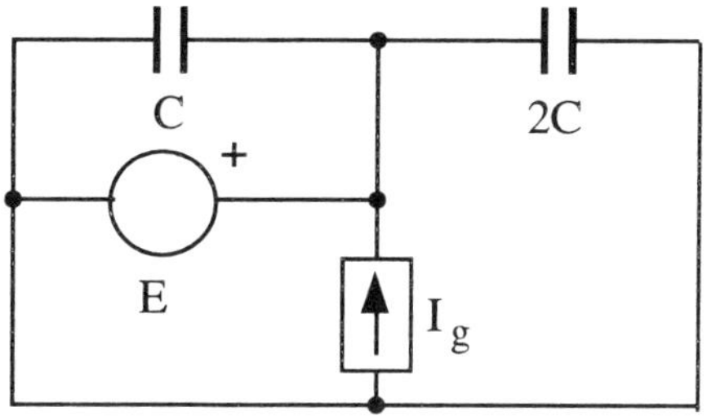

1.20. La red de la figura está en régimen permanente, siendo las fuentes de corriente continua. La energía almacenada por los condensadores, tiene el valor:

A. Cero.

B. $\frac{CE^2}{3}$.

C. $\frac{CE^2}{2}$.

D. CE^2.

E. $1{,}5CE^2$.

F. Diferente.

1.21. Igual enunciado que el ítem 1.20. La potencia generada por la fuente de tensión, tiene el valor:

A. $-EI_g$.

B. Cero.

C. EI_g.

D. $0{,}5CE^2$.

E. Indeterminado.

F. Diferente.

SOLUCIÓN 1.20

Los dos condensadores, que están en paralelo, soportan la tensión E; por tanto:

$$W_T = \frac{1}{2}\ 3\ C\ E^2 = 1{,}5\ C\ E^2.$$

Respuesta E

SOLUCIÓN 1.21

La intensidad que circula por la fuente de tensión, es la procedente de la fuente de intensidad. Teniendo en cuenta el sentido de Ig, obtenemos:

$$P_E = -\ EI_g.$$

Respuesta A

ITEM 1.22

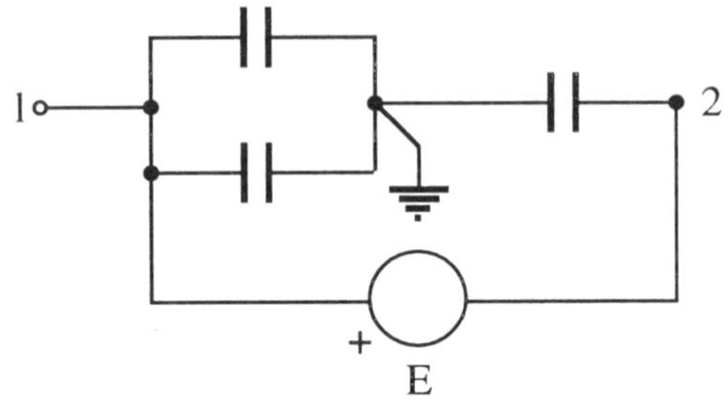

En la red de la figura, los tres condensadores tienen la capacidad de 10 μF. El potencial del punto 1 es de 1000 V. El potencial del punto 2, tendrá el valor:

A. - 2000 V.

B. - 500 V.

C. $\frac{2000}{3}$ V.

D. $\frac{1000}{3}$ V.

E. Indeterminado.

F. Diferente.

SOLUCIÓN 1.22

La diferencia de potencial entre el punto 1 y la referencia, es:

$$V_{10} = 1000 \text{ V.}$$

Por tanto:

$$2\,C \cdot 1000 = C \cdot V_{02} \quad => \quad V_{02} = 2000 \text{ V.}$$

Y obtenemos:

$$V_{20} = -\,2000 \text{ V.}$$

<u>Respuesta A</u>

ITEM 1.23-24

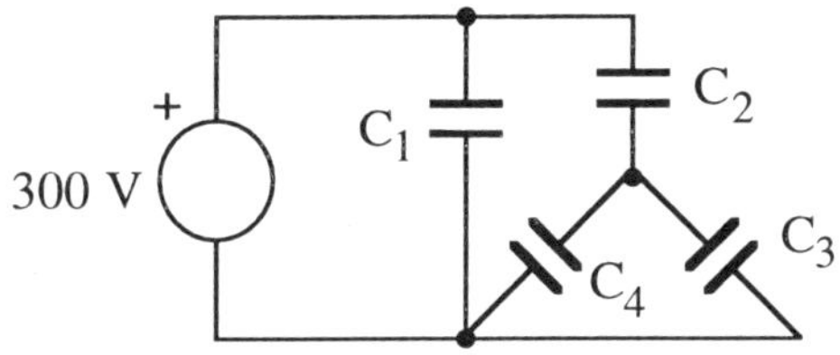

1.23. El circuito de la figura, se encuentra en régimen permanente, siendo todos los condensadores de igual capacidad: $C_1 = C_2 = C_3 = C_4 = 1$ μF. La carga del condensador C_3, tiene el valor:

A. 150 μC.
B. 450 μC.
C. 50 μC.
D. 200 μC.
E. 100 μC.
F. Diferente.

1.24. Igual enunciado que el ítem 1.23. La energía almacenada por la red de condensadores, tiene el valor:

A. 0,2475 julios.
B. 0,315 julios.
C. 0,027 julios.
D. 0,0675 julios.
E. 0,105 julios.
F. Diferente.

SOLUCIÓN 1.23

Los condensadores C_3 y C_4 están en paralelo, luego, su equivalente:

$$C_{34} = 2\ \mu F.$$

Los condensadores C_2 y C_{34} están en serie:

$$C_{234} = 2/3\ \mu F.$$

Se verificará:

$Q_{234} = Q_2 = Q_{34} = 2 \cdot 10^{-4}$ C y también:

$$Q_3 = Q_4 = Q_{34} / 2 = 10^{-4}\ C = 100\ \mu C.$$

Respuesta E

SOLUCIÓN 1.24

C_{234} y C_1 están en paralelo, por lo que la capacidad equivalente, es:

$C_e = \frac{5}{3}$ μF; y la energía almacenada:

$$W_T = \frac{C_e}{2} 300^2 = 7{,}5 \cdot 10^{-2} \text{ julios.}$$

Respuesta F

ITEM 1.25

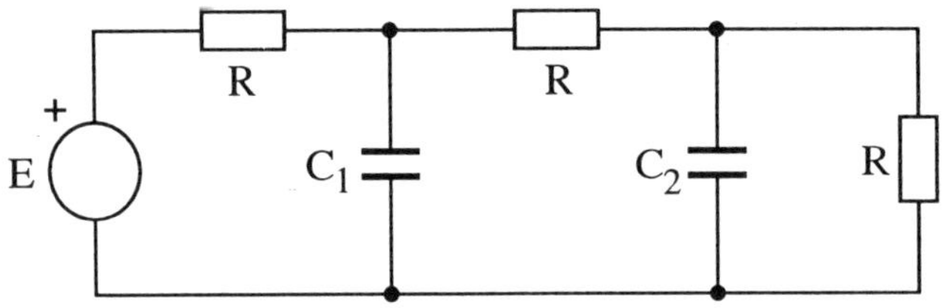

El circuito de la figura, se encuentra en régimen permanente.

$E = 300$ V; $C_1 = C_2 = 20$ μF; $R = 10\ \Omega$.

La carga del condensador C_2, tiene el valor:

A. 6 mC.
B. 4 mC.
C. 2 mC.
D. 8 mC.
E. 12 mC.
F. Diferente.

SOLUCIÓN 1.25

De la figura, se obtienen los valores:

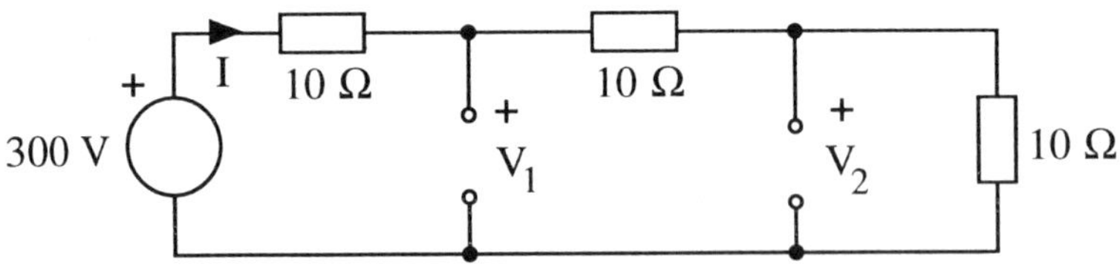

$$I = \frac{300}{30} = 10 \text{ A. y } V_2 = 100 \text{ V.}$$

$$q_2 = C_2 V_2 = 20 \cdot 10^{-6} \cdot 100 \quad => \quad q_2 = 2 \text{ mC.}$$

Respuesta C

ITEM 1.26

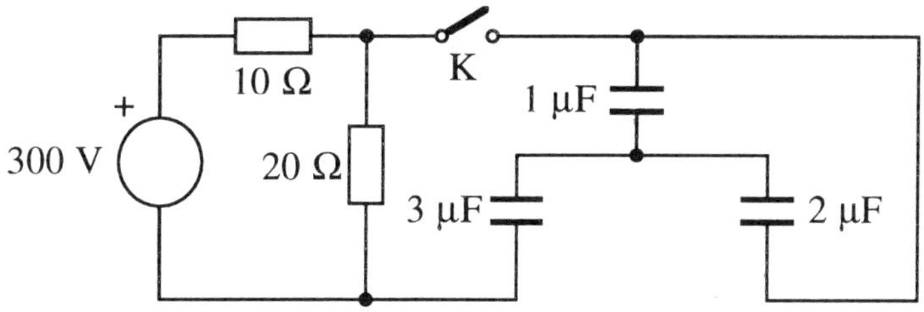

El circuito de la figura, se encuentra con el interruptor K abierto y los condensadores descargados. Cerramos K; una vez establecido el régimen permanente, la energía almacenada por el condensador de 3 µF, tiene el valor:

A. Cero. C. 3,75 mJ. E. 0,135 J.
B. 33,75 mJ. D. 15 mJ. F. Diferente.

SOLUCIÓN 1.26

En régimen permanente, el conjunto de los condensadores soporta una tensión:

$$V = \frac{300 \cdot 20}{30} = 200 \ \text{V.}$$

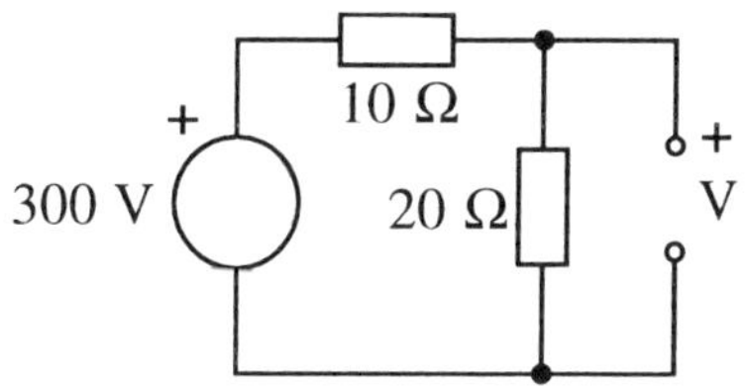

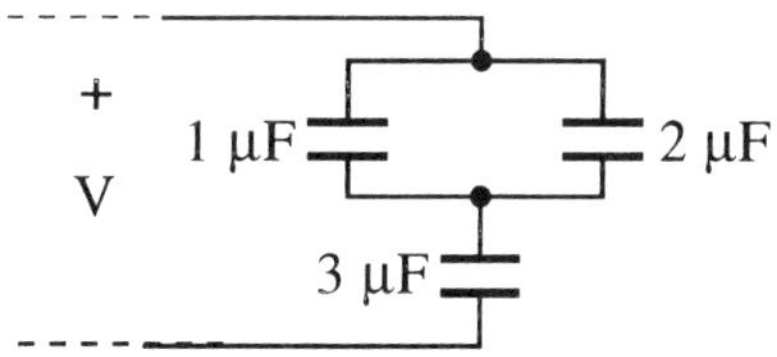

Por otro lado, la tensión soportada por el condensador de 3 µF será V/2, es decir : 100 V.

La energía, tendrá el valor:

$$W = \frac{1}{2}\ 3 \cdot 10^{-6} \cdot 100^{2}. \quad \Rightarrow \quad W = 0{,}015 \text{ J} = 15 \text{ mJ.}$$

Respuesta D

ITEM 1.27

Sean dos condensadores $C_1 = 10\ \mu F$ y $C_2 = 15\ \mu F$. El primero está descargado y el segundo tiene una carga de $10\ \mu C$. Unimos sus placas entre sí; una vez alcanzado el régimen permanente, la tensión del condensador C_1 tiene el valor:

A. 2,5 V.

B. 0,4 V.

C. $\frac{5}{3}$ V.

D. 6 V.

E. 400 V.

F. Diferente.

SOLUCIÓN 1.27

La carga del condensador C_2 vale:

$$Q_2 = 10\mu C.$$

Siendo la carga del sistema $Q_T = Q_2 = 10^{-5}$ C.

Por tanto:

$$v = \frac{Q_T}{C_{eq}} = \frac{10^{-5}}{25 \cdot 10^{-6}} = \frac{10}{25} = 0{,}4 \text{ V}.$$

Respuesta B

ITEM 1.28

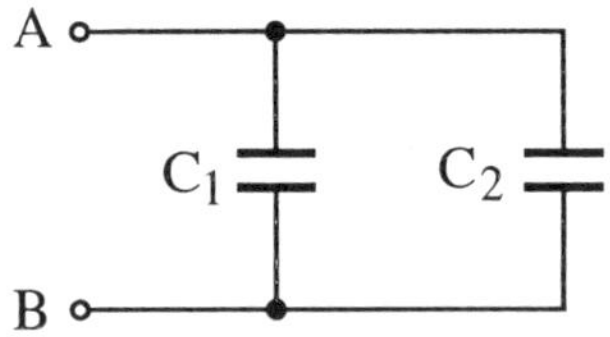

Sea el circuito de la figura. A la frecuencia de $\frac{100}{\pi}$ Hz, la impedancia equivalente entre los terminales A-B es de 20 Ω. Si duplicamos la frecuencia, la impedancia Z_{C_1} es de 20 Ω. Las capacidades de los condensadores C_1 y C_2, tienen los valores:

A. $C_1 = 125\ \mu F$; $C_2 = 125\ \mu F$.

B. $C_1 = 125\ \mu F$; $C_2 = 250\ \mu F$.

C. $C_1 = 250\ \mu F$; $C_2 = 250\ \mu F$.

D. $C_1 = 250\ \mu F$; $C_2 = 125\ \mu F$.

E. $C_1 = 125\ \mu F$; $C_2 = \infty$

F. Diferentes.

SOLUCIÓN 1.28

$$C_{eq} = C_1 + C_2 \quad => \quad 20 = \frac{1}{\omega_1(C_1 + C_2)} \quad => \quad C_1 + C_2 = \frac{1}{4000}.$$

Siendo:

$$\omega_1 = 2\,\pi\,f_1 = 200 \text{ rad/seg.}$$

Duplicando la frecuencia, es decir:

$$\omega_2 = 400 \text{ rad/seg;} \quad 20 = \frac{1}{\omega_2 C_1} \quad => \quad C_1 = \frac{1}{8000} = 125\ \mu\text{F}.$$

Por tanto:

$$C_2 = \frac{1}{4000} - \frac{1}{8000} = 125\ \mu\text{F}.$$

<u>Respuesta A</u>

ITEM 1.29

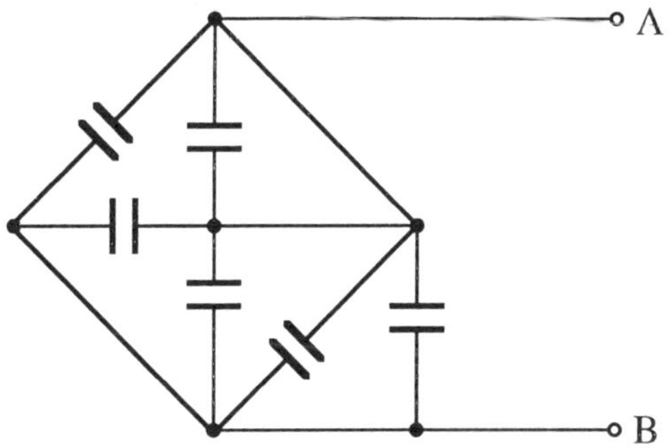

En el circuito de la figura, los seis condensadores son idénticos de capacidad C. La capacidad equivalente entre los terminales A y B, tiene el valor:

A. C/5.
B. 5C.
C. C/2.
D. 2C.
E. 3C/4.
F. Diferente.

SOLUCIÓN 1.29

La red puede ponerse de la forma:

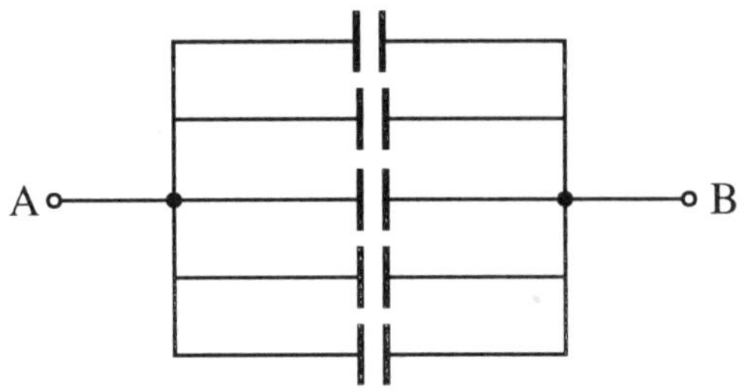

De donde $C_{AB} = 5C$.

Respuesta B

ITEM 1.30

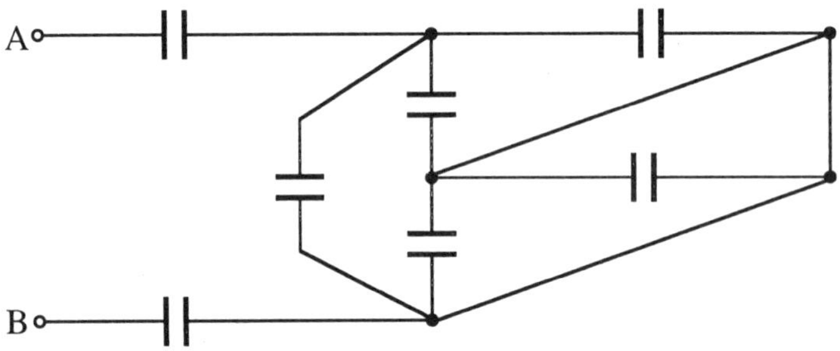

En el circuito de la figura, todos los condensadores son de capacidad C. La carga del condensador equivalente, cuando entre los terminales A y B hay una tensión de 100 V, tiene el valor:

A. 350 C.

B. $\frac{300\ C}{7}$.

C. $\frac{700\ C}{3}$.

D. 300 C.

E. $\frac{100\ C}{3}$.

F. Diferente.

SOLUCIÓN 1.30

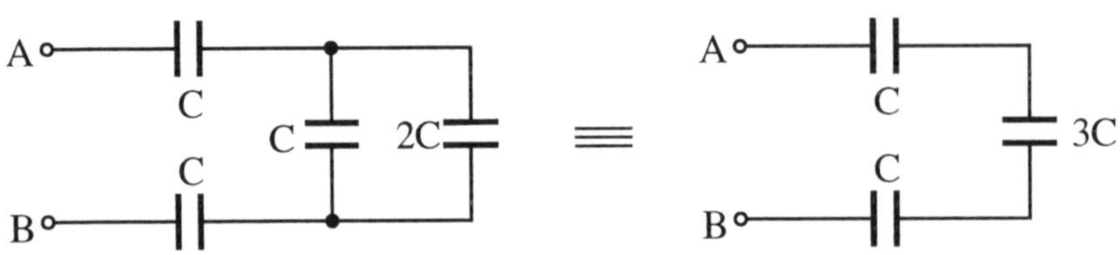

$$C_{eq} = \frac{(C/2)\cdot 3C}{(C/2)+3C} = \frac{3C}{7}.$$

$$C_{eq} = \frac{Q_{eq}}{V_{AB}} \quad => \quad Q_{eq} = C_{eq}\, V_{AB} = \frac{300\ \ C}{7}.$$

Respuesta B

ITEM 1.31

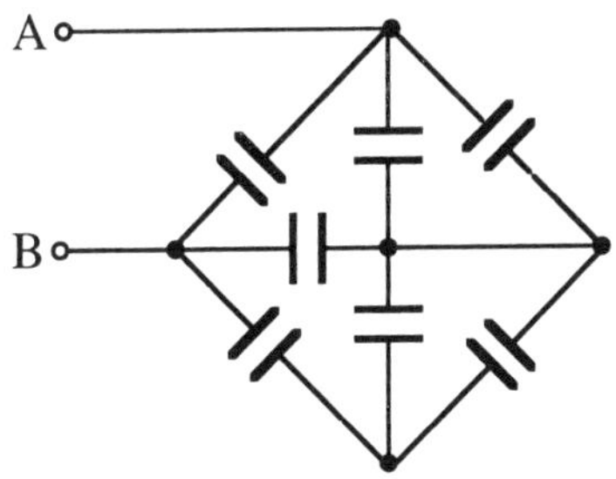

En la red de la figura, todos los condensadores tienen la misma capacidad C. La capacidad equivalente entre los terminales A-B, tiene el valor:

A. 21C/11.
B. 5C/9.
C. 3C/2.
D. 11C/21.
E. Indeterminado.
F. Diferente.

SOLUCIÓN 1.31

Se pueden realizar, sucesivamente, las siguientes asociaciones:

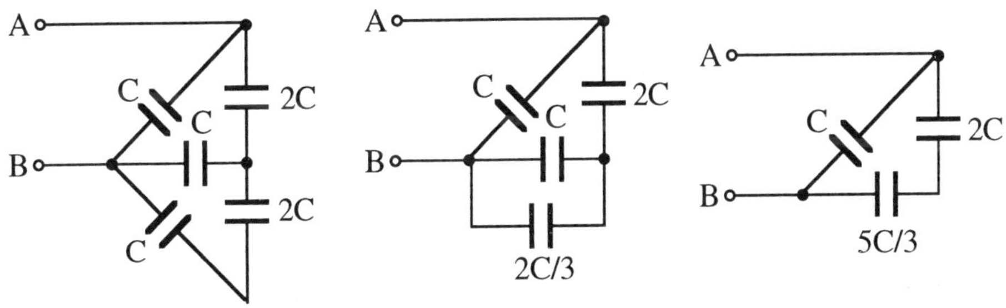

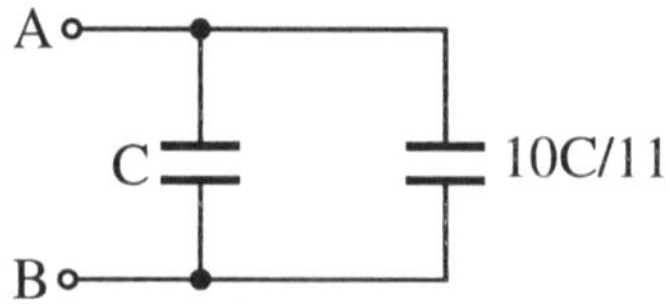

$$C_e = C_{AB} = C + 10C/11 = 21C/11.$$

Respuesta A

ITEM 1.32-33

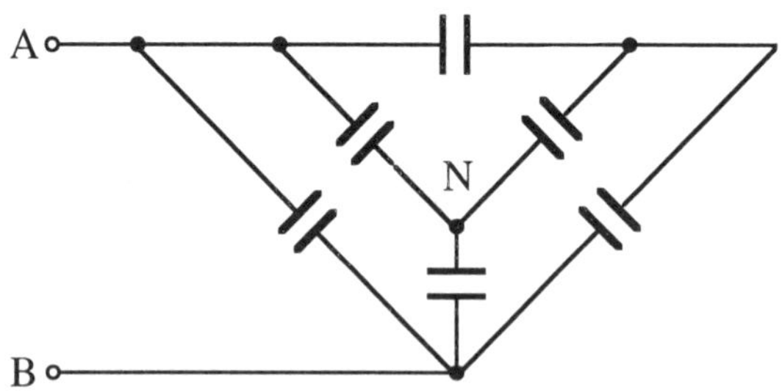

1.32. En el circuito de la figura, todos los condensadores tienen la misma capacidad C. La capacidad equivalente entre los terminales A y B, tiene el valor:

A. 5C/4.
B. C/6.
C. 6C.
D. C/2.
E. 2C.
F. Diferente.

1.33. Igual enunciado que el ítem 1.32. Si $V_A = 0$ V y $V_B = 1000$ V, la tensión del nudo N, es:

A. 500 V.
B. 1000 V.
C. Cero.
D. $\frac{1000}{3}$ V.
E. Indeterminado.
F. Diferente.

SOLUCIÓN 1.32

Si se trasforma la estrella de centro N en su triángulo equivalente, resulta:

$C_\Delta = C_\lambda/3 = C/3$, dando lugar a la red de la figura 1.

Asociando los condensadores se obtienen las figuras 2 y 3.

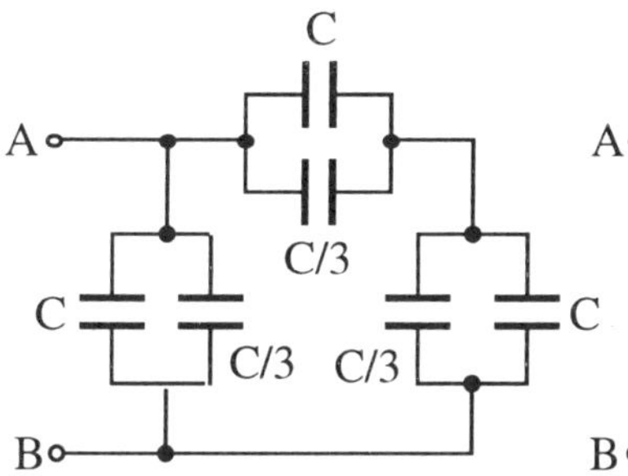

Figura 1

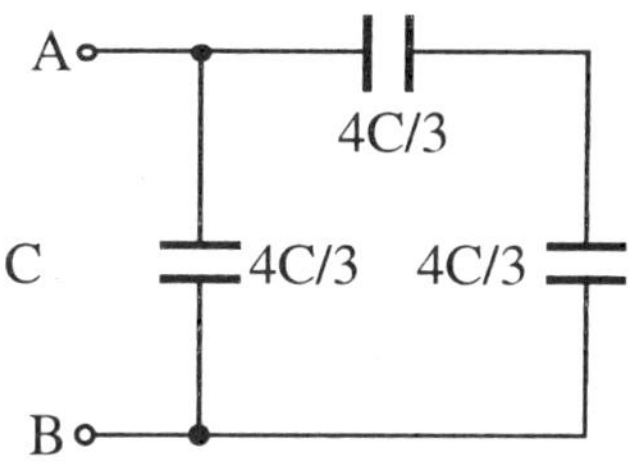

Figura 2

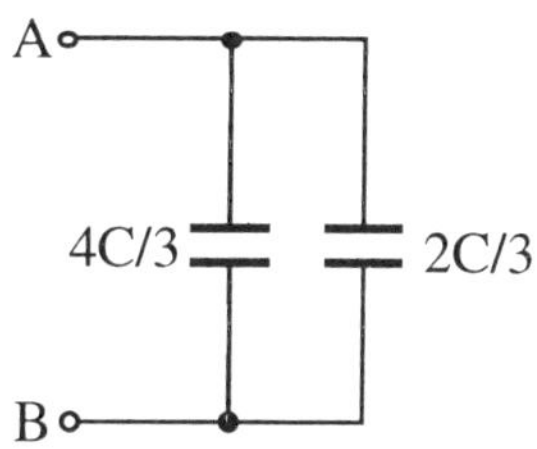

Figura 3

Por tanto: $C_{eq} = 4C/3 + 2C/3 = 6C/3 = 2C.$

<u>Respuesta E</u>

SOLUCIÓN 1.33

Transformando los condensadores que constituyen el triángulo exterior en estrella, resulta:

$$V_N = 500 \text{ V.}$$

<u>Respuesta A</u>

ITEM 1.34

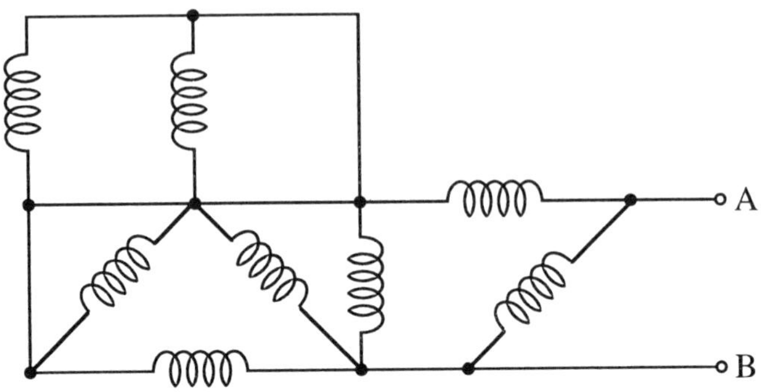

En el circuito de la figura, todas las bobinas tienen el mismo coeficiente de autoinducción L. La autoinducción de la bobina equivalente entre los terminales A-B, tiene el valor:

A. 7L/4.
B. 20L/3.
C. L.
D. 7L/3.
E. 4L/7.
F. Diferente.

SOLUCIÓN 1.34

El circuito puede reducirse tal como se indica en la figura:

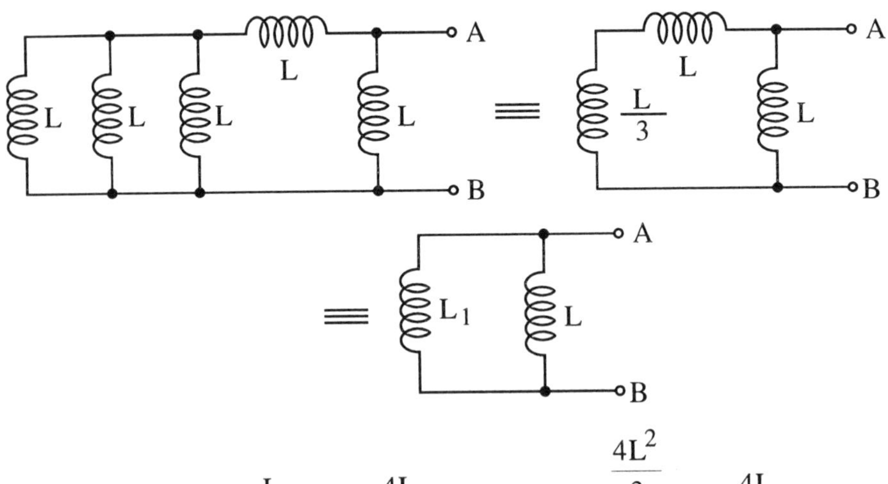

$$L_1 = \frac{L}{3} + L = \frac{4L}{3} \quad \text{y} \quad L_{AB} = \frac{\dfrac{4L^2}{3}}{L + \dfrac{4L}{3}} = \frac{4L}{7}.$$

Respuesta E

ITEM 1.35

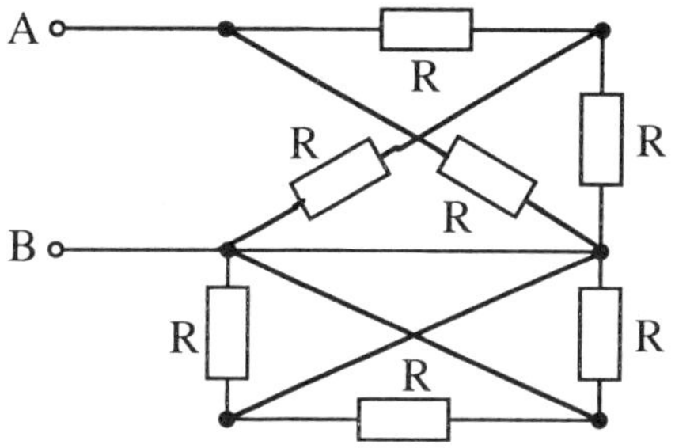

La resistencia de entrada entre los terminales A-B de la red pasiva de la figura, tiene el valor:

A. 3R/5.
B. R.
C. 2R.
D. 2R/5.
E. 33R/5.
F. Diferente.

SOLUCIÓN 1.35

La red puede reducirse a la mostrada en las figuras siguientes, ya que las resistencias restantes están cortocircuitadas.

Entonces:

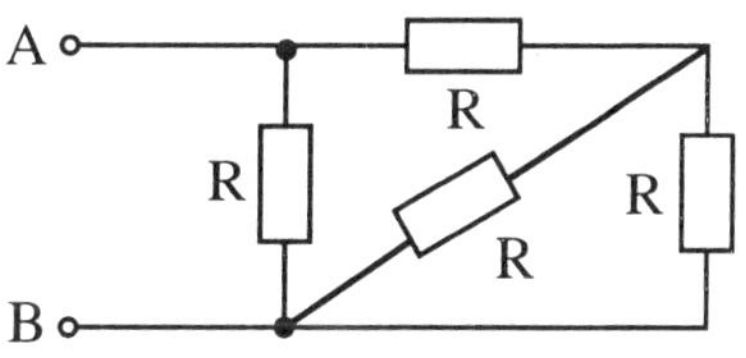

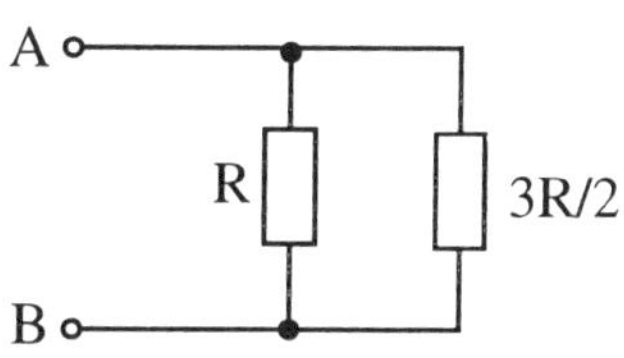

$$R_e(A-B) = R_{AB} = \frac{3R}{5}.$$

<u>Respuesta A</u>

ITEM 1.36

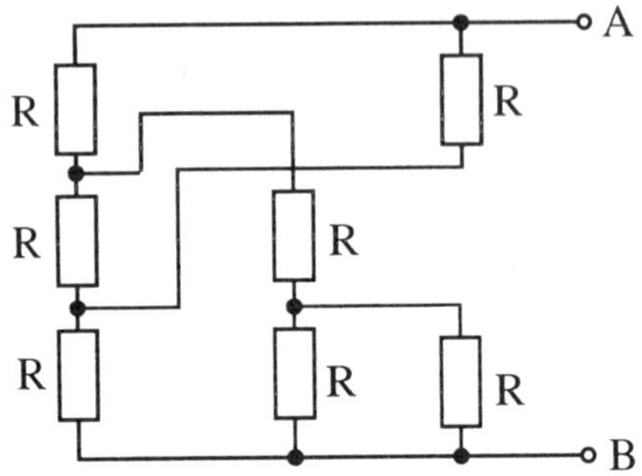

En la red de la figura, todos los elementos tienen una resistencia de R Ω. La resistencia equivalente R_{AB}, tiene el valor:

A. 73R/15.	C. 11R/10.	E. 19R/5.
B. 21R/19.	D. 5R/2.	F. Diferente.

SOLUCIÓN 1.36

La red se puede poner de la forma:

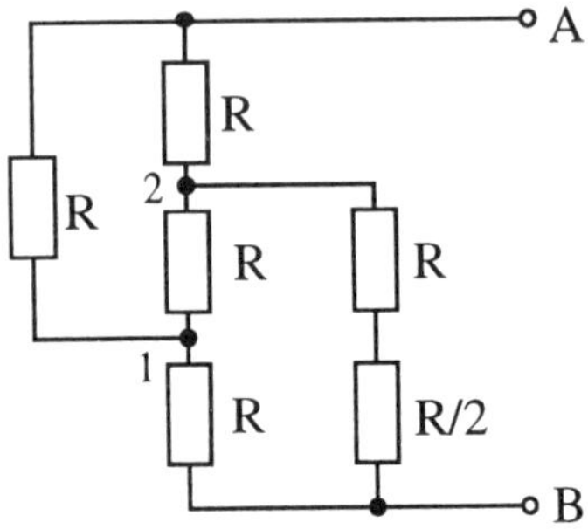

Transformando la extrella en triángulo.

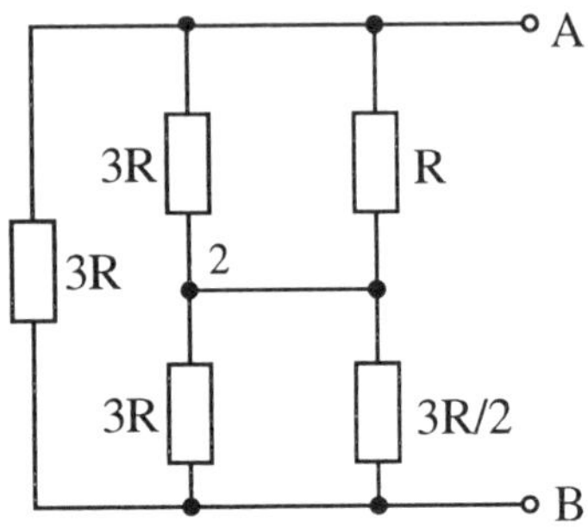

y además:

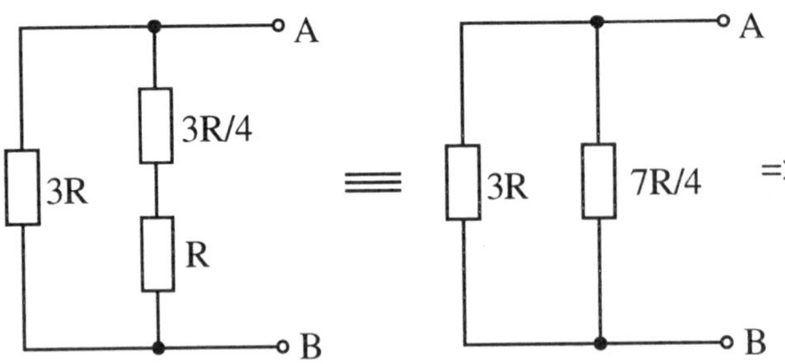

$\Rightarrow R_e(A\text{-}B) = 21R/19$

<u>Restuesta B</u>

ITEM 1.37

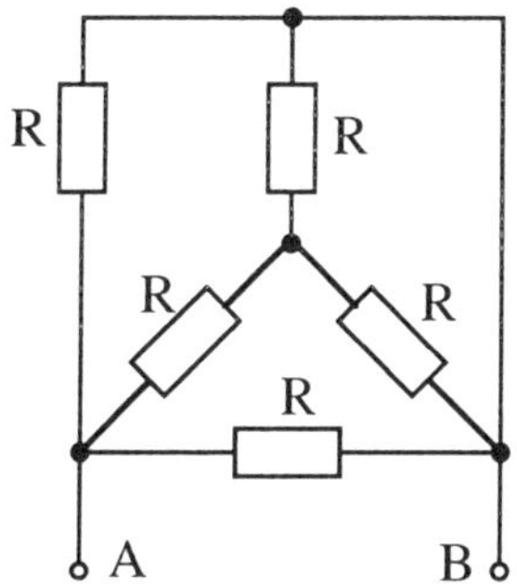

En el circuito de la figura, todas las resistencias son idénticas. La resistencia equivalente entre los terminales A y B, tiene el valor:

A. 2R/5.
B. 3R/8.
C. 8R/3.
D. R/3.
E. R/2.
F. Diferente.

SOLUCIÓN 1.37

La red de la figura, podemos ponerla de la forma siguiente:

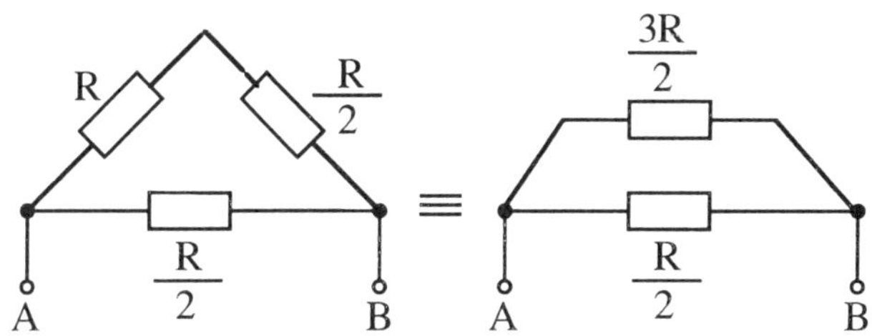

La resistencia equivalente entre A y B, es:

$$R_e(A-B) = \frac{3R^2/4}{4R/2} = \frac{3R}{8}.$$

Respuesta B

2.
CIRCUITOS DE CORRIENTE CONTINUA

ITEM 2.1

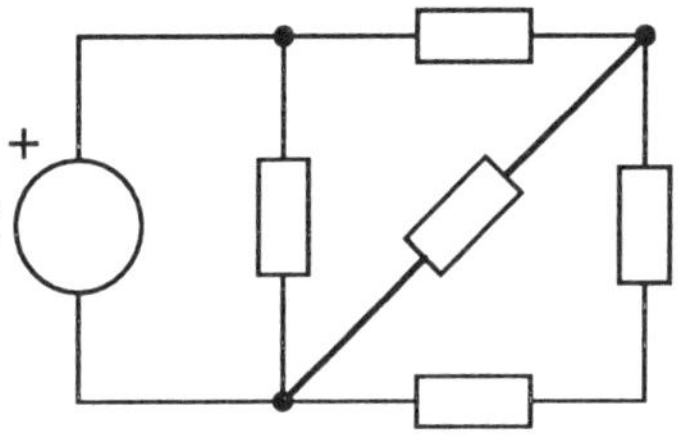

En el circuito de la figura, las cinco resistencias son iguales de valor R y la f.e.m de la fuente es de 100 V. Para que la red consuma una potencia de 100 W, R ha de tener el valor:

A. 100 Ω.

B. 62,5 Ω.

C. $\frac{E^2}{100}$ Ω.

D. 160 Ω.

E. Indeterminado.

F. Diferente.

SOLUCIÓN 2.1

El circuito original puede reducirse de la forma siguiente:

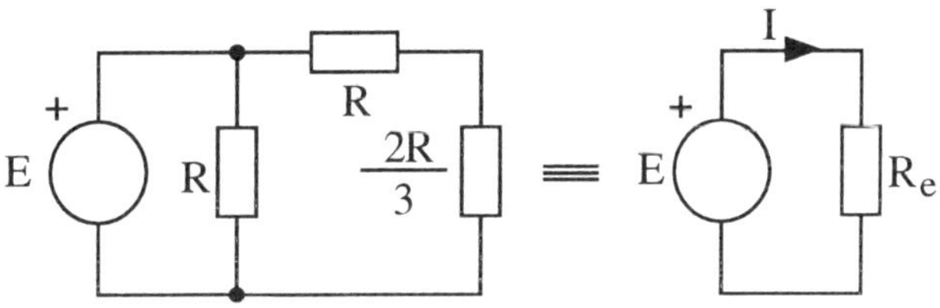

$$R_e = \frac{5R}{3} \text{ // } R = \frac{5R}{8}; \quad I = \frac{E}{R_e} \quad \Rightarrow \quad P = I^2 R_e = \frac{8E^2}{5R} = 100 \text{ W}.$$

Por tanto:

$$R = \frac{800}{5} = 160 \ \Omega.$$

<u>Respuesta D</u>

ITEM 2.2

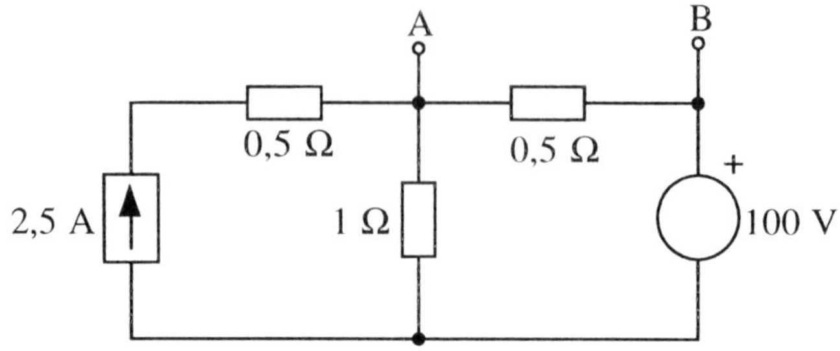

En el circuito de la figura, la resistencia equivalente entre los puntos A y B, tiene el valor:

A. 1 Ω.
B. 0,8 Ω.
C. 0,5 Ω.
D. 0,4 Ω.
E. Indeterminado.
F. Diferente.

SOLUCIÓN 2.2

La resistencia entre A y B, tiene el valor:

$$R_{AB} = \frac{0{,}5}{1{,}5} = \frac{1}{3}\ \Omega.$$

Respuesta F

ITEM 2.3

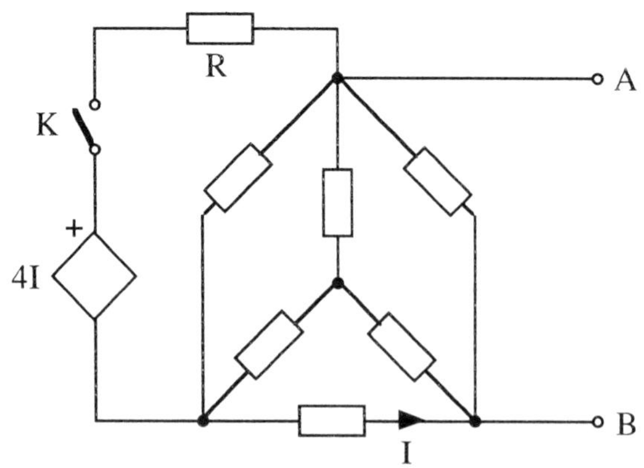

En el circuito de la figura, todas las resistencias son iguales. Estando K abierto la resistencia R_{AB}, tiene el valor:

A. R/6.
B. R/3.
C. R/2.
D. 3R/2.
E. 6R.
F. Diferente.

SOLUCIÓN 2.3

Transformamos el triángulo de resistencias en su estrella equivalente (ver figura).

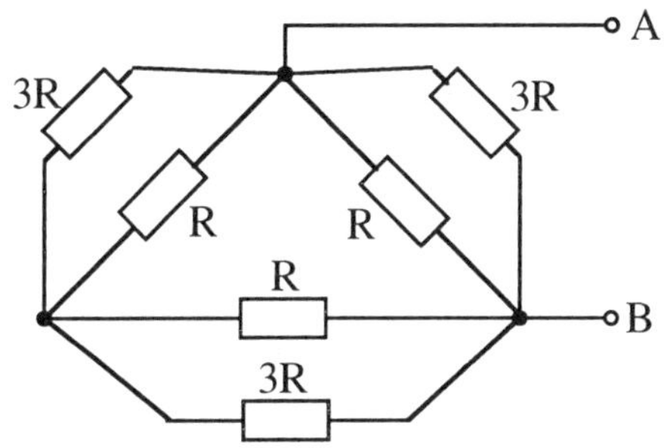

Llamamos R_e a la resistencia de los grupos (R//3R):

$$R_e = \frac{3R \cdot R}{4R} = \frac{3R}{4}.$$

Por tanto:

$$R_{AB} = \frac{(3R/4)(6R/4)}{9R/4} = \frac{R}{2}.$$

Respuesta C

ITEM 2.4

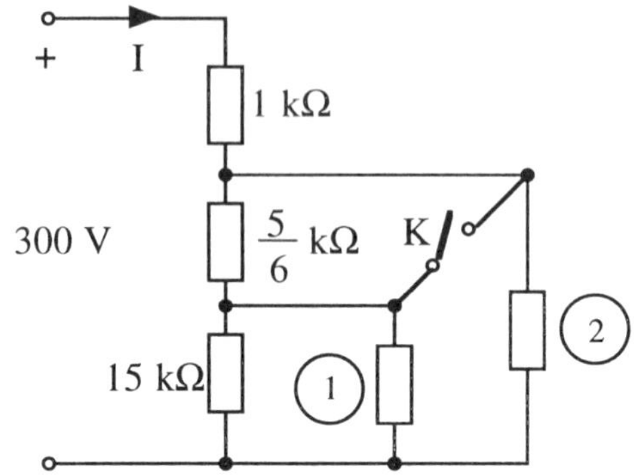

El esquema de la figura, representa la resistencia de una fuente real de tensión de 300 V de f.e.m, que está alimentando a dos cargas resistivas 1 y 2. Con K abierto, la corriente I es de 100 mA y las cargas 1 y 2 absorben, respectivamente, 50 mA y 40 mA. La tensión soportada por la carga 1 con K cerrado, tiene el valor:

A. 150 V.
B. 187,5 V.
C. 112,5 V.
D. 214,28 V.
E. 168,75 V.
F. Diferente.

SOLUCIÓN 2.4

Con K abierto, las intensidades se distribuyen tal como se indica en el grafo.

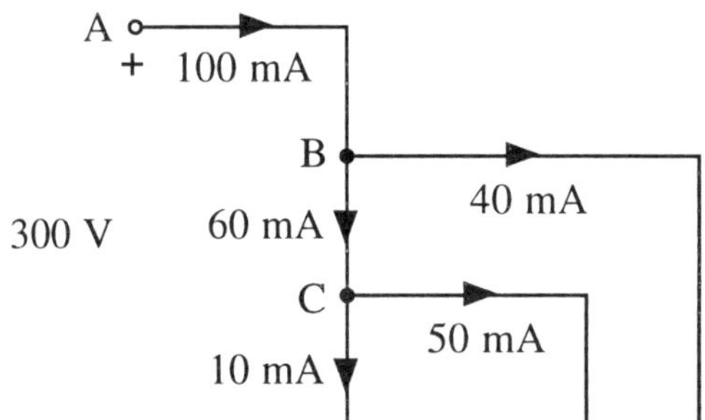

Si llamamos R_1 y R_2 a las resistencias de las cargas 1 y 2 , se verificará:

$$10 \cdot 15 = 50R_1 \quad => \quad R_1 = 3 \text{ k}\Omega.$$

$$60 \frac{5}{6} + 150 = 40R_2 \quad => \quad R_2 = 5 \text{ k}\Omega.$$

Cerramos K.

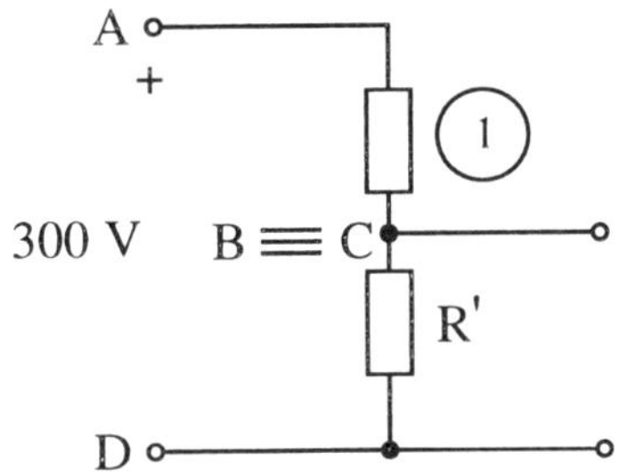

La tensión soportada por la carga 1, será la misma que la soportada por la carga 2:

$$\frac{1}{R'} = \frac{1}{15} + \frac{1}{3} + \frac{1}{5} \quad => \quad R' = \frac{5}{3}\ k\Omega.$$

$$V'_{CD} = \frac{300\frac{5}{3}}{1 + \frac{5}{3}} = 187{,}5\ V.$$

<u>Respuesta B</u>

ITEM 2.5

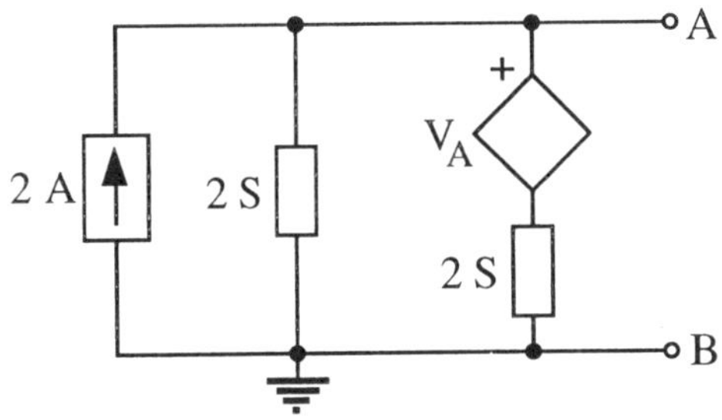

La resistencia de entrada, entre los terminales A-B de la red de la figura, tiene el valor:

A. 1 Ω.
B. 0,5 Ω.
C. 0,25 Ω.
D. 4 S.
E. Son ciertas C y D.
F. Diferente.

SOLUCIÓN 2.5

La tensión a circuito abierto V_{AB}, tiene el valor:

$$V_A (2 + 2) = 2 + 2 V_A \quad => \quad V_A = 1 \text{ V.} \quad => \quad V_{AB} = 1 \text{ V.}$$

La intensidad de cortocircuito I_{cc}(A-B), es:

$$V_{AB} = 0 \quad => \quad V_A = 0 \quad => \quad I_{cc} = 2 \text{ A.}$$

Por tanto: $R_{AB} = 0{,}5\ \Omega$.

Respuesta B

ITEM 2.6

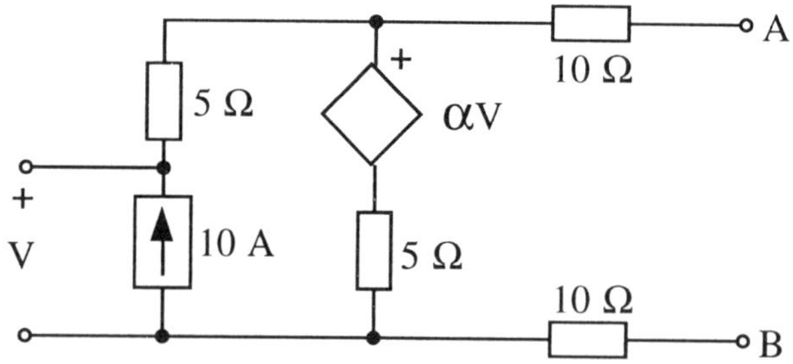

En el circuito de la fig., las fuentes son de corriente continua, siendo $\alpha = 0{,}8$. La resistencia equivalente entre los terminales A-B, tiene el valor:

A. 7,25 Ω.
B. 20 Ω.
C. 22,5 Ω.
D. 25 Ω.
E. 45 Ω.
F. Diferente.

SOLUCIÓN 2.6

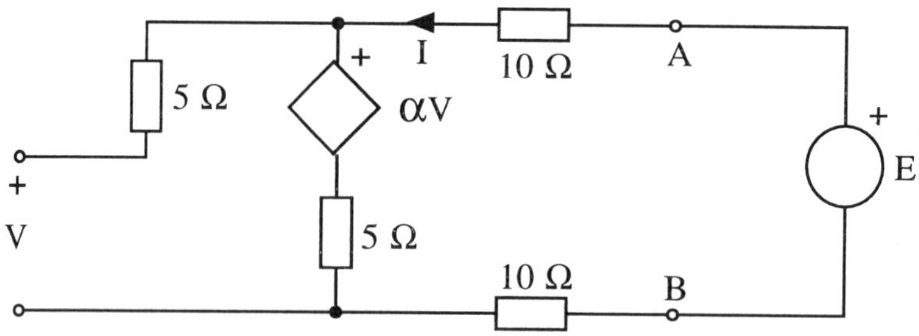

$$R_{AB} = \frac{E}{I}\ \Omega. \quad y \quad E = 20I + V.$$

Además:

$$V = \alpha V + 5I \quad => \quad V = \frac{5I}{1 - \alpha} = 25I.$$

Por tanto:

$$E = 20I + 25I = 45I. \quad => \quad R_{AB} = 45\ \Omega.$$

Respuesta E

ITEM 2.7

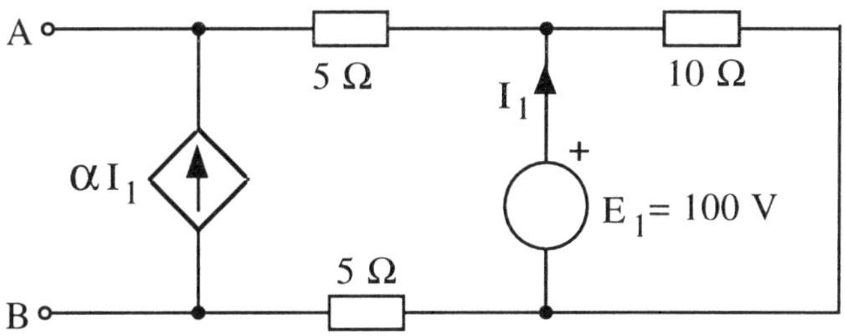

En el circuito de la figura, las fuentes son de corriente continua y $\alpha = 4$. La resistencia equivalente entre los terminales A y B, tiene el valor:

A. 10 Ω.
B. 20 Ω.
C. 0,5 Ω.
D. 2 Ω.
E. Cero.
F. Diferente.

SOLUCIÓN 2.7

Con el C.P. y una fuente de prueba:

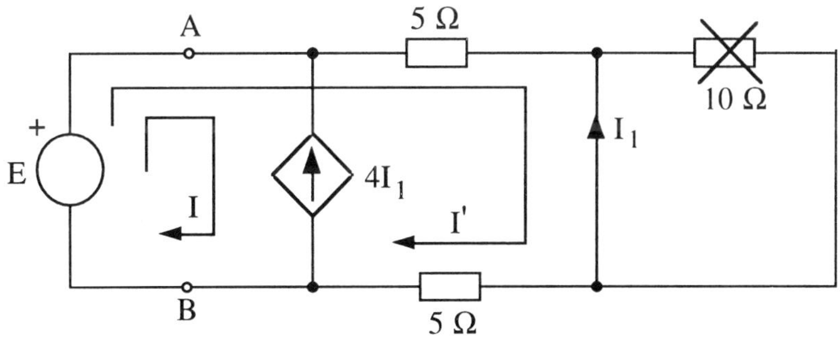

$$\left.\begin{aligned} I &= -4I_1 \\ I'(5+5) &= E \\ \text{con } I' &= -I_1 \end{aligned}\right\} \quad E = 10I' = -10I_1.$$

$$R_{AB} = \frac{E}{I + I'} = \frac{-10I_1}{-4I_1 - I_1} = 2\ \Omega.$$

Respuesta D

ITEM 2.8

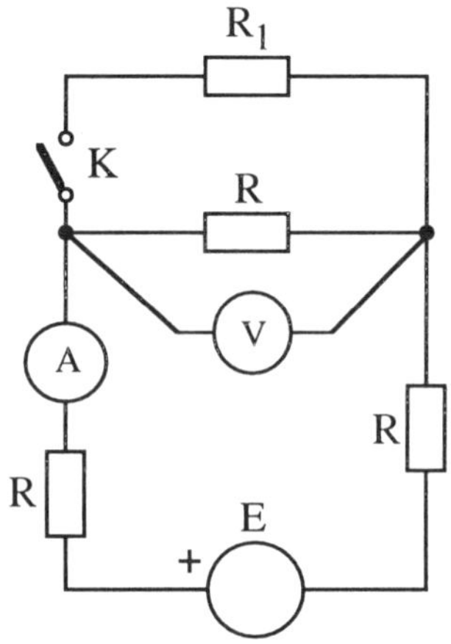

En el circuito de la figura, estando el interruptor K abierto, las lecturas de los aparatos son las siguientes: A = 2 amperios; V = 10 voltios.
Cerramos el interruptor K, pasando a ser de 2,5 amperios la lectura del amperímetro. La resistencia R_1, tiene el valor:

A. 10 Ω.

B. R.

C. $\frac{R}{2}$.

D. $\frac{10}{3}$ Ω.

E. Indeterminado.

F. Diferente.

SOLUCIÓN 2.8

Con K abierto, se verifica: $R = \frac{10}{2} = 5\ \Omega.$

Además:

$$E = 20 + 10 = 30 \text{ V}.$$

Con K cerrado, se verifica:

$$E = 2{,}5\ (2\ R + R_{eq}),\ \text{siendo } R_{eq} = \frac{RR_1}{R + R_1}.$$

Por tanto:

$$R_{eq} = \frac{E - 5R}{2{,}5} = 2\ \Omega.$$

El valor de la resistencia R_1, se obtendrá de:

$$2 = \frac{5R_1}{5 + R_1} \Rightarrow R_1 = \frac{10}{3}\ \Omega.$$

<u>Respuesta D</u>

ITEM 2.9-10

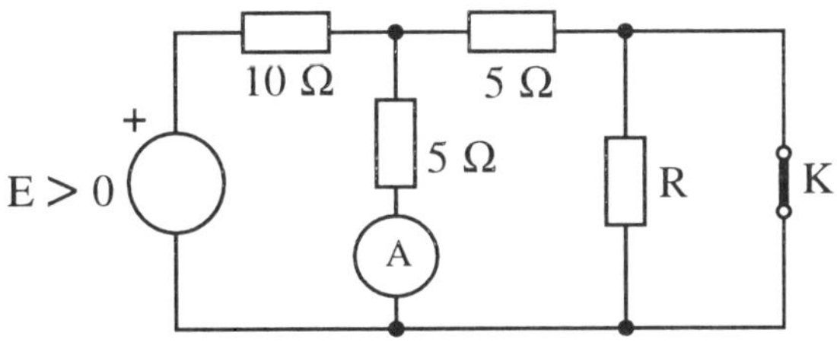

2.9. En el circuito de la figura, el amperímetro marca 10 A con K cerrado y 15 A con K abierto. La f.e.m E, tiene el valor:

A. 50 V.
B. 100 V.
C. 150 V.
D. 250 V.
E. Indeterminado.
F. Diferente.

2.10. Igual enunciado que el ítem 2.9. La resistencia R, tiene el valor:

A. $\frac{25}{3}$ Ω.
B. 30 Ω.
C. 25 Ω.
D. 16 Ω.
E. Indeterminado.
F. Diferente.

SOLUCIÓN 2.9

Tal como se indica en la figura, la f.e.m. tiene el valor:

$$E = 200 + 50 = 250 \text{ V.}$$

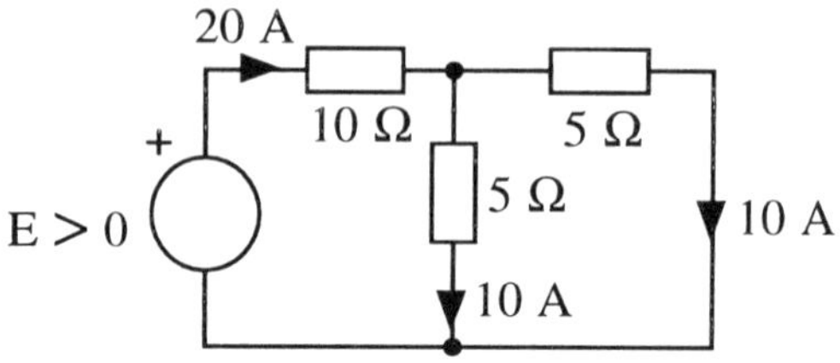

Respuesta D

SOLUCIÓN 2.10

Con K abierto:

$$V_A = 75 \text{ V.}$$

$$I = \frac{250 - 75}{10} = 17{,}5 \text{ A}, \quad I' = 2{,}5 \text{ A}$$

$$V_A = (5 + R)I' \Rightarrow R = \frac{V_A}{I'} - 5 = 25\ \Omega$$

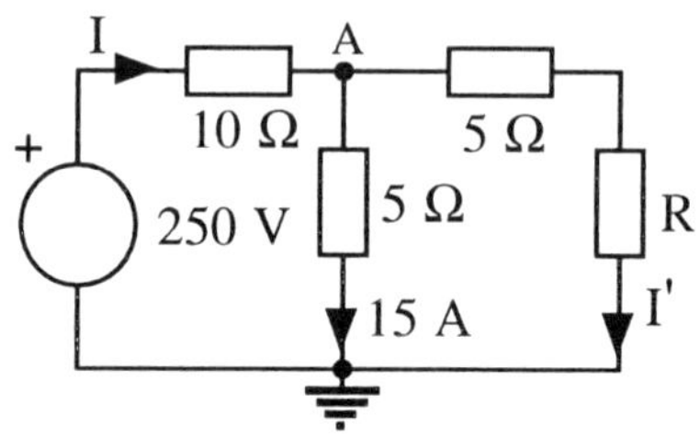

Respuesta C

ITEM 2.11-12

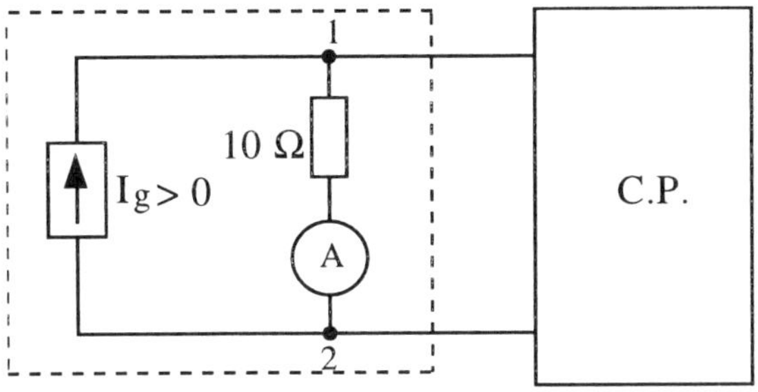

2.11. En el circuito de la figura, la fuente de intensidad es de corriente continua. El amperímetro marca 5 A y se sabe que el circuito pasivo (C.P.), consume una potencia de 1 kW. La resistencia equivalente del C.P, es:

A. 2,5 Ω.
B. 5 Ω.
C. 40 Ω.
D. 50 Ω.
E. No se puede determinar.
F. Un valor diferente.

2.12. Igual enunciado que el ítem 2.11. El rendimiento de la fuente, tiene el valor:

A. 0,2.
B. 0,25.
C. 0,6.
D. 0,8.
E. No se puede determinar.
F. Diferente.

SOLUCIÓN 2.11

La tensión V_{12}, tiene el valor $V_{12} = 50$ V y la intensidad que entra al C.P, será:

$$I_{CP} = 1000/50 = 20 \text{ A}.$$

La resistencia equivalente, valdrá:

$$R_{CP} = 50/20 = 2{,}5\ \Omega.$$

Respuesta A

SOLUCIÓN 2.12

Teniendo en cuenta los resultados del ítem anterior, $I_g = 5 + I_{CP} = 25$ A; luego

el rendimiento, es: $\eta = 20/25 = 0{,}8$.

Respuesta D

ITEM 2.13-14

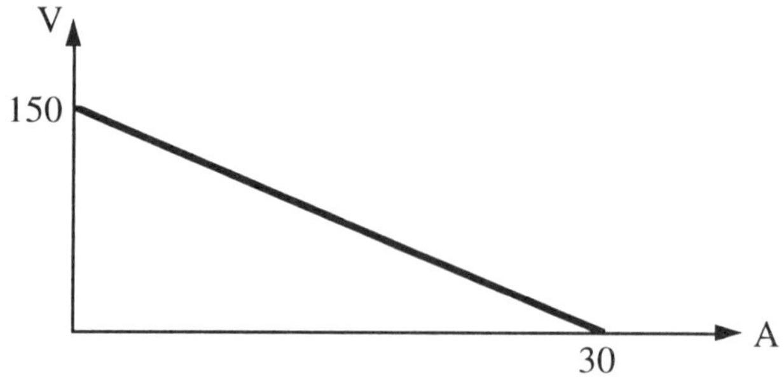

2.13. Una fuente real de tensión de corriente continua, cuya característica se representa en la figura, está conectada a una resistencia R. Si el rendimiento de la fuente es del 60 %, la resistencia R, tendrá el valor:

A. $\frac{20}{11}$ Ω.
C. $\frac{10}{3}$ Ω.
E. Indeterminado.
B. 12,5 Ω.
D. 7,5 Ω.
F. Diferente.

2.14. Igual enunciado que el ítem 2.13. Desconectamos la resistencia R, conectando a la fuente de tensión una fuente ideal de corriente continua de 10 A. Con referencia al funcionamiento de la fuente real, podemos afirmar:

A. Es un motor de rendimiento 3/4.
B. Es un generador de rendimiento 2/3.
C. Trabaja en vacío.
D. Son posibles A y B.
E. Son posibles B y C.
F. Son posibles A, B y C.

SOLUCIÓN 2.13

De la característica se obtiene:

$$E_g = 150 \text{ V.}$$

$$r_g = \frac{150}{30} = 5\ \Omega.$$

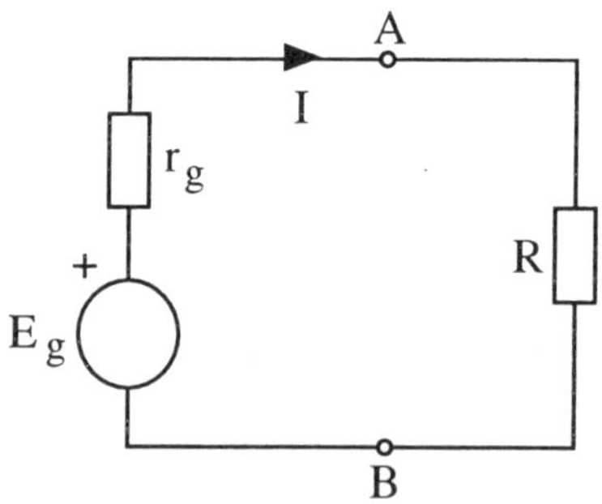

Si conectamos una resistencia R y el rendimiento es del 60 %, se verifica:

$$V_{AB}/E_g = 0{,}6\ ;\quad V_{AB} = V_R = 90 \text{ V.}\ ;\quad 90 = -5I + 150\ ;\quad I = 12 \text{ A.}$$

Luego: $R = 90/12 = 7{,}5\ \Omega$.

Respuesta D

SOLUCIÓN 2.14

En esta situación (E_g , r_g) es un generador. Su rendimiento valdrá:

$$V_{AB} = -50 + 150 = 100\ V.$$

$$\eta_G = \frac{100}{150} = \frac{2}{3}.$$

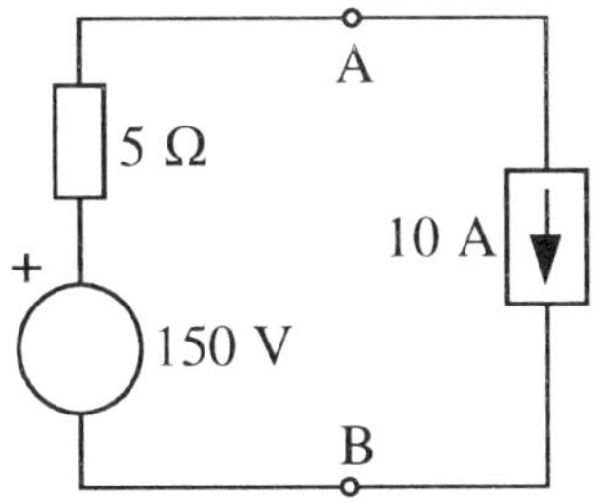

La respuesta correcta sería la B.

Si la conexión se efectua tal como se indica en la figura, (E_g , r_g) es un receptor cuyo rendimiento es:

$$V_{AB} = 50 + 150 = 200\ V.$$

$$\eta_R = \frac{150}{200} = \frac{3}{4}.$$

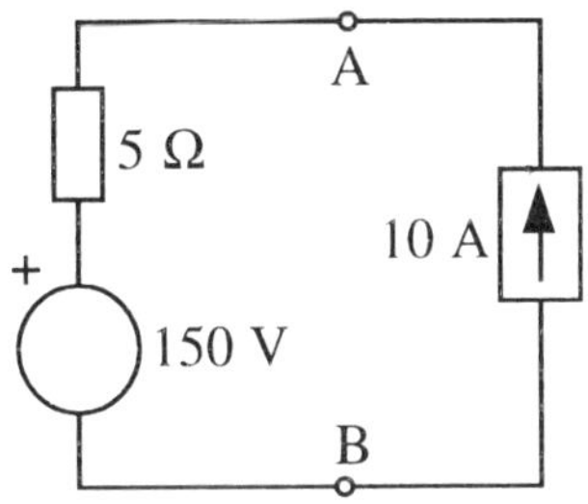

La respuesta A es correcta.

Respuesta D

ITEM 2.15

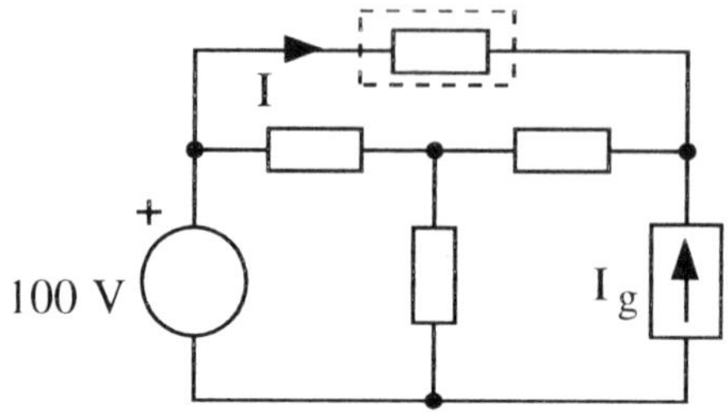

En el circuito de la figura, las cuatro resistencias son de 10 Ω cada una. La encerrada en un rectángulo, consume la potencia de 160 W. Si se verifica: I > 0, la fuente Ig, tendrá el valor:

A. $\frac{704}{30}$ A.

B. -10 A.

C. $\frac{-10}{3}$ A.

D. $\frac{76}{3}$ A.

E. 10 A.

F. Diferente.

SOLUCIÓN 2.15

La potencia de la resistencia vale 160 W => I = 4 A.

Por tanto:

$$V_2 = -40 + 100 = 60 \text{ V}.$$

Efectuando la transformación estrella-triángulo, mostrada en la figura:

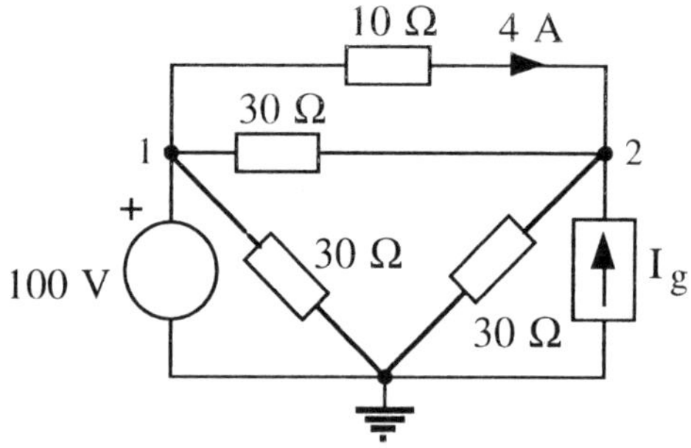

$$I_g = -4 + \frac{V_{21}}{30} + \frac{V_2}{30} \quad => \quad Ig = -\frac{10}{3} \text{ A}.$$

<u>Respuesta C</u>

ITEM 2.16

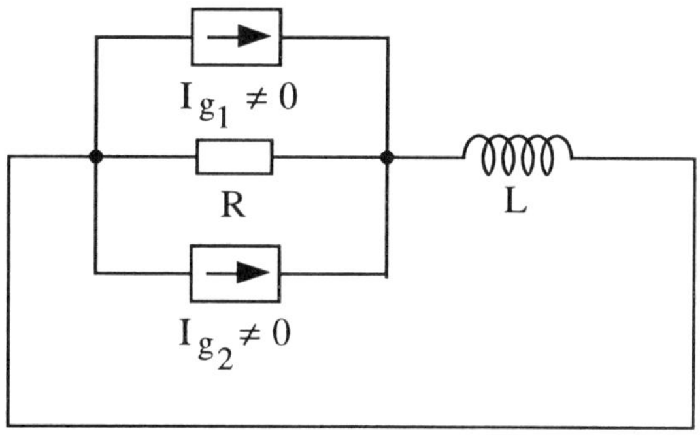

Si la red de c.c. de la figura está en régimen permanente, son ciertas las siguientes proposiciones:

A. La potencia generada por las fuentes es nula.
B. La bobina se comporta como un cortocircuito.
C. La energía almacenada por la bobina es nula.
D. Son ciertas las respuestas A y B.
E. Son ciertas las respuestas B y C.
F. Todas las respuestas son ciertas.

SOLUCIÓN 2.16

La bobina se comporta como un cortocircuito; por tanto, la potencia generada por las fuentes de intensidad es nula.

La energía almacenada por la bobina, es :

$$W_L = \frac{1}{2} L \left(I_{g_1} + I_{g_2} \right)^2$$

Consiguientemente, son ciertas las proposiciones A y B.

<u>Respuesta D</u>

ITEM 2.17

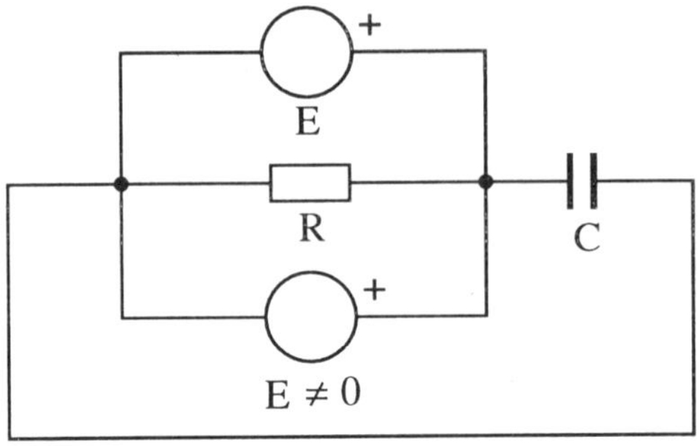

Si la red de c.c. de la figura está en régimen permanente, son ciertas las siguientes proposiciones:

A. La potencia generada por las fuentes es nula.
B. El condensador se comporta como un circuito abierto.
C. La energía almacenada por el condensador es nula.
D. Son ciertas las respuestas A y B.
E. Son ciertas las respuestas B y C.
F. Todas las respuestas son ciertas.

SOLUCIÓN 2.17

- La potencia generada por las fuentes no es nula, ya que cada una de ellas suministra a la resistencia una potencia E^2/R.

- Ciertamente, el condensador en régimen permanente y en un circuito cuyas excitaciones son de corriente continua, se comporta como un circuito abierto.

- La energía almacenada por el condensador, vale:

$$\frac{1}{2}CE^2.$$

<u>Respuesta B</u>

ITEM 2.18

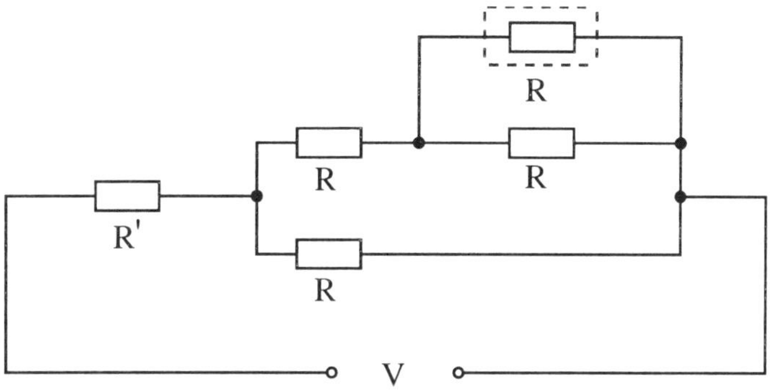

El circuito de la figura está constituido por cuatro resistencias iguales R y una diferente R'. La relación $\frac{R}{R'}$ para que las potencias consumidas por la encerrada en un rectángulo y la R' sean iguales, tendrá el valor:

A. 9.
B. 25.
C. 5.
D. 3.
E. Indeterminado.
F. Diferente.

SOLUCIÓN 2.18

Las intensidades se reparten tal como se indica en la figura.

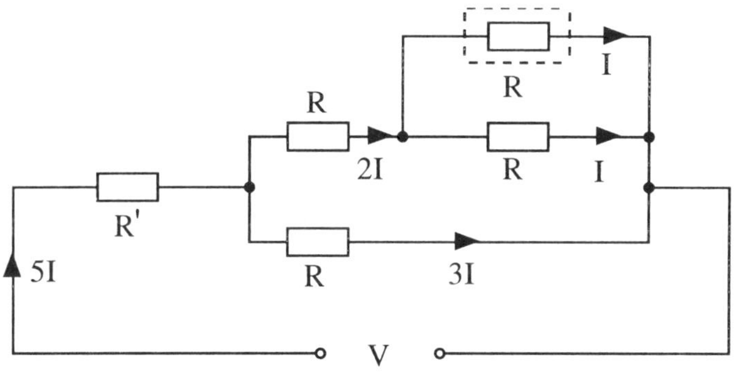

Debe verificarse:

$$I^2R = 25I^2R' \quad => \quad \frac{R}{R'} = 25.$$

<u>Respuesta B</u>

ITEM 2.19

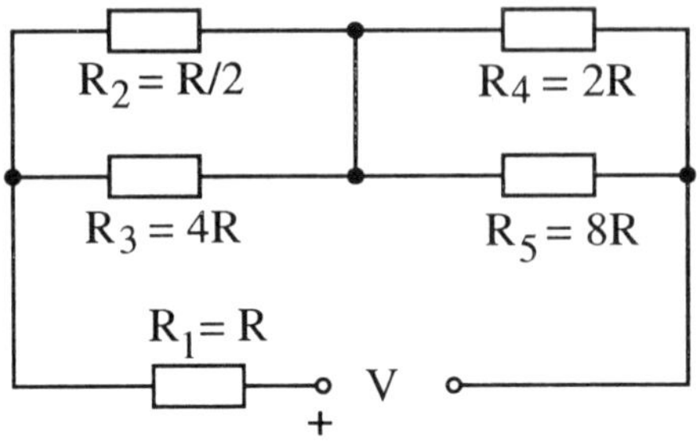

Sea el circuito de la figura, al que aplicamos la tensión V. De las cinco resistencias del mismo, la que consume la máxima potencia, es:

A. La R_1.
B. La R_2.
C. La R_4.
D. La R_5.
E. Son posibles A y C.
F. Todas son falsas.

SOLUCIÓN 2.19

Pongamos el circuito en la forma representada en la figura, siendo R' y R'', las resistencias equivalentes de R_2-R_3 y R_4-R_5, respectivamente.

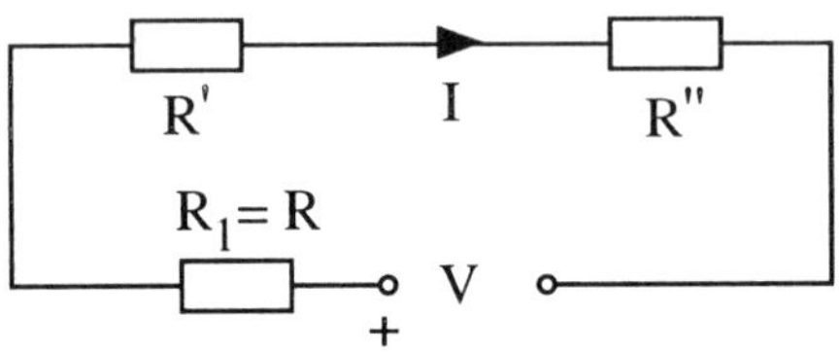

$$R' = \frac{(R/2)\cdot 4R}{9R/2} = \frac{4R}{9}; \quad R'' = \frac{2R\cdot 8R}{10R} = 1{,}6R$$

Como es un circuito serie:

$$P = I^2R.$$

Por tanto: de las resistencias de la figura, las que pueden consumir la máxima potencia son la R_1 o la R_4; luego, vamos a calcular lo que disipa cada una:

R_1 => $P_{R_1} = I^2R$.

R'' => $P = 1{,}6\ I^2R$.

$R_4 \Rightarrow \frac{4}{5} P_{R''} = \frac{4}{5} 1{,}6 I^2 R.$

Luego:

$$P_{R_4} = 1{,}28 I^2 R = 1{,}28\ P_{R_1}.$$

Respuesta C

ITEM 2.20-21

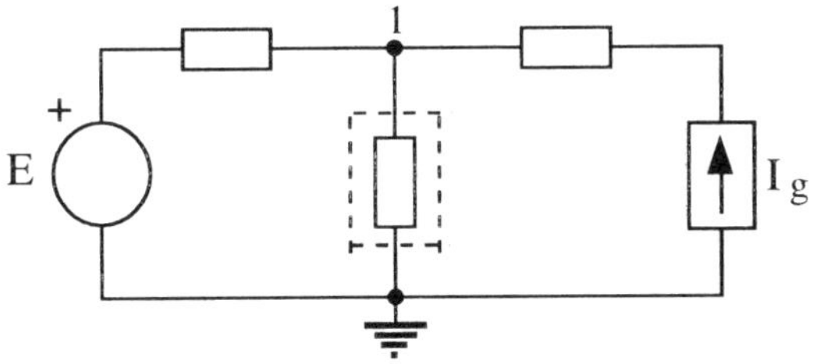

2.20. En el circuito de la figura, las tres resistencias son idénticas de 2 Ω cada una de ellas. Para que la resistencia encerrada en un rectángulo consuma una potencia nula, ha de verificarse:

A. $E = 0$.
B. $I_g = 0$.
C. $E = I_g$.
D. $E = -2\ I_g$.
E. Indeterminado.
F. Condiciones diferentes.

2.21. Igual enunciado que el ítem 2.20. Para que la fuente de corriente no genere ni consuma potencia, siendo $Ig \neq 0$, ha de verificarse:

A. $E = 0$.
B. $E = I_g$.
C. $E = -2\ I_g$.
D. $E = -6\ I_g$.
E. Indeterminado.
F. Condiciones diferentes.

SOLUCIÓN 2.20

Para que la resistencia encerrada en un rectángulo consuma una potencia nula, la tensión que se le aplique ha de ser nula; por tanto:

$$V_1 = 0 \Rightarrow V_1(0{,}5 + 0{,}5) = \frac{E}{2} + I_g = 0 \Rightarrow E = -2I_g.$$

Respuesta D

SOLUCIÓN 2.21

Para que $P_{I_g} = 0$, siendo $I_g \neq 0$, ha de verificarse que $V_2 = 0$.

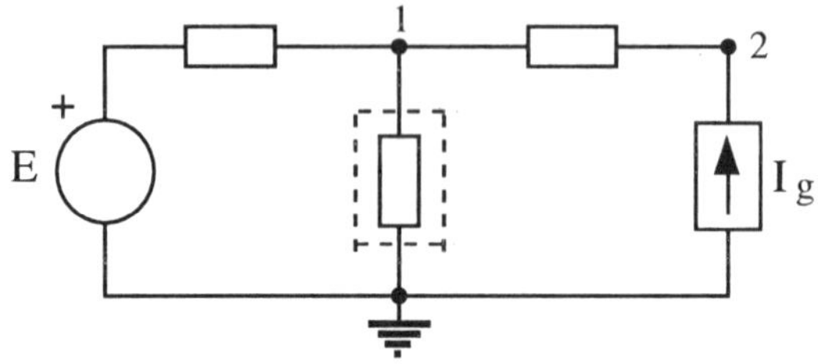

Luego:

$$V_{21} = 2I_g \quad => \quad V_1 = - 2I_g.$$

Aplicando el método de tensión de nudos:

$$V_1 = \frac{E}{2} + I_g \quad => \quad - 2I_g = \frac{E}{2} + I_g.$$

Luego:

$$E = - 6I_g.$$

Respuesta D

ITEM 2.22-23

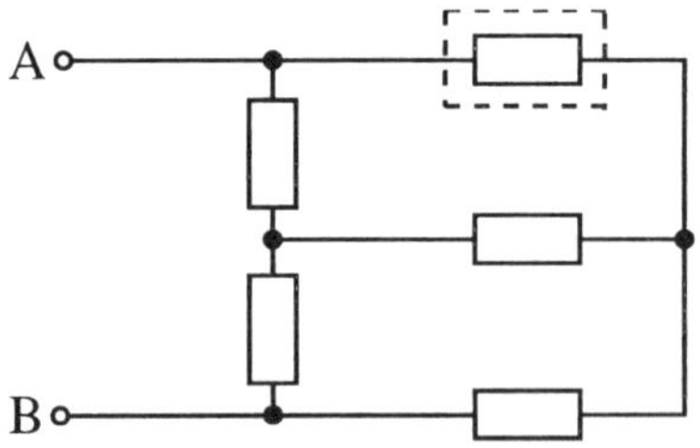

2.22. En el circuito de la figura, las cinco resistencias son iguales de valor R. La resistencia de entrada entre los terminales A-B, tiene el valor:

A. R.
B. R/5.
C. 2R/3.
D. 5R/6.
E. 4R/5.
F. Diferente.

2.23. Igual enunciado que el ítem 2.22. Si al aplicar entre los terminales A-B la tensión de 200 V, la resistencia encerrada en un rectángulo consume la potencia de 1 W, deducimos que R tiene el valor:

A. 10 Ω.
B. 1 kΩ.
C. 10 kΩ.
D. 40 kΩ.
E. Indeterminado.
F. Diferente.

SOLUCIÓN 2.22

Efectuando una transformación estrella-triángulo, el circuito puede ponerse de la forma que se indica en la figura adjunta.

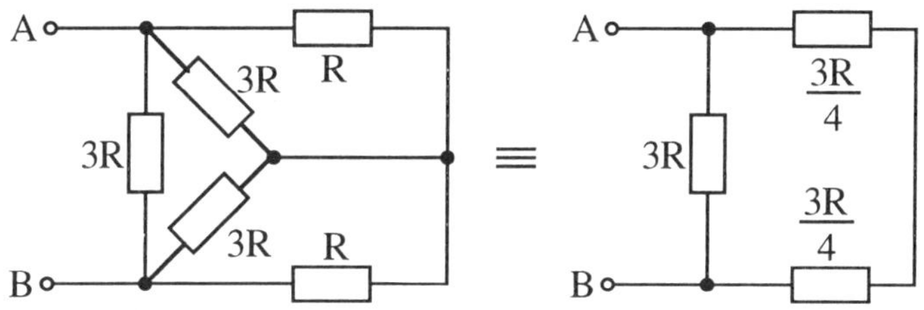

Se verifica:

$$R_e(A\text{-}B) = \frac{1{,}5R \cdot 3R}{1{,}5R + 3R} = R$$

Respuesta A

SOLUCIÓN 2.23

Dada la simetría del circuito, la resistencia encerrada en un rectángulo, soporta la mitad de la tensión V_{AB}. Por tanto:

$$P = \frac{(V_{AB}/2)^2}{R} \quad => \quad R = 10^4\ \Omega = 10\ k\Omega.$$

Respuesta C

ITEM 2.24-25

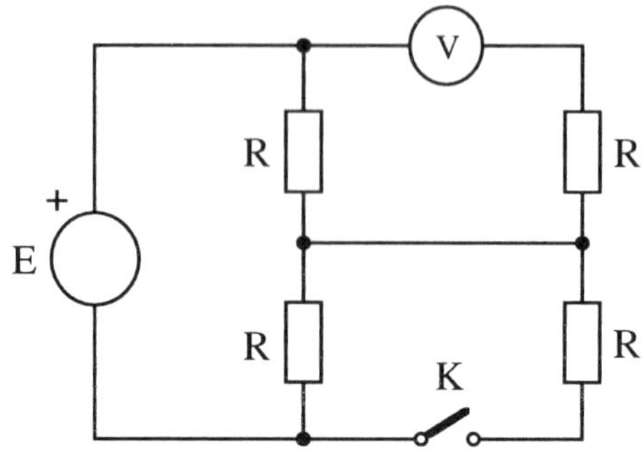

2.24. En el circuito de la figura, las cuatro resistencias son iguales. Estando el interruptor K abierto, la lectura del voltímetro ideal es de 100 V. Cerramos K, la lectura del voltímetro tiene el valor:

A. 100 V.
B. $\frac{200}{3}$ V.
C. $\frac{400}{3}$ V.
D. 50 V.
E. Indeterminado.
F. Diferente.

2.25. Igual circuito que el ítem 2.24. Sustituimos el voltímetro por un amperímetro ideal, siendo su lectura de 5 A con K abierto. Al cerrar K, la potencia generada por la fuente tendrá el valor:

A. 10E W.
B. 8E W.
C. 2 kW.
D. 3 kW.
E. Indeterminado.
F. Diferente.

SOLUCIÓN 2.24

Con K abierto => V = 100 V; por tanto: E = 200 V, ya que $R_{eq} = 2R$.

Con K cerrado => $R_{eq} = \frac{3R}{2}$; por tanto, la lectura del voltímetro será:

$$V = \frac{ER}{3R/2} = \frac{2E}{3} = \frac{400}{3} \text{ V.}$$

<u>Respuesta C</u>

SOLUCIÓN 2.25

Con K abierto: $I_A = 5$ A; por tanto, I = 10 A. La resistencia equivalente del circuito es $\dfrac{3R}{2}$.

Luego: $\dfrac{3R}{2} = \dfrac{E}{I} = 20 \;\Rightarrow\; R = \dfrac{40}{3}\ \Omega$.

Al cerrar K, el nuevo valor de la $R_{eq} = R = \dfrac{40}{3}\ \Omega$. Por tanto, el nuevo valor de la intensidad que suministra la fuente, es: $I' = \dfrac{E}{R} = 15$ A.

Luego: $P = E \cdot I' = 3$ kW.

<u>Respuesta D</u>

ITEM 2.26-27

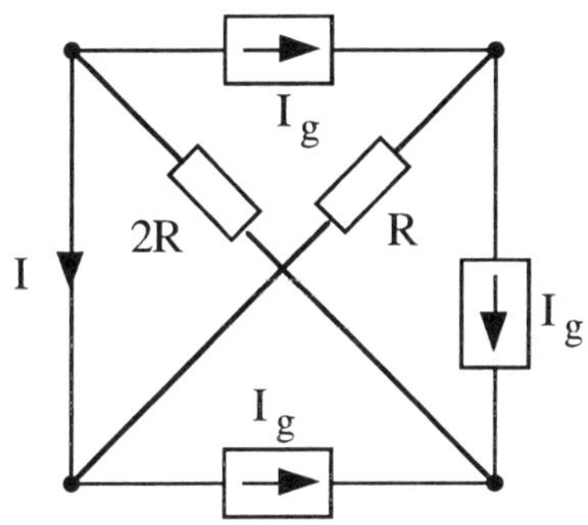

2.26. En el circuito de la figura, las fuentes son ideales de valor I_g. La potencia consumida por la resistencia R, tiene el valor:

A. Cero.
B. I_g^2R.
C. $2I_g^2R$.
D. $\dfrac{I_g^2R}{2}$.
E. $\dfrac{I_g^2R}{4}$.
F. Diferente.

2.27. Igual enunciado que el ítem 2.26. La intensidad I, tiene el valor:

A. Cero.
B. I_g.
C. $- I_g$.
D. $2I_g$.
E. Indeterminado.
F. Diferente.

SOLUCIÓN 2.26

Aplicando la 1ª ley de Kirchhoff obtenemos que la intensidad a través de R es nula; por tanto:

$$P_R = 0.$$

Respuesta A

SOLUCIÓN 2.27

Según el razonamiento del ítem anterior:

$$I = I_g.$$

Respuesta B

ITEM 2.28-29

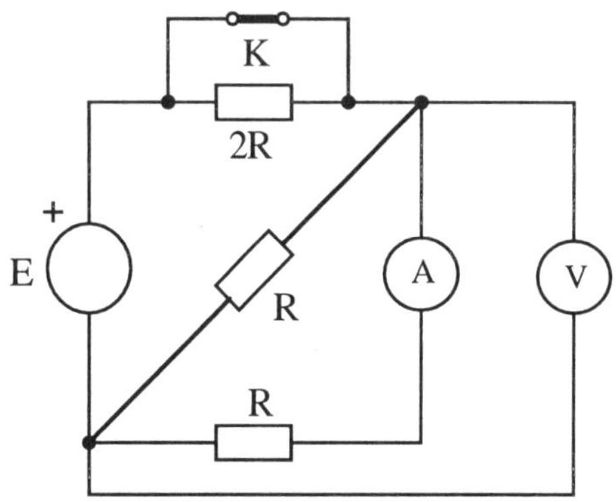

2.28. En el circuito de la figura, estando el interruptor K cerrado, la lectura de los aparatos es la siguiente: V = 100 V; A = 5 A.
Abrimos el interruptor K, la lectura del voltímetro V, tendrá el valor:

A. 50 V.

B. 20 V.

C. $\frac{E}{2}$ V.

D. $\frac{200}{3}$ V.

E. $\frac{100}{3}$ V.

F. Diferente.

2.29. Igual enunciado que el ítem 2.28. La potencia suministrada por la fuente, con el interruptor K abierto, tiene el valor:

A. 200 W.

B. 10E W.

C. 5E W.

D. $\dfrac{E^2}{5R}$ W.

E. 1000 W.

F. Diferente.

SOLUCIÓN 2.28

De acuerdo con los datos:

$$R = 100/5 = 20\ \Omega. \quad y \quad E = 100\ V.$$

Al abrir K, el circuito se convierte en el indicado en la figura.

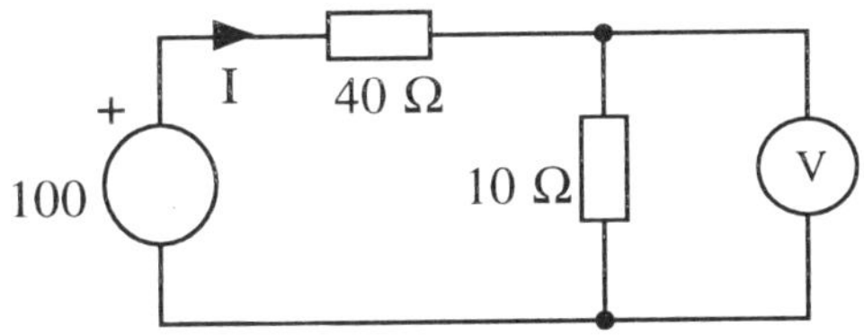

Por tanto, la lectura del voltímetro, será: $V = 1000/50 = 20\ V.$

<u>Respuesta B</u>

SOLUCIÓN 2.29

De acuerdo con el ítem anterior:

$$I = \frac{100}{50} = 2\ A.$$

Con:

$$E = 100\ V.$$

La potencia generada, es:

$$P = I\,E = 2 \cdot 100 = 200\ W.$$

<u>Respuesta A</u>

ITEM 2.30

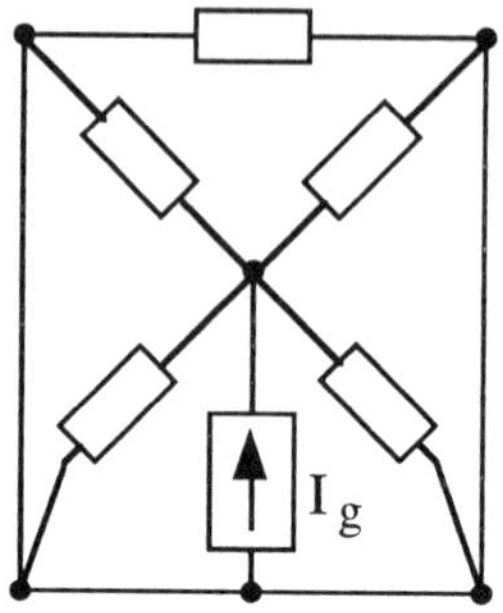

En el circuito de la figura, los cinco elementos pasivos son idénticos de conductancia G. La potencia generada por la fuente de corriente, tiene el valor:

A. $I_g^2 G$.

B. $4 I_g^2 G$.

C. $\frac{I_g^2}{5G}$.

D. $\frac{I_g^2}{4G}$.

E. $\frac{I_g^2}{2G}$.

F. Diferente.

SOLUCIÓN 2.30

La red puede ponerse, de la forma que se indica en la figura.

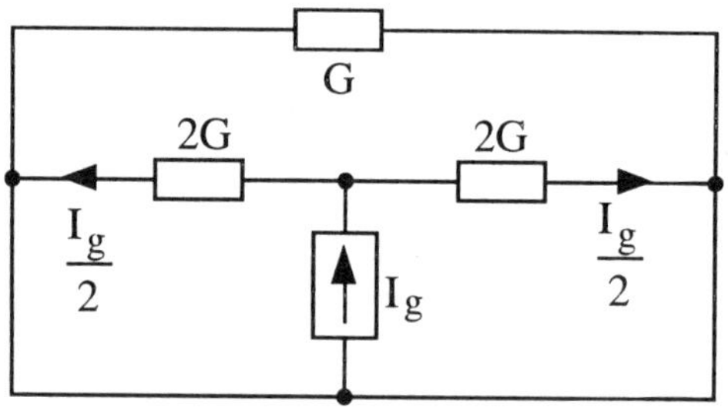

El circuito es equilibrado, por tanto:

$$P_{I_g} = \frac{I_g^2}{4G}.$$

<u>Respuesta D</u>

ITEM 2.31

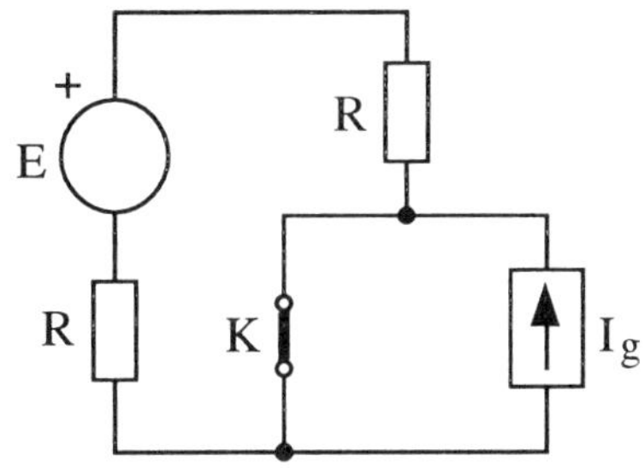

La potencia generada por la fuente de tensión es de P vatios, estando el interruptor K cerrado; abrimos K, la potencia generada por dicha fuente tendrá el valor:

A. P W.
B. - P W.
C. EI_g.
D. - EI_g.
E. $2I_g^2$ R.
F. Diferente.

SOLUCIÓN 2.31

Al abrir K, la fuente de corriente inyecta la intensidad - I_g a la fuente de tensión. Por tanto: $P_E = - EI_g$.

Respuesta D

ITEM 2.32

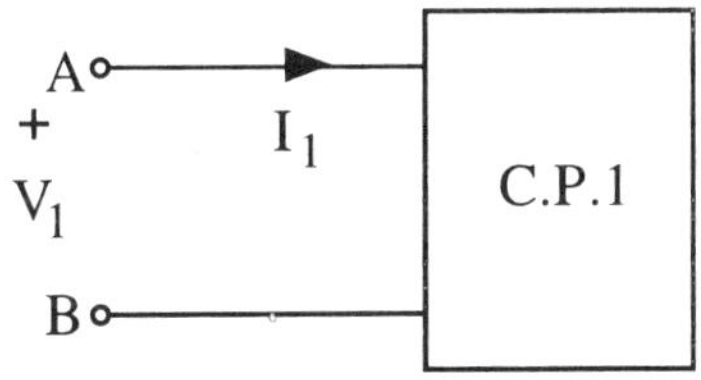

Figura 1

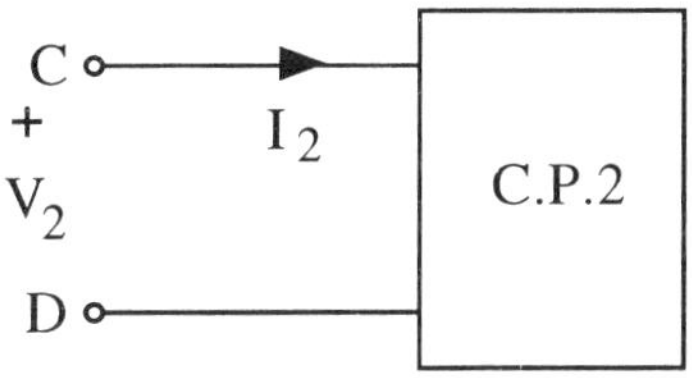

Figura 2

Para que la potencia consumida por los circuitos pasivos de las figuras 1 y 2 sea la misma, ha de verificarse necesariamente:

A. $V_1 = V_2$.
B. $I_1 = I_2$.
C. $R_{AB} = R_{CD}$.
D. $\frac{V_1}{V_2} = \frac{I_2}{I_1}$.
E. $\frac{V_1}{V_2} = \frac{I_1}{I_2}$.
F. Condiciones diferentes.

SOLUCIÓN 2.32

$$P_1 = V_1 I_1 \quad y \quad P_2 = V_2 I_2.$$

Luego:

$$P_1 = P_2 \quad \Rightarrow \quad V_1 I_1 = V_2 I_2 \quad \Rightarrow \quad \frac{V_1}{V_2} = \frac{I_2}{I_1}.$$

Respuesta D

ITEM 2.33

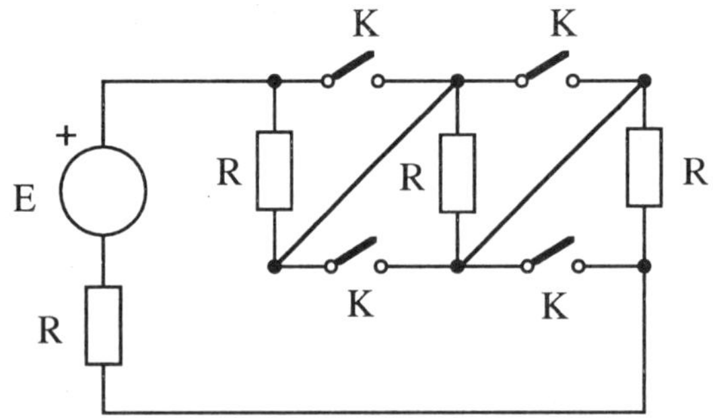

En el circuito de la figura, las cuatro resistencias son iguales. Estando los cuatro interruptores abiertos, la potencia consumida tiene el valor P W. Cerramos los cuatro interruptores, el circuito consumirá la potencia:

A. 2P W.

B. $\frac{P}{2}$ W.

C. P W.

D. 4P W.

E. $\frac{P}{4}$ W.

F. Diferente.

SOLUCIÓN 2.33

Con K abierto => $P = E^2/4\,R$.

Con K cerrado => $P' = E^2/R = 4\,P$.

Respuesta D

ITEM 2.34

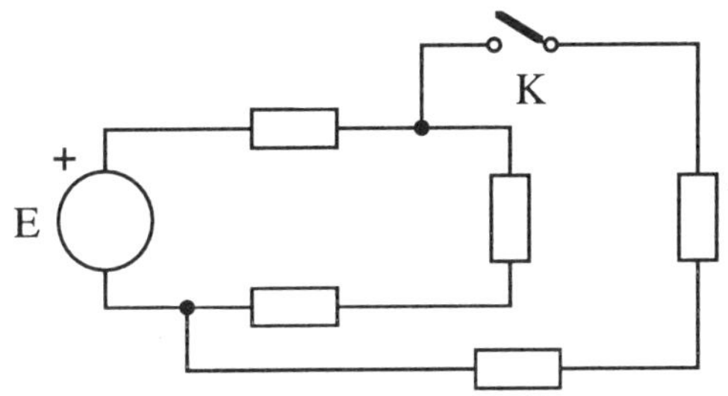

En el circuito de la figura, las cinco resistencias son idénticas. Con el interruptor K abierto, la potencia suministrada por la fuente es de P vatios. Cerramos el interruptor K; una vez establecido el régimen permanente, la potencia suministrada por la fuente, tiene el valor:

A. 1,5P W.

B. $\frac{2P}{3}$ W.

C. 2P W.

D. P W.

E. $\frac{4P}{3}$ W.

F. Diferente.

SOLUCIÓN 2.34

Con K abierto, la resistencia equivalente del circuito es:

$$R_e = 3R \quad => \quad P = \frac{E^2}{3R}.$$

Con K cerrado, la resistencia equivalente es ahora:

$$R_e' = R + (2R \,//\, 2R) = 2R \quad => \quad P' = \frac{E^2}{2R}.$$

Por tanto:

$$P' = \frac{3P}{2} = 1,5\ P.$$

Respuesta A

ITEM 2.35

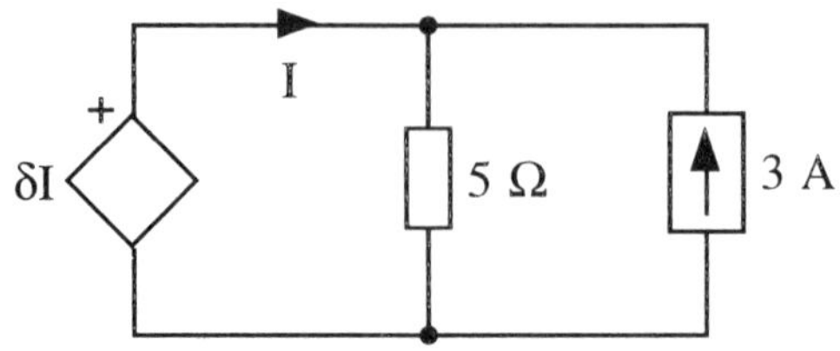

Sea el circuito de la figura con δ = 2 Ω. La potencia generada por la fuente de intensidad, tiene el valor:

A. - 30 W.
B. - 22,5 W.
C. - 15 W.
D. 15 W.
E. Cero.
F. Diferente.

SOLUCIÓN 2.35

Aplicando la 1ª ley de Kirchhoff: $I + 3 = 2\,\frac{I}{5}$. => $I = -5$ A.

La potencia generada por la fuente de intensidad, será: $P = 2\,I \cdot 3 = -30$ W.

Respuesta A

ITEM 2.36

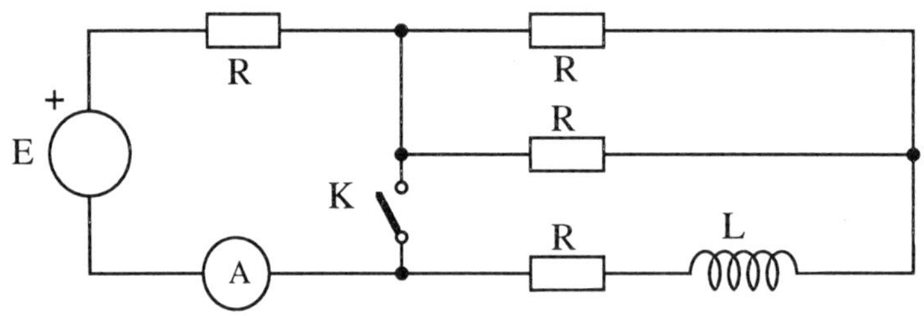

En el circuito de la figura, E = 10 V y las cuatro resistencias son iguales. Estando el interruptor K abierto y el circuito en régimen permanente, la lectura del amperímetro es de 1 A.
En t = 0, cerramos el interruptor; la potencia generada por la fuente en t = ∞, tiene el valor:

A. $\frac{50}{3}$ W.
B. $\frac{75}{4}$ W.
C. 10 W.
D. 25 W.
E. Indeterminado.
F. Diferente.

SOLUCIÓN 2.36

Con K abierto y el circuito en régimen permanente, la red se comporta, tal como se indica en la figura. Por tanto:

$$10 = (R + R + R/2)1 \quad \Rightarrow \quad R = \frac{20}{5} = 4\ \Omega.$$

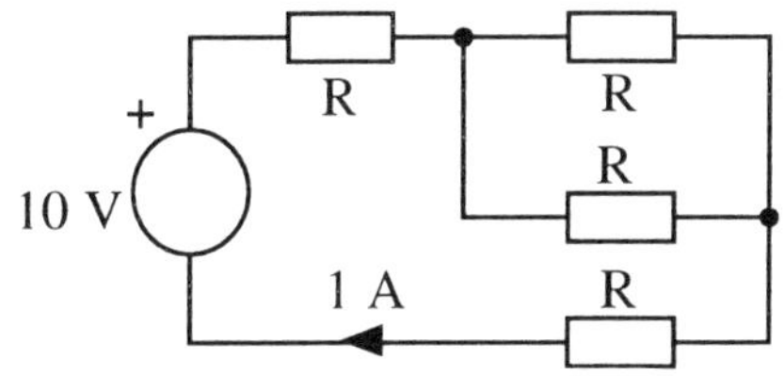

Cerramos K, una vez alcanzado el régimen permanente, se verifica:

$$I' = \frac{10}{R} = \frac{10}{4} = 2,5\ A.$$

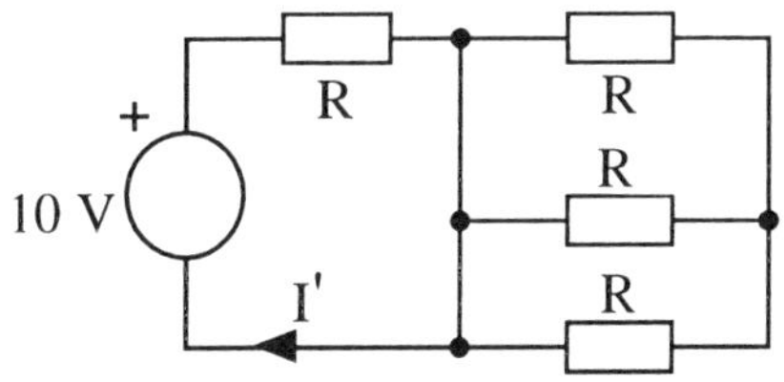

La potencia P', generada por la fuente es:

$$P' = 10 \cdot I' = 25\ W.$$

<u>Respuesta D</u>

ITEM 2.37

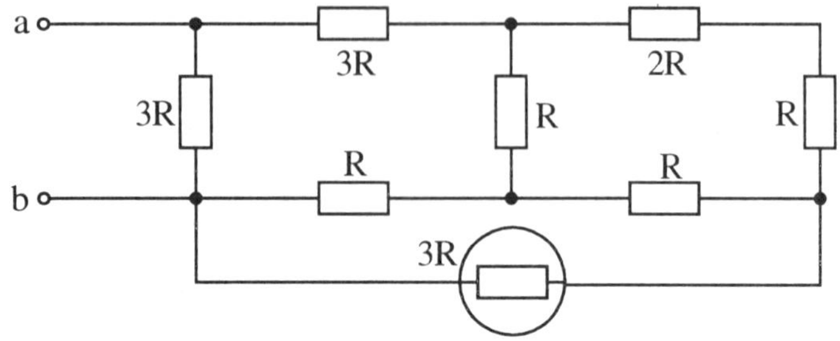

El circuito de la figura consume una potencia de 1800 W, cuando por la resistencia encerrada en un círculo, circula la intensidad de 2 A. Cortocircuitamos la referida resistencia, manteniendo constante la tensión aplicada.
En estas condiciones, la potencia consumida por la red, tiene el valor:

A. 6480 W.
B. 3240 W.
C. 1050 W.
D. 1800 W.
E. 1890 W.
F. Diferente.

SOLUCIÓN 2.37

Estando sin cortocircuitar, el circuito puede ponerse de la forma:

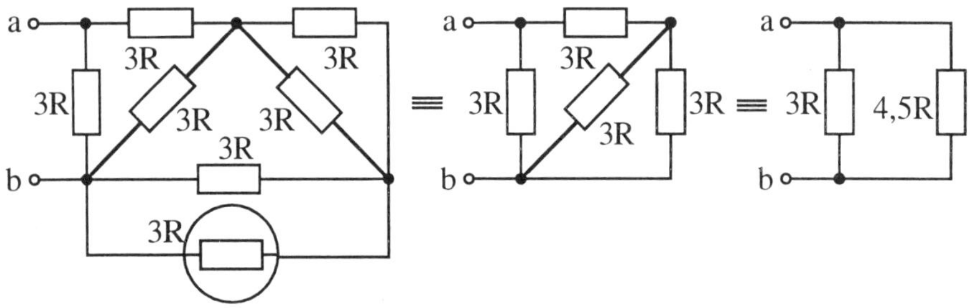

$$R_{AB} = 1{,}8\ R.$$

Se verificará, por tanto:

$$\frac{V_{AB}^2}{1{,}8R} = 1800 \quad => \quad \frac{V_{AB}^2}{R} = 3240.$$

Si cortocircuitamos la resistencia encerrada en un círculo, y a la vista de los resultados anteriores, queda:

$$R'_{AB} = 3\ R\ //\ 4\ R = \frac{12R}{7}.$$

La potencia consumida por la red en estas condiciones, es:

$$P' = \frac{7V_{AB}^2}{12R} = \frac{7 \cdot 3240}{12} = 1890\ W.$$

Respuesta E

ITEM 2.38

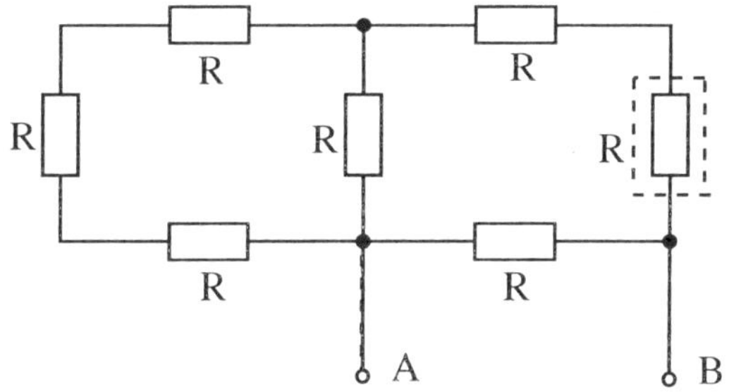

En el circuito de la figura, las siete resistencias son iguales. Entre los nudos A y B aplicamos una tensión V. La resistencia encerrada en un rectángulo, consume una potencia de 100 W. La potencia consumida por la red, tiene valor:

A. 700 W.

B. 9300 W.

C. 10000 W.

D. 16500 W.

E. $\frac{4125}{4}$ W.

F. Diferente.

SOLUCIÓN 2.38

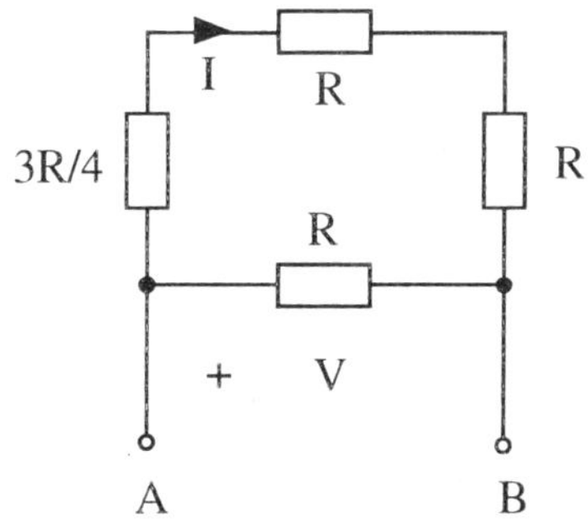

El circuito puede ponerse de la forma que se indica.

La potencia total será:

$$P_t = \frac{4V^2}{11R} + \frac{V^2}{R} = \frac{15V^2}{11R} \text{ W.}$$

$$P = I^2R = \frac{16V^2}{121R} = 100 \text{ W} \quad => \quad \frac{V^2}{R} = \frac{3025}{4} \text{ W.}$$

$$P_t = \frac{4125}{4} \text{ W.}$$

Respuesta E

ITEM 2.39-40

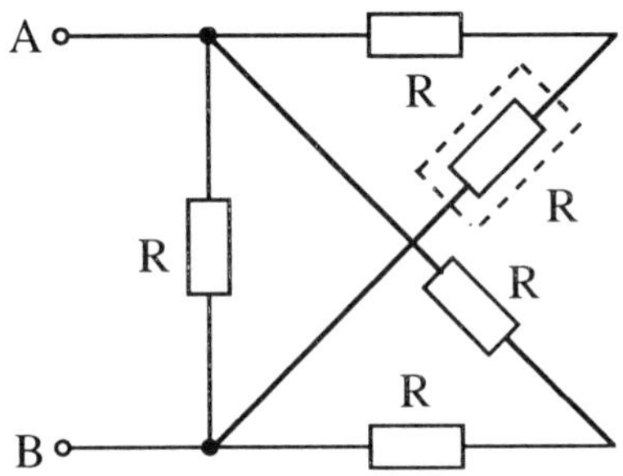

2.39. Sea el circuito de la figura. Entre los terminales A-B, conectamos una fuente ideal de tensión que suministra una potencia de P W. La potencia consumida por la resistencia encerrada en un rectángulo, tiene el valor:

A. $\frac{P}{6}$ W.
B. $\frac{P}{8}$ W.
C. $\frac{P}{5}$ W.
D. $\frac{2P}{9}$ W.
E. $\frac{4P}{17}$ W.
F. Diferente.

2.40. Idéntico circuito al del ítem 2.39. Entre los terminales A-B, conectamos una fuente ideal de intensidad que suministra una potencia de P W. La potencia consumida por la resistencia encerrada en un rectángulo, tiene el valor:

A. $\frac{P}{6}$ W.
B. $\frac{P}{8}$ W.
C. $\frac{P}{5}$ W.
D. $\frac{2P}{9}$ W.
E. Indeterminado.
F. Diferente.

SOLUCIÓN 2.39

Las intensidades se reparten tal como se indica en la figura. La potencia total, será:

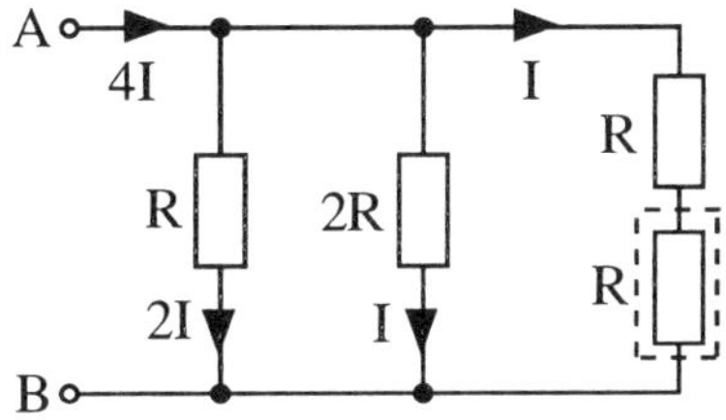

$$P = (4I)^2 R_e(A-B) = 16\,I^2\,\frac{R}{2} \qquad => \qquad P = 8I^2R.$$

La potencia pedida, tendrá el valor:

$$P_R = I^2R = \frac{P}{8}\ W.$$

Respuesta B

SOLUCIÓN 2.40

Obviamente, si el elemento activo suministra la misma potencia que en el caso anterior, también se verificará que:

$$P_R = \frac{P}{8}\ W.$$

Respuesta B

ITEM 2.41

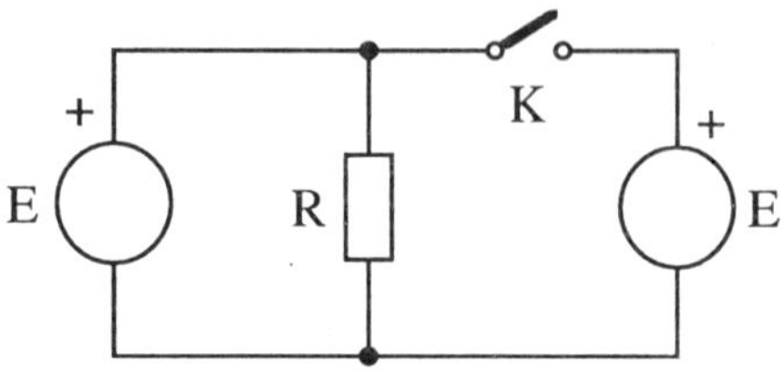

La resistencia R, con el interruptor K abierto, consume una potencia de P W. Con el interruptor K cerrado la potencia consumida por R, tendrá el valor:

A. 2P W.	C. P W.	E. $\frac{P}{4}$ W.
B. $\frac{P}{2}$ W.	D. 4P W.	F. Diferente.

SOLUCIÓN 2.41

La potencia consumida por R se mantiene constante, ya que la diferencia de potencial entre sus extremos no varía. Lo que cambiará lógicamente, será la potencia generada por los elementos activos.

Respuesta C

ITEM 2.42

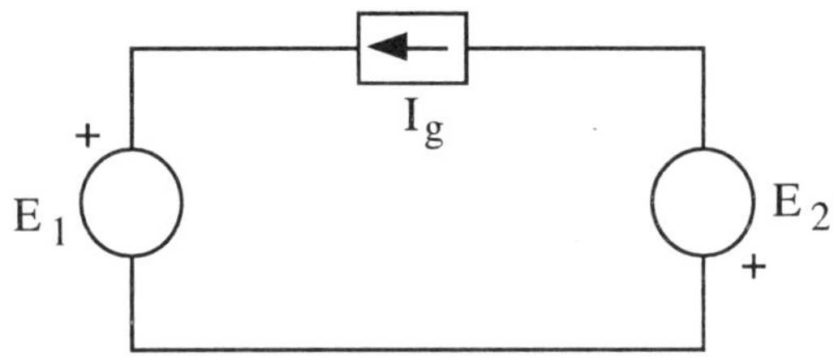

En el circuito de la fig., todas las fuentes son de corriente continua $E_2 = 100$ V y la fuente de intensidad, $I_g = 20$ A, genera 400 W. La potencia generada por E_1, tiene el valor:

A. 1,6 kW.	C. 2,4 kW.	E. Indeterminado.
B. - 1,6 kW.	D. - 2,4 kW.	F. Diferente.

SOLUCIÓN 2.42

Potencia generada por I_g:

$$P_{I_g} = 400 \text{ W}$$

Potencia generada por E_2:

$$P_{E_2} = 100(-20) = -2000 \text{ W}$$

Por tanto:

$$P_{E_2} + P_{E_1} + P_{I_g} = 0$$

Con esto:

$$P_{E_1} = 1600 \text{ W}$$

Respuesta A

ITEM 2.43-44

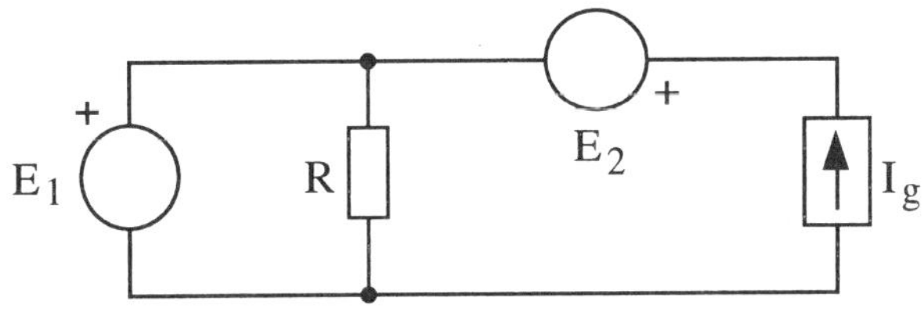

2.43. En el circuito de la figura, todas las fuentes son de corriente continua:

$E_1 = 100$ V; $E_2 = 30$ V; $I_g = 10$ A.

La potencia consumida por la resistencia es de 400 W. La potencia generada por la fuente de intensidad, tiene el valor:

A. - 1300 W.
B. - 1000 W.
C. - 300 W.
D. 300 W.
E. 1300 W.
F. Diferente.

2.44. Igual enunciado que el ítem 2.43. La potencia generada por la fuente E_1, tiene el valor:

A. 1400 W.
B. 600 W.
C. - 600 W.
D. - 1400 W.
E. Indeterminado.
F. Diferente.

SOLUCIÓN 2.43

La potencia generada por la fuente de intensidad, será:

$$P_{I_g} = I_g(E_1 + E_2) = 1{,}3 \text{ kW}.$$

Respuesta E

SOLUCIÓN 2.44

La potencia consumida por la resistencia, es:

$$400 = \frac{E_1^2}{R} \quad \Rightarrow \quad R = \frac{10000}{400} = 25\ \Omega.$$

La potencia generada por E_1, será:

$$P_{E_1} = E_1\left(\frac{E_1}{R} - I_g\right) = -600 \text{ W}.$$

Respuesta C

ITEM 2.45

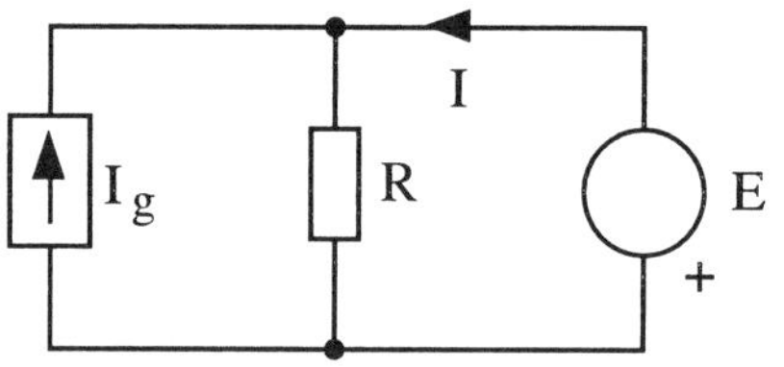

En el circuito de la figura, se verifica: $E > 0$; $I_g > 0$. Con relación a la fuente de tensión E, se puede afirmar:

A. Actúa como generador.
B. Actúa como receptor.
C. Consume la potencia $E\,I_g$.
D. Puede actuar como generador o receptor.
E. Son ciertas las respuestas B y C.
F. Son ciertas las respuestas A y C.

SOLUCIÓN 2.45

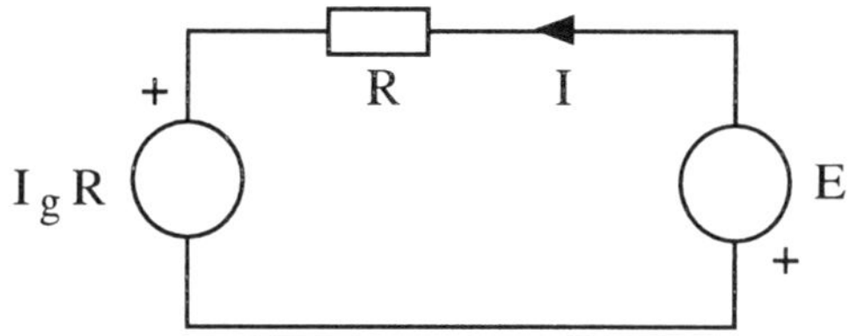

Figura 1

Se transforma la fuente real de corriente en su equivalente de tensión (Figura 1)

$$I = \frac{-\left(I_g R + E\right)}{R} < 0.$$

Al ser $E > 0$, $I_g > 0$, I resulta negativa, luego la fuente de corriente actúa como receptor; y la de tensión ha de funcionar como generador.

Respuesta A

ITEM 2.46-47

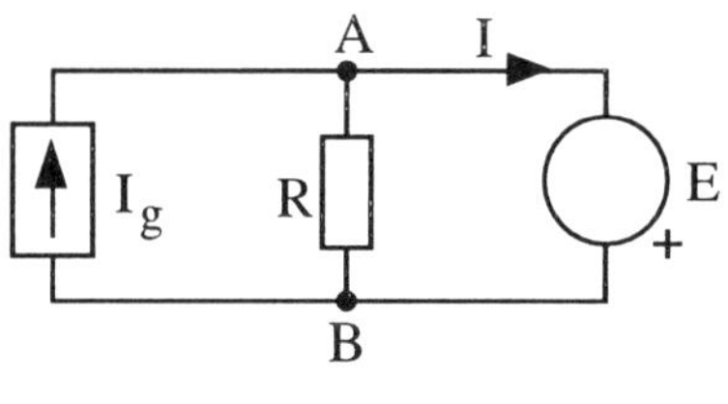

2.46. Sea el circuito de la figura. Se verifica: $E > 0$; $I_g > 0$. El funcionamiento de las fuentes, será el siguiente:

A. La de tensión actúa como generador y la de intensidad como receptor.
B. La de tensión actúa como generador y la de intensidad como generador.
C. La de tensión actúa como receptor y la de intensidad como generador.
D. Son posibles las respuestas A y C.
E. Son posibles las respuestas B y C.
F. Son posibles las respuestas A, B y C.

2.47. Igual enunciado que el ítem 2.46. La ecuación de potencias del circuito, es:

A. $EI = EI_g + E^2/R$.
B. $E(I + I_g) = E^2/R$.
C. $EI_g = EI + E^2/R$.
D. $EI + EI_g + E^2/R = 0$.
E. $I_g^2 R = EI$.
F. Diferente.

SOLUCIÓN 2.46

La fuente de intensidad funciona como receptor ya que $V_{AB} = - E$; como consecuencia, la fuente E trabaja como generador.

Respuesta A

SOLUCIÓN 2.47

Elementos activos:

$$P_A = EI - EI_g.$$

Elementos pasivos:

$$P_P = E^2/R.$$

Por tanto:

$$EI = EI_g + E^2/R.$$

Respuesta A

ITEM 2.48

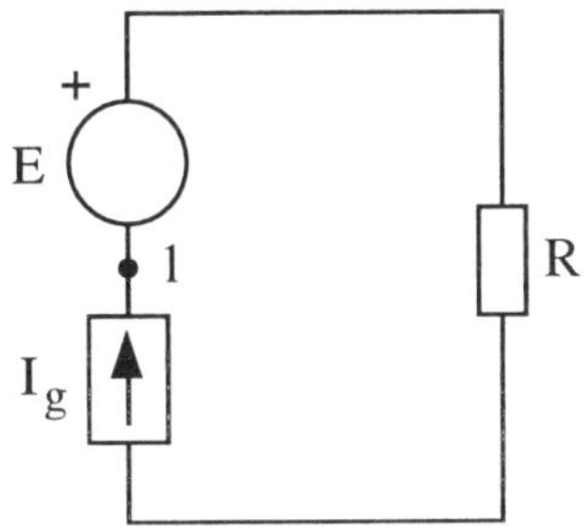

Sean las fuentes ideales de la figura. Se verifica: $E > 0$; $I_g > 0$.
Con referencia a la fuente de intensidad, deducimos:

A. Actúa como generador.
B. Funciona como receptor.
C. Puede funcionar como generador, receptor o en vacío.
D. Genera una potencia mayor que cero.
E. Genera una potencia menor que cero.
F. Son ciertas las respuestas A y D.

SOLUCIÓN 2.48

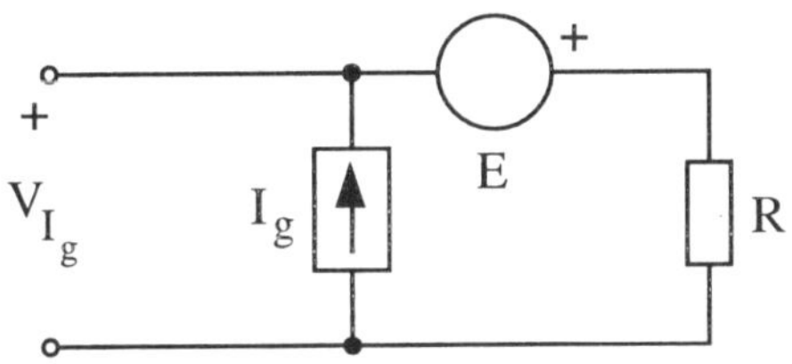

La diferencia de potencial en la fuente de intensidad es:

$$V_{I_g} = - E + I_g R.$$

Dependiendo del signo de V_{I_g}, la fuente I_g podrá actuar como generador, como receptor o en vacío.

<u>Respuesta C</u>

ITEM 2.49-51

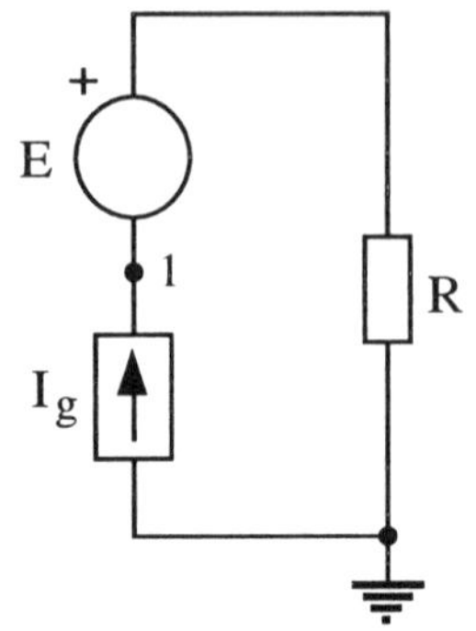

2.49. Sean las fuentes ideales de la figura. Se verifica: $E > 0$; $Ig > 0$. Con referencia a la fuente de tensión, deducimos:

A. Actúa como generador.
B. Funciona como receptor.
C. Puede funcionar como generador o receptor.
D. Está generando una potencia mayor que cero.
E. Son ciertas las respuestas A y D.
F. Son ciertas las respuestas C y D.

2.50. Igual enunciado que el ítem 2.49. Con referencia a la fuente de intensidad, deducimos:

A. Actúa como generador.
B. Funciona como receptor.
C. Puede funcionar como generador, receptor o en vacío.
D. Está generando una potencia mayor que cero.
E. Son ciertas las respuestas A y D.
F. Son ciertas las respuestas C y D.

2.51. Igual enunciado que el ítem 2.49. El balance de potencias del circuito, es el siguiente:

A. $EI_g = V_1 I_g + R I_g^2$.
B. $EI_g + V_1 I_g = R I_g^2$.
C. $V_1 I_g = EI_g + R I_g^2$.
D. $EI_g + V_1 I_g + R I_g^2 = 0$.
E. $EI_g = R I_g^2$.
F. Diferente.

SOLUCIÓN 2.49

La fuente E, actúa como generador al ser $E > 0$ e $Ig > 0$. Evidentemente, la potencia generada es mayor que cero.

Respuesta E

SOLUCIÓN 2.50

El tipo de funcionamiento de la fuente de intensidad, dependerá del valor de V_1.

En efecto:

$$V_1 = - E + I_g R.$$

Obviamente, dependiendo de los valores de E, I_g y R, V_1 podrá ser mayor, igual o menor que cero.

Si $V_1 > 0$ => generador.

Si $V_1 = 0$ => en vacío.

Si $V_1 < 0$ => receptor.

Respuesta C

SOLUCIÓN 2.51

De acuerdo con el ítem 2.50:

$$V_1 = - E + I_g R.$$

Multiplicando ambos miembros por Ig:

$$V_1 I_g = - E I_g + I_g^2 R \quad => \quad V_1 I_g + E\, I_g = I_g^2 R.$$

Respuesta B

ITEM 2.52-53

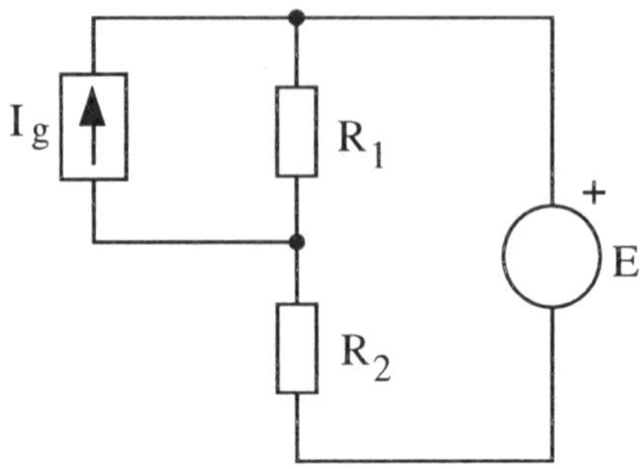

2.52. En el circuito de la figura, las fuentes son idealcs.

$$E > 0; I_g > 0; R_1 = R_2 > 0.$$

Con referencia a la fuente de corriente, se verifica:

A. Solo funciona como generador.
B. Solo funciona como motor.
C. Puede funcionar como generador o motor.
D. Puede funcionar en vacío.
E. Son posibles las respuestas C y D.
F. Todas las respuestas son falsas.

2.53. Igual enunciado que el ítem 2.52. Con referencia a la fuente de tensión, se verifica:

A. Puede funcionar como generador o motor.
B. Puede funcionar en vacío.
C. Solo funciona como motor.
D. Solo funciona como generador.
E. Son posibles las respuestas A y B.
F. Todas las respuestas son falsas.

SOLUCIÓN 2.52

Vamos a calcular la tensión de la fuente de corriente, con las referencias indicadas en la figura, considerando $R = R_1 = R_2$:

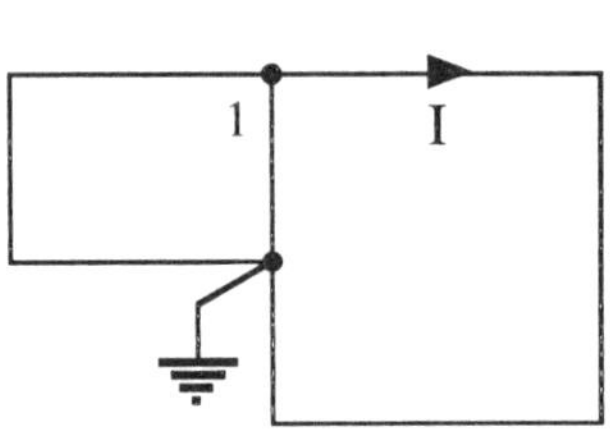

$$\frac{2V_1}{R} = I_g + \frac{E}{R}.$$

Por tanto:

$V_1 = \frac{RI_g}{2} + \frac{E}{2}$; al ser $V_1 > 0$; la fuente de corriente solo puede funcionar como generador:

$$P_{I_g} = V_1 \cdot I_g > 0.$$

Respuesta A

SOLUCIÓN 2.53

Su régimen de funcionamiento depende del sentido de la intensidad I.

Efectivamente:

$$V_1 = R\,I + E.$$

Por tanto:

Si $V_1 > E$ => $I > 0$. Régimen de motor.

Si $V_1 = E$ => $I = 0$. En vacío.

Si $V_1 < E$ => $I < 0$. Régimen de generador.

Respuesta E

ITEM 2.54

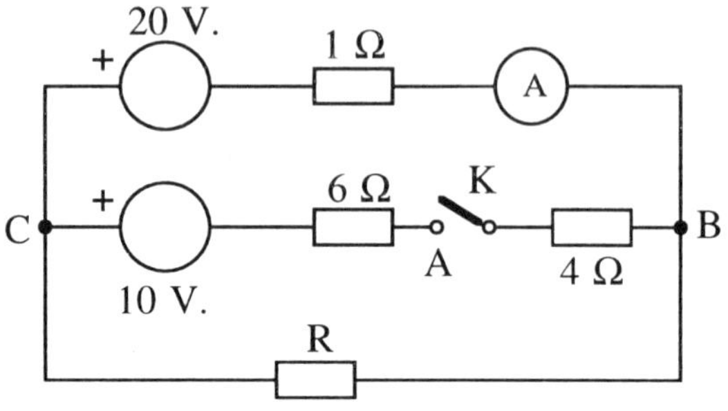

En el circuito de la figura, estando el interruptor K abierto, la lectura del amperímetro es de: $\frac{20}{11}$ A.
Con el interruptor K cerrado, la lectura del amperímetro, tendrá el valor:

A. 17,5 A.
B. $\frac{20}{11}$ A.
C. 37,5 A.
D. 2,5 A.
E. Cero.
F. Diferente.

SOLUCIÓN 2.54

Estando K abierto:

$$20 = \frac{20(R + 1)}{11} \quad => \quad R = 10\ \Omega.$$

Cerramos K. Aplicando el método de tensión de nudos, tomando el nudo B como referencia, tenemos:

$$V_C\left(1 + \frac{2}{10}\right) = 20 + 1 \quad => \quad V_C = 17{,}5\ V.$$

Por tanto el amperímetro marcará la intensidad que circula por la rama correspondiente; es decir:

$$I_A = \frac{20 - 17{,}5}{1} = 2{,}5\ A.$$

Respuesta D

ITEM 2.55

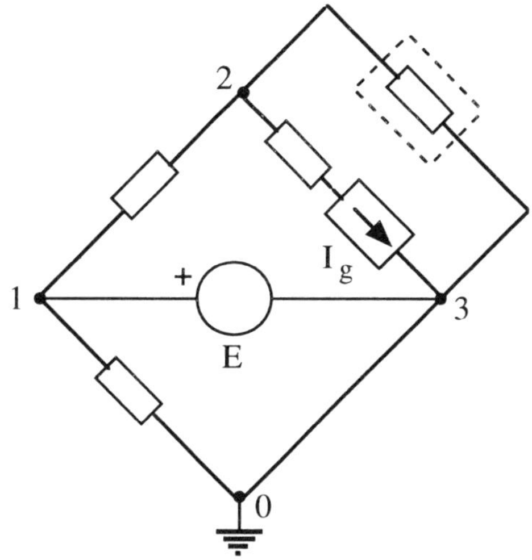

En el circuito de la figura, las cuatro resistencias tienen el valor de 10 Ω.

$$E = 200\ V;\ I_g = 10\ A.$$

La potencia consumida por la resistencia encerrada en un rectángulo, tiene el valor:

A. 1000 W.
C. $\frac{1000}{9}$ W.
E. 250 W.
B. 125 W.
D. 500 W.
F. Diferente.

SOLUCIÓN 2.55

Evidentemente:

$$V_3 = 0.$$

Aplicando el método de tensión de nudos, la tensión del nudo 2, es:

$$V_2 \left(\frac{2}{10}\right) - \frac{200}{10} = -10 \quad => \quad V_2 = 50\ V.$$

Luego la potencia pedida será:

$$P_R = \frac{V_{23}^2}{R} = 250\ W.$$

<u>Respuesta E</u>

ITEM 2.56

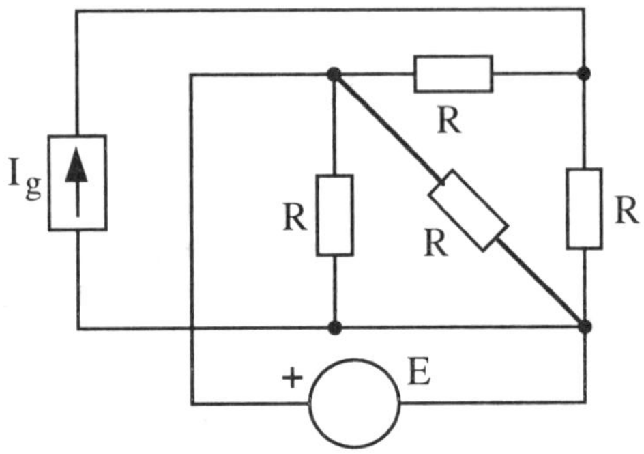

Sea la red de la figura. Para que la fuente de intensidad no suministre ni consuma potencia, la fuente E ha de tener el valor:

A. I_g.
B. RI_g.
C. - I_g/R.
D. - RIg.
E. Resulta imposible.
F. Diferente.

SOLUCIÓN 2.56

Para que la fuente de intensidad no genere ni consuma potencia, $V_1 = 0$. Aplicando el método de tensión de nudos:

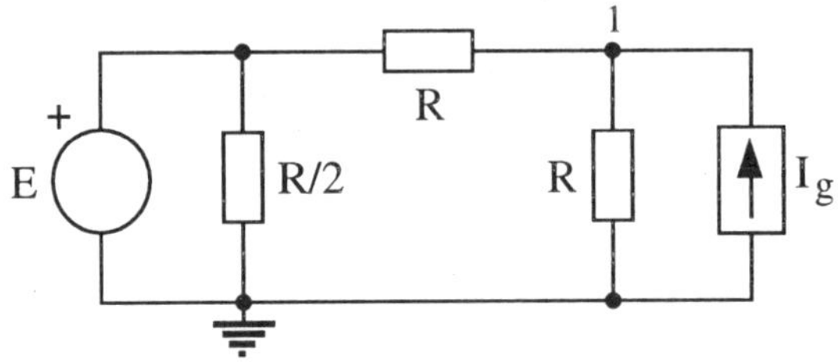

$$V_1\left(\frac{1}{R} + \frac{1}{R}\right) - \frac{E}{R} = I_g. \quad => \quad E = - RI_g.$$

Respuesta D

ITEM 2.57

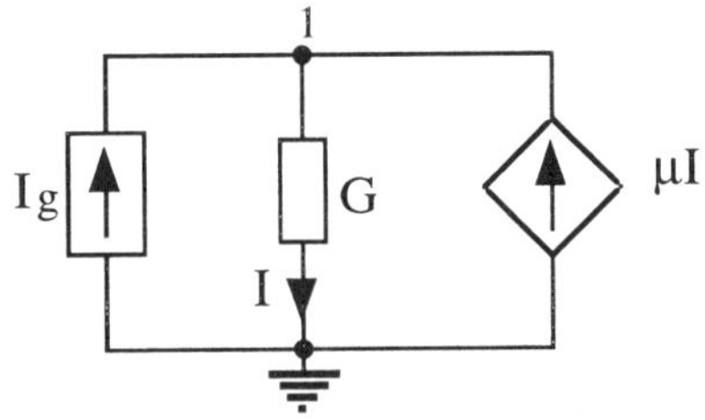

Sea el circuito de la figura. El potencial V_1, tiene el valor:

A. $I_gG/(1 - \mu)$.
B. $I_g/G(1 - \mu)$.
C. $I_g + \mu$.
D. $I_gG/(1 + \mu)$.
E. $I_g(1 - \mu)/G$.
F. Diferente.

SOLUCIÓN 2.57

Aplicando el método de tensión de nudos:

$$V_1 G = I_g + \mu I, \quad \text{con } I = G V_1.$$

Por tanto:

$$V_1 G (1 - \mu) = I_g \quad => \quad V_1 = I_g / G(1 - \mu).$$

Respuesta B

ITEM 2.58-59

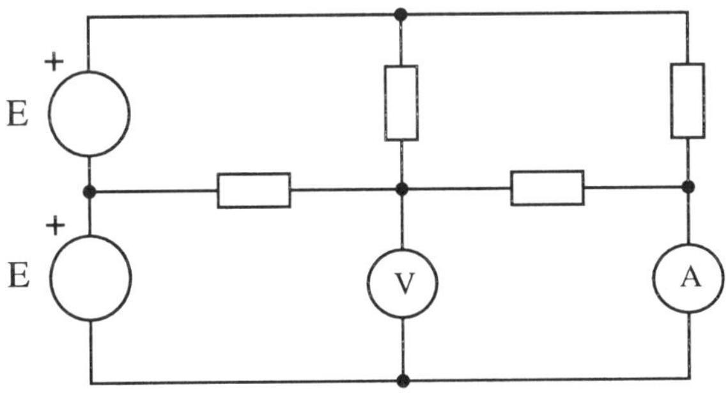

2.58. En el circuito de la figura, todas las resistencias tienen el mismo valor de 10 Ω. La f.e.m de las fuentes es de 50 V. La lectura del voltímetro V, tiene el valor:

A. 100 V.
B. 50 V.
C. 75 V.
D. 25 V.
E. Indeterminado.
F. Diferente.

2.59. Igual enunciado que el ítem 2.58. La lectura del amperímetro A, tiene el valor:

A. 12,5 A.
B. 5 A.
C. 15 A.
D. 10 A.
E. Indeterminado.
F. Diferente.

SOLUCIÓN 2.58

La red puede ponerse tal como se indica en la figura.

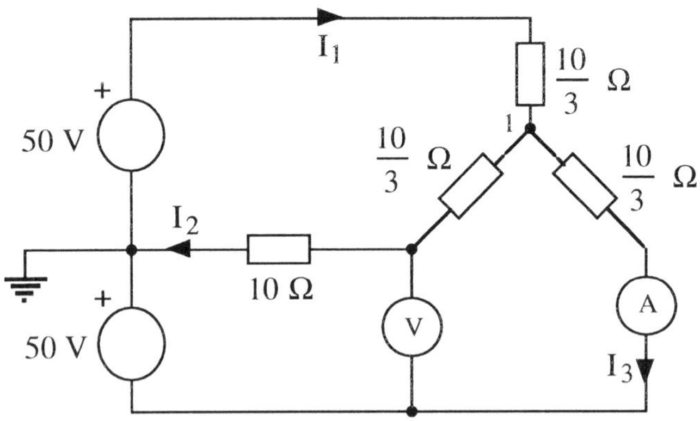

Figura.

Aplicando el método de tensión de nudos:

$$V_1\left(\frac{3}{10} + \frac{3}{10} + \frac{3}{40}\right) = 0 \quad => \quad V_1 = 0.$$

Por tanto:

$$I_2 = 0 \quad => \quad V = 50 \text{ V}.$$

Respuesta B

SOLUCIÓN 2.59

De acuerdo con el ítem anterior:

$$I_3 = \frac{V_1 + 50}{10/3} = 15 \text{ A}.$$

Por tanto la lectura del amperímetro, será de 15 A.

Respuesta C

ITEM 2.60-61

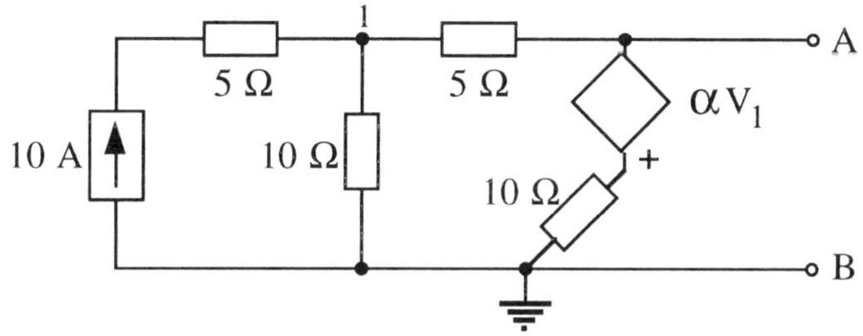

2.60. En el circuito de la figura, las fuentes son de corriente continua y $\alpha = 0{,}5$ La tensión del nudo 1, tiene el valor:

A. 20 V.	C. 25 V.	E.75 V.
B. $\frac{200}{9}$ V.	D. 50 V.	F. Diferente.

2.61. Igual enunciado que el ítem 2.60. La resistencia equivalente entre los terminales A y B, tiene el valor:

A. 2,5 Ω.	C. 6 Ω.	E. 15 Ω.
B. 5 Ω.	D. 10 Ω.	F. Diferente.

SOLUCIÓN 2.60

Aplicando el método de tensión de nudos, obtenemos:

$$V_1\left(\frac{1}{10} + \frac{1}{15}\right) = 10 - \frac{0{,}5V_1}{15} \; ; \qquad V_1 = 50 \text{ V}$$

Respuesta D

SOLUCIÓN 2.61

Teniendo en cuenta que $V_1 = 50$ V, la tensión a circuito abierto, es:

$$V_{AB} = \frac{10(V_1 + 0,5V_1)}{15} - 0.5\ V_1.$$

$$V_{AB} = -25 + \frac{750}{15} = 25\ V.$$

Calculamos la intensidad de cortocircuito de la red. En estas circunstancias, se verifica:

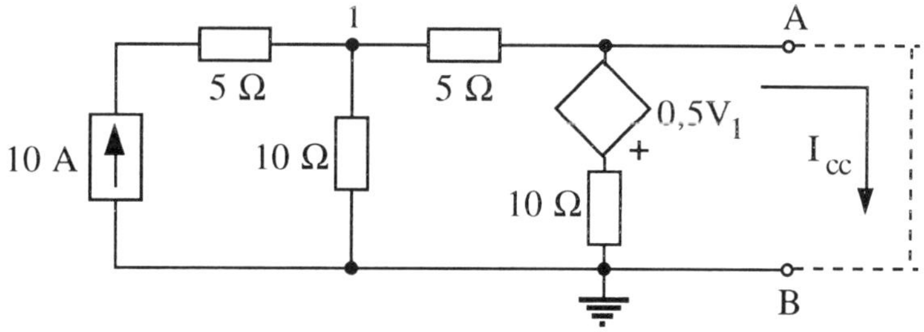

$$V_1\left(\frac{1}{10} + \frac{1}{5}\right) = 10 \quad => \quad V_1 = \frac{100}{3}\ V.$$

$$I_{cc} = I_1 - I_2 = \frac{100}{15} - \frac{50}{30} \quad => \quad I_{cc} = 5\ A.$$

Por tanto, la resistencia equivalente será:

$$R_{AB} = \frac{25}{5} = 5\ \Omega.$$

Otra forma de resolver el ítem es, aplicando la definición de resistencia de entrada:

$$R_{AB} = \frac{E}{I_1}.$$

Utilizando el método de intensidad de malla:

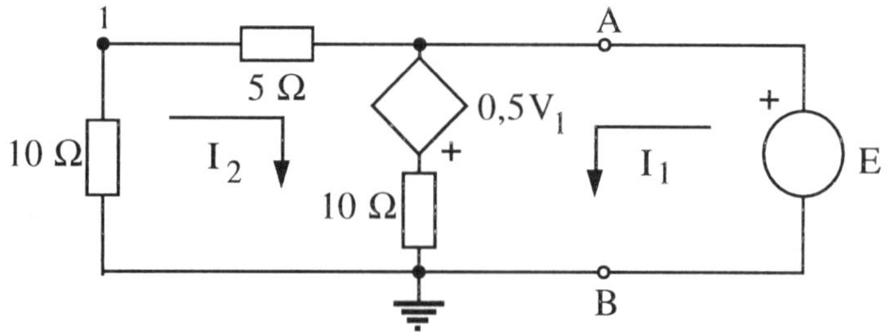

$$\begin{bmatrix} 10 & 10 \\ 10 & 25 \end{bmatrix} \begin{bmatrix} I_1 \\ I_2 \end{bmatrix} = \begin{bmatrix} E + 0,5V_1 \\ 0,5V_1 \end{bmatrix}$$

Como $V_1 = -10I_2$; obtenemos:

$$\begin{bmatrix} 10 & 15 \\ 10 & 30 \end{bmatrix} \begin{bmatrix} I_1 \\ I_2 \end{bmatrix} = \begin{bmatrix} E \\ 0 \end{bmatrix}$$

$$R_{AB} = \frac{E}{I_1} = \frac{\Delta}{\Delta_{11}} = \frac{300 - 150}{30} = 5\ \Omega.$$

Respuesta B

ITEM 2.62-63

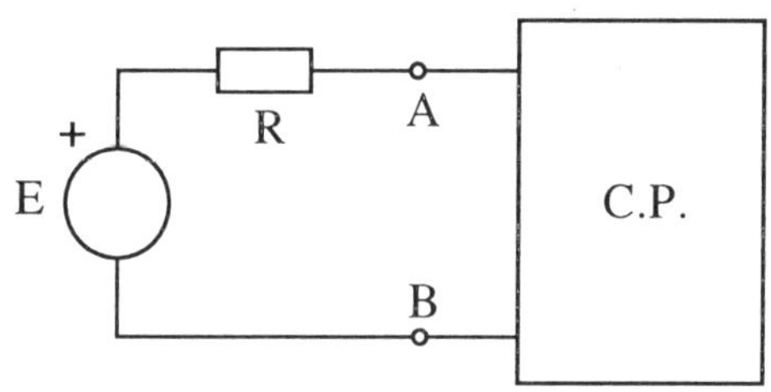

2.62. En el circuito de la figura, E = 100 V. El C.P. consume la máxima potencia posible que es de 500 W.
La resistencia R, tiene el valor:

A. 5 Ω.
B. 10 Ω.
C. 20 Ω.
D. 2,5 Ω.
E. Indeterminado.
F. Diferente.

2.63. Igual circuito que el ítem 2.62. Entre los terminales A-B conectamos una resistencia de 7,5 Ω. La potencia consumida por el C.P. en estas condiciones, vale:

A. 250 W.
B. 500 W.
C. 468,75 W.
D. 281,25 W.
E. Indeterminado.
F. Diferente.

SOLUCIÓN 2.62

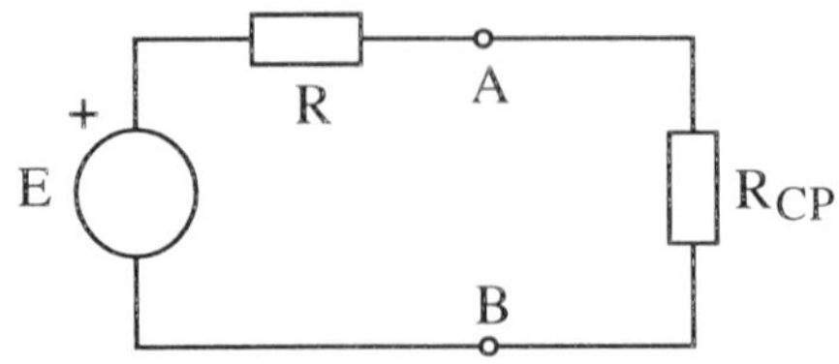

Al consumir la máxima potencia $R_{CP} = R$, luego:

$$I = \frac{E}{2R} \quad => \quad P = I^2R = \frac{E^2}{4R}.$$

Despejando el valor de R, resulta:

$$R = \frac{E^2}{4P} = \frac{10^4}{2 \cdot 10^3} = 5\ \Omega.$$

Respuesta A

SOLUCIÓN 2.63

La resistencia equivalente al conectar la nueva resistencia, vale:

$$R_{AB} = \frac{5 \cdot 7{,}5}{12{,}5} = 3\ \Omega;$$

Por tanto:

$$I' = \frac{25}{2}\ A. \quad => \quad V_{AB} = I'\,R_{AB} \quad => \quad V_{AB} = \frac{75}{2}\ V.$$

Además:

$$I_{CP} = \frac{15}{2}\ A.$$

La potencia consumida por el circuito pasivo en estas condiciones, valdrá:

$$P_{CP} = \left(\frac{15}{2}\right)^2 \cdot 5 = 281{,}25\ W.$$

Respuesta D

ITEM 2.64

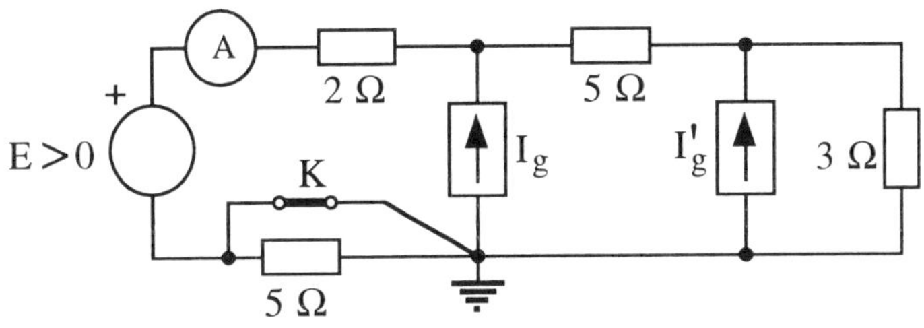

En el circuito de la figura, estando K cerrado, la lectura del amperímetro es de 6 A y la fuente de tensión genera una potencia de 100 W. Abrimos el interruptor K, la lectura del amperímetro, tendrá el valor:

A. 8 A.
B. 6 A.
C. 4 A.
D. Faltan datos.
E. Son posibles A y C.
F. Diferente.

SOLUCIÓN 2.64

Aplicando el teorema de compensación:

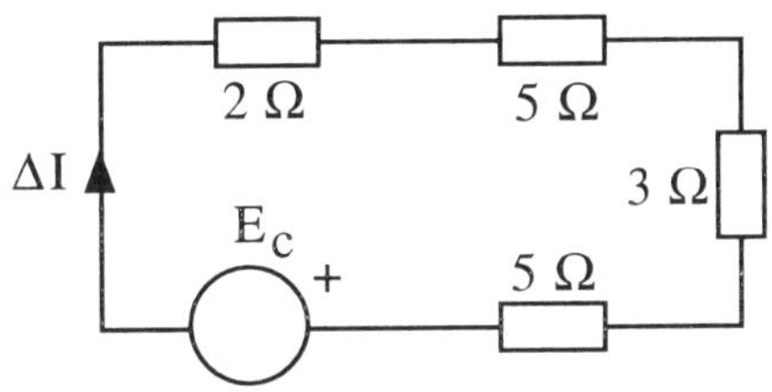

$$\Delta R = 5\ \Omega;\ \ E_c = 30\ V. \qquad \Rightarrow \qquad \Delta I = -\ 30/15 = -\ 2\ A.$$

Por tanto, la nueva lectura del amperímetro, será:

$$I' = 6 - 2 = 4\ A.$$

<u>Respuesta C</u>

ITEM 2.65

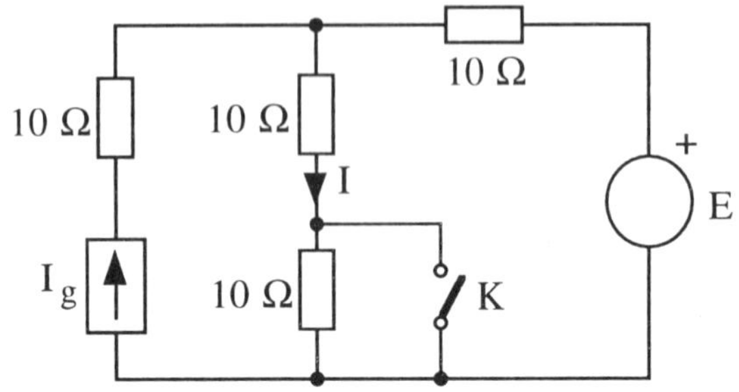

En el circuito de la figura, las fuentes son de corriente continua y de parámetros I_g y E no nulos. Estando K abierto, la intensidad I es de 20 A. Cerramos K; el nuevo valor de I será:

A. 10 A.

B. 30 A.

C. $\frac{80}{3}$ A.

D. 40 A.

E. $\frac{140}{3}$ A.

F. Diferente.

SOLUCIÓN 2.65

K abierto I = 20 A.

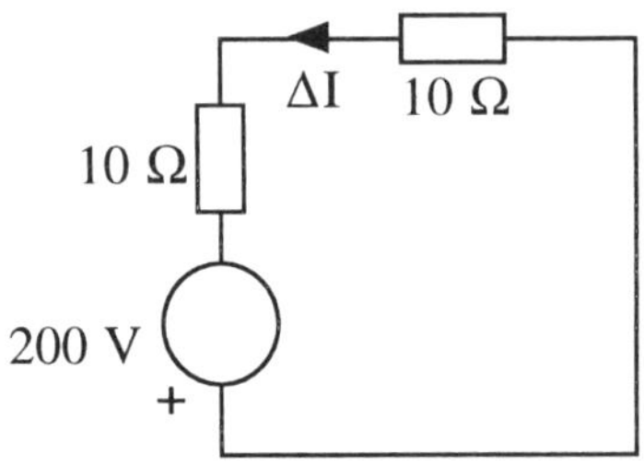

K cerrado $\Delta R = -10$.

Aplicando el teorema de compensación, obtenemos:

$$\Delta I = 200/20 = 10 \text{ A}.$$

El nuevo valor de I, será:

$$I' = 20 + \Delta I = 30 \text{ A}.$$

Respuesta B

ITEM 2.66

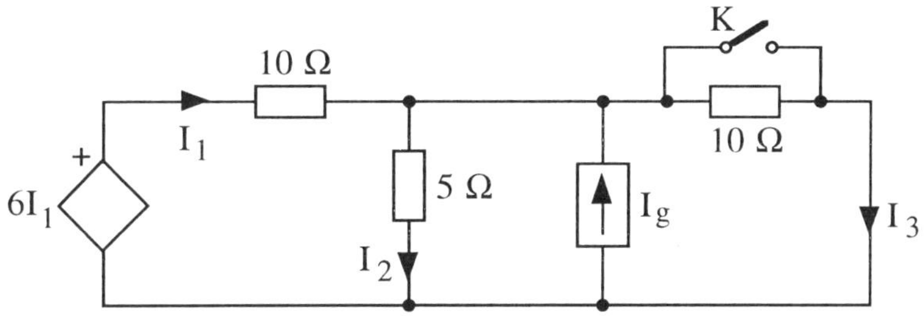

Sea el circuito de la figura. Estando el interruptor K abierto $I_2 = 2$ A. Cerramos K, el ΔI_3 tiene el valor:

A. - 0,5 A.
B. 4,5 A
C. 1,5 A.
D. 2,5 A.
E. Indeterminado.
F. Diferente.

SOLUCIÓN 2.66

Aplicamos el teorema de compensación.

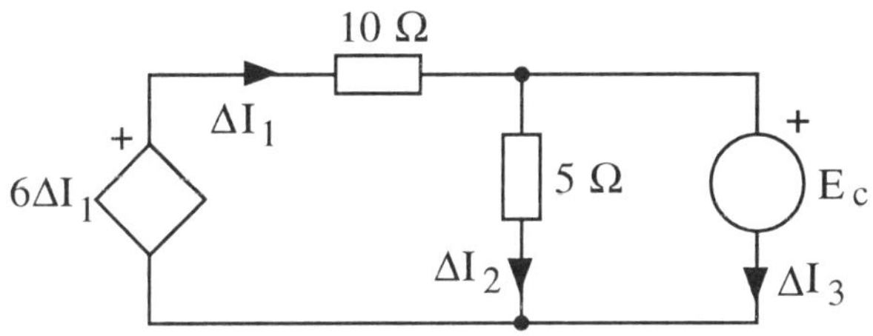

El valor de la fuente de compensación $E_c = \Delta R I_3$.

Siendo $\Delta R = -10\ \Omega$ e $I_3 = 1$ A, resulta:

$$E_c = -10 \text{ V.}$$

La figura muestra el circuito que tenemos que emplear:

$$-10 = 6\Delta I_1 - 10\Delta I_1 \quad => \quad \Delta I_1 = 2{,}5 \text{ A.}$$

Aplicando la 1ª ley de Kirchhoff:

$$\Delta I_3 = -\Delta I_2 + \Delta I_1 = \frac{10}{5} + 2{,}5 = 4{,}5 \text{ A.}$$

<u>Respuesta B</u>

ITEM 2.67-68

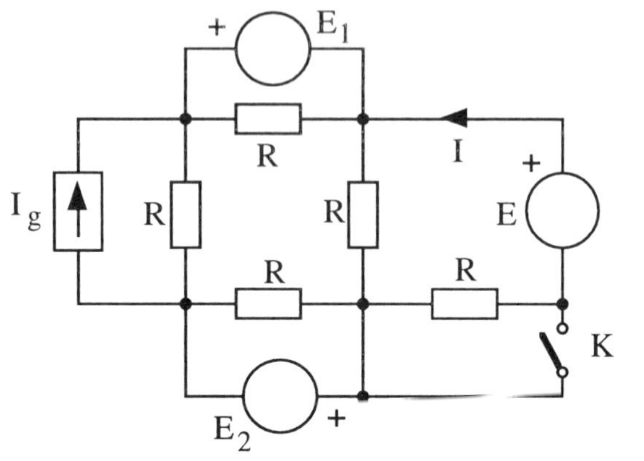

2.67. En el circuito de la figura, todas las resistencias tienen el valor de 10 Ω. La fuente de f.e.m E, genera una potencia de 15E W, con el interruptor K cerrado. Abrimos K; la potencia que genera la fuente E, vale:

A. 15E W.
B. 5E W.
C. $\frac{43E}{7}$ W.
D. 25E W.
E. Indeterminado.
F. Diferente.

2.68. Igual enunciado que el ítem 2.67. El incremento de potencia generado por la fuente de corriente, con K abierto, tiene el valor:

A. $5I_g$ W.
B. - $5I_g$ W.
C. - $50I_g$ W.
D. - $10I_g$ W.
E. Indeterminado
F. Diferente.

SOLUCIÓN 2.67

Con K cerrado: I = 15 A.

Aplicando el teorema de compensación,

con E_C = 150 V, resulta:

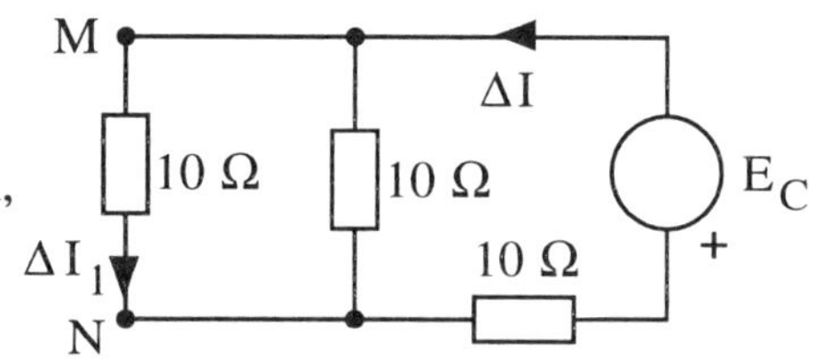

$$\Delta I = -\frac{150}{15} = -10 \text{ A} \quad => \quad I' = 15 - 10 = 5 \text{ A} \quad => \quad P' = 5E \text{ W.}$$

<u>Respuesta B</u>

SOLUCIÓN 2.68

$$\Delta I_1 = -5\text{ A} \quad \Rightarrow \quad \Delta V_{MN} = -50\text{ V} \quad \Rightarrow \quad \Delta P_{I_g} = -50\, I_g\text{ W}.$$

Respuesta C

ITEM 2.69

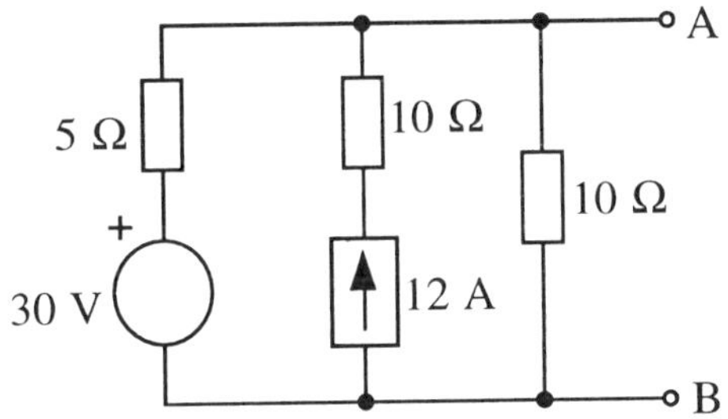

Fig. 1

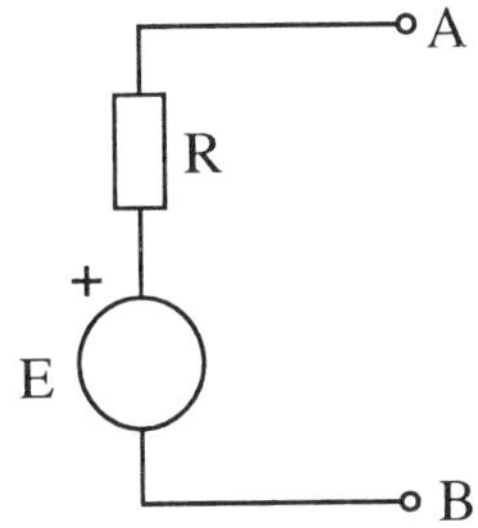

Fig. 2

Para que los circuitos de las figuras 1 y 2 sean equivalentes, han de cumplirse las condiciones:

A. $E = 60$ V; $R = 2{,}5\ \Omega$.

B. $E = 60$ V; $R = \dfrac{10}{3}\ \Omega$.

C. $E = 120$ V; $R = 2{,}5\ \Omega$.

D. $E = 120$ V; $R = \dfrac{10}{3}\ \Omega$.

E. $E = 45$ V; $R = \dfrac{10}{3}\ \Omega$.

F. Diferentes.

SOLUCIÓN 2.69

Calculamos el equivalente de Thévenin entre A y B, en el circuito de la fig. 1:

$$V_A\left(\frac{1}{5} + \frac{1}{10}\right) = 12 + \frac{30}{5} = 18. \quad \Rightarrow \quad V_A = 60\text{ V}. \quad \Rightarrow \quad E = 60\text{ V}.$$

y la resistencia de entrada entre A y B vale 10 // 5:

$$R_{AB} = R = \frac{50}{15} = \frac{10}{3}\ \Omega.$$

Respuesta B

ITEM 2.70

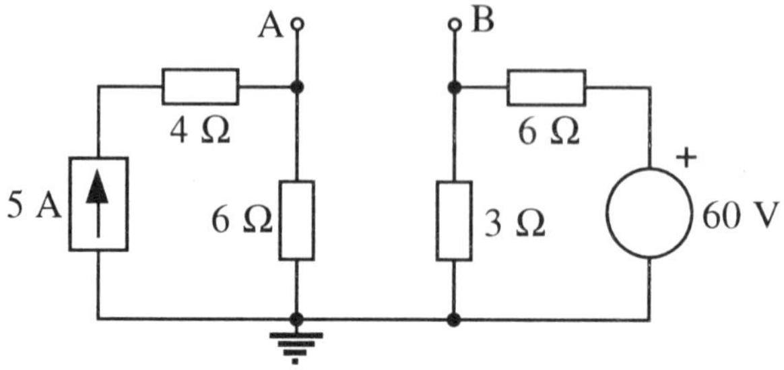

Figura 1

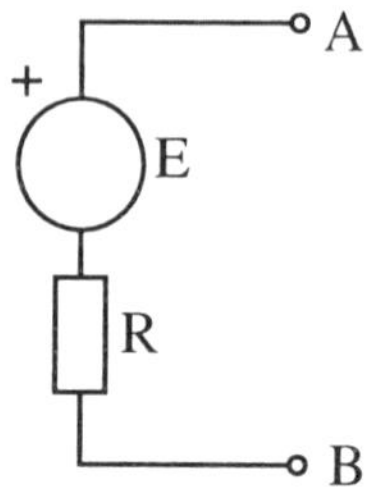

Figura 2

Para que los circuitos de las figuras 1 y 2 sean equivalentes, ha de verificarse:

A. E = 50 V; R = 8 Ω.
B. E = -10 V; R = 4,4 Ω.
C. E = 50 V; R = 4,4 Ω.
D. E = 10 V; R = 8 Ω.
E. E = 10 V; R = 4,4 Ω.
F. Condiciones diferentes.

SOLUCIÓN 2.70

La tensión V_{AB} en la red de la figura 1, será:

$$V_A = 5 \cdot 6 = 30 \text{ V}; \quad V_B = 60 \cdot \frac{3}{9} = 20 \text{ V}. \quad \Rightarrow \quad V_{AB} = 30 - 20 = 10 \text{ V}.$$

La resistencia equivalente entre los terminales A-B del circuito de la figura 1, es (según el esquema):

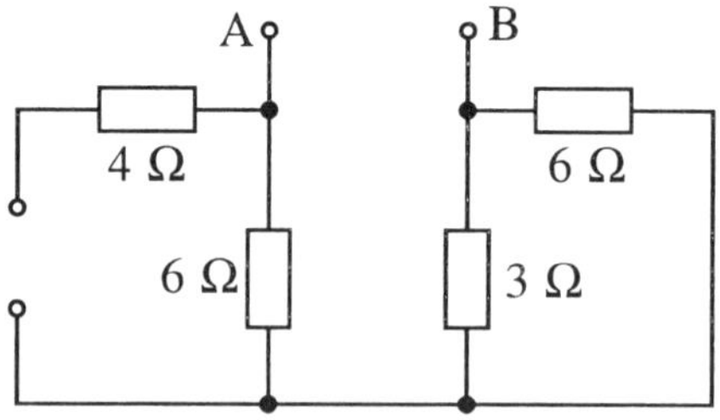

$$R_{AB} = 6 + \frac{3 \cdot 6}{9} = 8 \ \Omega.$$

Luego las condiciones de equivalencia son:

$$E = 10 \text{ V.} \quad y \quad R_{AB} = R = 8 \ \Omega.$$

Respuesta D

ITEM 2.71-72

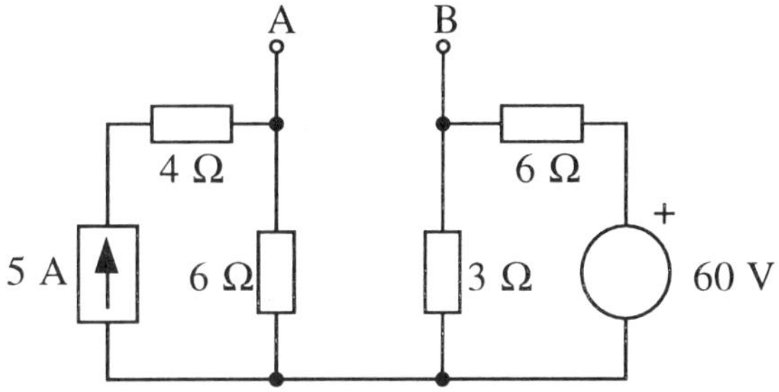

Figura 1

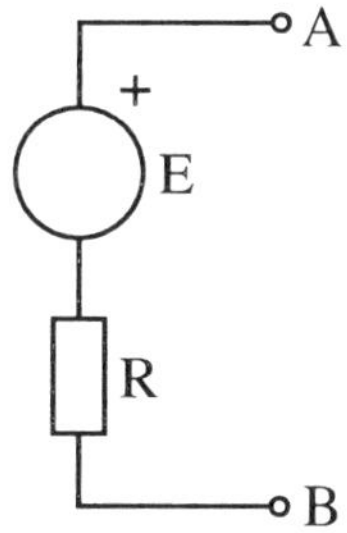

Figura 2

2.71. Para que los circuitos de las figuras 1 y 2 sean equivalentes, ha de verificarse:

A. E = 50 V; R = 4,4 Ω.
B. E = 10 V; R = 8 Ω.
C. E = 50 V; R = 8 Ω.
D. E = 10 V; R = 4,4 Ω.
E. E = -10 V; R = 4,4 Ω.
F. Condiciones diferentes.

2.72. Igual enunciado que el ítem 2.71. Colocamos entre los terminales de salida A-B una resistencia de 12 Ω. La potencia generada, en estas condiciones, por la fuente de 5 A, tiene el valor:

A. 135 W.
B. 235 W.
C. 265 W.
D. 50 W.
E. Indeterminado.
F. Diferente.

SOLUCIÓN 2.71

La tensión V_{AB}, valdrá: $V_{AB} = 5 \cdot 6 - \dfrac{60 \cdot 3}{3 + 6} = 30 - 20 = 10$ V.

Anulando las fuentes (independientes), podemos calcular R_{AB}, de la forma:

$$R_{AB} = 6 + (3 \,//\, 6) = 6 + 2 = 8\ \Omega.$$

Respuesta B

SOLUCIÓN 2.72

Del ítem anterior, obtenemos el valor:

$$I = \frac{10}{20} = 0{,}5 \text{ A.}$$

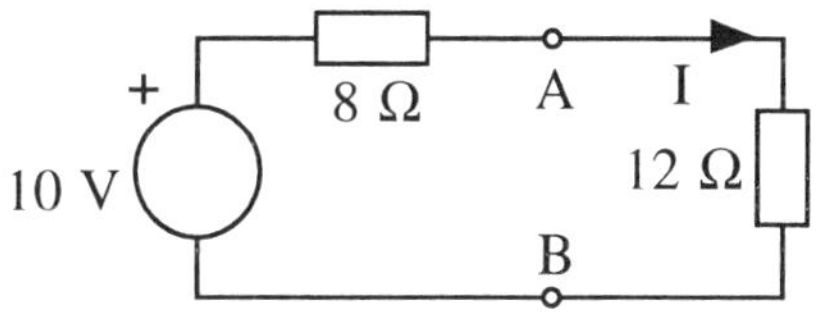

Volviendo al circuito original con la resistencia conectada:

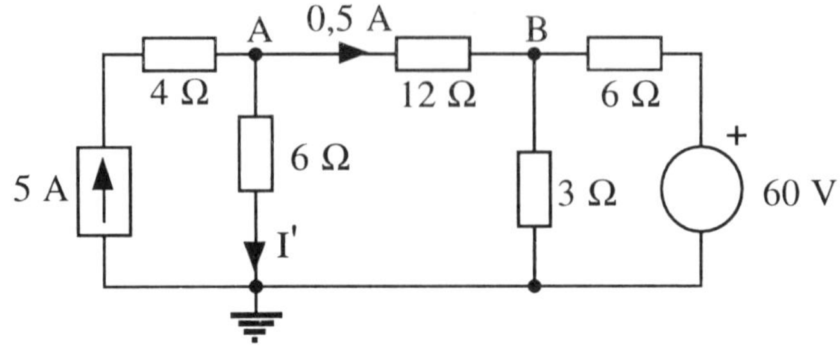

$$I' = 5 - 0,5 = 4,5 \text{ A} \quad \Rightarrow \quad V_A = 4,5 \cdot 6 = 27 \text{ V}.$$

La potencia generada por la fuente de intensidad, será:

$$P_{I_g} = 5\,(4 \cdot 5 + V_A) = 235 \text{ W}.$$

<u>Respuesta B</u>

ITEM 2.73

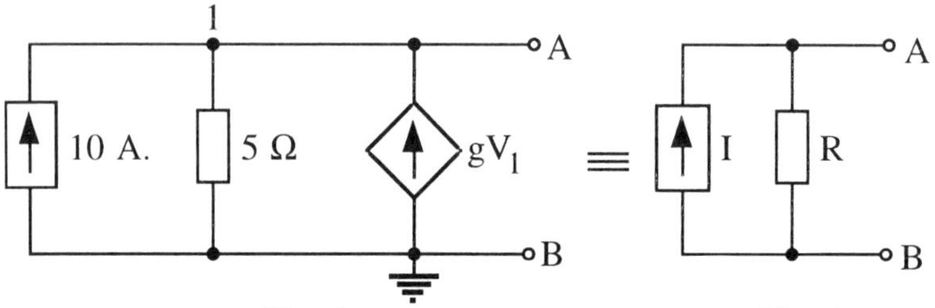

Fig. 1 Fig. 2

Para que los circuitos de las figuras 1 y 2 sean equivalentes, ha de verificarse:

A. $I = 10 + g$; $R = 5g$.

B. $I = 10$; $R = \dfrac{5}{1 - 5g}$.

C. $I = 10 + 5g$; $R = \dfrac{5}{1 + 5g}$.

D. $I = 10 + g$; $R = \dfrac{2}{2 + g}$.

E. $I = 10$; $R = 5g$.

F. Valores diferentes.

SOLUCIÓN 2.73

Para que los circuitos sean equivalentes, la tensión a circuito abierto y la intensidad de cortocircuito han de ser la misma en ambos. Efectivamente:

En la figura 1 => $I_{cc1} = 10$ A.

En la figura 2 => $I_{cc2} = I$ A. => $I = 10$ A.

En la figura 1 => $V_{01} = 5\,(10 + gV_{01})$ => $V_{01} = 50/(1 - 5g)$.

En la figura 2 => $V_{02} = I\,R = 10\,R$.

Por tanto:

$$R = 5/(1 - 5g).$$

Respuesta B

ITEM 2.74-76

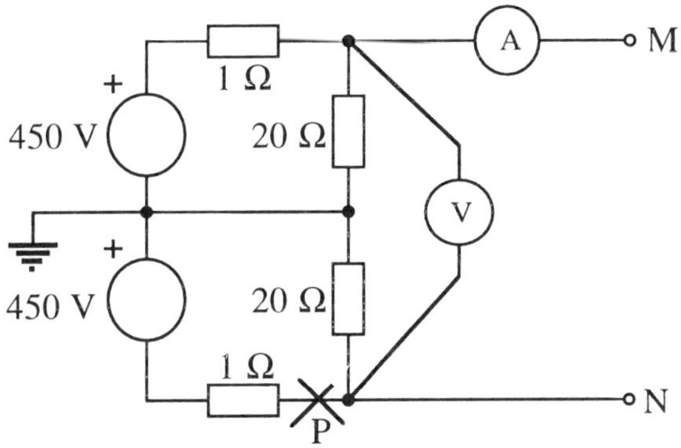

2.74. El circuito de la figura, es una distribución en corriente continua a tres conductores. Entre los terminales M-N, conectamos un motor que consume una potencia útil de 22,5 kW con un rendimiento del 93,75%. La lectura del amperímetro A, es de 30 A. Llamamos E a la f.c.e.m del motor expresada en voltios y r a su resistencia interna medida en ohmios. La lectura del voltímetro V, tendrá el valor:

A. 900 V.
B. 30E + 900r V.
C. 800 V.
D. 30E V.
E. Indeterminado.
F. Diferente.

2.75. Igual enunciado que el ítem 2.74. La potencia total generada por las dos fuentes del circuito, tiene el valor:

A. 40 kW.	C. 50 kW.	E. Indeterminado.
B. 45 kW.	D. 30E + 21000 W.	F. Diferente.

2.76. Igual circuito que el ítem 2.74. Por una avería queda a circuito abierto la red en el punto P. Suponemos constantes la f.c.e.m del motor y su resistencia interna. El nuevo régimen de trabajo del motor, será el siguiente:

A. Consumirá la misma potencia útil que antes de la avería.
B. Consumirá una potencia útil inferior, pero seguirá funcionando como motor.
C. La tensión aplicada en bornes del motor, será de 450 V.
D. Funcionará como generador.
E. Son ciertas las respuestas C y D.
F. Todas las respuestas son falsas.

SOLUCIÓN 2.74

Si la potencia útil es 22,5 kW y toma 30 A de la red, E = 22500/30 = 750 V;

por lo que la tensión en bornes del motor, será:

$$\eta = E/V_{MN} \quad \Rightarrow \quad V_{MN} = 750/0{,}9375 = 800 \text{ V.}$$

El voltímetro marcará 800 V.

Respuesta C

SOLUCIÓN 2.75

Aplicando la regla de sustitución, la red puede ponerse de la forma siguiente:

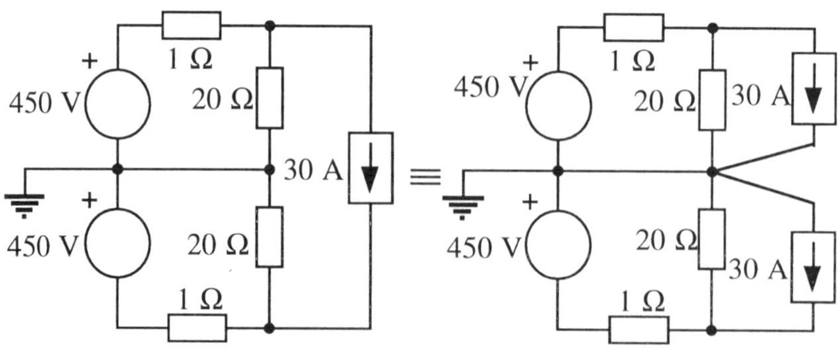

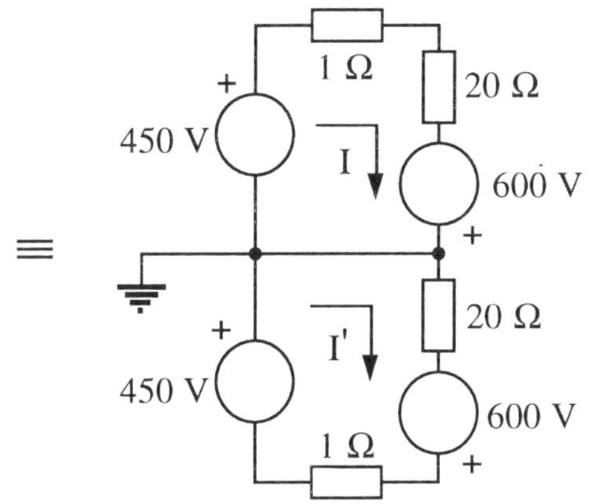

$I = I' = 1050/21 = 50$ A. => $P_{fuentes} = 2 \cdot 450 \cdot 50 = 45000$ W = 45 kW.

Respuesta B

SOLUCIÓN 2.76

Funcionará como generador, alimentando a las resistencias de 20 Ω.

Respuesta D

ITEM 2.77-78

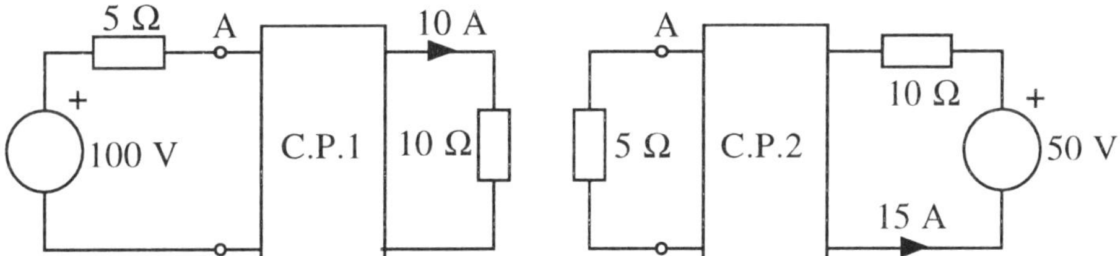

Figura 1 Figura 2

2.77. Los circuitos pasivos de las figuras 1 y 2 son idénticos, lineales y bilaterales. La tensión V_{AB} del circuito de la figura 2, tiene el valor:

A. Cero.
B. 25 V.
C. 50 V.
D. 100 V.
E. Indeterminado.
F. Diferente.

2.78. Igual enunciado que el ítem 2.77. La resistencia de entrada R_{AB} del circuito de la figura 1, tiene el valor:

A. $\frac{10}{3}$ Ω.
B. 10 Ω.
C. 15 Ω.
D. 5 Ω.
E. Indeterminado.
F. Diferente.

SOLUCIÓN 2.77

De la figura 1, obtenemos:

$$R_{tes} = \frac{100}{10} = 10\ \Omega.$$

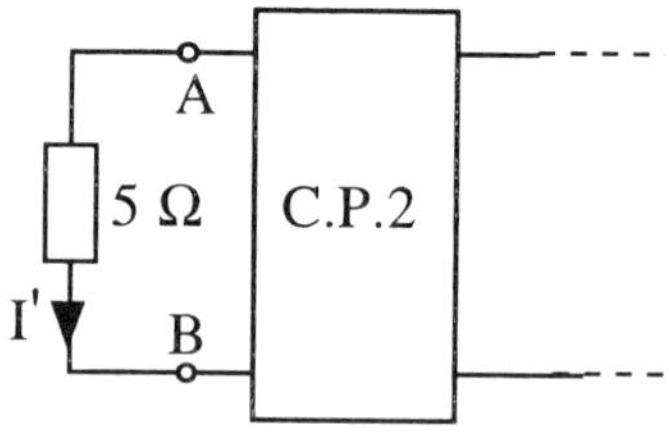

Por tanto, en la figura 2 => $R_{tse} = 10 = \frac{50}{I'}$ => $I' = 5$ A.

Luego:

$$V_{AB} = 25\ V.$$

Respuesta B

SOLUCIÓN 2.78

No tenemos datos para calcular la resistencia de entrada.

Respuesta E

ITEM 2.79-80

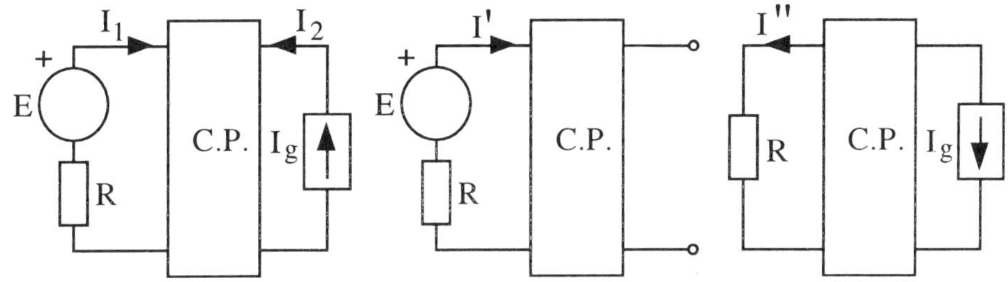

Fig. 1 Fig. 2 Fig. 3

2.79. Los circuitos pasivos de las figuras 1, 2 y 3 son idénticos, lineales y bilaterales. Las redes de las figuras 2 y 3 son datos.
Las intensidades I_1 e I_2 del circuito de la figura 1, tienen los valores:

A. $I_1 = I' + I''$; $I_2 = I_g$.
B. $I_1 = I' + I''$; I_2: Indeterminada.
C. $I_1 = I' - I''$; $I_2 = - I_g$.
D. $I_1 = I' - I''$; I_2: Indeterminada.
E. $I_1 = E/R$; $I_2 = - I_g$.
F. Las respuestas son falsas.

2.80. Igual enunciado que el ítem 2.79. La potencia consumida por la resistencia R del circuito de la figura 1, tiene el valor:

A. $(I' + I'')^2R$.
B. E^2/R.
C. $(I' - I'')^2R$.
D. $(I'^2 + I''^2)R$.
E. Son ciertas A y B.
F. Son ciertas B y D.

SOLUCIÓN 2.79

$I_2 = I_g$ por definición de fuente ideal de intensidad. Aplicando el principio de superposición: $I_1 = I' + I''$.

Respuesta A

SOLUCIÓN 2.80

Según los resultados del ítem anterior: $P_R = I_1^2R = (I' + I'')^2 R$.

Respuesta A

3.
CIRCUITOS
DE CORRIENTE ALTERNA

ITEM 3.1

Una fuente ideal de tensión tiene una f.e.m: $e = \sqrt{2}E \operatorname{sen}\omega t$, y alimenta a un dipolo R-L. Deducimos:

A. La potencia activa suministrada no depende de la frecuencia de la fuente.
B. El factor de potencia depende de la pulsación de la fuente.
C. La potencia aparente varía dependiendo del valor de X_L.
D. Son ciertas las respuestas A y C.
E. Son ciertas las respuestas B y C.
F. Todas las respuestas son falsas.

SOLUCIÓN 3.1

Como no se precisa si el dipolo es serie o paralelo, no podemos asegurar que la potencia activa sea independiente de la frecuencia. Además, en cualquier caso, la impedancia equivalente del dipolo es una función de la frecuencia; por tanto, el factor de potencia también depende de ω.

Respuesta E

ITEM 3.2

La impedancia de un dipolo L-C en derivación, tiene el valor de 20 Ω a las pulsaciones de 500 y 1000 rad/seg. Los valores de los parámetros L y C, son:

A. L = 40 mH; C = 200 μF.
B. L = 20 mH; C = 100 μF.
C. L = 40 mH; C = 50 μF.
D. Imposible.
E. Indeterminado.
F. Diferente.

SOLUCIÓN 3.2

$|B_L| = 1/L\omega$ y $B_C = C\omega$ son las susceptancias de cada uno de los elementos.

La admitancia equivalente a ambas frecuencias, será:

$$1/20 = 0{,}05 \text{ siemens.}$$

Por tanto:

$0{,}05 = |B_L| - B_C$

$\Rightarrow \; |B_L| = 0{,}1 \;\; y \;\; B_C = 0{,}05.$

$0{,}05 = 2\,B_C - |B_L|/2$

Entonces: $L = 1/(500 \cdot 0{,}1) = 20$ mH y $C = 0{,}05/500 = 100\ \mu F$.

Respuesta B

ITEM 3.3

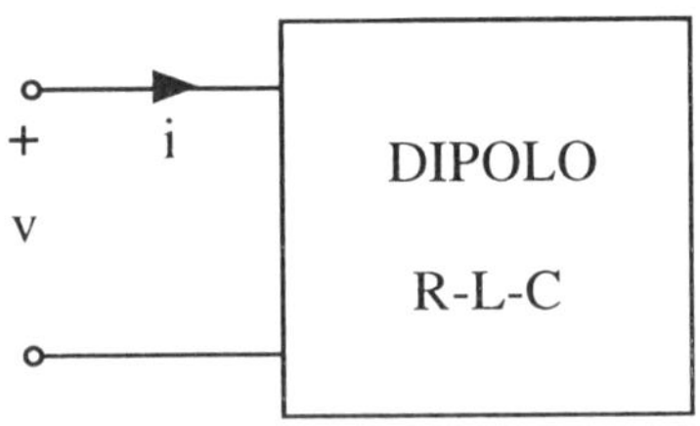

Fig. 1

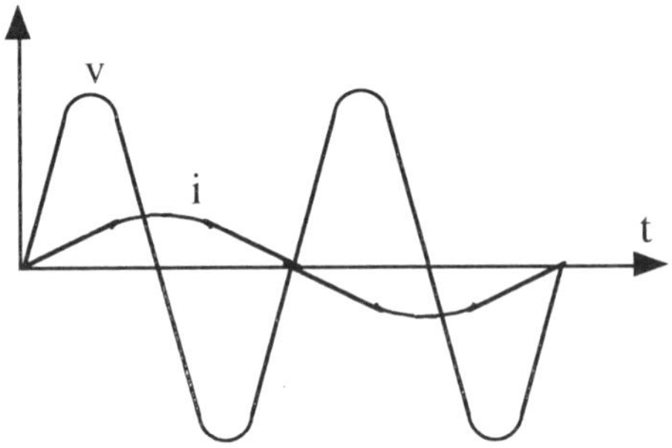

Fig. 2

La representación oscilográfica de las ondas de tensión e intensidad del dipolo R-L-C de la figura 1, se muestra en la figura 2.
Deducimos:

A. Es un circuito inductivo.
B. Es un circuito capacitivo.
C. El dipolo se encuentra en resonancia de tensión.
D. El dipolo se encuentra en resonancia de intensidad.
E. El oscilograma de la fig. 2, no puede corresponderse a la red de la fig. 1.
F. Son posibles las respuestas C y D.

SOLUCIÓN 3.3

La frecuencia de la tensión es doble de la onda de intensidad.

Respuesta E

ITEM 3.4

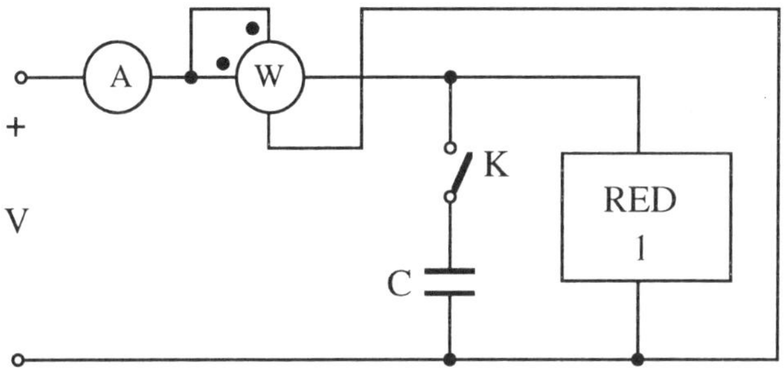

En el circuito de la figura: V = 220 V. y la red 1 es un circuito pasivo.
Con K abierto, el amperímetro marca 2 A.
Con K cerrado, el amperímetro marca 4 A y el vatímetro 200 W.
Con relación a la red 1, podemos afirmar:

A. Es una red de tipo inductivo (R - L).
B. Es una red de tipo capacitivo (R - C).
C. Es una bobina ideal.
D. Es un condensador ideal.
E. Son posibles las respuestas A y B.
F. Todas las respuestas son posibles.

SOLUCIÓN 3.4

Son posibles dos opciones:

- La red es de tipo capacitivo y al cerrar K se hace aún más.

- La red es de tipo inductivo y al cerrar K se hace capacitiva en mayor grado que antes lo era inductiva.

<u>Respuesta E</u>

ITEM 3.5-6

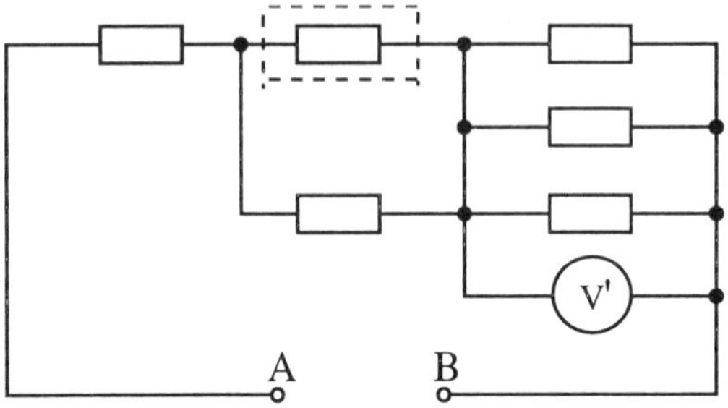

3.5. En el circuito de la figura, las seis impedancias son idénticas y la lectura del voltímetro es V'. El valor eficaz de la tensión V_{AB}, es:

A. 3V'.
B. 2V'.
C. 4,5 V'.
D. 5,5 V'.
E. 6V'.
F. Diferente.

3.6. Igual enunciado que el ítem 3.5. Si la potencia activa disipada por la impedancia encerrada en un rectángulo es de P W, la red consumirá la potencia:

A. 6P W.
B. 28P/3 W.
C. 22P/3 W.
D. 4P W.
E. 5P W.
F. Diferente.

SOLUCIÓN 3.5

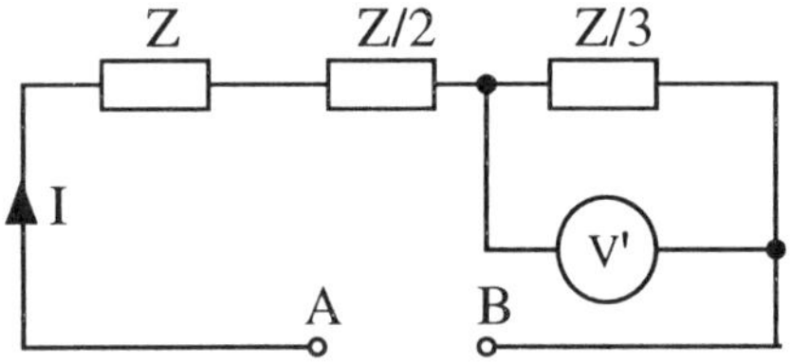

El circuito puede ponerse tal como se indica en la figura.

$$V' = \frac{I\ Z}{3};\quad V_{AB} = I\left(Z + \frac{Z}{2} + \frac{Z}{3}\right)$$

Por tanto:

$$V_{AB} = \frac{5,5\ I\ Z}{3} = 5,5\ V'.$$

<u>Respuesta D</u>

SOLUCIÓN 3.6

Las intensidades se distribuyen tal como se indica en el grafo de la red.

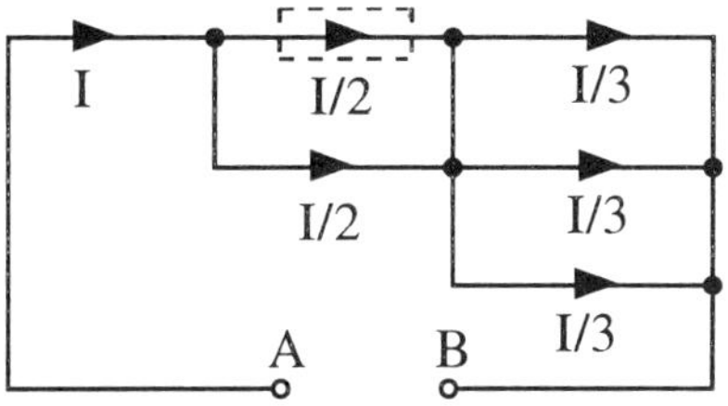

La potencia consumida por la impedancia encerrada en un rectángulo, será:

$$P = \frac{I^2}{4}R$$

Y la potencia total:

$$P_t = I^2R + 2\frac{I^2}{4}R + 3\frac{I^2}{9}R \quad \Rightarrow \quad P_t = \frac{5,5I^2R}{3} = \frac{22P}{3}\ W.$$

<u>Respuesta C</u>

ITEM 3.7

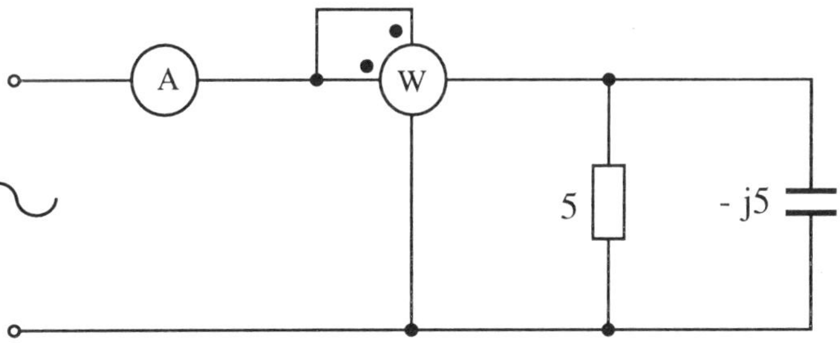

En el circuito de la figura, el vatímetro marca 4500 W. La lectura del amperímetro, es:

A. 15 A.
B. 30 A.
C. $15\sqrt{2}$ A.
D. $30\sqrt{2}$ A.
E. Indeterminado.
F. Diferente.

SOLUCIÓN 3.7

Toda la potencia activa es consumida por la resistencia, por tanto:

$$4500 = \frac{V^2}{5}\ , \text{ siendo V la tensión que soporta el conjunto.}$$

V = 150, y la impedancia equivalente será:

$$\overline{\mathbf{Z}}_{eq} = \frac{25_{\underline{/-90°}}}{5\sqrt{2}_{\underline{/-45°}}} = 2,5\sqrt{2}_{\underline{/-45°}}$$

La lectura del amperímetro, será:

$$I_A = \frac{150}{2,5\sqrt{2}} = 30\sqrt{2}\ \text{A.}$$

<u>Respuesta D</u>

ITEM 3.8

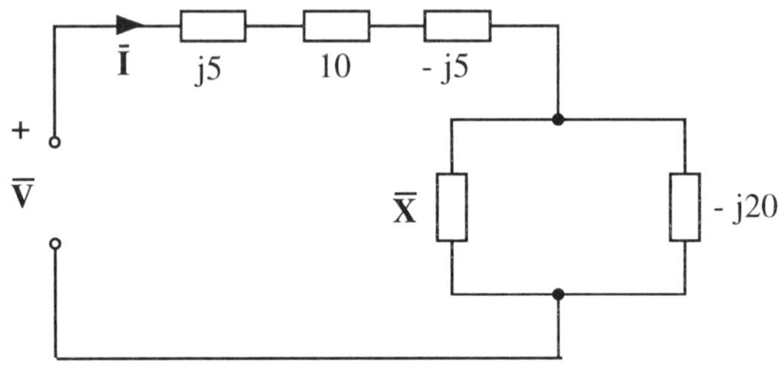

En el circuito de la figura, los elementos pasivos vienen expresados en forma de impedancia compleja. Para que la intensidad $\overline{\mathbf{I}}$ venga atrasada 45° respecto a la tensión $\overline{\mathbf{V}}$, $\overline{\mathbf{X}}$ ha de tener el valor:

A. j10.
B. j20.
C. - j10.
D. $\frac{j20}{3}$.
E. Imposible.
F. Diferente.

SOLUCIÓN 3.8

Para que $\overline{\mathbf{I}}$ venga atrasada 45° respecto de $\overline{\mathbf{V}}$, la impedancia equivalente del cir-

circuito ha de ser:

$$\overline{\mathbf{Z}}_e = 10 + j10.$$

Es decir:

$$- j20 \,//\, \overline{\mathbf{X}} = j10 \quad => \quad \overline{\mathbf{X}} = \frac{j20}{3}.$$

Respuesta D

ITEM 3.9

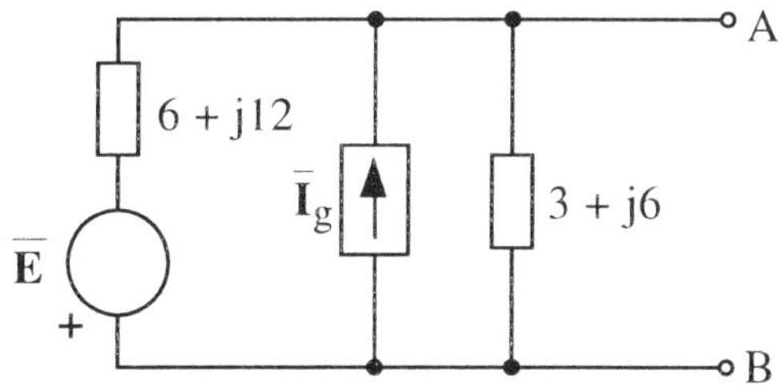

Entre los terminales A-B del circuito de la figura, conectamos una impedancia $Z\underline{/45^\circ}$; el valor de Z para que ésta consuma la máxima potencia posible, ha de ser:

A. $3\sqrt{5}$.
B. $2\sqrt{5}$.
C. $4\sqrt{5}$.
D. $6\sqrt{5}$.
E. Indeterminado.
F. Diferente.

SOLUCIÓN 3.9

Calculamos la impedancia equivalente entre A y B:

$$\overline{\mathbf{Z}}(A - B) = \frac{(3 + j6)(6 + j12)}{9 + j18} = 2 + j4.$$

Aplicando el teorema de máxima transferencia de potencia:

$$Z = 2\sqrt{5}.$$

Respuesta B

ITEM 3.10

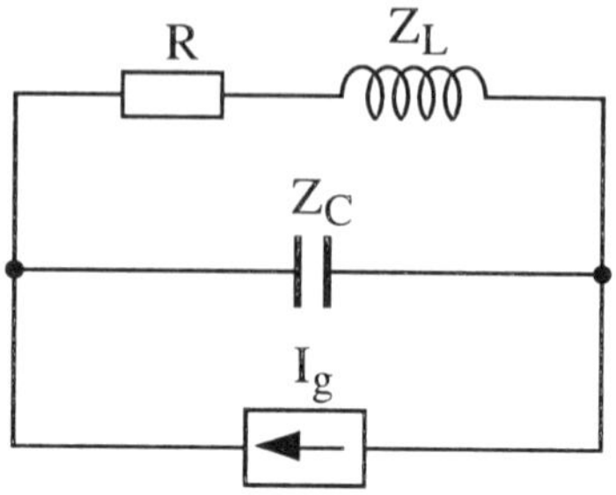

Sea el circuito de la figura. Se verifica: $R = Z_L = Z_C$. Su factor de potencia, tiene el valor:

A. Unidad.

B. 0,5 (c).

C. $\frac{\sqrt{2}}{2}$ (i).

D. $\frac{\sqrt{2}}{2}$ (c).

E. Indeterminado.

F. Diferente.

SOLUCIÓN 3.10

La impedancia de la rama inductiva, tiene el valor:

$$\overline{\mathbf{Z}}_1 = R + jR = R\sqrt{2}_{\underline{/45^\circ}}\ .$$

Y la rama capacitiva:

$$\overline{\mathbf{Z}}_2 = -\ jR = R_{\underline{/-90^\circ}}.$$

Por tanto:

$$\overline{\mathbf{Z}}_e = \frac{R\sqrt{2}_{\underline{/45^\circ}} \cdot R_{\underline{/-90^\circ}}}{R + jR - jR} = R\sqrt{2}_{\underline{/-45^\circ}}\ .$$

El factor de potencia del circuito, es:

$$\cos \varphi = \cos(-45^\circ) = \sqrt{2}/2 \text{ (c)}.$$

<u>Respuesta D</u>

ITEM 3.11

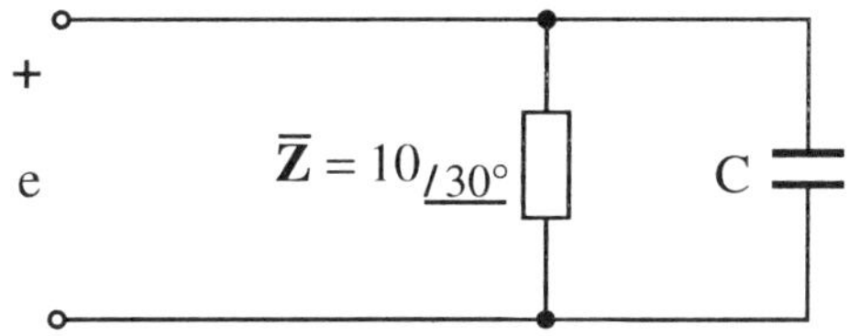

En el circuito de la figura e = 200 sen500t; para que esté en resonancia, la capacidad C del condensador ha de tener el valor:

A. 5 μF.

B. 200 μF.

C. $\dfrac{100}{\pi}$ μF.

D. 100 μF.

E. Imposible.

F. Diferente.

SOLUCIÓN 3.11

La admitancia equivalente ha de tener una parte imaginaria nula.

$$\overline{\mathbf{Y}}_1 = \frac{1}{Z_{\underline{/30°}}} = \frac{1}{Z}\underline{/-30°} \quad \text{e} \quad \overline{\mathbf{Y}}_2 = j\omega C = j500C.$$

$$\frac{1}{Z}\left(\frac{\sqrt{3}}{2} - \frac{j}{2}\right) + j500C = A + j0.$$

Por tanto:

$$\frac{1}{2Z} = 500C \quad => \quad C = \frac{1}{10^4} = 100\ \mu F.$$

<u>Respuesta D</u>

ITEM 3.12

En un dipolo R-L-C serie, la resistencia es de 10 Ω y la capacidad del condensador de 3 mF, estando en resonancia para ω = 50 rad/s. La admitancia equivalente de la red para ω = 100 rad/s, tendrá de valor:

A. 0,05 + j0,05.
B. 0,05 - j0,05.
C. 0,1 + j0,1.
D. 0,1 - j0,1.
E. Indeterminado.
F. Diferente.

SOLUCIÓN 3.12

A la pulsación de resonancia, se verificará:

$$L\omega = \frac{1}{C\omega}.$$

Entonces:

$$L = \frac{1}{C\omega^2} = \frac{2}{15}\ \text{H}.$$

Para ω = 100 rad/s.

$$\overline{\mathbf{Z}} = 10 + j10 = 10\sqrt{2}\underline{/45^\circ}.$$

$$\overline{\mathbf{Y}} = \frac{1}{\overline{\mathbf{Z}}} = \frac{1}{10\sqrt{2}\underline{/45^\circ}} = 0{,}05\sqrt{2}\underline{/-45^\circ} = 0{,}05 - j0{,}05.$$

Respuesta B

ITEM 3.13

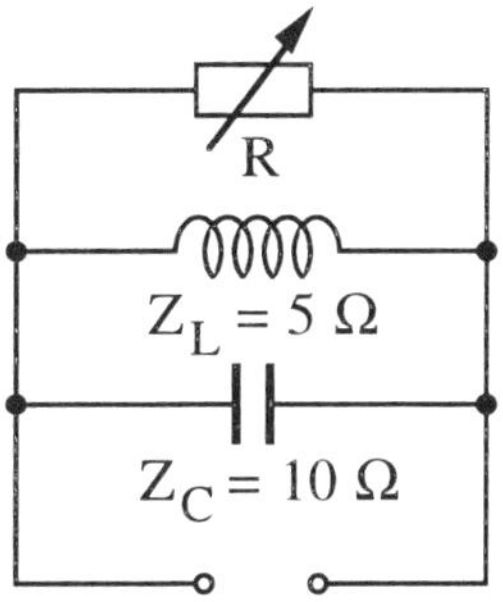

El factor de potencia del circuito de la figura es 0,5. La resistencia R, tiene el valor:

A. $\frac{10}{3}\ \Omega$. C. $10\sqrt{3}\ \Omega$. E. $10\ \Omega$.

B. $\frac{10}{\sqrt{3}}\ \Omega$. D. $5\sqrt{3}\ \Omega$. F. Diferente.

SOLUCIÓN 3.13

La impedancia equivalente:

$$\overline{\mathbf{Z}}_{LC} = \overline{\mathbf{Z}}_L \ // \ \overline{\mathbf{Z}}_C = \frac{j5(-j10)}{j5 - j10} = 10_{\underline{/90^\circ}}.$$

Por tanto, la susceptancia equivalente:

$$\overline{\mathbf{B}} = -\,j0{,}1.$$

La admitancia equivalente del conjunto:

$$\overline{\mathbf{Y}}_e = \frac{1}{R} - j0{,}1.$$

Como $\cos\varphi = 0{,}5 \Rightarrow \varphi = 60^\circ \Rightarrow \operatorname{tg} 60^\circ = \sqrt{3} = \frac{B}{G} \Rightarrow G = \frac{1}{R} = \frac{0{,}1}{\sqrt{3}}$.

Entonces:

$$R = 10\sqrt{3}\ \Omega.$$

<u>Respuesta C</u>

ITEM 3.14

Un circuito derivación está formado por dos elementos pasivos puros. Dicho dipolo soporta una tensión:
v = 100 cos(ωt - 30°) y la intensidad total es: i = 10 senωt.
La impedancia compleja de cada uno de los elementos, tiene el valor:

A. 5; j5.
B. 5; $-j5\sqrt{3}$.
C. 20; $j20/\sqrt{3}$.
D. $5\sqrt{3}$; j5.
E. 5; $j5\sqrt{3}$.
F. Diferente.

SOLUCIÓN 3.14

Como:

$$v = 100 \cos(\omega t - 30^\circ) = 100 \operatorname{sen}(\omega t + 60^\circ) \quad => \quad \overline{\mathbf{V}} = 50\sqrt{2}\underline{/60^\circ}.$$

$$i = 10 \operatorname{sen}\omega t \quad => \quad \overline{\mathbf{I}} = 5\sqrt{2}\underline{/0^\circ}.$$

La impedancia equivalente:

$$\overline{\mathbf{Z}}_e = 10\underline{/60^\circ} \quad => \quad \overline{\mathbf{Y}}_e = 0{,}1\underline{/-60^\circ}.$$

$$\overline{\mathbf{Y}}_e = G + jB = 0{,}05 - j0{,}05\sqrt{3}.$$

Por tanto:

$$R = \frac{1}{0{,}05} = 20 \quad y \quad \overline{\mathbf{X}} = \frac{j20}{\sqrt{3}}.$$

Respuesta C

ITEM 3.15

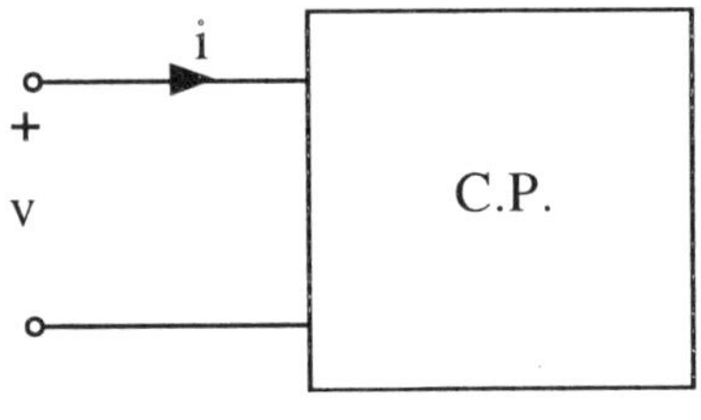

La tensión aplicada a la red pasiva de la figura, es: $v = 220\sqrt{2}$ sen 314t V, siendo la intensidad:

$$i = 10\ \text{sen}(314t - 45°)\ \text{A}.$$

La impedancia del C.P, tiene la forma fasorial:

A. $22\sqrt{2}\underline{/45°}$.	C. $22\underline{/-45°}$.	E. $11\sqrt{2}\underline{/45°}$.
B. $20\underline{/45°}$.	D. $22\sqrt{2}\underline{/-45°}$.	F. Diferente.

SOLUCIÓN 3.15

$v = 220\sqrt{2}\ \text{sen}314t \Rightarrow \overline{\mathbf{V}} = 220\underline{/0°}$ e $i = 10\text{sen}(314 - 45°) \Rightarrow \bar{\mathbf{I}} = 5\sqrt{2}\underline{/-45°}$

Luego:

$$\overline{\mathbf{Z}} = \frac{220\underline{/0°}}{5\sqrt{2}\underline{/-45°}} = 22\sqrt{2}\underline{/45°}.$$

Respuesta A

ITEM 3.16

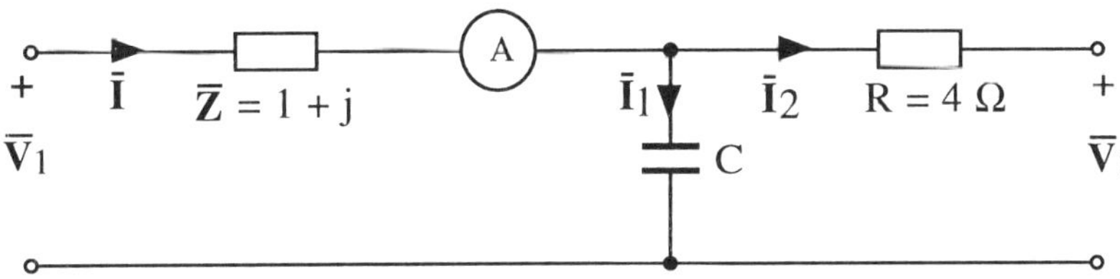

En el circuito de la figura, se verifica: $\bar{\mathbf{I}}_2 = 5$; $\overline{\mathbf{V}}_2 = 220$ y el amperímetro mide 13 amperios. La tensión $\overline{\mathbf{V}}_1$, tiene el valor:

A. 253 + j13.	C. - 7 + j17.	E. 247 - j17.
B. 233 + j17.	D. 13 + j13.	F. Diferente.

SOLUCIÓN 3.16

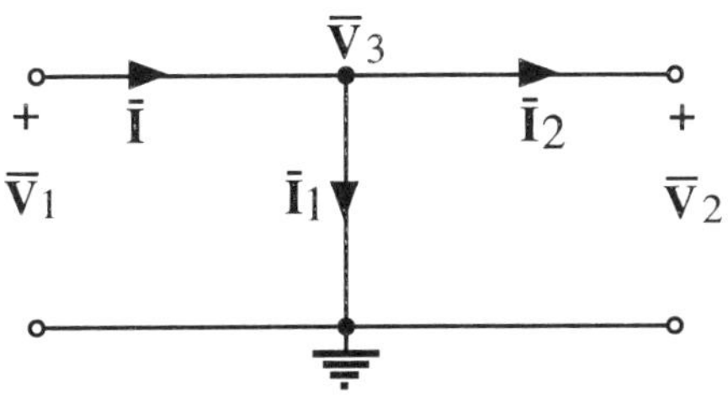

Evidentemente:

$$\bar{\mathbf{V}}_3 = 20 + 220 = 240.$$

$\bar{\mathbf{I}}_1$ e $\bar{\mathbf{I}}_2$ estarán desfasadas 90° de forma que:

$$\bar{\mathbf{I}}_1 = I\underline{/90^\circ} \text{ ya que } \bar{\mathbf{I}}_2 = 5\underline{/0^\circ} \text{ (en fase con } \bar{\mathbf{V}}_3\text{)}.$$

Como:

$$\bar{\mathbf{I}} = \bar{\mathbf{I}}_1 + \bar{\mathbf{I}}_2$$

se verificará:

$$I_1 = \sqrt{I^2 - I_2^2} \quad => \quad I_1 = 12$$

Y por tanto:

$$\bar{\mathbf{I}} = 5 + j12 \quad => \quad \bar{\mathbf{V}}_1 = (1 + j)(5 + j12) + 240 = 233 + j17.$$

<u>Respuesta B</u>

ITEM 3.17

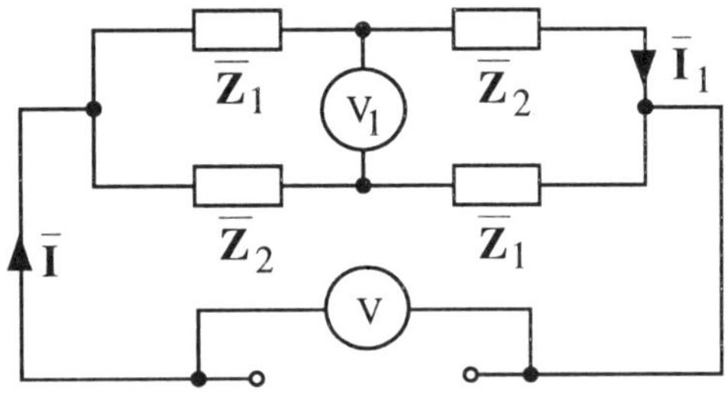

En el circuito de la figura, los elementos pasivos, tienen los valores:

$$\bar{\mathbf{Z}}_1 = j10; \quad \bar{\mathbf{Z}}_2 = -j5.$$

La lectura del voltímetro V, es de 100 V.
El voltímetro V_1, marcará la lectura:

A. 100 V.
B. 200 V.
C. 300 V.
D. $100\sqrt{2}$ V.
E. Cero.
F. Diferente.

SOLUCIÓN 3.17

La impedancia equivalente, será:

$$\overline{\mathbf{Z}}_e = \frac{\overline{\mathbf{Z}}_1 + \overline{\mathbf{Z}}_2}{2} = j\ 2{,}5.$$

Por tanto:

$$I = \frac{100}{2{,}5} = 40\ \text{A}.$$

Tomando como origen de fases la tensión, se obtiene:

$$\overline{\mathbf{I}} = 40\underline{/-90^\circ}.$$

Además:

$$\overline{\mathbf{I}}_1 = \frac{\overline{\mathbf{I}}}{2} = 20\underline{/-90^\circ}.$$

Entonces:

$$\overline{\mathbf{V}}_1 = \overline{\mathbf{Z}}_2\overline{\mathbf{I}}_1 - \overline{\mathbf{Z}}_1\overline{\mathbf{I}}_1 = 300\underline{/180^\circ}.$$

Es decir: $V_1 = 300$ V.

<u>Respuesta C</u>

ITEM 3.18

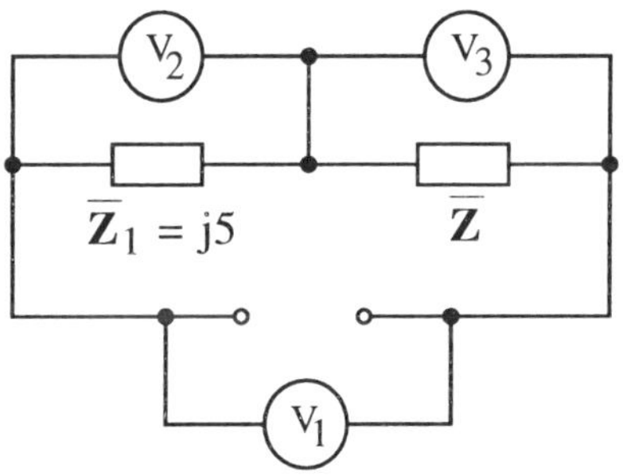

En el circuito de la figura, las lecturas de los voltímetros son las siguientes:

$$V_1 = 30\ \text{V};\quad V_2 = V_3 = 10\sqrt{3}\ \text{V}.$$

La impedancia $\overline{\mathbf{Z}}$, que no puede tener caracter capacitivo, tendrá el valor:

A. $5\underline{/30^\circ}$.

B. $5\underline{/120^\circ}$.

C. $5\underline{/90^\circ}$.

D. $5\underline{/0^\circ}$.

E. $5\underline{/60^\circ}$.

F. Diferente.

SOLUCIÓN 3.18

Por ser $V_2 = V_3$ => $Z = 5\ \Omega$. (circuito serie).

El diagrama fasorial correspondiente, es el indicado en la figura.

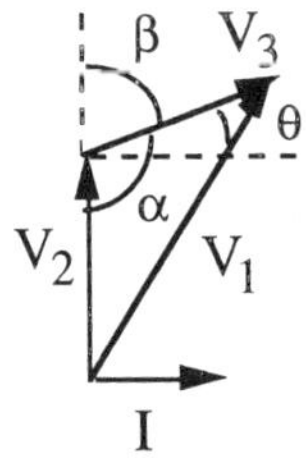

Aplicando el teorema del coseno:

$$V_1^2 = V_2^2 + V_3^2 - 2V_2V_3\cos\alpha.$$

$V_1^2 = 300 + 300 + 600\cos\beta$ => $\cos\beta = 1/2$ => $\beta = 60^\circ$ => $\theta = 30^\circ$.

Por tanto:

$$\overline{\mathbf{Z}} = 5\underline{/30^\circ}.$$

Respuesta A

ITEM 3.19

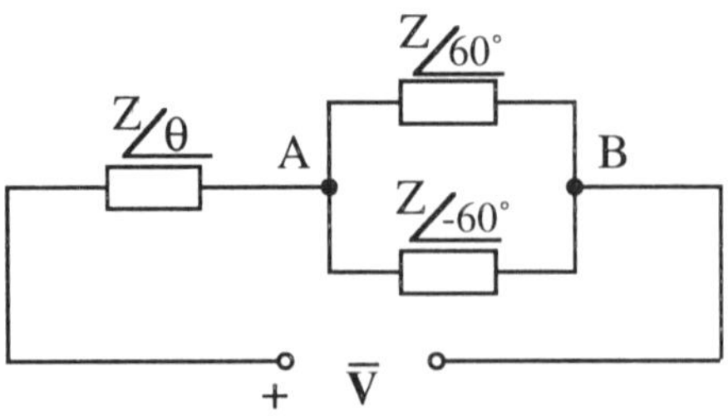

Sea el circuito de la figura. Las tres impedancias tienen igual módulo. Para una tensión V_{AB} constante, el valor de θ que hace mínimo V, es:

A. 90°.
B. 0°.
C. - 90°.
D. ± 45°.
E. Son posibles A y C.
F. Son posibles A, B y C.

SOLUCIÓN 3.19

La impedancia equivalente entre A y B, es:

$\overline{\mathbf{Z}}_{AB} = Z_{\underline{/60°}} \ // \ Z_{\underline{/-60°}}$ => $\overline{\mathbf{Z}}_{AB}$ es resistiva pura => la intensidad total del circuito $\overline{\mathbf{I}}$ está en fase con $\overline{\mathbf{V}}_{AB}$.

El diagrama fasorial de la red, será el de la figura:

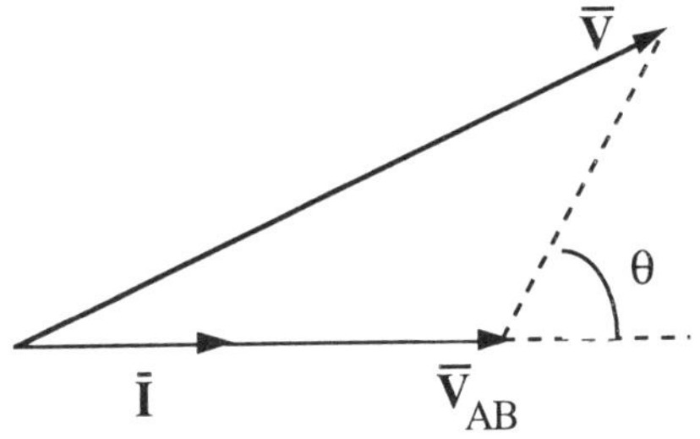

Para que $\overline{\mathbf{V}}$ sea mínimo:

$$\theta = \pm 90°$$

Respuesta E

ITEM 3.20

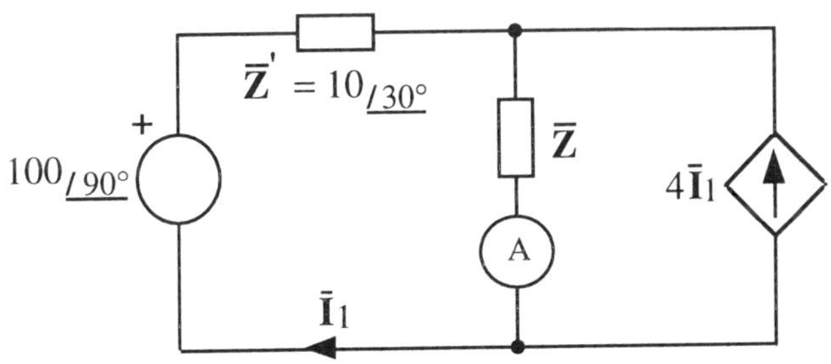

Los elementos pasivos del circuito de la figura no consumen potencia reactiva, siendo la lectura del amperímetro de 10 amperios. La parte imaginaria de la impedancia $\overline{\mathbf{Z}}$, tiene el valor:

A. - j0,2.
B. - j0,8.
C. - j.
D. - j5.
E. Indeterminado.
F. Diferente.

SOLUCIÓN 3.20

Por la 1ª ley de Kirchhoff:

$$5I_1 = \text{lectura del amperímetro} = 10 \text{ A} \quad \Rightarrow \quad I_1 = 2 \text{ A}.$$

Igualando las potencias reactivas consumidas por $\overline{\mathbf{Z}}$ y $\overline{\mathbf{Z}}'$, tenemos:

$$2^2 \cdot 10 \cdot \frac{j}{2} + 10^2 \overline{\mathbf{X}} = 0 \quad \Rightarrow \quad \overline{\mathbf{X}} = -j0{,}2.$$

Respuesta A

ITEM 3.21-23

3.21. Sean tres elementos ideales: R, L, C, y la fuente de tensión:

$$e = \sqrt{2}\ E \operatorname{sen}\omega t.$$

Conectamos la fuente a los tres elementos en serie; la intensidad i, suministrada por ésta, viene dada por la expresión:

$$i = \sqrt{2}\ I \operatorname{sen}(\omega t - 30°).$$

Deducimos:

A. El circuito tiene un factor de potencia $\frac{\sqrt{3}}{2}$ (i).
B. El circuito tiene un factor de potencia $\frac{\sqrt{3}}{2}$ (c).
C. El circuito tiene un factor de potencia $\frac{1}{\sqrt{3}}$ (i).
D. El circuito tiene un factor de potencia $\frac{1}{\sqrt{3}}$ (c).
E. Son posibles las respuestas A y B.
F. Son posibles las respuestas C y D.

3.22. Iguales elementos que en el ítem 3.21. Conectamos los tres elementos pasivos en derivación a la fuente; la intensidad i suministrada por ésta, viene dada por la expresión:

$$i = \sqrt{2}\ I' \operatorname{sen}(\omega t + \alpha).$$

Deducimos:

A. $90° > \alpha > 0°$.
B. $0° > \alpha > -90°$.
C. $\alpha = 0°$.
D. $\alpha = \pm 90°$.
E. Son posibles las respuestas A y B.
F. Son posibles las respuestas A, B, C y D.

3.23. Iguales elementos pasivos que en el ítem 3.21. Duplicamos la frecuencia de la fuente e, manteniendo constantes su valor eficaz y fase. Conectamos los tres elementos en serie a la fuente, siendo la intensidad suministrada por ésta:

$$\sqrt{2}\, I'' \,\mathrm{sen}(2\omega t + \beta).$$

Comparando las expresiones de este ítem y del primero, deducimos:

A. $I'' > I$; $-90° < \beta < -30°$.
B. $I'' = I$; $-30° < \beta < 90°$.
C. $I'' < I$; $-30° < \beta < 90°$.
D. $I'' > I$; $-30° < \beta < 90°$.
E. $I'' < I$; $-90° < \beta < -30°$.
F. Todas son falsas.

SOLUCIÓN 3.21

Como $e = E\sqrt{2}\,\mathrm{sen}\omega t \Rightarrow \bar{\mathbf{E}} = E_{\underline{/0°}}$ e $i = I\sqrt{2}\,\mathrm{sen}(\omega t - 30°) \Rightarrow \bar{\mathbf{I}} = I_{\underline{/-30°}}$.

Por tanto:

$$\bar{\mathbf{Z}} = \frac{\bar{\mathbf{E}}}{\bar{\mathbf{I}}} = \frac{E}{I}\underline{/30°} \quad \Rightarrow \quad \cos\varphi = \frac{\sqrt{3}}{2} \text{ (i).}$$

Respuesta A

SOLUCIÓN 3.22

Del ítem anterior deducimos que $L\omega > 1/C\omega$. Al estar en paralelo, el circuito será capacitivo y, por tanto, la intensidad vendrá adelantada con relación a la tensión.

Respuesta A

SOLUCIÓN 3.23

Al duplicar la frecuencia: $X'_L = 2\,X_L$ y $X'_C = X_C/2$; por tanto, el módulo de la impedancia aumenta => la intensidad disminuye. Por otro lado, el circuito se hace más inductivo que en el ítem 1 (la intensidad más atrasada respecto a $\overline{\mathbf{E}}$).

<u>Respuesta E</u>

ITEM 3.24

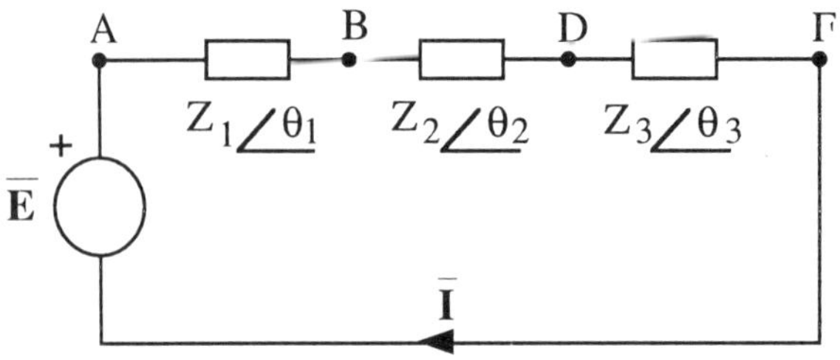

Fig. 1

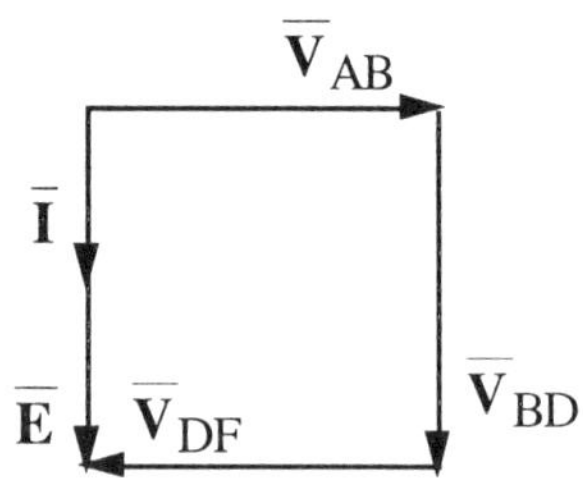

Fig. 2

La figura 2, es el diagrama fasorial del circuito serie de la figura 1. Como se observa en la figura 2, los cuatro vectores de tensión forman un cuadrado. Han de cumplirse las condiciones:

A. $Z_1 = Z_2 = Z_3$; $\theta_1 = 90°$; $\theta_2 = -90°$; $\theta_3 = 180°$.
B. $Z_1 = Z_2 = Z_3$; $\theta_1 = -90°$; $\theta_2 = 0°$; $\theta_3 = 90°$.
C. $Z_1 = Z_2 = Z_3$; $\theta_1 = 90°$; $\theta_2 = 0°$; $\theta_3 = -90°$.
D. Son posibles las respuestas B y C.
E. El diagrama fasorial de la fig. 2, no corresponde al circuito de la fig. 1.
F. Condiciones diferentes.

SOLUCIÓN 3.24

Como $V_{AB} = V_{BD} = V_{DF}$ => $Z_1 = Z_2 = Z_3$ (circuito serie).

$\overline{\mathbf{I}}$ está atrasada 90° respecto de $\overline{\mathbf{V}}_{AB}$ => $\theta_1 = 90°$.

$\overline{\mathbf{I}}$ está en fase con $\overline{\mathbf{V}}_{BD}$ => $\theta_2 = 0°$.

$\overline{\mathbf{I}}$ está adelantada 90° respecto de $\overline{\mathbf{V}}_{DF}$ => $\theta_3 = -90°$.

<u>Respuesta C</u>

ITEM 3.25

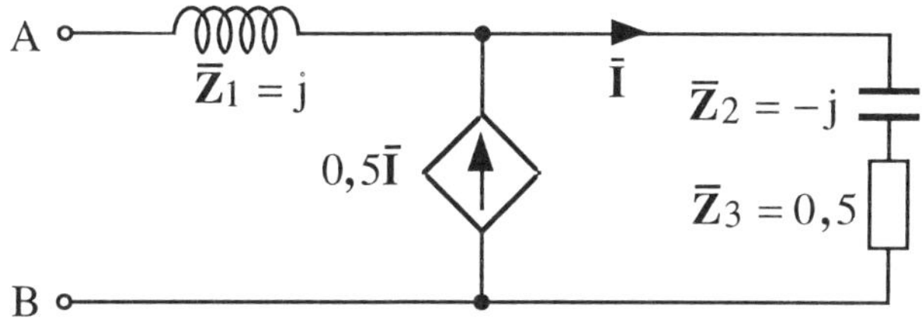

Sea la red de la figura. La impedancia de entrada $\overline{\mathbf{Z}}_{AB}$, tiene el valor:

A. 1 - j.
B. 0,5 - j0,5.
C. 0,5 - j.
D. j.
E. 0,5.
F. Diferente.

SOLUCIÓN 3.25

Conectamos una fuente de prueba E.

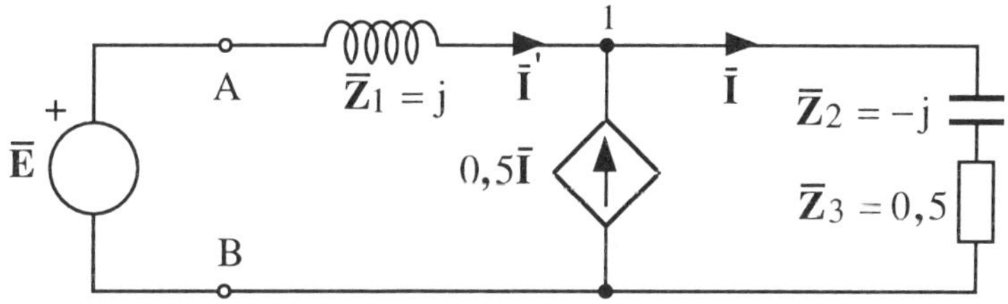

Aplicando la 1ª ley de Kirchhoff en el nudo 1:

$$\bar{\mathbf{I}}' = \bar{\mathbf{I}} - 0,5\bar{\mathbf{I}} = 0,5\bar{\mathbf{I}} \quad => \quad \overline{\mathbf{Z}}_{AB} = \frac{\overline{\mathbf{E}}}{\bar{\mathbf{I}}'} = \frac{j0,5\bar{\mathbf{I}} - j\bar{\mathbf{I}} + 0,5\bar{\mathbf{I}}}{0,5\bar{\mathbf{I}}}.$$

Luego:

$$\overline{\mathbf{Z}}_{AB} = 1 - j.$$

<u>Respuesta A</u>

ITEM 3.26-27

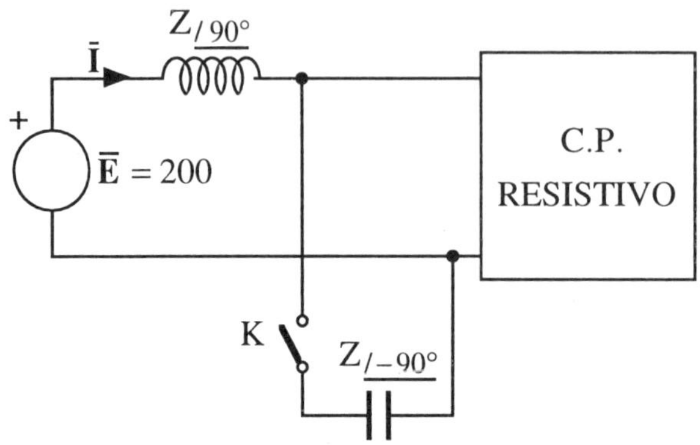

Figura 1.

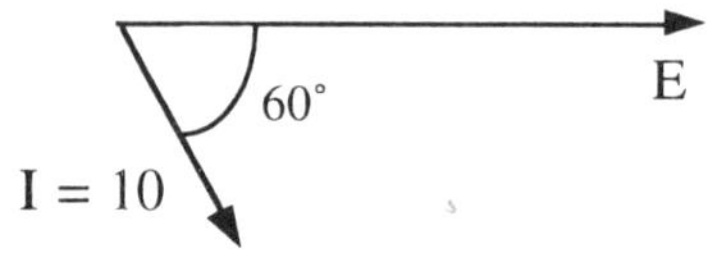

Figura 2.

3.26. Al circuito de la figura 1, con el interruptor K abierto, le corresponde el diagrama fasorial de la figura 2. Cerramos el interruptor K. Una vez establecido el régimen permanente, la intensidad $\bar{\mathbf{I}}$, tiene el valor:

A. $\frac{40}{\sqrt{3}}\underline{/30°}$.

B. Cero.

C. Infinito.

D. $\frac{40}{3}\underline{/-60°}$.

E. Indeterminado.

F. Diferente.

3.27. Igual enunciado que el ítem 3.26. La resistencia de entrada del C.P. -que llamaremos R- y la impedancia Z, tienen los valores:

A. R = 10 Ω; Z = 10 Ω.

B. R = $10\sqrt{3}$ Ω; Z = 10 Ω.

C. R = 10 Ω; Z = $10\sqrt{3}$ Ω.

D. R = $10\sqrt{3}$ Ω; Z = $5\sqrt{3}$ Ω.

E. Indeterminados.

F. Diferentes.

SOLUCIÓN 3.26

K abierto:

La impedancia total del circuito, será: $\bar{\mathbf{Z}}_T = R + jZ$, siendo R la resistencia de entrada del C.P.

Del diagrama fasorial, deducimos:

$$\bar{\mathbf{Z}}_T = \frac{\bar{\mathbf{E}}}{\bar{\mathbf{I}}} = \frac{200}{10_{\underline{/-60°}}} = 20_{\underline{/60°}}.$$

De dónde:

$$Z = 20 \text{ sen } 60° = 10\sqrt{3}\ \Omega. \quad \text{y} \quad R = 20 \cos 60° = 10\ \Omega.$$

Al cerrar K:

$$\overline{\mathbf{Z}}'_T = Z_{\underline{/90°}} + (Z_{\underline{/-90°}} \,//\, R).$$

Sustituyendo valores, se obtiene:

$$\overline{\mathbf{Z}}'_T = j10\sqrt{3} - \frac{10 \cdot j10\sqrt{3}}{10 - j10\sqrt{3}} = 15_{\underline{/60°}}.$$

El nuevo valor de la intensidad, será:

$$\overline{\mathbf{I}}' = \frac{200}{15_{\underline{/60°}}} = \frac{40}{3}\underline{/-60°}.$$

Respuesta D

SOLUCIÓN 3.27

Teniendo en cuenta los resultados obtenidos en el ítem anterior:

$$R = 10\ \Omega \text{ y } Z = 10\sqrt{3}\ \Omega.$$

Respuesta C

ITEM 3.28

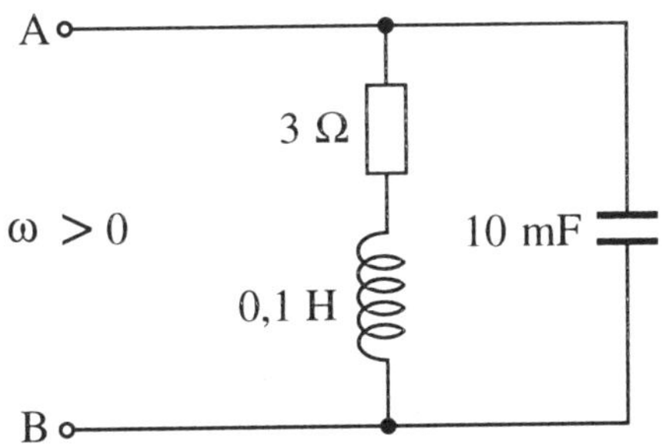

La pulsación de resonancia de la red de la figura, tiene el valor:

A. $10\sqrt{10}$ rad/seg.

B. $\dfrac{0,1}{\sqrt{10}}$ rad/seg.

C. 10 rad/seg.

D. $\sqrt{10}$ rad/seg.

E. Imposible.

F. Diferente.

SOLUCIÓN 3.28

La reactancia compleja del condensador, vale:

$$\overline{\mathbf{X}}_C = -j\ 100/\omega.$$

La admitancia equivalente entre los terminales A y B, será.

$$\overline{\mathbf{Y}}_{AB} = \frac{1}{3 + j0,1\omega} + j0,01\omega = \frac{3 - j0,1\omega}{9 + 0,01\omega^2} + j0,01\omega.$$

Para que esté en resonancia, la parte imaginaria ha de ser cero; es decir:

$$\frac{0,1\omega_o}{9 + 0,01\omega_o^2} = j0,01\omega_o. \quad => \quad \omega_o \text{ puede valer cero, + 10 ó - 10 rad/seg}$$

siento ω_o la frecuencia de resonancia. Como $\omega > 0$, la respuesta es 10 rad/seg.

Respuesta C

ITEM 3.29

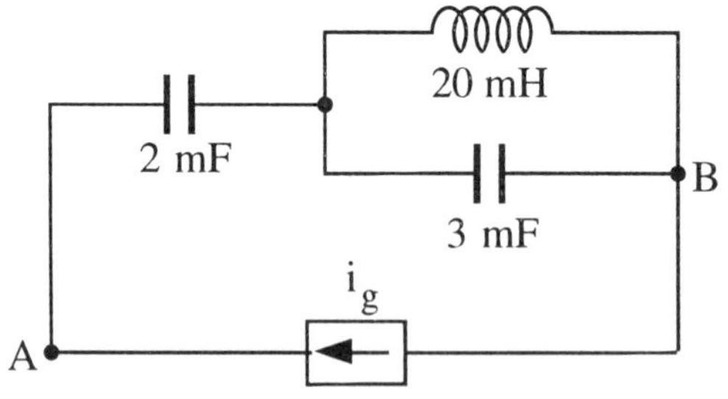

Sea el circuito de la figura. $i_g = I_o$ sen(ωt + 90°) con $I_o \neq 0$. Para que la diferencia de potencial entre A y B sea nula, la pulsación de la fuente ha de tener el valor:

A. 100/π.

B. 100π.

C. 100.

D. Imposible.

E. Indeterminado.

F. Diferente.

SOLUCIÓN 3.29

Para que V_{AB} sea nula, el circuito a de estar en resonancia de tensión; es decir, la impedancia equivalente entre A y B ha de ser nula.

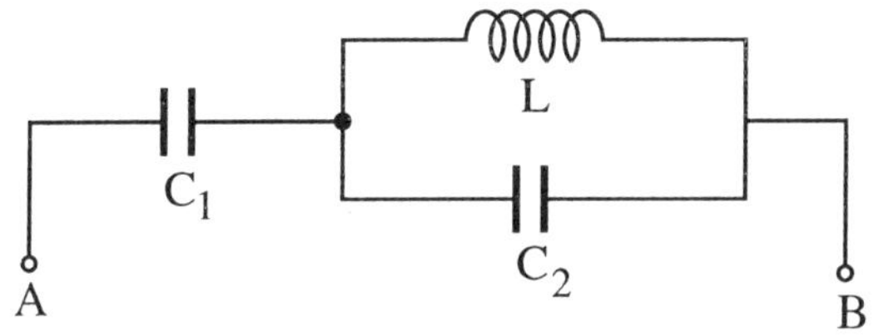

Por lo tanto:

$$\frac{-j}{C_1\omega} + \frac{1}{\left(jC_2\omega - \dfrac{j}{L\omega}\right)} \quad => \quad \frac{1}{L\omega} - C_2\omega = C_1\omega. \quad =>$$

$$\frac{1}{L\omega} = (C_1 + C_2)\omega \quad => \quad \omega^2 = \frac{1}{(C_1 + C_2)L} \quad => \quad \omega = 100.$$

Respuesta C

ITEM 3.30

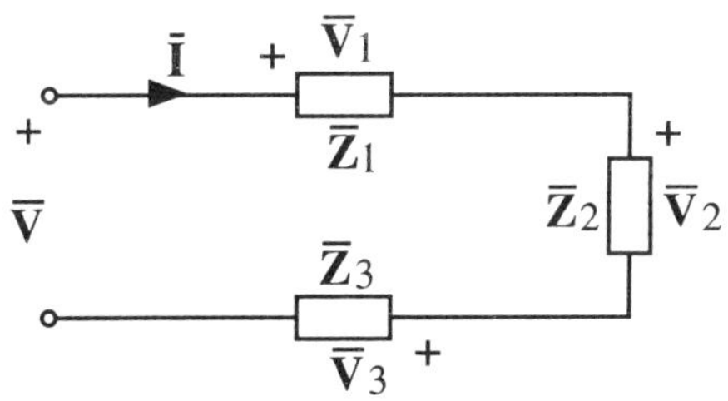

La forma fasorial de las magnitudes del circuito de la figura, es la siguiente:
$\overline{V}_1 = 50\underline{/\alpha^\circ}$; $\overline{V}_2 = 50\underline{/30^\circ}$; $\overline{V}_3 = 50\underline{/-90^\circ}$; $\overline{I} = 5$.

Para que la red esté en resonancia, $\overline{Z}_1$ ha de tener el valor:

A. $10\underline{/30^\circ}$.
B. $10\underline{/-30^\circ}$.
C. $10\sqrt{2}\underline{/-30^\circ}$.
D. $10\sqrt{2}\underline{/-90^\circ}$.
E. Imposible.
F. Diferente.

SOLUCIÓN 3.30

En la figura representamos el diagrama fasorial del circuito.

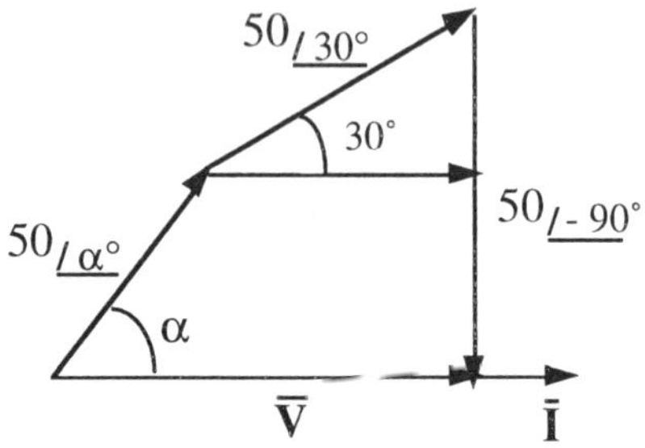

Se verifica:

$$50 \text{ sen } \alpha + 50 \text{ sen } 30° - 50 = 0.$$

Operando:

$$\text{sen } \alpha = 1/2 \quad => \quad \alpha = 30°.$$

Por tanto:

$$\overline{\mathbf{Z}}_1 = \frac{\overline{\mathbf{V}}_1}{\overline{\mathbf{I}}} = \frac{50\underline{/30°}}{5\underline{/0°}} = 10\underline{/30°}.$$

Respuesta A

ITEM 3.31

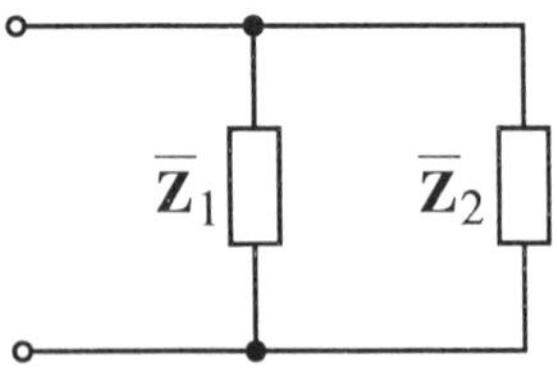

Fig. 1

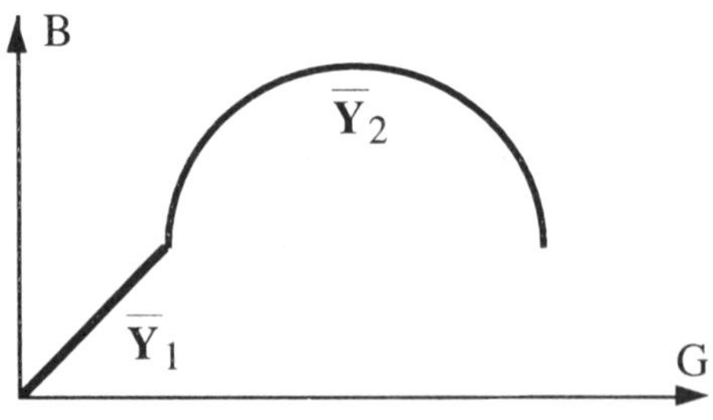

Fig. 2

El lugar geométrico de las admitancias del circuito de la figura 1, se representa en la figura 2. Deducimos:

A. Z_1 es del tipo R-C y Z_2 es del tipo R-C con X variable.
B. Z_1 es del tipo R-C y Z_2 es del tipo R-C con R variable.
C. Z_1 es del tipo R-L y Z_2 es del tipo R-C con X variable.
D. Z_1 es del tipo R-L y Z_2 es del tipo R-C con R variable.
E. Z_1 es del tipo R-C y Z_2 es del tipo R-L con X variable.
F. Z_1 es del tipo R-L y Z_2 es del tipo R-L con X variable.

SOLUCIÓN 3.31

$\overline{\mathbf{Y}}_1 = G_1 + jB_1$ siendo $B_1 > 0$ => $\overline{\mathbf{Z}}_1$ es una red R-C.

$\overline{\mathbf{Y}}_2 = G_2 + jB_2$ siendo $B_2 > 0$ => $\overline{\mathbf{Z}}_2$ es una red R-C con X variable.

<u>Respuesta A</u>

ITEM 3.32

Consideremos las seis proposiciones siguientes:

1. Tensión .... Intensidad
2. Flujo magnético bobina .... Flujo eléctrico condensador
3. Intensidad bobina .... Tensión condensador
4. Fuente de tensión .... Fuente de intensidad
5. Teorema de Thevenin .... Teorema de Norton
6. Impedancia compleja .... Admitancia compleja

De las seis proposiciones de dualidad que se relacionan anteriormente, son ciertas:

A. 1, 2, 6.
B. 1, 3, 4, 6.
C. 1, 2, 3, 4, 6.
D. 1, 3, 4, 5, 6.
E. Todas.
F. Diferente.

SOLUCIÓN 3.32

La magnitud dual del flujo magnético en una bobina es la carga en un condensador. Por otro lado, los circuitos equivalentes de Thevenin y Norton son fuentes equivalentes entre sí pero, en general, no son duales. El resto de las proposiciones son ciertas.

<u>Respuesta B</u>

ITEM 3.33

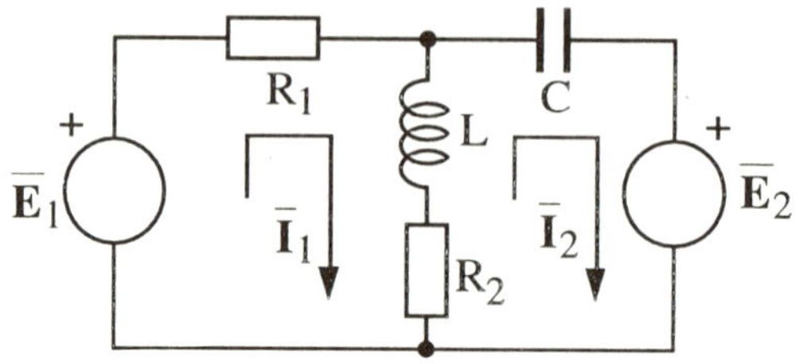

Fig. 1

Fig. 2.

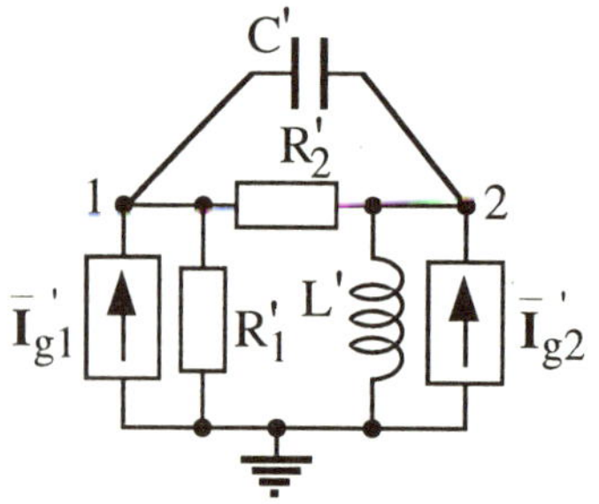

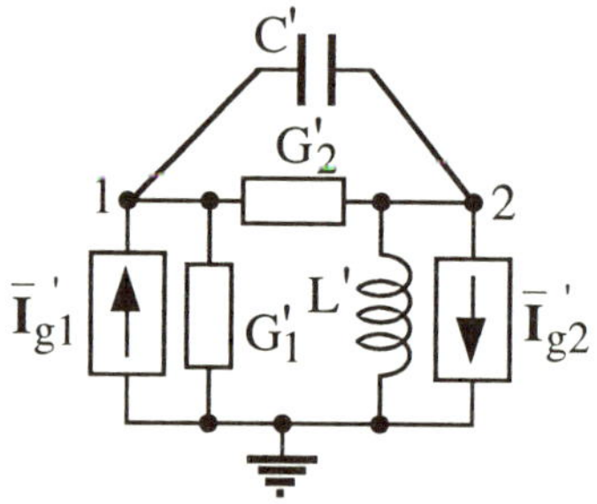

Fig. 3.

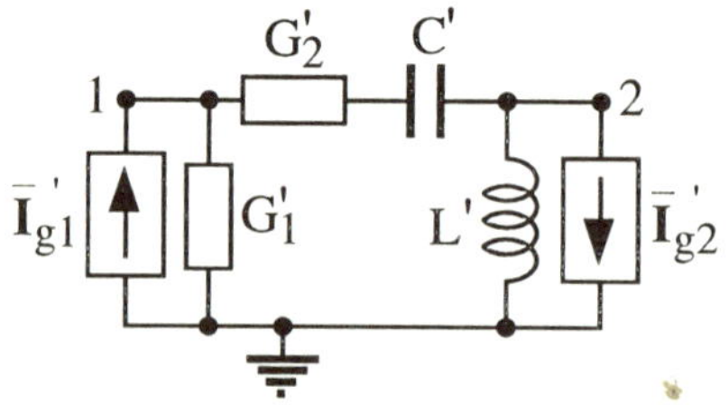

Fig. 4

Sea el circuito de la figura 1. De los circuitos de las figuras 2, 3 y 4, serán duales exactos o inversos del de la figura 1:

A. El 2, si se verifica: $R_1' = R_1$; $R_2' = R_2$; $L = L'$; $C = C'$; $\overline{\mathbf{E}}_1 = \overline{\mathbf{E}}_2$; $\overline{\mathbf{I}}_{g_1}' = \overline{\mathbf{I}}_{g_2}'$.

B. El 2, si se verifica: $R_1'R_1 = R_2'R_2$; $L = L'$; $C = C'$; $\overline{\mathbf{E}}_1 = \overline{\mathbf{I}}_{g_1}' R_1'$; $\overline{\mathbf{E}}_2 = \overline{\mathbf{I}}_{g_2}' L'$

C. El 3, si se verifica: $G_1' = R_1$; $G_2' = R_2$; $C' = L$; $C = L'$; $\overline{\mathbf{E}}_1 = \overline{\mathbf{I}}_{g_1}'$; $\overline{\mathbf{E}}_2 = \overline{\mathbf{I}}_{g_2}'$.

D. El 3, si se verifica: $G_1' = R_1$; $G_2' = R_2$; $C = C'$; $L = L'$; $\overline{\mathbf{E}}_1 = \overline{\mathbf{I}}_{g_1}'$; $\overline{\mathbf{E}}_2 = \overline{\mathbf{I}}_{g_2}'$.

E. El 4, si se verifica: $G_1' = R_1$; $G_2' = R_2$; $C' = L$; $C = L'$; $\overline{\mathbf{E}}_1 = \overline{\mathbf{I}}_{g_1}'$; $\overline{\mathbf{E}}_2 = \overline{\mathbf{I}}_{g_2}'$.

F. Todas las respuestas son falsas.

SOLUCIÓN 3.33

Teniendo en cuenta los conceptos de circuitos y elementos duales, son duales exactos las redes 1 y 3.

<u>Respuesta C</u>

ITEM 3.34

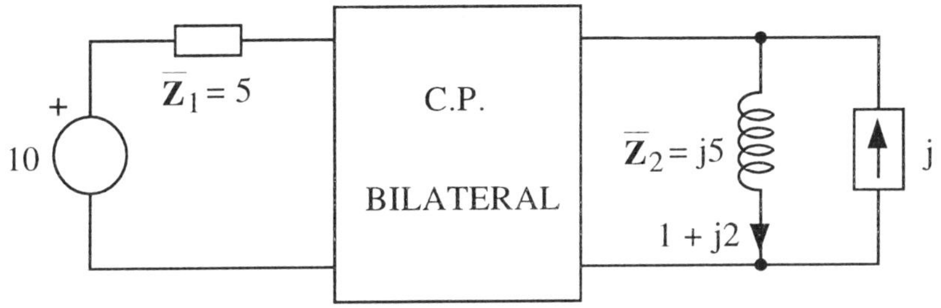

La impedancia de transferencia en el circuito de la figura, tiene el valor:

A. $5\sqrt{2}\underline{/225°}$.

B. $5\sqrt{2}\underline{/45°}$.

C. $\sqrt{2}\underline{/45°}$.

D. j5.

E. Indeterminada.

F. Diferente.

SOLUCIÓN 3.34

No se puede determinar debido a la existencia de la fuente de intensidad.

Respuesta E

ITEM 3.35

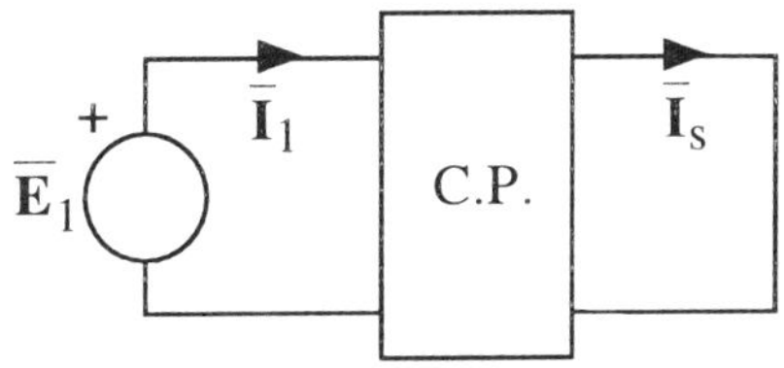

El circuito pasivo de la figura es lineal y unilateral.

$$\overline{\mathbf{E}}_1 = 50\underline{/90°};\quad \overline{\mathbf{Z}}_{e1} = 5\underline{/45°};\quad \overline{\mathbf{Z}}_{t1s} = 10\underline{/90°}.$$

Se verifica:

A. $\overline{\mathbf{I}}_1 = 10\underline{/45°}$; $\overline{\mathbf{I}}_s$ Indeterminado.

B. $\overline{\mathbf{I}}_1$ Indeterminado; $\overline{\mathbf{I}}_s$ Indeterminado.

C. $\overline{\mathbf{I}}_1 = 10\underline{/45°}$; $\overline{\mathbf{I}}_s = 5$.

D. $\overline{\mathbf{I}}_1 = 5$; $\overline{\mathbf{I}}_s = 10\underline{/45°}$.

E. $\bar{\mathbf{I}}_1 = \bar{\mathbf{I}}_s = 10\underline{/45^\circ} + 5$.

F. Todas son falsas.

SOLUCIÓN 3.35

Aplicando las definiciones de impedancia de entrada y transferencia:

$$\bar{\mathbf{I}}_1 = \frac{\bar{\mathbf{E}}_1}{\bar{\mathbf{Z}}_{e1}} = \frac{50\underline{/90^\circ}}{5\underline{/45^\circ}} = 10\underline{/45^\circ}.$$

$$\bar{\mathbf{I}}_s = \frac{\bar{\mathbf{E}}_1}{\bar{\mathbf{Z}}_{t1s}} = \frac{50\underline{/90^\circ}}{10\underline{/90^\circ}} = 5.$$

Respuesta C

ITEM 3.36

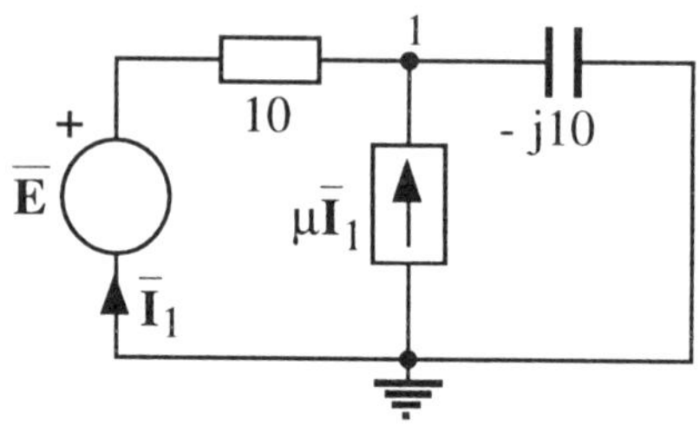

Sea el circuito de la figura. El potencial $\bar{\mathbf{V}}_1$, tiene el valor:

A. $\dfrac{\bar{\mathbf{E}}\,(1 - \mu)}{1 + \mu}$.

B. $\dfrac{\bar{\mathbf{E}}\,(1 + \mu)}{1 + \mu + j}$.

C. $-\mu\bar{\mathbf{E}}$.

D. $\dfrac{\bar{\mathbf{E}}\,(1 - \mu)}{1 + j}$.

E. $\dfrac{\bar{\mathbf{E}}\,(1 + \mu)}{1 - j}$.

F. Diferente.

SOLUCIÓN 3.36

Aplicando el método de tensión de nudos:

$$\bar{\mathbf{V}}_1\left(\frac{1}{10} - \frac{1}{j10}\right) = \frac{\bar{\mathbf{E}}}{10} + \mu\bar{\mathbf{I}}_1, \text{ con } \bar{\mathbf{I}}_1 = \frac{\bar{\mathbf{E}} - \bar{\mathbf{V}}_1}{10}.$$

$$\overline{\mathbf{V}}_1\left(\frac{1}{10} - \frac{1}{j10} + \frac{\mu}{10}\right) = \frac{\overline{\mathbf{E}}\,(1+\mu)}{10} \quad => \quad \overline{\mathbf{V}}_1 = \frac{\overline{\mathbf{E}}\,(1+\mu)}{1+\mu+j}.$$

Respuesta B

ITEM 3.37

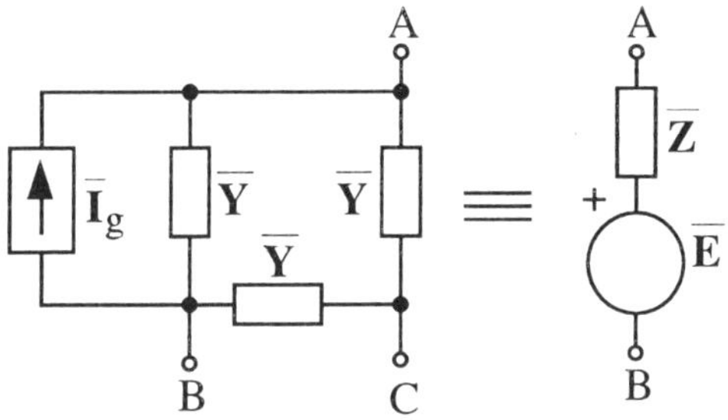

Para que los dos circuitos de las figuras sean equivalentes, han de verificarse las relaciones:

A. $\overline{\mathbf{E}} = 2\cdot\overline{\mathbf{Y}}\cdot\overline{\mathbf{I}}_g \;;\; \overline{\mathbf{Z}} = \dfrac{3\cdot\overline{\mathbf{Y}}}{2}.$

B. $\overline{\mathbf{E}} = 3\cdot\overline{\mathbf{Y}}\cdot\overline{\mathbf{I}}_g \;;\; \overline{\mathbf{Z}} = \dfrac{2}{3\cdot\overline{\mathbf{Y}}}.$

C. $\overline{\mathbf{E}} = \overline{\mathbf{Y}}\cdot\overline{\mathbf{I}}_g \;;\; \overline{\mathbf{Z}} = \dfrac{3\cdot\overline{\mathbf{Y}}}{2}.$

D. $\overline{\mathbf{E}} = \dfrac{2\cdot\overline{\mathbf{Y}}\cdot\overline{\mathbf{I}}_g}{3} \;;\; \overline{\mathbf{Z}} = \dfrac{3\cdot\overline{\mathbf{Y}}}{2}.$

E. $\overline{\mathbf{E}} = \dfrac{2\cdot\overline{\mathbf{Y}}\cdot\overline{\mathbf{I}}_g}{3} \;;\; \overline{\mathbf{Z}} = \dfrac{2}{3\cdot\overline{\mathbf{Y}}}.$

F. Diferentes.

SOLUCIÓN 3.37

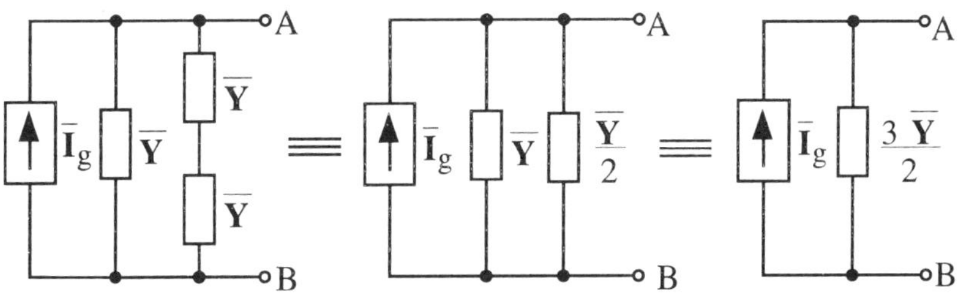

Para que los circuitos sean equivalentes:

$$\overline{\mathbf{E}} = \frac{2 \cdot \overline{\mathbf{I}}_g}{3 \cdot \overline{\mathbf{Y}}} \quad \text{y además:} \quad \overline{\mathbf{Z}} = \frac{2}{3 \cdot \overline{\mathbf{Y}}}$$

<u>Respuesta F</u>

ITEM 3.38

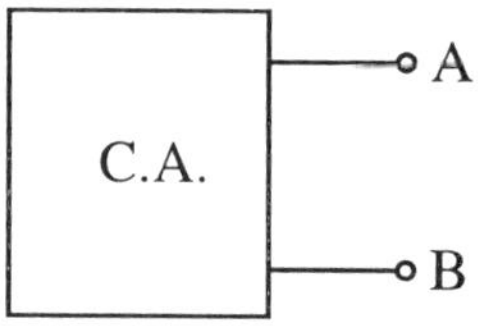

Fig. 1

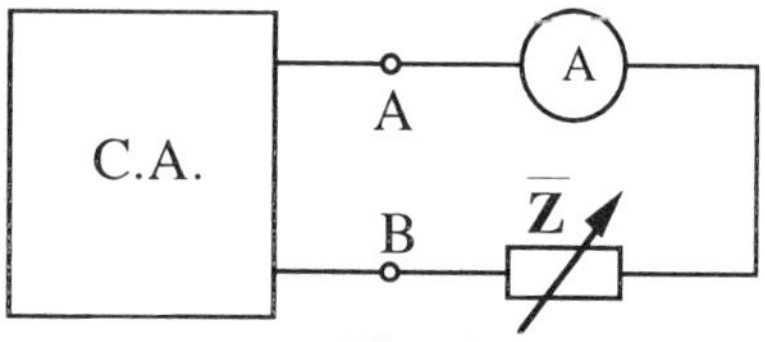

Fig. 2

Sea el circuito activo lineal de la figura 1 en el que queremos determinar, experimentalmente, su impedancia de entrada. Para ello, hacemos un ensayo de vacío, obteniendo una tensión de 200 V; a continuación realizamos un ensayo de cortocircuito, obteniendo una lectura de 20 A.
Por último montamos el ensayo de la figura 2. $\overline{\mathbf{Z}}$ es una impedancia de resistencia fija de 2 Ω y coeficiente de autoinducción variable. Al ir aumentando L lentamente, observamos que el amperímetro incrementa su lectura hasta un valor máximo de 25 A. A partir de este momento, nuevos incrementos de L originan disminución de la intensidad. Los aparatos utilizados son ideales. La impedancia de entrada del circuito activo $\overline{\mathbf{Z}}_{AB}$, tiene el valor:

A. 8 + j6.
B. 8 - j6.
C. 6 - j8.
D. 8.
E. Indeterminado.
F. Diferente.

SOLUCIÓN 3.38

Efectivamente:

$$Z_e(\text{A-B}) = \frac{200}{20} = 10\ \Omega.$$

Para determinar el argumento usaremos los datos del segundo ensayo.

La intensidad será máxima cuando la parte reactiva de $\overline{\mathbf{Z}}$, compense la del equivalente de Thevenin entre A y B del circuito activo.

Como $\overline{\mathbf{Z}}$ es inductiva, se verificará que $\overline{\mathbf{Z}}_e$(A-B) será capacitiva.

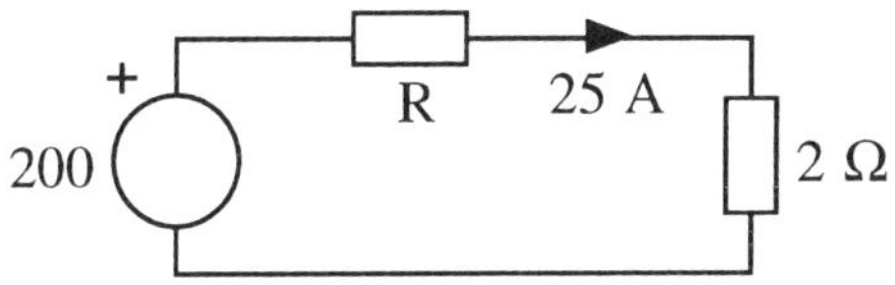

$$R + 2 = \frac{200}{25} \quad => \quad R = 6\ \Omega; \qquad X = \sqrt{100 - 36} = 8\ \Omega$$

Entonces:

$$\overline{\mathbf{Z}}_e = 6 - j8.$$

Respuesta C

ITEM 3.39

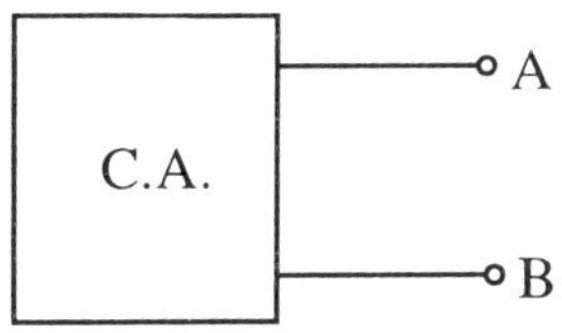

La impedancia que consume la máxima potencia de la red de la figura, es:

$$\overline{\mathbf{Z}} = 6 - j8.$$

Colocada entre los terminales A-B, consume una potencia de $\frac{5}{3}$ kVA.

Si conectamos una resistencia óhmica de 10 Ω, la potencia que se consumiría entre los terminales de salida, tendría el valor:

A. $\frac{5}{3\sqrt{3}}$ kW.
B. 1,25 kW.
C. $\frac{5}{3}$ kW.
D. 0,75 kW.
E. Indeterminado.
F. Diferente.

SOLUCIÓN 3.39

Designemos por $\overline{\mathbf{V}}_T$ y $\overline{\mathbf{Z}}_T$ la tensión e impedancia del circuito equivalente de Thévenin del C.A.

Si $\overline{\mathbf{Z}}$ consume la máxima potencia => $\overline{\mathbf{Z}}_T = 6 + j8$.

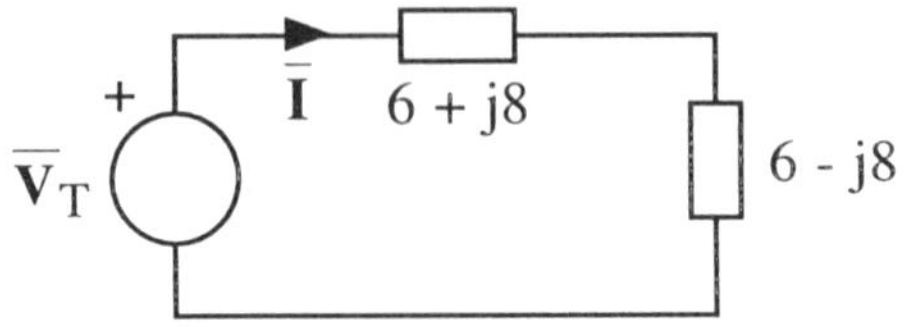

Entonces:

$$I^2Z = \frac{5000}{3} \quad => \quad I = \frac{10\sqrt{15}}{3}\ A. \quad => \quad V_T = 40\sqrt{15}\ V.$$

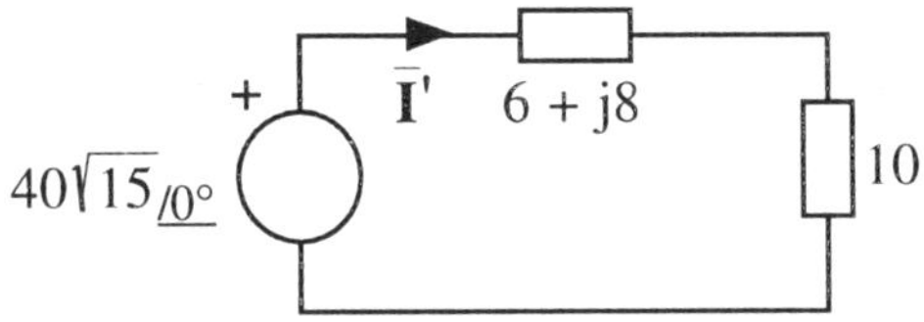

Por tanto:

$$I' = 5\sqrt{3}\ A.$$

La potencia que se consumiría entre los terminales de salida, será:

$$P' = 750\ W.$$

<u>Respuesta D</u>

ITEM 3.40

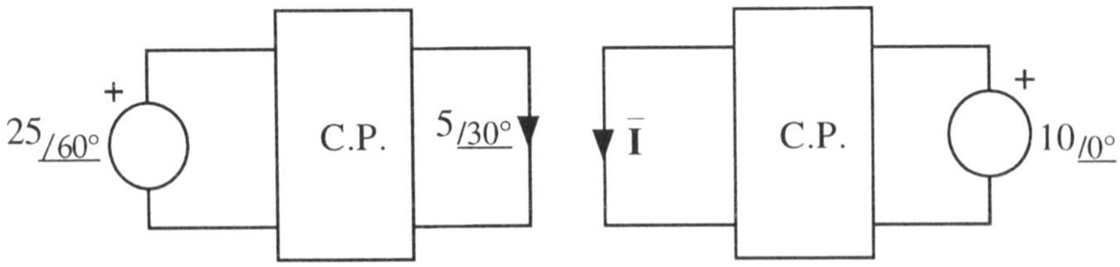

Fig. 1 Fig. 2

Los circuitos pasivos de las redes de las figuras 1 y 2, son idénticos y bilaterales. La intensidad $\overline{\mathbf{I}}$, tiene el valor:

A. $2_{/-30°}$.
B. $2_{/150°}$.
C. $12{,}5_{/-30°}$.
D. $0{,}5_{/0°}$.
E. $0{,}5_{/-30°}$.
F. Diferente.

SOLUCIÓN 3.40

Aplicando el teorema de reciprocidad y el criterio de linealidad:

$$\overline{\mathbf{F}} = \frac{10_{\underline{/0^\circ}}}{25_{\underline{/60^\circ}}} = 0{,}4_{\underline{/-60^\circ}}.$$

Por tanto:

$$\overline{\mathbf{I}} = 5_{\underline{/30^\circ}} \cdot 0{,}4_{\underline{/-60^\circ}} = 2_{\underline{/-30^\circ}}.$$

Respuesta A

ITEM 3.41

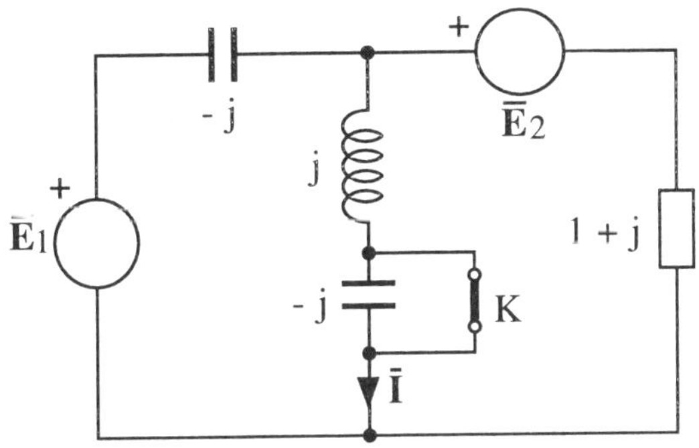

Sea el circuito de la figura, dónde $\overline{\mathbf{E}}_1$ y $\overline{\mathbf{E}}_2$ son fuentes de alterna no nulas de la misma pulsación. Estando K cerrado, $\overline{\mathbf{I}}$ = j10. Abrimos K; una vez establecido el régimen permanente, $\overline{\mathbf{I}}$ tendrá el valor:

A. 5 + j5.
B. - 5 - j5.
C. - 5 + j5.
D. 5 + j15.
E. - 5 + j15.
F. Diferente.

SOLUCIÓN 3.41

Abrimos K, aplicando el teorema de compensación:

$$\Delta\overline{\mathbf{Z}} = -\,j\ .$$

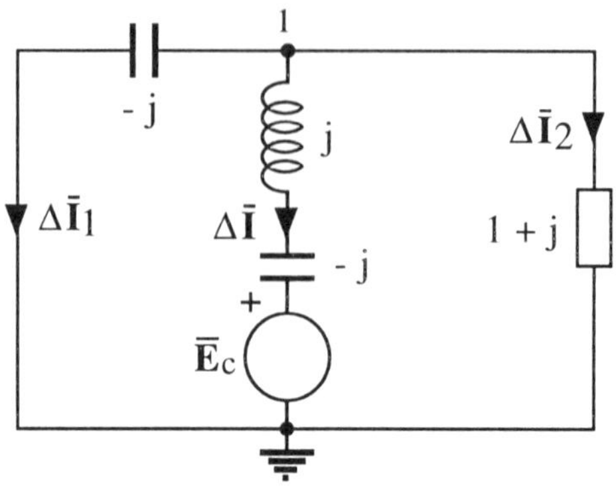

$$\bar{E}_c = \bar{I}\cdot\Delta\bar{Z} = j10\cdot(-j) = 10 \text{ V.}$$

Como $\Delta\bar{V}_1 = 10$ V. => $\Delta\bar{I}_1 = \dfrac{10}{-j} = j10$ e $\Delta\bar{I}_2 = \dfrac{10}{\sqrt{2}_{\underline{/45°}}} = 5\sqrt{2}_{\underline{/-45°}}$.

Por lo que:

$$\Delta\bar{I} = -\Delta\bar{I}_1 - \Delta\bar{I}_2 = -j10 - 5 + j5 = -5 - j5$$

De dónde el nuevo valor de la intensidad al cerrar K, será:

$$\bar{I}' = \bar{I} + \Delta\bar{I} = -5 + j5.$$

<u>Respuesta C</u>

ITEM 3.42

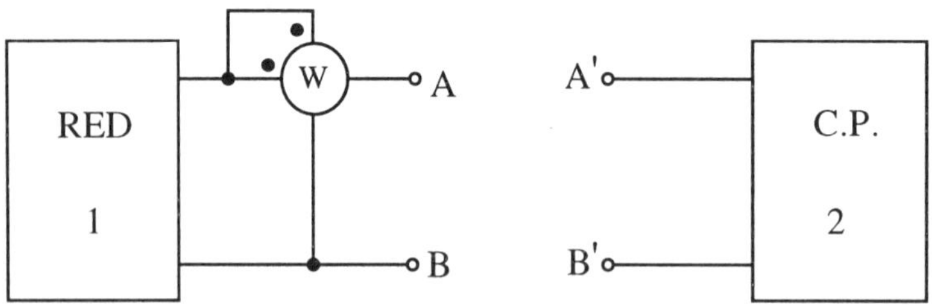

Sean la red 1 y el circuito pasivo 2. Cuando unimos los terminales A-A' y B-B' entre sí, el vatímetro marca 500 W. y además la red 1, entrega al circuito pasivo la máxima potencia. Si conectamos A con B' y A' con B, podemos afirmar:

A. El vatímetro marca la misma cantidad, pero cambiando el orden de conexión de la bobina voltimétrica del vatímetro.
B. La red 1, pasa a ser receptor.
C. La impedancia de entrada del C.P. 2, pasa a ser la conjugada.
D. La impedancia de entrada del C.P. 2, pasa a ser la opuesta.
E. Se modifica la condición de máxima transferencia de potencia.
F. Todas las respuestas son falsas.

SOLUCIÓN 3.42

Obviamente no sucede nada.

<u>Respuesta F</u>

ITEM 3.43

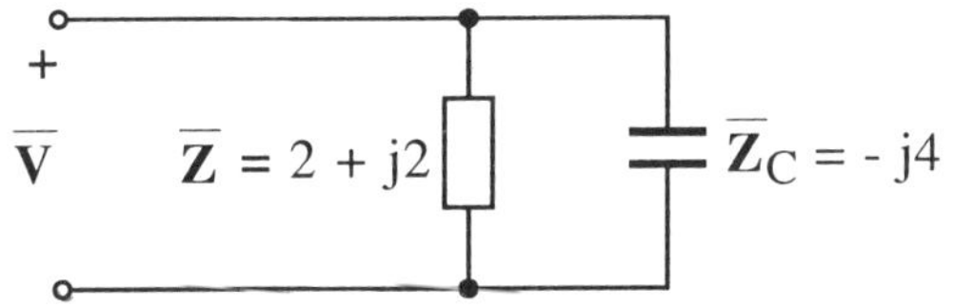

En el circuito de la figura: $v = 100\sqrt{2}$ sen 314t. La potencia instantánea consumida por la red, es:

A. 5000(1 + sen 628t).
B. 5000 [1 + sen (628t + 90°)].
C. 2500 [1 + sen (628t - 90°)].
D. 2500 + 5000 sen 314t.
E. 2500 + 5000 sen 628t.
F. Diferente.

SOLUCIÓN 3.43

$$v = 100\sqrt{2} \text{ sen } 314t \quad => \quad \overline{V} = 100_{\underline{/0^\circ}}.$$

La impedancia del circuito, es:

$$\overline{Z}_e = \frac{2\sqrt{2}_{\underline{/45^\circ}} \cdot 4_{\underline{/-90^\circ}}}{2\sqrt{2}_{\underline{/-45^\circ}}} = 4.$$

Luego: $\overline{I} = \dfrac{100_{\underline{/0^\circ}}}{4} = 25_{\underline{/0^\circ}} \quad => \quad i = 25\sqrt{2} \text{ sen } 314t.$

Por tanto, la potencia instantánea consumida por la red, tendrá el valor:

$$p = v\,i = 2500\,(1 - \cos 628t) = 2500\,[1 + \text{sen}\,(628t - 90°)].$$

<u>Respuesta C</u>

ITEM 3.44-45

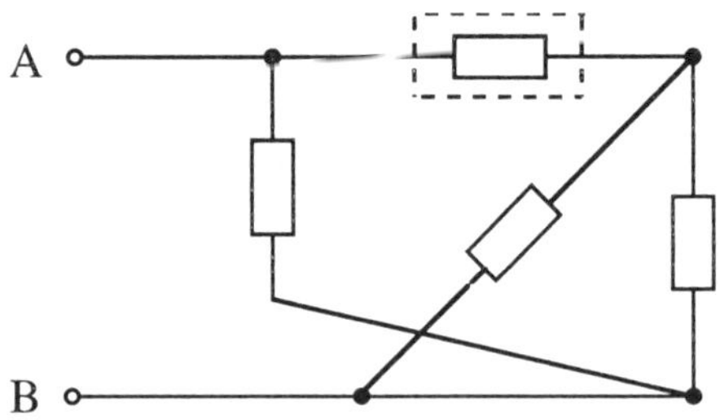

3.44. Las cuatro impedancias del circuito de la figura son idénticas de valor $Z_{\angle 30°}$. La impedancia de entrada, $\overline{\mathbf{Z}}_{AB}$ viene dada por:

A. $0{,}75Z_{\angle 30°}$.
B. $1{,}8Z_{\angle 30°}$.
C. $0{,}6Z_{\angle 30°}$.
D. $\dfrac{9Z_{\angle 30°}}{11}$.
E. $0{,}5Z_{\angle 30°}$.
F. Diferente.

3.45. Igual enunciado que el ítem 3.44. Si la impedancia encerrada en un rectángulo consume la potencia de P W, la potencia total que disipa la red, tendrá el valor:

A. 1,35P W.
B. 6,25P W.
C. 4P W.
D. 3,75P W.
E. 2,5P W.
F. Diferente.

SOLUCIÓN 3.44

La red podemos ponerla de la forma:

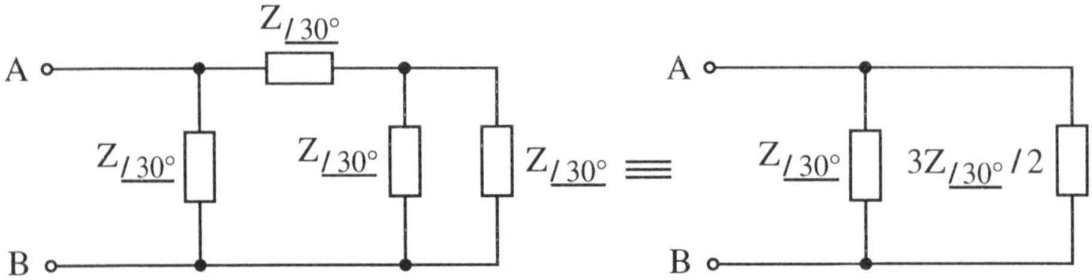

$$\overline{\mathbf{Z}}_e = \overline{\mathbf{Z}}_{AB} = \frac{3Z^2{}_{\underline{/60^\circ}}/2}{\left(2Z_{\underline{/30^\circ}} + 3Z_{\underline{/30^\circ}}\right)/2} = 0{,}6Z_{\underline{/30^\circ}}.$$

Respuesta C

SOLUCIÓN 3.45

Las intensidades se reparten según el grafo adjunto.

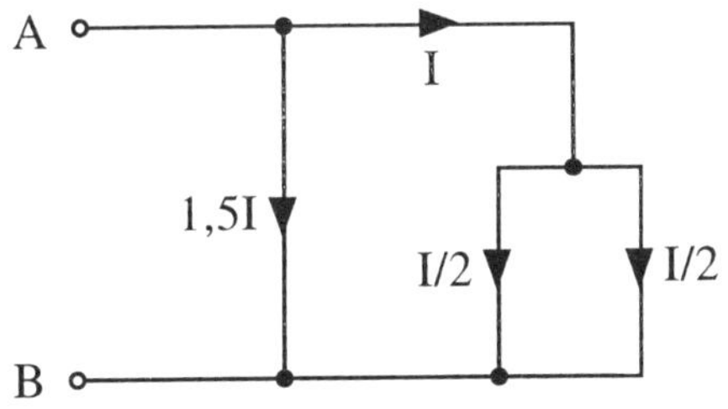

Por tanto:

$$I = \frac{V_{AB}}{1{,}5Z}$$

Y además la potencia total:

$$P_t = P + \frac{2P}{4} + 1{,}5^2 P = 3{,}75\ P.$$

Respuesta D

ITEM 3.46-47

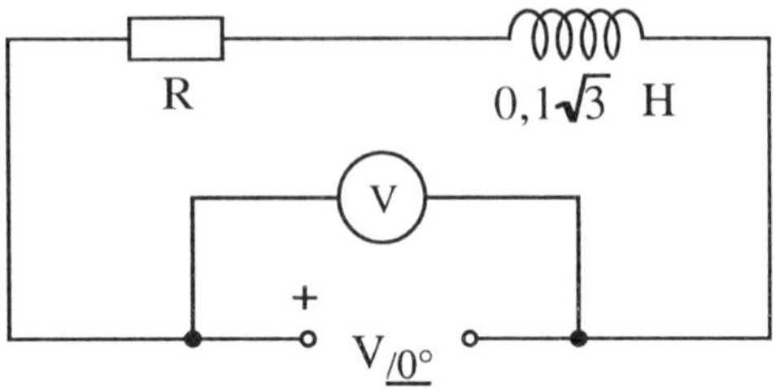

3.46. En el circuito de la figura, la excitación es sinusoidal. La potencia instantánea suministrada al circuito, viene dada por la expresión:

$$p = P + 128\sqrt{3}\ \text{sen}(20t - 120°)\ \text{vatios.}$$

La resistencia R, tiene el valor:

A. 1 Ω. C. 3 Ω. E. 6 Ω.
B. 2 Ω. D. 0,3 Ω. F. Diferente.

3.47. Igual enunciado que el ítem 3.46. La lectura del voltímetro electrodinámico, tiene el valor:

A. $8\sqrt{3}$ V. C. $8\sqrt{6}$ V. E. Indeterminado.
B. $16\sqrt{3}$ V. D. $16\sqrt{6}$ V. F. Diferente.

SOLUCIÓN 3.46

Teniendo de cuenta la expresión de la potencia instantánea:

$$p = VI \cos \varphi + VI\ \text{sen}(2\omega t - 90° - \varphi).$$

En nuestro caso se verifica: $\varphi = 30°$; $\omega = 10$ rad/seg.

Al ser un circuito R-L serie:

$$\text{tg } 30° = \frac{1}{\sqrt{3}} = \frac{0{,}1\sqrt{3} \cdot 10}{R} \quad \Rightarrow \quad R = 3\ \Omega.$$

Respuesta C

SOLUCIÓN 3.47

Teniendo en cuenta la respuesta del ítem anterior, la impedancia del circuito será:

$$Z = \sqrt{3^2 + 3} = 2\sqrt{3}\ \Omega.$$

De donde:

$$\left.\begin{array}{l} VI = 128\sqrt{3} \\ V = 2\sqrt{3}\ I \end{array}\right\} \Rightarrow I = 8 \text{ Amperios. } ; \ V = 16\sqrt{3} \text{ Voltios.}$$

<u>Respuesta B</u>

ITEM 3.48-49

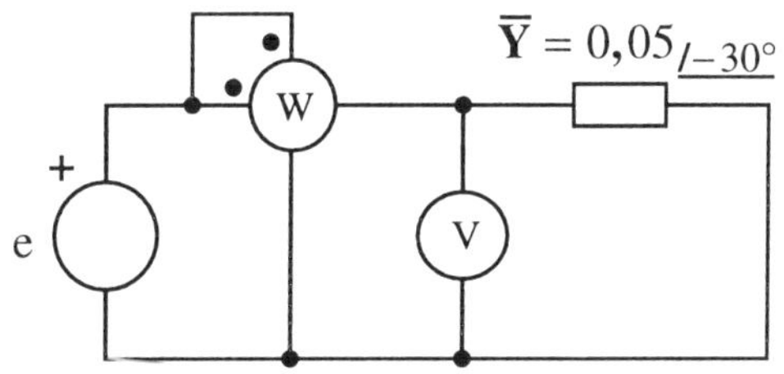

3.48. En el circuito de la figura, la lectura del voltímetro V es de 200 voltios, cuando la excitación vale: $e = E_0$ senωt. La lectura del vatímetro W, es:

A. $500\sqrt{3}$ W.
B. 1000 W.
C. $1000\sqrt{3}$ W.
D. 2000 W.
E. Indeterminado.
F. Diferente.

3.49. Igual enunciado que el ítem 3.48. Triplicamos la frecuencia de la excitación, la nueva lectura del vatímetro W, tiene el valor:

A. $\dfrac{1000}{\sqrt{3}}$ W.
B. $\dfrac{2000}{\sqrt{3}}$ W.
C. $1000\sqrt{3}$ W.
D. 2000 W.
E. Indeterminado.
F. Diferente.

SOLUCIÓN 3.48

La impedancia $\overline{\mathbf{Z}}$, vale:

$$\overline{\mathbf{Z}} = \frac{1}{\overline{\mathbf{Y}}} = 20_{/30^\circ} = 10\sqrt{3} + j10.$$

Por tanto, la potencia consumida o la lectura del vatímetro, tendrá el valor:

$$P = W = \left(\frac{200}{20}\right)^2 \cdot \frac{20\sqrt{3}}{2} = 1000\sqrt{3} \text{ W.}$$

<u>Respuesta C</u>

SOLUCIÓN 3.49

Al triplicar la frecuencia, también se triplica la reactancia inductiva; por tanto:

$$\overline{\mathbf{Z}}' = 10\sqrt{3} + j30 \quad => \quad Z' = 20\sqrt{3}.$$

Luego:

$$I' = \frac{200}{20\sqrt{3}} = \frac{10}{\sqrt{3}} \quad => \quad P' = \frac{1000}{\sqrt{3}} \text{ W.}$$

<u>Respuesta A</u>

ITEM 3.50

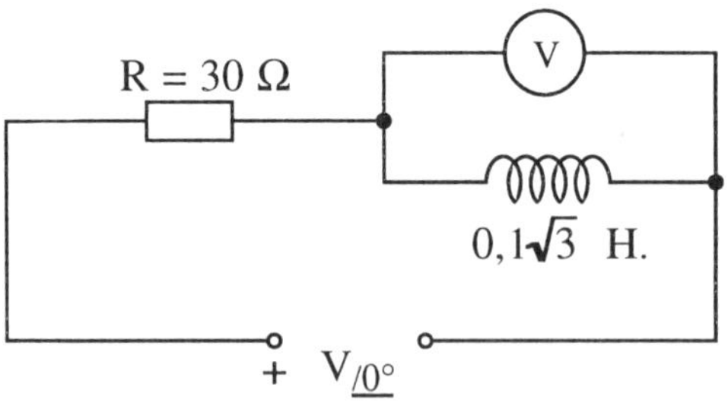

En el circuito de la figura, la excitación es sinusoidal con una pulsación:

$$\omega = 100 \text{ rad/seg.}$$

Si el voltímetro marca 90 V, la potencia instantánea viene dada por la expresión:

A. $405 + 270\sqrt{3}$ sen(200t - 120°).
B. $405 + 270\sqrt{3}$ sen(200t - 60°).
C. $810 + 540\sqrt{3}$ sen(200t - 120°).
D. $810 + 540\sqrt{3}$ sen(200t - 60°).
E. $1620 + 1080\sqrt{3}$ sen(200t - 60°).
F. Diferente.

SOLUCIÓN 3.50

La impedancia del circuito, es:

$$\overline{\mathbf{Z}} = 30 + j10\sqrt{3}.$$

Y el módulo de la intensidad:

$$I = \frac{90}{10\sqrt{3}} = 3\sqrt{3} \text{ A.}$$

Con lo que la tensión total, será:

$$V = 180 \text{ V.}$$

Como el circuito es inductivo, la intensidad vendrá atrasada respecto a la tensión un ángulo:

$$\varphi = \text{arc tg } (10\sqrt{3}/30) = 30°.$$

Por tanto:

$p = 540\sqrt{3} \cos 30° + 540\sqrt{3} \text{ sen } (200t - 90° - 30°)$ =>

$p = 810 + 540\sqrt{3} \text{ sen } (200t - 120°)$

Respuesta C

ITEM 3.51-52

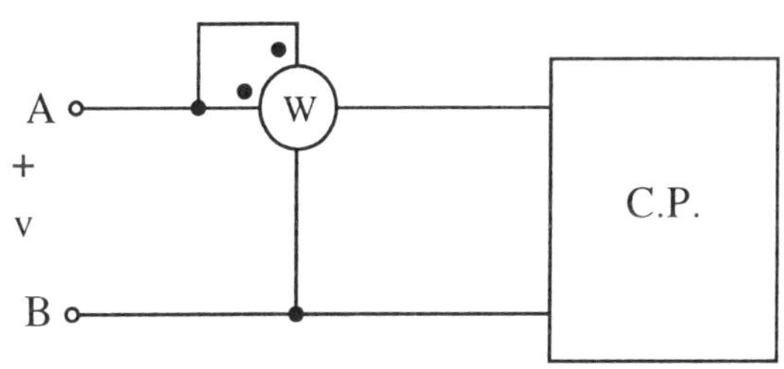

3.51. En el circuito de la figura $v = 300\sqrt{2}\,\text{sen}100t$. La red está en resonancia y el vatímetro mide 1500 vatios. La impedancia de entrada del C.P., tiene el valor:

A. $60\underline{/30°}$.　　C. 60.　　E. $60\underline{/60°}$.

B. $60\underline{/-30°}$.　　D. $60\sqrt{2}\underline{/30°}$.　　F. Diferente.

3.52. Igual enunciado que el ítem 3.51. La potencia instantánea consumida por el C.P, viene dada por la expresión:

A. $750\sqrt{3}$ - 1500 cos(200t + 30°).

B. 1500 - 1500 cos(200t + 30°).

C. 1500 - 1500 cos100t.

D. 1500 - 1500 cos 200t.

E. 3000 - 3000 cos 200t.

F. Diferente.

SOLUCIÓN 3.51.

Si el circuito está en resonancia, la tensión y la intensidad totales están en fase y la impedancia equivalente del C.P, es resistiva pura; por tanto:

$$1500 = \frac{300^2}{R} \quad => \quad R = 60\ \Omega.$$

<u>Respuesta C</u>

SOLUCIÓN 3.52

La potencia instantánea viene dada por la expresión:

$$p = VI \cos \varphi + VI \operatorname{sen} (2\omega t - 90° - \varphi).$$

Como $\varphi = 0°$ por ser resistivo puro, deducimos:

$$p = 1500 + 1500 \operatorname{sen} (200t - 90°) = 1500 - 1500 \cos 200t.$$

<u>Respuesta D</u>

ITEM 3.53-54

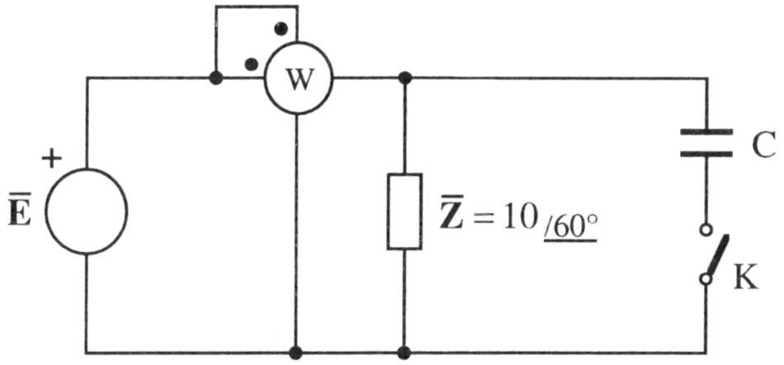

3.53. En el circuito de la figura, estando el interruptor K abierto, la lectura del vatímetro es de 20 W. La f.e.m de la fuente E, tiene el valor:

A. 2 V.
B. 20 V.
C. $10\sqrt{2}$ V.
D. $2\sqrt{2}$ V.
E. Indeterminado.
F. Diferente.

3.54. Igual enunciado que el ítem 3.53. Cerramos el interruptor K; una vez establecido el régimen permanente, la lectura del vatímetro W tiene el valor:

A. 40 W.
B. 20 W.
C. $20 + \dfrac{E^2}{\omega C}$ W.
D. $20 + E^2\omega C$ W.
E. Indeterminado.
F. Diferente.

SOLUCIÓN 3.53

El vatímetro mide la potencia activa consumida por Z:

$$W = 20\ W. = P = \left(\frac{E}{10}\right)^2 \cdot 10\ \frac{1}{2}.$$

Por tanto: E = 20 V.

Respuesta B

SOLUCIÓN 3.54

Al cerrar K, conectamos un condensador, por lo que la potencia activa y la lectura del vatímetro son las mismas que con K abierto.

Respuesta B

ITEM 3.55

La potencia instantánea de un dipolo R-L, viene dada por la expresión:

$$p = 3000 \text{ sen}500t \text{ sen}(500t + 30°).$$

La potencia reactiva consumida, tiene el valor:

A. 3000 VAr.
B. $1500\sqrt{3}$ VAr.
C. 1500 VAr.
D. $750\sqrt{3}$ VAr.
E. 750 VAr.
F. Diferente.

SOLUCIÓN 3.55

Por definición:

$$p = v\, i = V_0 \text{ sen}\omega t \cdot I_0 \text{ sen}(\omega t + 30°) = 3000 \text{ sen}500t \cdot \text{sen}(500t + 30°)$$

Por tanto:

$$V_0 I_0 = 3000 \quad \Rightarrow \quad VI = 1500 \text{ y } \varphi = 30°.$$

Luego:

$$Q = VI \text{ sen } \varphi = 750 \text{ VAr. (positivos al ser un dipolo R-L).}$$

<u>Respuesta E</u>

ITEM 3.56-57

3.56. Una impedancia $\overline{\mathbf{Z}}$ está conectada a una fuente ideal de tensión de fuerza electromotriz $e = 100\sqrt{2} \text{ sen}(\omega t + 90°)$ V, siendo la potencia suministrada:

$$p = P + 500 \text{ sen}(200t - 30°) \text{ W}.$$

La potencia reactiva consumida por $\overline{\mathbf{Z}}$, tiene el valor:

A. $250\sqrt{3}$ VAr(c).
B. 250 VAr(c).
C. $250\sqrt{3}$ VAr(i).
D. 250 VAr(i).
E. Indeterminado.
F. Diferente.

3.57. Igual enunciado que el ítem 3.56. La impedancia $\overline{\mathbf{Z}}$, tiene el valor:

A. 40 - j40/3.
B. $10\sqrt{3}$ + j10.
C. $10\sqrt{3}$ - j10.
D. 10 + j$10\sqrt{3}$.
E. 10 - j$10\sqrt{3}$.
F. Diferente.

SOLUCIÓN 3.56

$$p = VI\cos\varphi + VI\,\mathrm{sen}(2\omega t - 90° - \varphi), \text{ y } P = \text{Potencia activa.}$$

$$-90° - \varphi = -30° \quad \Rightarrow \quad \varphi = -60° \quad \text{y} \quad VI = 500 \text{ VA.}$$

$$P = 250 \text{ W.} \; ; \quad Q = 500\,\mathrm{sen}(-60°) \text{ VAr.} \quad \Rightarrow \quad Q = 250\sqrt{3} \text{ VAr(c).}$$

Respuesta A

SOLUCIÓN 3.57

$$Z = \frac{V}{I}, \text{ además } VI = 500 \quad \Rightarrow \quad I = \frac{500}{100} = 5 \text{ A.}$$

$$Z = \frac{100}{5} = 20, \text{ por tanto: } \overline{\mathbf{Z}} = 20\underline{/-60°} = 10 - j10\sqrt{3}.$$

Respuesta E

ITEM 3.58-59

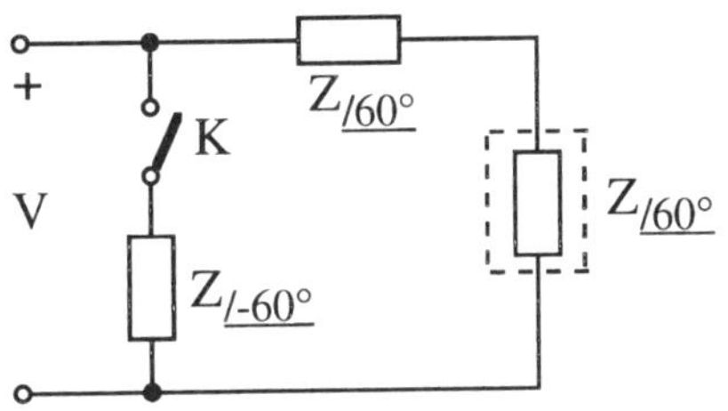

3.58. En el circuito de la figura, con el interruptor K cerrado, la impedancia encerrada en un rectángulo consume P W. La potencia consumida por la red, vale:

A. $3\sqrt{3}$ P W.
B. 4P W.
C. $2\sqrt{3}$ P W.
D. 6P W.
E. 3P W.
F. Diferente.

3.59. Igual enunciado que el ítem 3.58. Abrimos K, manteniendo constante la tensión V. La potencia reactiva consumida por la red, tiene el valor:

A. 2P VAr.
B. $2\sqrt{3}$ P VAr.
C. 4P VAr.
D. $3\sqrt{3}$ P VAr.
E. Indeterminado.
F. Diferente.

SOLUCIÓN 3.58

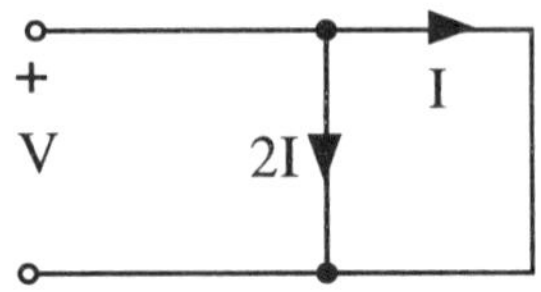

La potencia activa consumida por la impedancia encerrada en un rectángulo, será:

$$P_{Z_{\underline{/60^\circ}}} = I^2 Z \cos 60^\circ = P.$$

$$P_{Z_{\underline{/-60^\circ}}} = 4 I^2 Z \cos (-60^\circ) = 4 P.$$

La potencia total, es:

$$P_t = 2 P + 4 P = 6 P \text{ W}.$$

Respuesta D

SOLUCIÓN 3.59

Teniendo en cuenta los valores anteriores:

$$I^2 Z \cos 60^\circ = P \quad \Rightarrow \quad I^2 Z = 2 P.$$

La potencia reactiva con K abierto:

$$Q_t = 2 I^2 Z \text{ sen } 60^\circ = 4 P \text{ sen } 60^\circ = 2\sqrt{3} \text{ P VAr}.$$

Respuesta B

ITEM 3.60-63

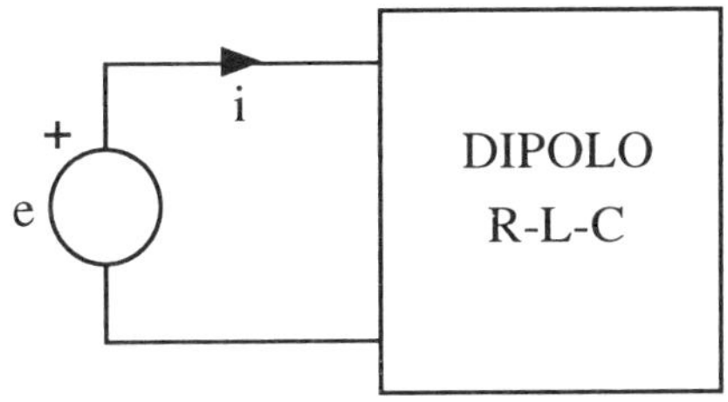

3.60. Un dipolo R-L-C en serie, se alimenta con fuentes de diferentes frecuencias, de acuerdo con la polaridad de la figura. Se indica para cada excitación e, la correspondiente respuesta i:

EXCITACIÓN (e)	RESPUESTA (i)
300 sen(100t - 45°).	$10\sqrt{2}$ sen100t.
300 sen(200t - 90°).	20 sen(200t - 90°).
300 sen(400t + 90°).	$10\sqrt{2}$ sen(400t + 45°).

El coeficiente de autoinducción de la bobina del dipolo, tiene el valor:

A. 15 Ω.
B. 50 mH.
C. 25 mH.
D. Incompatible.
E. Depende de la frecuencia.
F. Diferente.

3.61. Igual enunciado que el ítem 3.60. La potencia activa consumida por el dipolo, tiene el valor:

A. Para todas las frecuencias es de 3 kW.
B. Para todas las frecuencias es de 6 kW.
C. Para todas las frecuencias es de 1,5 kW.
D. Para todas las frecuencias es indeterminada.
E. $\int_0^T i^2 R dt$.
F. Todas las respuestas son falsas.

3.62. Igual enunciado que el ítem 3.60. La impedancia de entrada del dipolo, tiene el/los valor/es:

A. 15 Ω, para todas las frecuencias.
B. 15 Ω a 200 rad/seg; $15\sqrt{2}$ Ω para 100 y 400 rad/seg.
C. $\frac{15}{\sqrt{2}}$ Ω, para todas las frecuencias.
D. $\frac{15}{\sqrt{2}}$ Ω a 200 rad/seg; 15 Ω para 100 y 400 rad/seg.
E. Indeterminado.
F. Todas las respuestas son falsas.

3.63. Igual enunciado que el ítem 3.60, idénticos valores de excitación y res-

puesta, pero tenemos un dipolo R-L-C en derivación.
El coeficiente de autoinducción de la bobina de este dipolo derivación, tendrá el valor:

A. 15 S.
B. 50 mH.
C. 25 mH.
D. Incompatible.
E. Depende de la frecuencia.
F. Diferente.

SOLUCIÓN 3.60

Si llamamos $\overline{\mathbf{Z}}_1$, $\overline{\mathbf{Z}}_2$ y $\overline{\mathbf{Z}}_3$ la impedancia equivalente del dipolo para cada una de las frecuencias, obtenemos:

$$- \omega = 100: \quad \overline{\mathbf{Z}}_1 = \frac{150\sqrt{2}\,\underline{/-45°}}{10\,\underline{/0°}} = 15\sqrt{2}\,\underline{/-45°} = 15 - j15. \qquad (1)$$

$$- \omega = 200: \quad \overline{\mathbf{Z}}_2 = \frac{150\sqrt{2}\,\underline{/-90°}}{10\sqrt{2}\,\underline{/-90°}} = 15. \quad \text{(Resonancia).} \qquad (2)$$

$$- \omega = 400: \quad \overline{\mathbf{Z}}_3 = \frac{150\sqrt{2}\,\underline{/90°}}{10\,\underline{/45°}} = 15\sqrt{2}\,\underline{/45°} = 15 + j15. \qquad (3)$$

De (2) deducimos:

$$R = 15\ \Omega.$$

De (1) y (3) resulta:

$$100L - \frac{1}{100C} = -15. \quad y \quad 400L - \frac{1}{400C} = 15.$$

Resolviendo:

$$L = 50\ mH. \quad y \quad C = 500\ \mu F.$$

Nota: Podemos comprobar que a la frecuencia de resonancia, se verifica:

$$200L = \frac{1}{200C}.$$

<u>Respuesta B</u>

SOLUCIÓN 3.61

Teniendo en cuenta los resultados anteriores:

$$P_2 = 3000 \text{ W. (para } \omega = 200).$$

La potencia a $\omega = 100$ y $\omega = 400$ es la misma, ya que el valor eficaz de la intensidad es el mismo en ambos casos:

$$P_1 = P_3 = 1500 \text{ W.}$$

Respuesta F

SOLUCIÓN 3.62

En el ítem 3.60. obtuvimos:

$$\overline{\mathbf{Z}}_1 = 15\sqrt{2}\underline{/-45°}; \quad \overline{\mathbf{Z}}_2 = 15; \quad \overline{\mathbf{Z}}_3 = 15\sqrt{2}\underline{/45°}.$$

Teniendo en cuenta la definición de impedancia de entrada, deducimos que la respuesta correcta es la B.

Respuesta B

SOLUCIÓN 3.63

Si el dipolo es R-L-C derivación, al aumentar la pulsación el circuito se va haciendo más capacitivo ($B_C = C\omega$ aumenta y $B_L = \dfrac{1}{L\omega}$ disminuye); por tanto, la intensidad debe adelantarse a la tensión y no al revés.

Respuesta D

ITEM 3.64-65

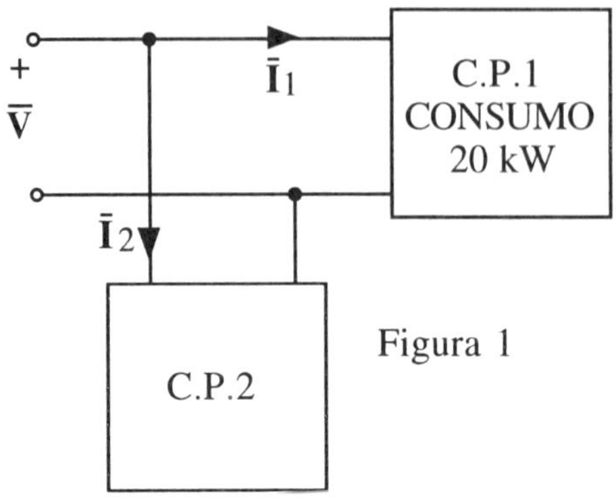

Figura 1

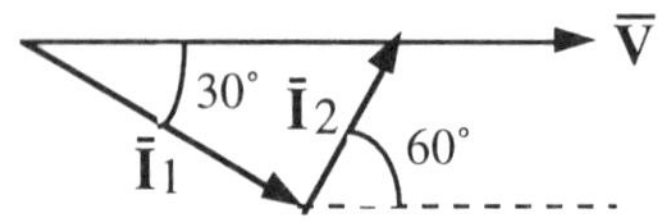

Figura 2

3.64. La figura 2 es el diagrama fasorial del circuito de la figura 1. Respecto al C.P.2, son ciertas las siguientes proposiciones:

A. Consume una potencia activa de $\frac{20}{3}$ kW.
B. Consume una potencia activa de $\frac{20}{\sqrt{3}}$ kW.
C. Consume una potencia activa indeterminada.
D. Consume una potencia reactiva de valor $\frac{-20}{\sqrt{3}}$ kVAr.
E. Son ciertas las respuestas A y D.
F. Todas las respuestas son falsas.

3.65. Igual enunciado que el ítem 3.64. Con referencia al circuito completo, son ciertas las siguientes proposiciones:

A. Su factor de potencia es la unidad.
B. Consume una potencia de 40 kW.
C. Absorbe la intensidad de $\frac{100}{3}$ A.
D. Consume una potencia reactiva nula.
E. Son ciertas, solamente, las respuertes A y D.
F. Son ciertas las respuertes A, B, C y D.

SOLUCIÓN 3.64

La intensidad total está en fase con la tensión => la potencia reactiva de C.P.1 y C.P.2 son iguales y de signo contrario.

Además:

$$\bar{I}_1 = I_{1\underline{/-30^\circ}} \text{ e } \bar{I}_2 = I_{2\underline{/60^\circ}}.$$

$$Q_1 = P_1 \text{ tg } 30^\circ = \frac{20}{\sqrt{3}} \text{ kVAr (i)} \quad \text{y} \quad Q_2 = \frac{-20}{\sqrt{3}} \text{ kVAr} = \frac{20}{\sqrt{3}} \text{ kVAr (c)}.$$

Entonces:

$$P_2 = \frac{Q_2}{\text{tg}(-60^\circ)} = \frac{-20/\sqrt{3}}{-\sqrt{3}} = \frac{20}{3} \text{ kW}.$$

Respuesta E

SOLUCIÓN 3.65

Considerando los resultados del ítem anterior, son ciertas las respuestas A y D.

Respuesta E

ITEM 3.66

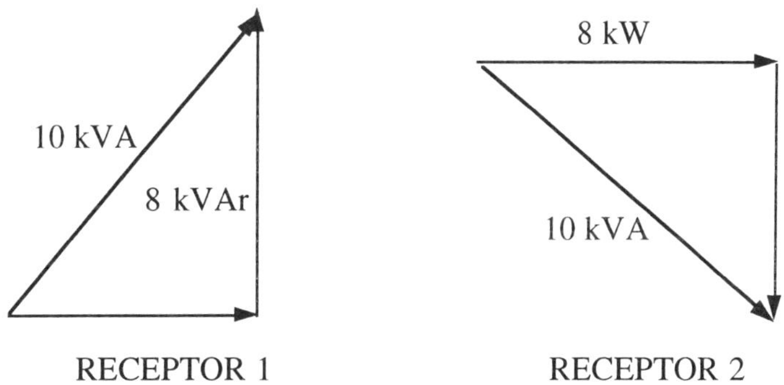

La figura representa el triángulo de potencias de los receptores 1 y 2 de un circuito derivación, alimentado por la fuente:

$$e = 500 \text{ sen}(314t + 45^\circ).$$

La potencia aparente compleja generada por la fuente e, tiene el valor:

A. $20000_{\underline{/16,26^\circ}}$.
B. 14000 + j14000.
C. 14000 + j2000.
D. $14142_{\underline{/53,13^\circ}}$.
E. Indeterminado.
F. Diferente.

SOLUCIÓN 3.66

De los triángulos de potencia de los receptores 1 y 2, se obtiene:

$$P_1 = \sqrt{10^2 - 8^2} = 6 \text{ kW} \quad y \quad Q_2 = -\sqrt{10^2 - 8^2} = -6 \text{ kVAr}.$$

Aplicando el teorema de Boucherot:

$$P_e = 14 \text{ kW} \ y \ Q_e = 2 \text{ kVAr} \quad => \quad \bar{S}_e = 14000 + j2000.$$

<u>Respuesta C</u>

ITEM 3.67

Sea una instalación cuyo factor de potencia es de 0,8 (i) y que consume una potencia de P kW. Realizamos una mejora del factor de potencia, hasta que alcanza el valor unidad. El incremento de la potencia activa disponible en la instalación, para un consumo a tensión e intensidad constantes, tiene el valor:

A. 0,2 P.
B. 0,25 P.
C. 0,8 P.
D. P/3.
E. Indeterminado.
F. Diferente.

SOLUCIÓN 3.67

$$S = \frac{P}{\cos\varphi} = \frac{P}{0,8} = 1,25 \text{ P}.$$

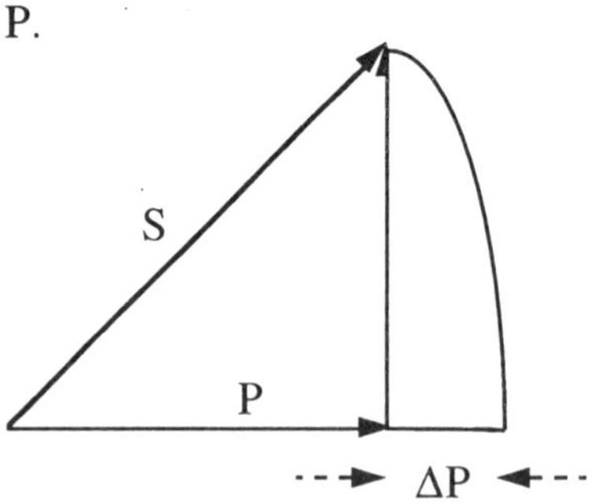

Como la mejora del factor de potencia se hace a potencia aparente compleja constante, entonces:

$$P + \Delta P = 1,25 \text{ P} \quad => \quad \Delta P = 0,25 \text{ P}.$$

<u>Respuesta B</u>

ITEM 3.68

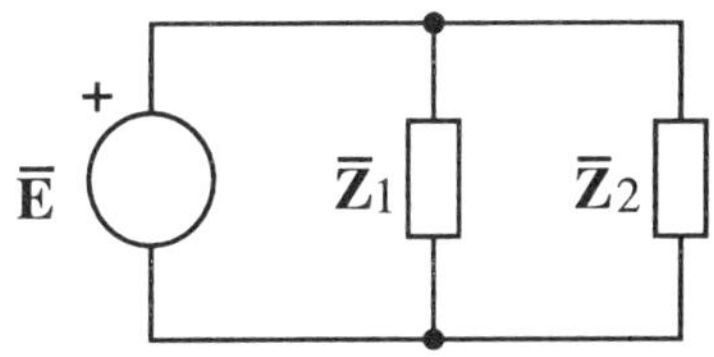

Sea el circuito de la figura. La potencia aparente compleja generada por la fuente es de 50 + j80. La potencia aparente consumida por $\overline{\mathbf{Z}}_1$ es de $10\sqrt{74}$ VA (desconocemos los valores de P_1 y Q_1). $\overline{\mathbf{Z}}_2$ es una impedancia reactiva pura; la potencia aparente compleja que consume esta impedancia $\overline{\mathbf{Z}}_2$, tiene el/los valor/es:

A. j10.
B. j150.
C. - j10.
D. Son posibles A y B.
E. Son posibles A y C.
F. Todas son falsas.

SOLUCIÓN 3.68

Sea $\overline{\mathbf{S}}_E$ la potencia aparente compleja generada por $\overline{\mathbf{E}}$ y $\overline{\mathbf{S}}_{Z_1}$ y $\overline{\mathbf{S}}_{Z_2}$ las potencias aparentes complejas consumidas por $\overline{\mathbf{Z}}_1$ y $\overline{\mathbf{Z}}_2$. Como $\overline{\mathbf{Z}}_2$ es reactiva pura $P_{Z_2} = 0$ y $P_{Z_1} = 50$.

Además:

$$Q_{Z_1} = \sqrt{7400 - 2500} = \pm\ 70 \text{ VAr.}$$

Si $Q_{Z_1} = 70$ VAr. => $\overline{\mathbf{Q}}_{Z_2} = j80 - j70 = j10$

Si $Q_{Z_1} = -70$ VAr. => $\overline{\mathbf{Q}}_{Z_2} = j80 + j70 = j150$

<u>Respuesta D</u>

ITEM 3.69

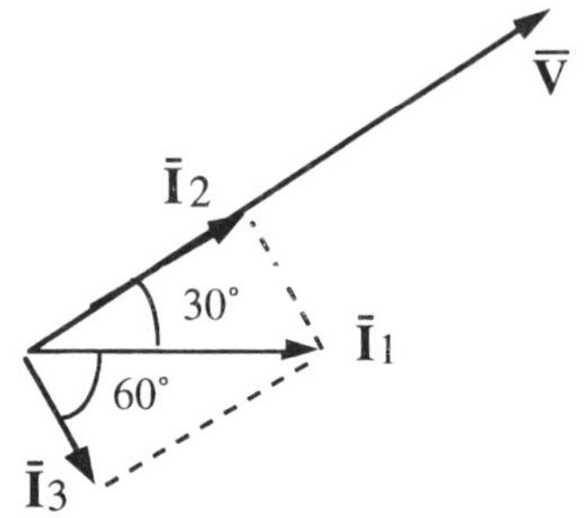

La figura representa el diagrama fasorial de un circuito derivación, en el que $\bar{\mathbf{I}}_1$, $\bar{\mathbf{I}}_2$, $\bar{\mathbf{I}}_3$ son las intensidades parciales y $\bar{\mathbf{V}}$ la tensión aplicada. Si la potencia reactiva suministrada al circuito es de 1 kVAr, la potencia aparente compleja consumida por la red, tiene el valor:

A. $1000\underline{/-30°}$.
B. $2000\underline{/0°}$.
C. $1000\sqrt{3}\underline{/30°}$.
D. $2000\underline{/30°}$.
E. Indeterminado.
F. Diferente.

SOLUCIÓN 3.69

La intensidad total $\bar{\mathbf{I}}$, será:

$$\bar{\mathbf{I}} = \bar{\mathbf{I}}_1 + \bar{\mathbf{I}}_2 + \bar{\mathbf{I}}_3 = 2\bar{\mathbf{I}}_1.$$

Y el factor de potencia del circuito es:

$$\cos 30° = \frac{\sqrt{3}}{2} \text{ (i).}$$

$$Q = 1000 = VI \text{ sen}30° \quad => \quad VI = 2000 \text{ VA.}$$

Por tanto:

$$\bar{\mathbf{S}} = 2000\underline{/30°}.$$

Respuesta D

ITEM 3.70-72

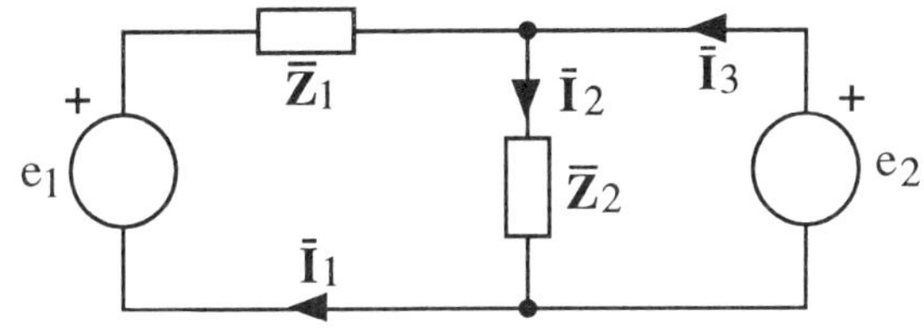

3.70. Sea el circuito de la figura en el que:

$$\overline{Z}_2 = -j10;\ e_1 = 100\sqrt{2}\ \text{sen}314t;\ e_2 = 100\sqrt{2}\ \text{sen}(314t + 90°);$$
$$i_1 = 10\sqrt{2}\ \text{sen}(314t - 90°).$$

La forma fasorial de la impedancia $\overline{Z}_1$, tiene el valor:

A. $10\underline{/-90°}$.
B. Cero.
C. $10\sqrt{2}\underline{/45°}$.
D. $10\underline{/90°}$.
E. Incompatible.
F. Diferente.

3.71. Igual enunciado que el ítem 3.70. La forma fasorial de la intensidad $\overline{I}_2$, es:

A. $10\underline{/180°}$.
B. $10\underline{/90°}$.
C. $10\sqrt{2}\underline{/90°}$.
D. $-10\sqrt{2}$.
E. $10\sqrt{2}\underline{/-90°}$.
F. Diferente.

3.72. Igual enunciado que el ítem 3.70. La potencia aparente compleja generada por la fuente e_2, tiene el valor:

A. $1000\sqrt{2}\underline{/90°}$.
B. $1000\sqrt{2}\underline{/-45°}$.
C. $1000\underline{/90°}$.
D. $1000\sqrt{2}\underline{/45°}$.
E. Indeterminado.
F. Diferente.

SOLUCIÓN 3.70

La forma fasorial de las magnitudes del circuito, es:

$$\overline{E}_1 = 100;\ \ \overline{E}_2 = 100\underline{/90°};\ \ \overline{I}_1 = 10\underline{/-90°}.$$

Aplicando la 2ª ley de Kirchhoff:

$$\overline{E}_2 = \overline{E}_1 - \overline{Z}_1\overline{I}_1 \quad => \quad \overline{Z}_1 = \frac{\overline{E}_1 - \overline{E}_2}{\overline{I}_1}.$$

Resolviendo:

$$\overline{\mathbf{Z}}_1 = 10\sqrt{2}\underline{/45^\circ}.$$

Respuesta C

SOLUCIÓN 3.71

Por otra parte:

$$\overline{\mathbf{I}}_2 = \frac{\overline{\mathbf{E}}_2}{\overline{\mathbf{Z}}_2} = \frac{100\underline{/90^\circ}}{10\underline{/-90^\circ}} = -10.$$

Respuesta A

SOLUCIÓN 3.72

Aplicando la 1ª ley de Kirchhoff:

$$\overline{\mathbf{I}}_3 = \overline{\mathbf{I}}_2 - \overline{\mathbf{I}}_1 = -10 + j10 = 10\sqrt{2}\underline{/135^\circ}.$$

Entonces:

$$\overline{\mathbf{S}}_{E_2} = \overline{\mathbf{E}}_2\,\overline{\mathbf{I}}_3^* = 100\underline{/90^\circ} \cdot 10\sqrt{2}\underline{/-135^\circ} = 1000\sqrt{2}\underline{/-45^\circ}.$$

Respuesta B

ITEM 3.73-75

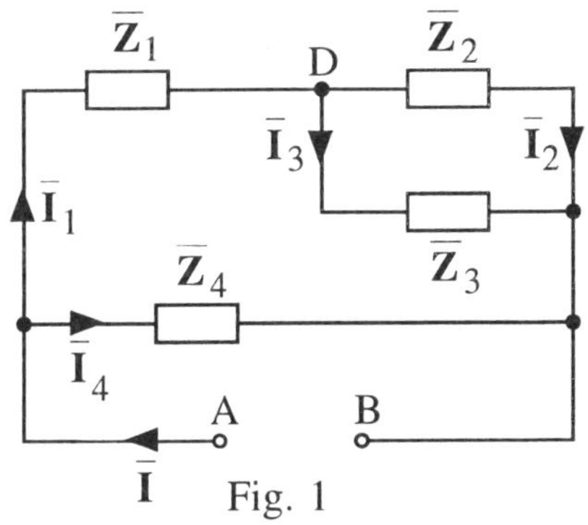

Fig. 1

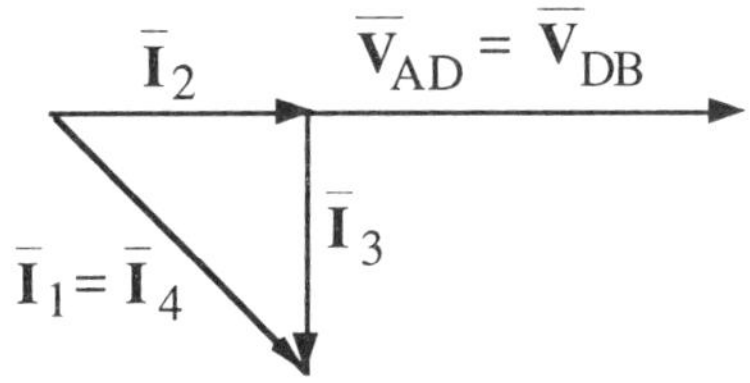

Fig. 2

3.73. El diagrama fasorial de la figura 2, es el correspondiente al circuito de la figura 1. Se verifica: $I_2 = I_3 = 10$ A; $V_{AD} = V_{DB} = 100$ V.

La impedancia $\overline{\mathbf{Z}}_1$, tiene el valor:

A. $5\sqrt{2}\,\underline{/45^{\circ}}$.
C. $5\sqrt{2}\,\underline{/0^{\circ}}$.
E. Indeterminado.
B. $10\underline{/0^{\circ}}$.
D. $10\underline{/90^{\circ}}$.
F. Diferente.

3.74. Igual enunciado que el ítem 3.73. La impedancia $\overline{\mathbf{Z}}_4$, tiene el valor:

A. $10\underline{/90^{\circ}}$.
C. $10\sqrt{2}\,\underline{/45^{\circ}}$.
E. Indeterminado.
B. $15\underline{/0^{\circ}}$.
D. $10\sqrt{2}\,\underline{/-45^{\circ}}$.
F. Diferente.

3.75. Igual enunciado que el ítem 3.73. La potencia aparente compleja consumida por la red, tiene el valor:

A. $4000\sqrt{2}\,\underline{/45^{\circ}}$.
C. $1000\sqrt{2}\,\underline{/-45^{\circ}}$.
E. Indeterminado.
B. $2000\sqrt{2}\,\underline{/0^{\circ}}$.
D. $2000\sqrt{2}\,\underline{/45^{\circ}}$.
F. Diferente.

SOLUCIÓN 3.73

De la interpretación del diagrama fasorial y de los datos, obtenemos:

$$\overline{\mathbf{I}}_2 = 10\underline{/0^{\circ}} \ ; \ \overline{\mathbf{I}}_3 = 10\underline{/-90^{\circ}} \ ; \ \overline{\mathbf{I}}_4 = \overline{\mathbf{I}}_1 = 10\sqrt{2}\,\underline{/-45^{\circ}}$$

Y además:

$$\overline{\mathbf{V}}_{AD} = \overline{\mathbf{V}}_{DB} = 100\underline{/0^\circ}.$$

Por tanto:

$$\overline{\mathbf{Z}}_1 = \frac{\overline{\mathbf{V}}_{AD}}{\overline{\mathbf{I}}_1} = \frac{100\underline{/0^\circ}}{10\sqrt{2}\underline{/-45^\circ}} = 5\sqrt{2}\underline{/45^\circ}.$$

Respuesta A

SOLUCIÓN 3.74

Teniendo en cuenta los resultados del ítem 3.76, obtenemos:

$$\overline{\mathbf{Z}}_4 = \frac{\overline{\mathbf{V}}_{AB}}{\overline{\mathbf{I}}_4} = \frac{\overline{\mathbf{V}}_{AD} + \overline{\mathbf{V}}_{DB}}{\overline{\mathbf{I}}_4} = \frac{200\underline{/0^\circ}}{10\sqrt{2}\underline{/-45^\circ}} = 10\sqrt{2}\underline{/45^\circ}.$$

Respuesta C

SOLUCIÓN 3.75

A partir de los datos anteriores:

$$\overline{\mathbf{I}} = \overline{\mathbf{I}}_1 + \overline{\mathbf{I}}_4 = 20\sqrt{2}\underline{/-45^\circ}.$$

Por tanto:

$$\overline{\mathbf{S}} = \overline{\mathbf{V}}_{AB}\overline{\mathbf{I}}^{*} = 4000\sqrt{2}\underline{/45^\circ}.$$

Respuesta A

ITEM 3.76-77

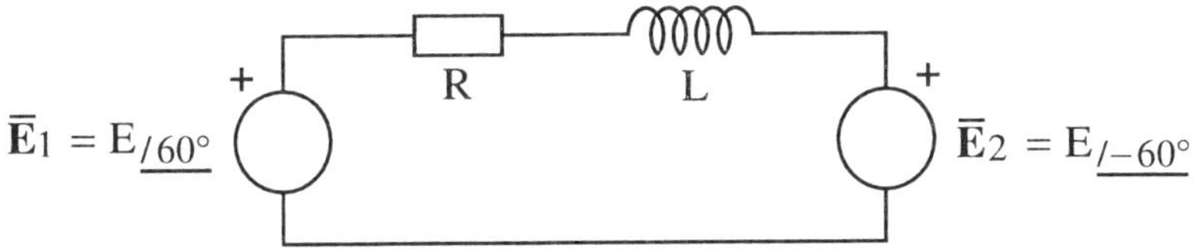

3.76. En la red de la figura, R y L tienen valores cualesquiera diferentes de cero. Con relación a la potencia activa P y reactiva Q generadas por $\overline{E}_1$, se verifica:

A. $P > 0$; $Q > 0$.
B. $P < 0$; $Q < 0$.
C. P y Q mayores, menores o iguales a cero.
D. $P > 0$; $Q < 0$.
E. $P \geq 0$; $Q < 0$.
F. $P > 0$; Q mayor, menor o igual a cero.

3.77. Igual enunciado que el ítem 3.76. Con relación a la potencia activa P y reactiva Q generadas por $\overline{E}_2$, se verifica:

A. $P > 0$; $Q > 0$.
B. $P \leq 0$; $Q > 0$.
C. P mayor, menor o igual a cero; $Q > 0$.
D. $P > 0$; $Q < 0$.
E. $P \leq 0$; $Q < 0$.
F. P mayor, menor o igual a cero; $Q < 0$.

SOLUCIÓN 3.76

Llamamos $\overline{I}$ a la corriente saliente de $\overline{E}_1$.

$$\overline{I} = \frac{E_{\underline{/60^\circ}} - E_{\underline{/-60^\circ}}}{Z_\theta} = \frac{\sqrt{3}E_{\underline{/90^\circ}}}{Z_\theta}. \text{ entonces: } \overline{I} = I_{\underline{/90^\circ - \theta}}.$$

La potencia aparente compleja generada por $\overline{E}_1$, será:

$$\overline{S}_{E_1} = E_{\underline{/60^\circ}}\ \overline{I}^* = E\ I_{\underline{/60^\circ + \theta - 90^\circ}} = S_{\underline{/\alpha}}.$$

Como θ varía entre 0° y 90° por ser $\overline{Z}$ una impedancia R-L, α variará entre

- 30° y 60°. En este intervalo: $P > 0$ y Q mayor menor o igual a cero.

Respuesta F

SOLUCIÓN 3.77

Empleando un razonamiento análogo al anterior y llamando $\bar{\mathbf{I}}'$ a la corriente saliente de $\bar{\mathbf{E}}_2$:

$$\bar{\mathbf{I}}' = \frac{E_{\underline{/-60^\circ}} - E_{\underline{/60^\circ}}}{Z_\theta} = I_{\underline{/-90^\circ-\theta}}.$$

Luego:

$$\bar{\mathbf{S}}_{E_2} = E\, I_{\underline{/-60^\circ + 90^\circ + \theta}} = S_{\underline{/\beta}}.$$

Si θ varía entre 0° y 90° => β variará entre 30° y 120° => P mayor, menor o igual a cero y $Q > 0$.

Respuesta C

ITEM 3.78

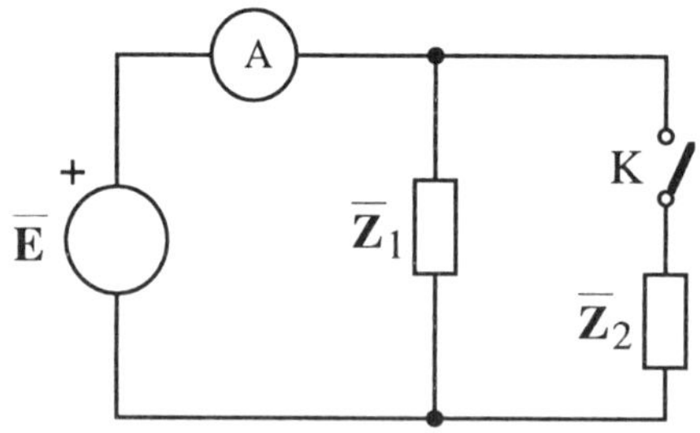

En el circuito de la figura, estando el interruptor K abierto, el amperímetro marca 10 A y la potencia aparente compleja generada vale 100 + j100. Con K cerrado, $\bar{\mathbf{Z}}_2$ consume la potencia - j200. La impedancia de entrada, con K cerrado, tiene el valor:

A. $1_{\underline{/-45^\circ}}$.
B. $1_{\underline{/45^\circ}}$.
C. $\sqrt{2}_{\underline{/-45^\circ}}$.
D. $\sqrt{2}_{\underline{/45^\circ}}$.
E. Indeterminado.
F. Diferente.

SOLUCIÓN 3.78

La potencia aparente compleja consunida por $\overline{\mathbf{Z}}_1$ con K abierto, puede ponerse:

$$\overline{\mathbf{S}}_{Z_1} = I_1^2 \overline{\mathbf{Z}}_1 \quad => \quad \overline{\mathbf{Z}}_1 = 10 + j10.$$

Además:

$$E = \frac{100\sqrt{2}}{10} = 10\sqrt{2} \text{ V}.$$

Con K cerrado la potencia aparente compleja suministrada por la fuente, es:

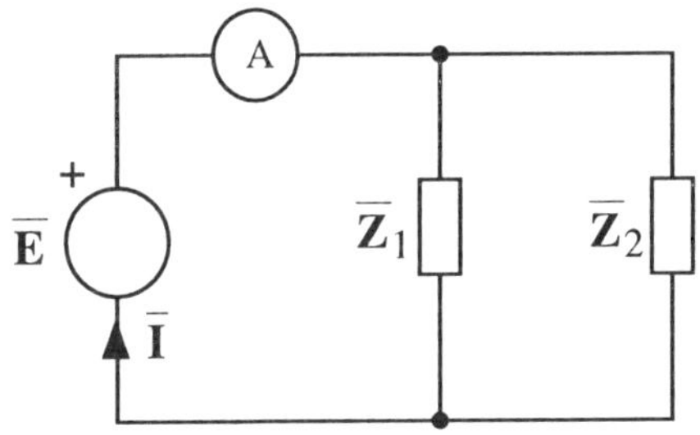

$$\overline{\mathbf{S}} = 100 + j100 - j200 = 100 - j100. \quad => \quad I = \frac{100\sqrt{2}}{10\sqrt{2}} = 10 \text{ A}.$$

$$Z_{eq} = \frac{10\sqrt{2}}{10} = \sqrt{2}.$$

Luego:

$$\overline{\mathbf{Z}}_{eq} = \sqrt{2}\underline{/-45^\circ}.$$

Respuesta C

ITEM 3.79

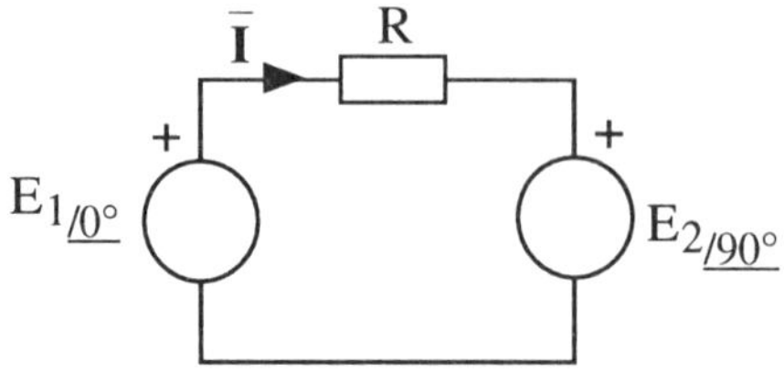

Figura 1

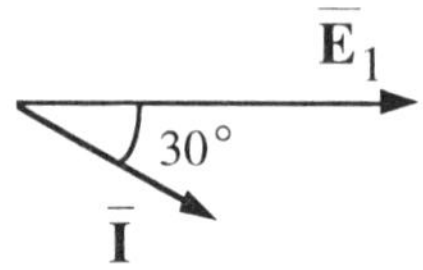

Figura 2

El circuito de la figura 1, verifica el diagrama fasorial de la figura 2. La potencia aparente compleja generada por la fuente $\overline{\mathbf{E}}_1$, vale:

A. $E_1 I_{\underline{/0°}}$.

B. $RI^2_{\underline{/0°}}$.

C. $E_1 I_{\underline{/30°}}$.

D. Son posibles A y B.

E. Son posibles B y C.

F. Todas son falsas.

SOLUCIÓN 3.79

Del diagrama fasorial, deducimos:

$$\overline{\mathbf{I}} = I_{\underline{/-30°}}.$$

Por tanto, la potencia aparente compleja generada por E_1, es:

$$\overline{\mathbf{S}}_{E_1} = \overline{\mathbf{E}}_1 \overline{\mathbf{I}}^* = E_{1\underline{/0°}}\, I_{\underline{/30°}} = E_1 I_{\underline{/30°}}.$$

Respuesta C

ITEM 3.80

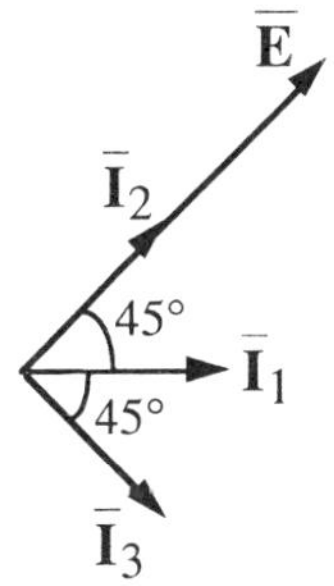

El diagrama fasorial de un circuito en derivación con tres ramas, es el de la figura; siendo: $I_1 = I_2 = I_3 = 5$ A, las intensidades parciales y E = 100 V, la f.e.m de la fuente sinusoidal de alimentación.
Deducimos:

A. La intensidad total, tiene un valor eficaz de $5(1 + \sqrt{2})$ A.
B. La potencia activa consumida por la red, es de $500 + 250\sqrt{2}$ W.
C. El factor de potencia del circuito, es de $\frac{\sqrt{2}}{2}$ (c).
D. La red pasiva, consume en conjunto, una potencia reactiva de 500 VAr.
E. Son ciertas las respuestas A, B y D.
F. Son ciertas las respuestas A y B.

SOLUCIÓN 3.80

Por ser un circuito paralelo, y teniendo en cuenta el diagrama fasorial, la intensidad total, es:

$$\overline{\mathbf{I}} = \overline{\mathbf{I}}_1 + \overline{\mathbf{I}}_2 + \overline{\mathbf{I}}_3 = 5_{\underline{/0^\circ}} + 5_{\underline{/45^\circ}} + 5_{\underline{/-45^\circ}} = 5(1 + \sqrt{2})\ \text{A}.$$

Y la potencia aparente compleja:

$$\overline{\mathbf{S}} = \overline{\mathbf{E}}\ \overline{\mathbf{I}}^* = 100_{\underline{/45^\circ}} \cdot 5(1 + \sqrt{2}) = 500(1 + \sqrt{2})_{\underline{/45^\circ}}.$$

Entonces:

$$P = Q = 500 + 250\sqrt{2}\ \ \text{W}.$$

Por tanto, son incorrectas las respuestas C y D.

<u>Respuesta F</u>

ITEM 3.81

Una instalación consume una potencia aparente compleja $\bar{S} = 10000\underline{/60^\circ}$. Conectamos un receptor desconocido Z, siendo el nuevo consumo $\bar{S}' = 20000\underline{/-60^\circ}$. La potencia aparente compleja consumida por el receptor Z, tiene el valor:

A. $10000\underline{/-60^\circ}$.
B. $10000 - j10000\sqrt{3}$.
C. $5000 - j10000\sqrt{3}$.
D. $5000 - j15000\sqrt{3}$.
E. $20000\underline{/-60^\circ}$.
F. Diferente.

SOLUCIÓN 3.81

De acuerdo con la definición de potencia aparente compleja:

$\bar{S} = 10000\underline{/60^\circ} = 5000 + j5000\sqrt{3}$ => $P = 5000$ W y $Q = 5000\sqrt{3}$ VAr(i).

$\bar{S}' = 20000\underline{/-60^\circ} = 10000 - j10000\sqrt{3}$ => $P' = 10000$ W y $Q' = 10000\sqrt{3}$ VAr(c).

Aplicando el teorema de Boucherot:

$$P' = P + P_Z \quad => \quad P_Z = 10000 - 5000 = 5000 \text{ W.}$$

$$Q' = Q + Q_Z \quad => \quad Q_Z = - 10000\sqrt{3} - 5000\sqrt{3} = - 15000\sqrt{3} \text{ VAr.}$$

<u>Respuesta D</u>

ITEM 3.82-84

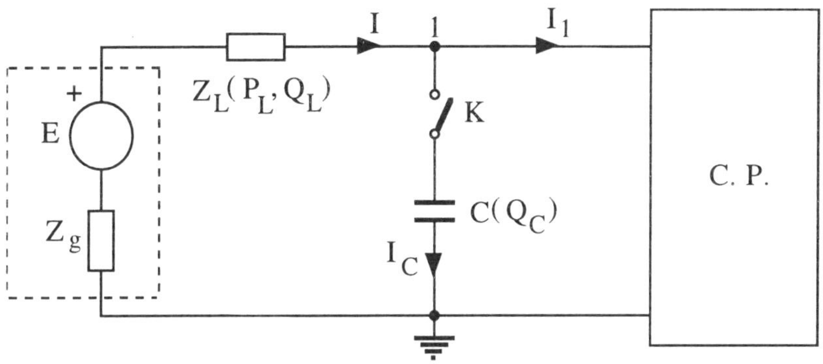

3.82. Sea la red monofásica de la figura. El C.P. consume una potencia activa $P > 0$ y una reactiva $Q > 0$. Z_L y Z_g son impedancias inductivas. En la figura, hemos representado las magnitudes con el interruptor K abierto. Con K cerrado, emplearemos idéntica notación añadiendo el signo ('). I será la intensidad suministrada por la fuente con K abierto e I' con K cerrado. Cerramos el interruptor K, y una vez establecido el régimen permanente de la red, se verifica:

$$V_1' = V_1; \quad Q' + Q_C' < 0.$$

Con referencia a las intensidades, se cumple:

A. $I_1' = I_1$; $I' < I$.
B. $I_1' = I_1$; $I' \geq I$.
C. $I_1' < I_1$; $I' < I$.
D. $I_1' < I_1$; $I' = I$.
E. Son posibles las respuestas A y B.
F. Todas las respuestas son falsas.

3.83. Igual enunciado que el ítem 3.82. Con referencia a las potencias consumidas por la red pasiva, se verifica:

A. $P = P'$; $Q = Q'$.
B. $P = P'$; $Q > Q'$.
C. $P' > P$; $Q' > Q$.
D. $P' > P$; $Q' \leq Q$.
E. Son posibles las respuestas C y D.
F. Todas las respuestas son falsas.

3.84. Igual enunciado que el ítem 3.82. Con referencia a la f.e.m de la fuente, se verifica:

A. $E = E'$.
B. $E < E'$.
C. $E > E'$.
D. Son posibles las respuestas B y C.
E. Son posibles las respuestas A y B.
F. Son posibles las respuestas A, B y C.

SOLUCIÓN 3.82

$I_1 = I_1^{'}$, ya que la tensión y el C.P, no han variado.

$I^{'}$ puede ser menor / igual / mayor que I; ya que al admitir que $(Q^{'} + Q_C^{'}) < 0$

dependerá del valor del condensador C.

Respuesta E

SOLUCIÓN 3.83

Al no cambiar la tensión de alimentación:

$$P = P^{'} \quad y \quad Q = Q^{'}.$$

Respuesta A

SOLUCIÓN 3.84

Como $I^{'}$ puede ser menor, igual o mayor que I, son posibles las opciones A, B y C.

Respuesta F

ITEM 3.85-86

3.85. Una red pasiva monofásica a 220 V, 50 Hz, consume una potencia de 20000 W con un factor de potencia 0,8 (i). Instalamos un receptor que absorbe una potencia $10000\sqrt{2}\underline{/-45^\circ}$. La potencia aparente compleja total consumida por la red, en estas condiciones, tiene el valor:

A. $30000\sqrt{2}\underline{/-8{,}13^\circ}$.
B. 30000 + j20000.
C. 30000.
D. 30000 + j5000.
E. $39140\underline{/-8{,}13^\circ}$.
F. Diferente.

3.86. Igual enunciado que el ítem 3.85. La intensidad total consumida por la red, tiene el valor:

A. 138,24 A.
B. 64,28 A.
C. 155,19 A.
D. 177,92 A.
E. Indeterminado.
F. Diferente.

SOLUCIÓN 3.85

En la red pasiva primera, se verifica:

$$P = 20 \text{ kW.} \Rightarrow S = 20/0{,}8 = 25 \text{ kVA.} \Rightarrow Q = 15 \text{ kVAr (i).}$$

En el receptor:

$$\bar{S}_R = 10000\sqrt{2}\underline{/-45^\circ} \Rightarrow S_R = 10\sqrt{2} \text{ kVA.} \Rightarrow P_R = 10 \text{ kW. y } Q_R = 10 \text{ kVAr(c).}$$

Aplicando el teorema de Boucherot:

$$P' = 30 \text{ kW.}; \quad Q' = 5 \text{ kVAr (i).}$$

Y la potencia aparente compleja es:

$$\bar{S}' = 30000 + j5000.$$

Respuesta D

SOLUCIÓN 3.86

De acuerdo con los resultados del ítem anterior:

$$S' = \sqrt{30000^2 + 5000^2} = 5000\sqrt{37} \text{ VA.}$$

Por tanto:

$$I' = 5000\sqrt{37} \,/\, 220 \approx 138{,}24 \text{ A.}$$

Respuesta A

ITEM 3.87-89

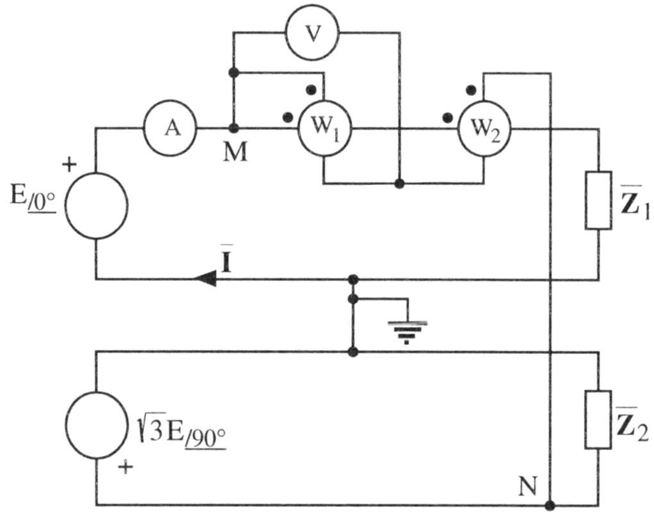

3.87. En el circuito de la figura, la lectura del amperímetro A es diferente de cero. Los dos vatímetros marcan cero. Con relación a $\overline{\mathbf{Z}}_1$, podemos afirmar:

A. Es un elemento R-L.
B. Es un elemento R-C.
C. Es una bobina ideal.
D. Es un condensador ideal.
E. Son posibles las respuestas A y B.
F. Son posibles las respuestas C y D.

3.88. Igual enunciado que el ítem 3.87. La potencia activa consumida por la impedancia $\overline{\mathbf{Z}}_1$, tiene el valor:

A. Cero.
B. $\sqrt{3}$EI/2.
C. $\sqrt{3}$EI.
D. EI/2.
E. No se puede determinar.
F. Un valor diferente.

3.89. Igual enunciado que el ítem 3.87. La lectura del voltímetro V, tiene el valor:

A. Cero.
B. E/2.
C. 2E.
D. E.
E. $\sqrt{3}$E/2.
F. Un valor diferente.

SOLUCIÓN 3.87

Las bobinas voltimétricas de los vatímetros, soportan la tensión $\dfrac{\overline{\mathbf{V}}_{MN}}{2}$.

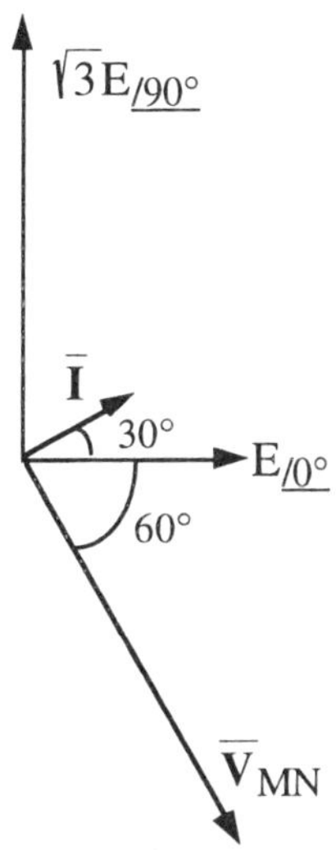

$$\bar{V}_{MN} = E_{/0°} - \sqrt{3}E_{/90°} = 2E_{/-60°}.$$

Para que los vatímetros margen cero:

$$\bar{I} = I_{/30°} \text{ (Adelantada respecto de } E_{/0°}\text{).}$$

La opción $\bar{I} = I_{/-150°}$ no es posible ya que correspondería a una impedancia con parte resistiva negativa.

Respuesta B

SOLUCIÓN 3.88

$$P = EI \cos 30° = \frac{\sqrt{3}EI}{2}.$$

Respuesta B

SOLUCIÓN 3.89

El voltímetro marca: $V = \dfrac{V_{MN}}{2}$; es decir: $V = E$.

Respuesta D

ITEM 3.90-94

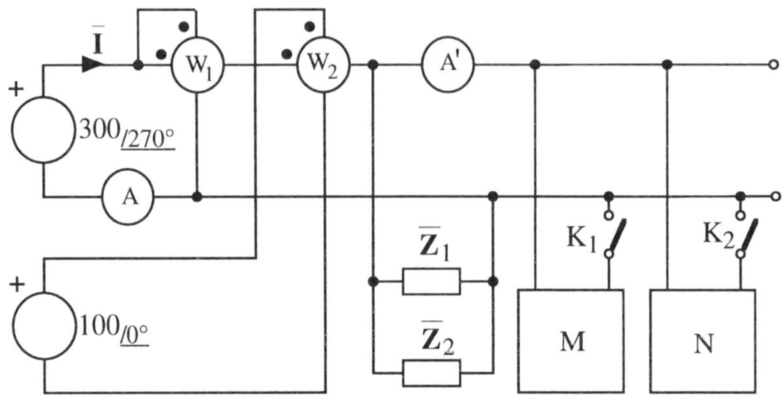

3.90. En el circuito de la figura, los elementos M y N son desconocidos.

$$\bar{Z}_1 = j10; \quad \bar{Z}_2 = 5.$$

Estando abiertos los interruptores K_1 y K_2, la lectura del vatímetro W_1, tiene el valor:

A. 9000 W. C. 27000 W. E. 6000 W.
B. 18000 W. D. - 9000 W. F. Diferente.

3.91. Igual enunciado que el ítem 3.90. La lectura del vatímetro W_2, tiene el valor:

A. 9000 W. C. - 6000 W. E. - 3000 W.
B. 6000 W. D. - 9000 W. F. Diferente.

3.92. Igual circuito que el ítem 3.90. Cerramos el interruptor K_1, permaneciendo abierto el K_2. La lectura del vatímetro W_2 es de - 2000 W y la del amperímetro A' de 20 A. La potencia aparente compleja consumida por M, tendrá el valor:

A. - 2000 - j3000. C. $6000_{/-30°}$. E. Indeterminado.
B. $3000 - j1000\sqrt{3}$. D. $3000\sqrt{2}_{/-45°}$. F. Diferente.

3.93. Igual circuito que el ítem 3.90. Con los interruptores K_1 y K_2 cerrados, las lecturas de los vatímetros son nulas. Las proposiciones siguientes, se refieren al elemento N.

A. Es un generador con factor de potencia inductivo.
B. Es un generador con factor de potencia unidad.
C. Es un generador con factor de potencia capacitivo.

D. Es un elemento R-L.
E. Son posibles A y C.
F. Todas son falsas.

3.94. Igual enunciado que el ítem 3.93. La lectura del amperímetro A, tiene el valor:

A. Cero.
B. 20 A.
C. 30 A.
D. 10 A.
E. Indeterminado.
F. Diferente.

SOLULIÓN 3.90.

El vatímetro W_1, mide la potencia activa del circuito; dicha potencia solo es consumida por la parte resistiva de la red, es decir por $\overline{\mathbf{Z}}_2$. Su valor será:

$$P = \frac{300^2}{5} = 18000 \text{ W.} \quad \Rightarrow \quad W_1 = 18000 \text{ W.}$$

Otra forma de resolver este ítem es, calculando la impedancia total en estas circunstancias:

$$\overline{\mathbf{Z}}_e = \overline{\mathbf{Z}}_1 \, // \, \overline{\mathbf{Z}}_2 = \frac{j50}{5 + j10} = 4 + j2.$$

$$\overline{\mathbf{I}} = \frac{300_{/270^\circ}}{4 + j2} = -30 - j60 = 30\sqrt{5}_{/243,435^\circ}$$

Por tanto: $W_1 = 9000\sqrt{5}\cos(26{,}565^\circ) = 18000$ W.

Respuesta B

SOLUCIÓN 3.91

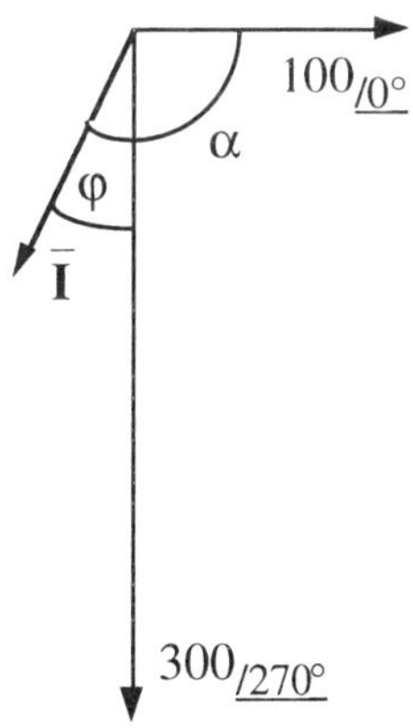

$$W_2 = 3000\sqrt{5}\cos\alpha = 3000\sqrt{5}\cos(90^\circ + \varphi) = -3000 \text{ W.}$$

Podríamos razonalo tambien diciendo que, W_2 mide la tercera parte de la potencia reactiva del circuito cambiada; es decir: $W_2 = -Q/3 = -3000$ W.

Respuesta E

SOLUCIÓN 3.92

La potencia reactiva en este caso valdrá: $Q' = -3\ W_2 = 6000$ VAr.

Por tanto; aplicando el teorema de Boucherot:

$$Q' = Q + Q_M \quad => \quad Q_M = -9000 + 6000 = -3000 \text{ VAr.}$$

$$Q_M = 6000 \text{ sen } \varphi_M \quad => \quad \varphi_M = -30°.$$

$$P_M = 6000 \cos 30° = 3000\sqrt{3} \text{ W.}$$

La potencia aparente compleja consumida por M, es:

$$\bar{S}_M = 3000\sqrt{3} - j3000 \qquad => \qquad \bar{S}_M = 6000 \underline{/-30°}.$$

<u>Respuesta C</u>

SOLUCIÓN 3.93

Considerando los resultados previos, la potencia aparente compleja consumida, con K_1 cerrado y K_2 abierto, éra:

$$\bar{S}' = P + P_M + j\left(Q + Q_M\right) = 18000 + 3000\sqrt{3} + j6000.$$

Por tanto, para que se anulen las lecturas de los vatímetros, N ha de ser un generador con factor de potencia inductivo.

<u>Respuesta A</u>

SOLUCIÓN 3.94

Para que los vatímetros marquen simultáneamente cero, forzosamente la intensidad que circula por las bobinas amperimétricas ha de ser cero.

<u>Respuesta A</u>

ITEM 3.95

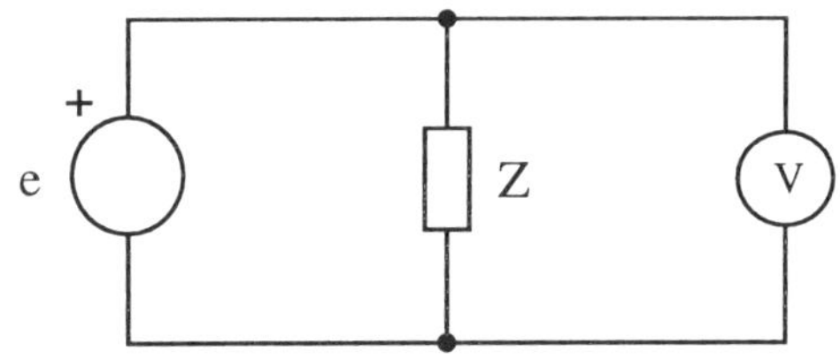

Sea la red de la figura. La lectura del voltímetro es la misma, tanto si el voltímetro es electrodinámico como si es de cuadro móvil sin rectificador. Deducimos:

A. La fuente e no tiene componente continua.
B. La fuente e no tiene componentes alternas.
C. Z es, forzosamente, una resistencia.
D. La fuente e sólo tiene componente fundamental.
E. Son ciertas, únicamente, las respuestas C y D.
F. Resulta imposible.

SOLUCIÓN 3.95

Para que el valor eficaz (lectura del voltímetro electrodinámico) coincida con el valor medio (lectura del voltímetro de cuadro móvil sin rectificador), es necesario que no haya componentes de alterna en e.

Respuesta B

ITEM 3.96

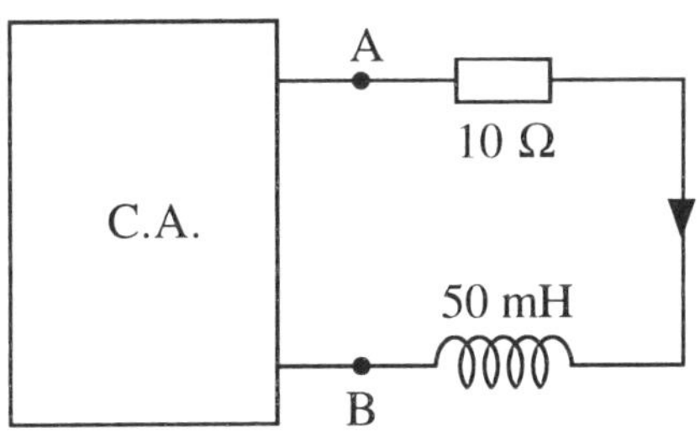

El circuito activo de la figura, está constituido por fuentes de corriente continua y sinusoidales de distinta frecuencia; la potencia que suministra a la carga de salida es de 490 W. Deducimos:

A. El valor eficaz de la tensión V_{AB} es de 49 V.
B. El valor eficaz de la intensidad I es de 7 A.
C. El factor de armónicos de la intensidad es de 0,05.
D. Son ciertas las respuestas A y B.
E. Son ciertas las respuestas A, B y C.
F. Todas las respuestas son falsas.

SOLUCIÓN 3.96

La resistencia R consume la potencia I^2R, siendo I el valor eficaz de la corriente que circula por ella; por tanto:

$$490 = I^2 \cdot 10 \quad => \quad I = 7 \text{ A.}$$

Las proposiciones A y C no tienen justificación alguna.

<u>Respuesta B</u>

ITEM 3.97

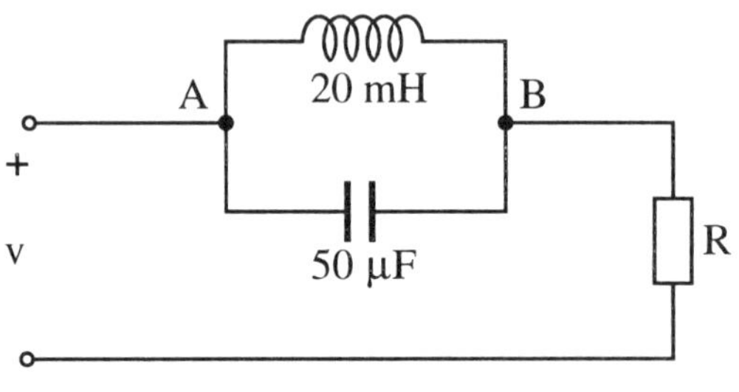

Sea el circuito de la figura. Se verifica: $v = 110 + 220\sqrt{2}\ \text{sen}1000t$.
El valor eficaz de la tensión V_{AB}, es:

A. Cero.
B. 220 V.
C. $220\sqrt{2}$ V.
D. 110 V.
E. $220\sqrt{5}$ V.
F. Diferente.

SOLUCIÓN 3.97

Para la componente de corriente continua, la bobina es un cortocircuito; luego $V_{AB} = 0$.

Para la pulsación $\omega = 1000\ seg^{-1}$, $Z_L = Z_C = 20\ \Omega$.

Por tanto $Z_{AB} = \infty$ y $v = V_{AB} = 220$ V.

Luego, el valor eficaz de la tensión V_{AB} es 220 V.

Respuesta B

ITEM 3.98

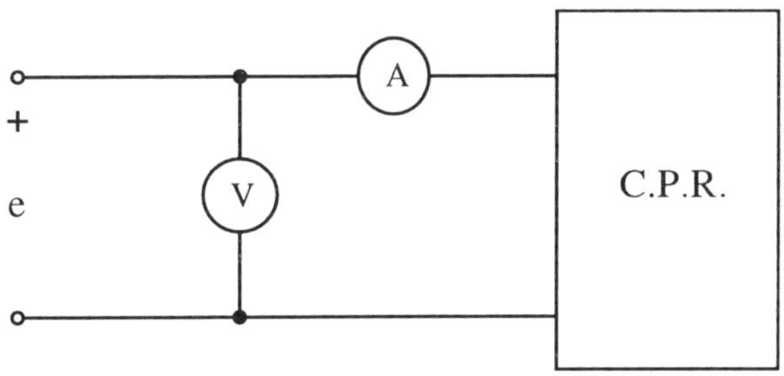

El circuito pasivo de la figura es lineal y de carácter resistivo, consumiendo una potencia de 4 kW cuando se le aplica la fuente e cuyo factor de onda fundamental es de 0,9 y su factor de armónicos $\sqrt{0,19}$. Las lecturas de los aparatos electrodinámicos de la figura -expresadas en voltios y amperios- serán las siguientes:

A. V = 200; A = 20.
B. V = 400; A = 10.
C. V = 50; A = 50.
D. V = 100; A = 50.
E. Indeterminadas.
F. Diferente.

SOLUCIÓN 3.98

No disponemos de datos para calcular ni la tensión aplicada, ni la intensidad consumida, ni tampoco la resistencia del circuito pasivo; por tanto, las lecturas de los aparatos resultan indeterminadas.

Las respuesta A y B son dos entre las infinitas posibles, mientras que la C y D no cumplen las condiciones del ítem.

Respuesta E

ITEM 3.99-100

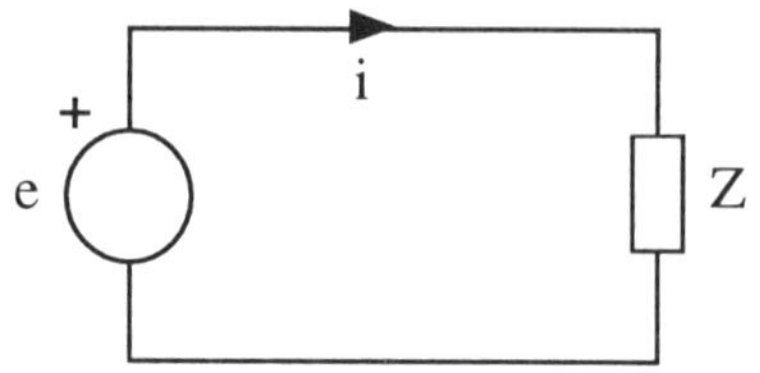

3.99. $\underline{e}$ es una fuente periódica no sinusoidal. Si Z es una impedancia R-L, son ciertas las siguientes proposiciones:

A. Los factores de armónicos de $\underline{e}$, $\underline{i}$ son idénticos.
B. El factor de armónicos de $\underline{i}$ es menor que el de $\underline{e}$.
C. El factor de armónicos de $\underline{i}$ es mayor que el de $\underline{e}$.
D. $\underline{i}$ se "parece más" a la onda fundamental que $\underline{e}$.
E. Son ciertas las respuestas B y D.
F. Pueden ser ciertas las respuestas A, B y D.

3.100. Igual enunciado que el ítem 3.99. Si Z es una impedancia R-C, son ciertas las siguientes proposiciones:

A. Los factores de armónicos de $\underline{e}$, $\underline{i}$ son idénticos.
B. El factor de armónicos de $\underline{i}$ es menor que el de $\underline{e}$.
C. El factor de armónicos de $\underline{i}$ es mayor que el de $\underline{e}$.
D. $\underline{i}$ se "parece más" a la onda fundamental que $\underline{e}$.
E. Son ciertas las respuestas B y D.
F. Pueden ser ciertas las respuestas A, B y D.

SOLUCIóÓN 3.99

Si llamamos $e_{1\underline{/\theta_1}}$, $e_{n\underline{/\theta_n}}$, las formas fasoriales de la componente fundamental y del armónico de orden n de la excitación e, respectivamente, con referencia a la respuesta de las impedancias que presentan una bobina de autoinducción serán respectivamente, ωL, ωnL, o sea, crecientes con la frecuencia; luego:

- El factor de armónicos de la intensidad será menor que el de la excitación, ya que los armónicos serán más amortiguados al crecer la impedancia del dipolo RL con la frecuencia.

- Como consecuencia de lo anterior, la respuesta de intensidad tendrá una componente fundamental comparativamente mayor que los armónicos.

Respuesta E

SOLUCIÓN 3.100

En el caso del dipolo R-C, sucede lo contrario al ser las impedancias capacitivas $\frac{1}{\omega C}, \frac{1}{\omega n C}$, decrecientes con la frecuencia; por tanto, los armónicos de la intensidad son amplificados tanto más cuanto mayor es su frecuencia.

Respuesta C

ITEM 3.101-102

3.101. Una onda periódica no sinusoidal tiene un valor eficaz de 150 V, una componente continua nula y un factor de onda fundamental de 0,9. El valor eficaz de la componente fundamental de la onda, es:

A. $\frac{500}{3}$ V.
B. 135 V.
C. 121,5 V.
D. 150 V.
E. Indeterminado.
F. Diferente.

3.102. Igual enunciado que el ítem 3.101. El armónico de frecuencia triple de la onda fundamental, tiene el valor eficaz:

A. 5 V.
B. 15 V.
C. 13,5 V.
D. $\frac{500}{27}$ V.
E. Indeterminado.
F. Diferente.

SOLUCIÓN 3.101

El factor de onda fundamental se define como:

$$f_f = \frac{\text{Valor eficaz de la componente fundamental}}{\text{Valor eficaz de la señal}} = \frac{V_1}{V}.$$

$$V_1 = 150 \cdot 0{,}9 = 135 \text{ V}.$$

Respuesta B

SOLUCIÓN 3.102

No tenemos datos para calcularlo; por tanto, no puede determinarse su valor.

Respuesta E

ITEM 3.103-104

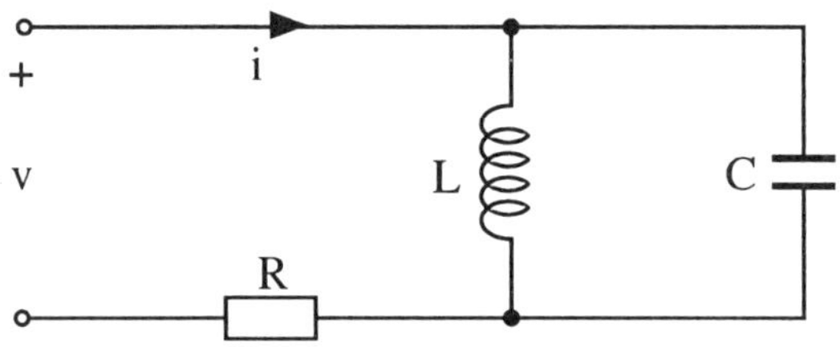

3.103. En el circuito de la figura, aplicamos la tensión:

$$v = 100 + 200 \text{ sen}500t + 100 \text{ sen}1000t.$$

La tensión de alimentación v, tiene por valor eficaz el siguiente:

A. 244,95 V.
B. 158,11 V.
C. 233,61 V.
D. 187,08 V.
E. 500 V.
F. Diferente.

3.104. Igual enunciado que el ítem 3.103. Si la intensidad i, viene dada por la expresión: $i = 10 + 5\sqrt{2}\ \text{sen}(1000t + \emptyset)$; deducimos:

A. Imposible que i no tenga un término de pulsación 500 rad/seg.
B. El término de 500 rad/seg de la corriente, se anula porque a esa pulsación el circuito está en resonancia.
C. El ángulo Ø del término de 1000 rad/seg está comprendido entre 0° y 90°.
D. Son ciertas las respuestas A y C.
E. Son ciertas las respuestas B y C.
F. Todas las respuestas son falsas.

SOLUCIÓN 3.103

Por definición: $V = \sqrt{100^2 + \left(\frac{200}{\sqrt{2}}\right)^2 + \left(\frac{100}{\sqrt{2}}\right)^2} = 187{,}08 \text{ V}.$

Respuesta D

SOLUCIÓN 3.104

Si la corriente es nula para, ω = 500 rad/seg deducimos, que el circuito está en resonancia de intensidad para esa pulsación; es decir:

$$500L = \frac{1}{500C} \quad => \quad L = \frac{4 \cdot 10^{-6}}{C}.$$

Por otro lado, para ω =1000 rad/seg, se verifica :

$$\overline{\mathbf{X}}_L = j1000L = \frac{j4 \cdot 10^{-3}}{C}. \quad => \quad \overline{\mathbf{B}}_L = - j250C.$$

$$\overline{\mathbf{X}}_C = \frac{-j}{1000C} = \frac{-j10^{-3}}{C}. \quad => \quad \overline{\mathbf{B}}_C = j1000C.$$

El circuito resulta ser inductivo por lo que, a esa pulsación, la intensidad vendrá adelantada respecto a "su" tensión.

<u>Respuesta E</u>

ITEM 3.105

Una carga resistiva pura está alimentada por una red cuya tensión tiene las siguientes características:
- Valor eficaz de la componente fundamental 200 V.
- Valor eficaz del tercer armónico 60 V.
- Valor eficaz del séptimo armónico 40 V.

La potencia disipada por la carga resistiva es de 4520 W; la resistencia tendrá el valor:

A. 10 Ω.

B. $\frac{113}{5}$ Ω.

C. $\frac{113}{10}$ Ω.

D. $\frac{10000}{113}$ Ω.

E. Indeterminado.

F. Diferente.

SOLUCIÓN 3.105

La potencia disipada por la carga, será:

$$P_R = I^2R = \frac{V^2}{R}$$

siendo I, V, los valores eficaces de la intensidad y tensión, respectivamente; por tanto:

$$R = \frac{V^2}{P_R} = \frac{200^2 + 60^2 + 40^2}{4520} = 10\ \Omega.$$

Respuesta A

ITEM 3.106-107

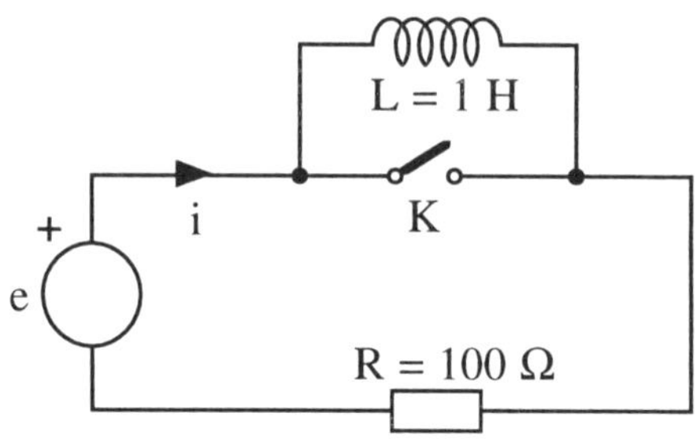

3.106. En la red de la figura: e = 1000 sen100t + 250 sen300t, correspondiendo a la componente fundamental una pulsación de valor ω = 100 rad/seg. El factor de armónicos de la intensidad, con el interruptor K abierto, tiene el valor:

A. $\sqrt{5}/4$.
B. $\sqrt{17}/17$.
C. $\sqrt{5}/20$.
D. $\sqrt{85}/85$.
E. 1/9.
F. Diferente.

3.107. Igual enunciado que el ítem 3.106. Si la resistencia R consume P vatios con K abierto, con K cerrado disipará la potencia:

A. 2,1P.
B. $\sqrt{17}$ P/17.
C. $\sqrt{85}$P/85.
D. $4\sqrt{5}$P/5.
E. $\sqrt{2}$P.
F. Diferente.

SOLUCIÓN 3.106

• Para $\omega = 100$ rad/seg: $Z = 100\sqrt{2}$ e $I' = \dfrac{500\sqrt{2}}{100\sqrt{2}} = 5.$

• Para $\omega = 300$ rad/seg: $Z = 100\sqrt{10}$ e $I'' = \dfrac{125\sqrt{2}}{100\sqrt{10}} = \dfrac{\sqrt{5}}{4}$.

El valor eficaz, será: $I = \sqrt{25 + \dfrac{5}{16}} = \dfrac{9\sqrt{5}}{4}$.

Por tanto:

$$f_a = \frac{I''}{I} = \frac{1}{9}.$$

Respuesta E

SOLUCIÓN 3.107

Con K abierto, la potencia consumida P, vale:

$$P = I^2 R = 100\frac{400}{16} = 2531{,}25 \text{ W}.$$

Con K cerrado:

$$P' = \frac{V^2}{R} = \frac{(1/2)\left(1000^2 + 250^2\right)}{100} = 5312{,}5 \text{ W}$$

Por tanto:

$$P' = \frac{170P}{81} = 2{,}1P$$

Respuesta A

ITEM 3.108-109

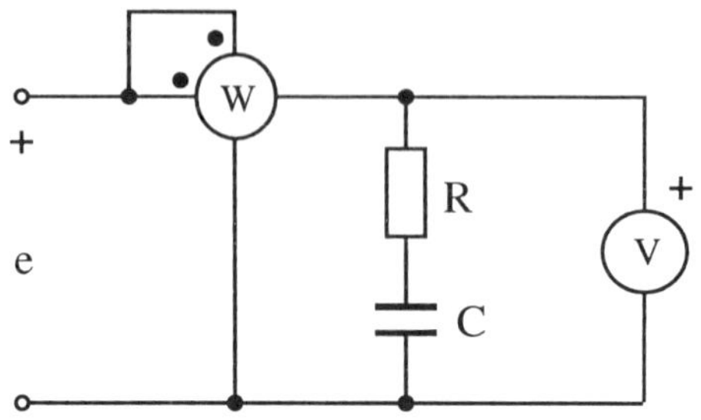

3.108. En el circuito de la figura, se verifica:

$$e = 40 + 30\sqrt{2}\cos 100t + 50\sqrt{2}\cos 200t$$

Con: R = 5 Ω; C = 2 mF.
La lectura del vatímetro, tiene el valor:

A. 700 W.
B. 810 W.
C. 490 W.
D. 980 W.
E. 1300 W.
F. Diferente.

3.109. Igual enunciado que el ítem 3.108. Si el voltímetro del circuito es de cuadro móvil sin rectificador, su lectura tiene el valor:

A. Cero.
B. $50\sqrt{2}$ V.
C. 58,31 V.
D. 91,65 V.
E. 40 V.
F. Diferente.

SOLUCIÓN 3.108

El vatímetro mide la potencia activa consumida por el circuito. Llamando Z a la impedancia equivalente de la red, tenemos:

• $\omega = 0 \quad \Rightarrow \quad Z = \infty \quad \Rightarrow \quad I_0 = 0 \quad \Rightarrow \quad P_{R0} = 0$

• $\omega = 100 \quad \Rightarrow \quad \overline{\mathbf{Z}}' = 5 - \dfrac{j1000}{200} = 5\sqrt{2}\,\underline{/-45°}$

$$I_1' = \frac{30}{5\sqrt{2}} \quad \Rightarrow \quad P_R' = 5 \cdot I_1'^2 = 90 \text{ W.}$$

• $\omega = 200 \quad \Rightarrow \quad \overline{\mathbf{Z}}'' = 5 - j2{,}5 = 5{,}59\,\underline{/-26{,}56°}.$

$$I_1'' = \frac{50}{5{,}59} \quad \Rightarrow \quad P_R'' = 5 . I_1''^2 = 400 \text{ W.}$$

Por tanto la lectura del vatímetro, será:

$$W = 0 + 90 + 400 = 490 \text{ W}.$$

Respuesta C

SOLUCIÓN 3.109

Si el voltímetro es de cuadro móvil sin rectificador, mide la componente de continua de la tensión; es decir, 40 V.

Respuesta E

ITEM 3.110-111

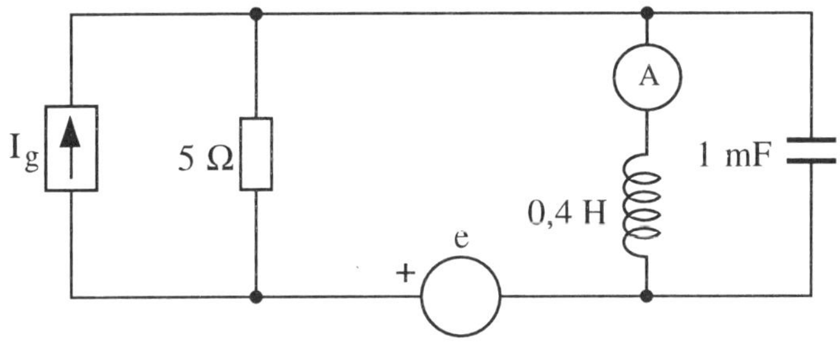

3.110. En el circuito de la figura, la fuente de intensidad es de continua y la de tensión es sinusoidal:

$$I_g = 10 \text{ A}; \quad e = 200 \text{ sen} 50t \text{ V}.$$

La lectura del amperímetro de hierro móvil A, tiene el valor:

A. 20 A.
B. $10\sqrt{2}$ A.
C. $5\sqrt{6}$ A.
D. $5\sqrt{2}$ A.
E. 10 A.
F. Diferente.

3.111. Igual enunciado que el ítem 3.110. La potencia activa disipada en la resistencia, tiene el valor:

A. Cero.
B. 500 W.
C. 4000 W.
D. 4500 W.
E. $\frac{4000}{9}$ W.
F. Diferente.

SOLUCIÓN 3.110

$\omega = 0$

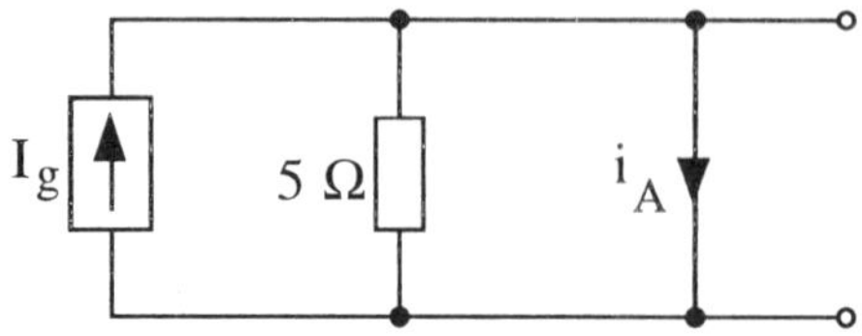

$i_A = I_g = 10$ A

$\omega = 50$

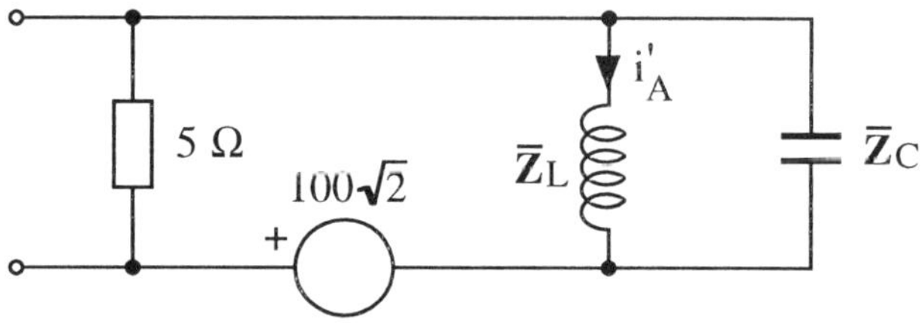

$$Z_L = 50 \cdot 0{,}4 = 20\ \Omega.;\ Z_C = \frac{1}{50 \cdot 10^{-3}} = 20\ \Omega.$$

La impedancia de la derivación es infinito; por tanto:

$$i'_A = \frac{100\sqrt{2}}{20} = 5\sqrt{2}\ \text{A}.$$

El amperímetro al ser de hierro móvil mide el valor eficaz de la corriente:

$$A = \sqrt{10^2 + 5\sqrt{2}^2} = 5\sqrt{6}\ \text{A}.$$

Respuesta C

SOLUCIÓN 3.111

La potencia consumida por la resistencia es nula para las dos frecuencias.

Respuesta A

ITEM 3.112-113

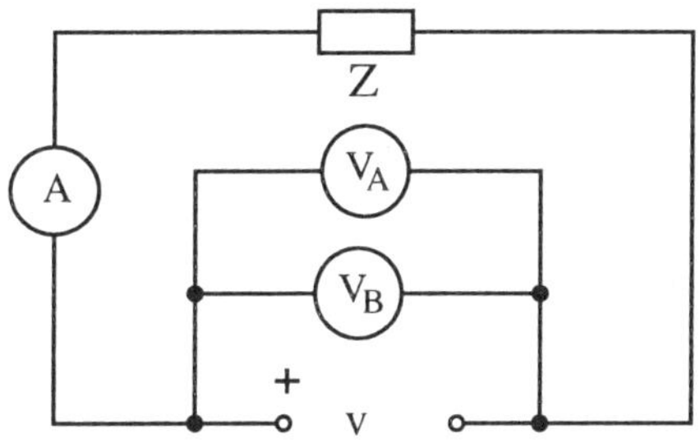

3.112. En el circuito de la figura, Z es un elemento pasivo puro. La tensión aplicada v, viene dada por la expresión:

$$v = V_0 + V_1 \operatorname{sen}\omega t$$

V_A es un voltímetro de cuadro móvil cuya lectura es de 5 V.

V_B es un voltímetro electrodinámico cuya lectura es de 13 V.

A es un amperímetro electrodinámico cuya lectura es diferente de cero.

De todo ello, deducimos:

A. El elemento Z es una resistencia.
B. El elemento Z es una bobina.
C. El elemento Z es un condensador.
D. Son posibles A y B.
E. Son posibles A y C.
F. Son posibles A, B y C.

3.113. Igual enunciado que el ítem 3.112. El factor de onda fundamental de la tensión v, es:

A. $\frac{1}{13}$.
B. $\frac{5}{13}$.
C. $\frac{5}{12}$.
D. $\frac{13\sqrt{2}}{24}$.
E. $\frac{12}{13}$.
F. Diferente.

SOLUCIÓN 3.112

Si el voltímetro de cuadro móvil marca 5 V, Z no puede ser una bobina; sin embargo, es posible que sea una resistencia o un condensador.

<u>Respuesta E</u>

SOLUCIÓN 3.113

El voltímetro electrodinámico indica el valor eficaz, luego:

$$13 = \sqrt{5^2 + V_1'^{\,2}}$$

Donde:

$$V_1' = \frac{V_1}{\sqrt{2}} \quad => \quad V_1' = \sqrt{169 - 25} = 12 \text{ V}.$$

Por definición:

$$f_f = \frac{V_1'}{13} = \frac{12}{13}.$$

Respuesta E

ITEM 3.114-115

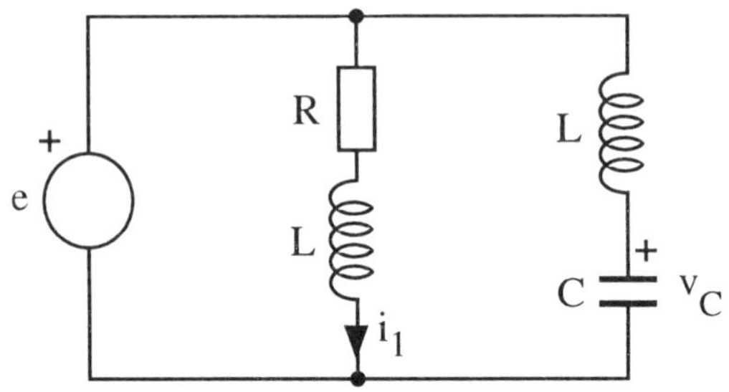

3.114. En el circuito de la figura, la fuente e viene dada por:
$e = 100 + 50\sqrt{2}$ sen100t, siendo: R = 10 Ω; L = 100 mH; C = 500 μF.
La intensidad i_1, tiene el valor eficaz:

A. $\sqrt{112{,}5}$ A.
B. $10 + 2{,}5\sqrt{2}$ A.
C. 15 A.
D. $5\sqrt{5}$ A.
E. 10 A.
F. Diferente.

3.115. Igual enunciado que el ítem 3.114. La tensión v_C, viene dada por la expresión:

A. $100 + 50\sqrt{2}$ sen100t.
B. $100 + 100\sqrt{2}$ sen100t.
C. $100 + 50\sqrt{2}$ sen(100t - 90°).
D. $100 + 100\sqrt{2}$ sen(100t - 45°).
E. $100\sqrt{2}$ sen100t.
F. Diferente.

SOLUCIÓN 3.114

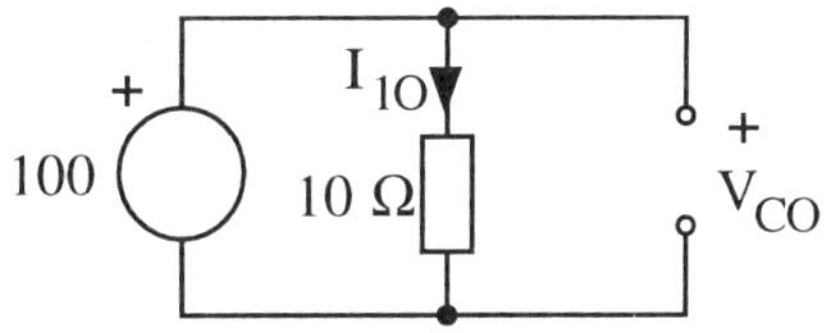

$\omega = 0$

$$I_{1O} = \frac{100}{10} = 10 \text{ A}$$

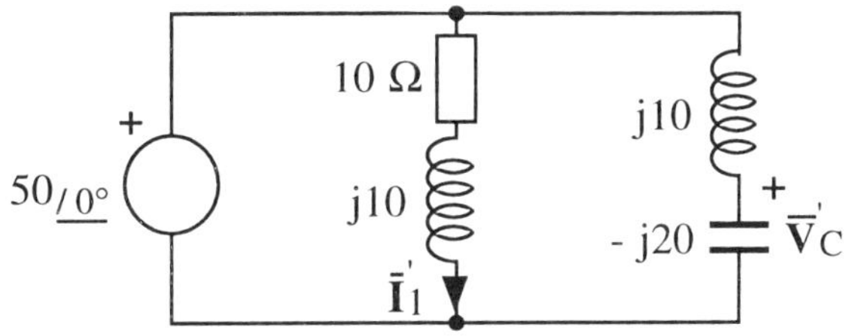

$\omega = 100$

$$\bar{X}_L = j100 \cdot 0{,}1 = j10, \qquad \bar{X}_C = \frac{-j \cdot 10^6}{500 \cdot 100} = -\,j20$$

$$\bar{I}_1' = \frac{50}{10\sqrt{2}\underline{/45°}} = 2{,}5\sqrt{2}\underline{/-45°}.$$

El valor eficaz de la intensidad i_1, será:

$$I_1 = \sqrt{I_{1O}^2 + I_1'^2} = \sqrt{100 + 2{,}5^2 \cdot 2} = \sqrt{112{,}5} \text{ A}.$$

<u>Respuesta A</u>

SOLUCIÓN 3.115

Teniendo en cuenta los resultados del ítem anterior:

$$\omega = 0 \qquad \Rightarrow \qquad V_{C0} = 100 \text{ V}.$$

$$\omega = 100 \qquad \Rightarrow \qquad \bar{V}_C' = \frac{50\underline{/0°}(-j20)}{j10 - j20} = 100.$$

Por lo que:

$$v_C(t) = 100 + 100\sqrt{2}\ \text{sen}100t.$$

<u>Respuesta B</u>

ITEM 3.116-117

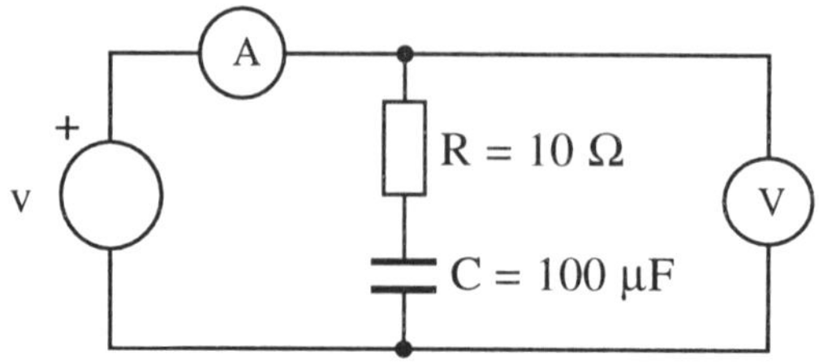

3.116. Sea el circuito de la figura, donde: $v = 50 + 100\sqrt{2}\ \text{sen}1000t$. A es un amperímetro electrodinámico y V un voltímetro de cuadro móvil con rectificador de doble onda. Las lecturas de los aparatos son las siguientes:

A. $A = 5\sqrt{2}$; $V = 140{,}03$.
B. $A = 5\sqrt{2}$; $V = 50\sqrt{5}$.
C. $A = 10$; $V = 50$.
D. $A = 10$; $V = 140{,}03$.
E. $A = 10$; $V = 50\sqrt{5}$.
F. Todas las respuestas son falsas.

3.117. Igual enunciado que el ítem 3.116. La potencia disipada en la resistencia R, tiene el valor:

A. Cero.
B. $500\sqrt{2}$ VA.
C. 750 W.
D. 500 W.
E. 1000 W.
F. Diferente.

SOLUCIÓN 3.116

$\omega = 0.$

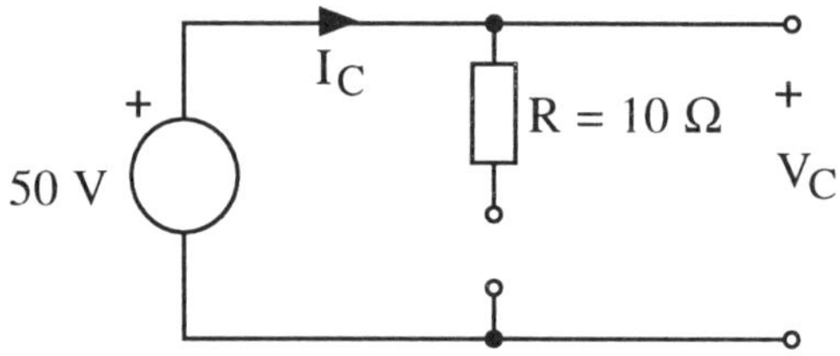

$I_C = 0; \quad V_C = 50$ V.

$\omega = 1000.$

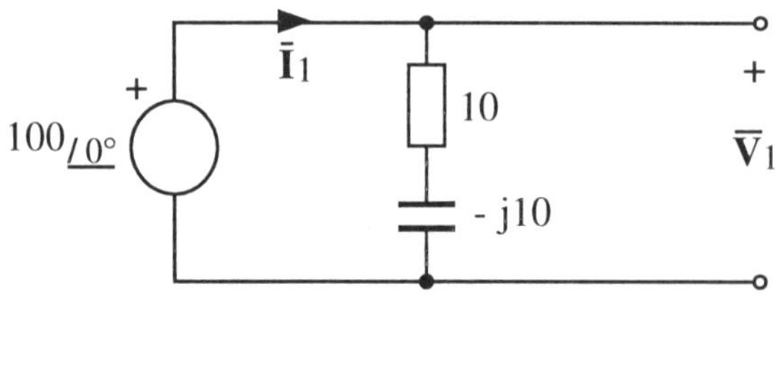

$$\overline{\mathbf{X}}_C = -j\,\frac{10^6}{10^5} = -j10; \quad \overline{\mathbf{I}}_1 = \frac{100\underline{/0°}}{10\sqrt{2}\underline{/-45°}} = 5\sqrt{2}\underline{/45°}.$$

Si el amperímetro es electrodinámico => $"A" = \sqrt{I_C^2 + I_1^2} = 5\sqrt{2}$ A.

Si el voltímetro es de cuadro móvil con rectificador de doble onda, se verificará:

$$"V" = 50 + \frac{2}{\pi}\,100\sqrt{2} = 140{,}03 \text{ V}.$$

Respuesta A

SOLUCIÓN 3.117

La potencia disipada por R, será:

$$P = I_C^2 R + I_1^2 R = 500 \text{ W}.$$

Respuesta D

ITEM 3.118-119

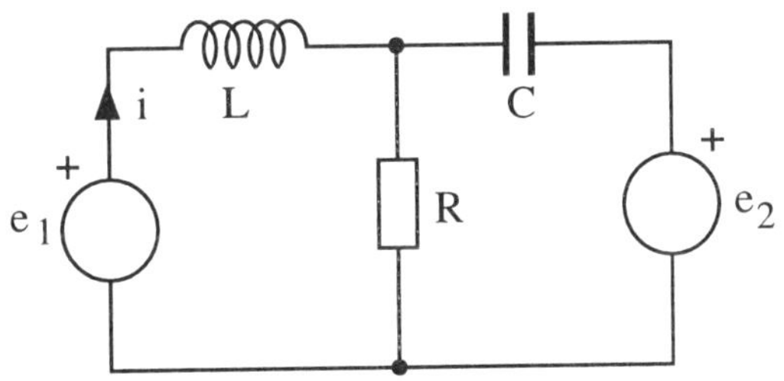

3.118. En el circuito de la figura, los elementos puros tienen los siguientes valores:

$$R = 10\ \Omega; \ L = 10 \text{ mH}; \ C = 200\ \mu F.$$

La fuente e_1 es de corriente continua de100 V de f.e.m, y la e_2 viene dada por la expresión:

$$e_2 = 100 \text{ sen}(1000t + 45°).$$

En régimen permanente, la potencia consumida por la resistencia R, tiene el valor:

A. 3 kW. C. $\frac{5}{3}$ kW. E. 5 kW.

B. 2 kW. D. 1 kW. F. Diferente.

3.119. Igual enunciado que el ítem 3.118. La intensidad i, viene dada por la expresión:

A. $10 + 10\sqrt{2}$ sen1000t.
B. $10 - 10\sqrt{2}$ sen1000t.
C. 10 sen(1000t + 90°).
D. $-10 + 10\sqrt{2}$ sen1000t.
E. $10 + 10\sqrt{2}$ sen(1000t + 45°).
F. Diferente.

SOLUCIÓN 3.118

Aplicamos el principio de superposición:

$\omega = 0.$

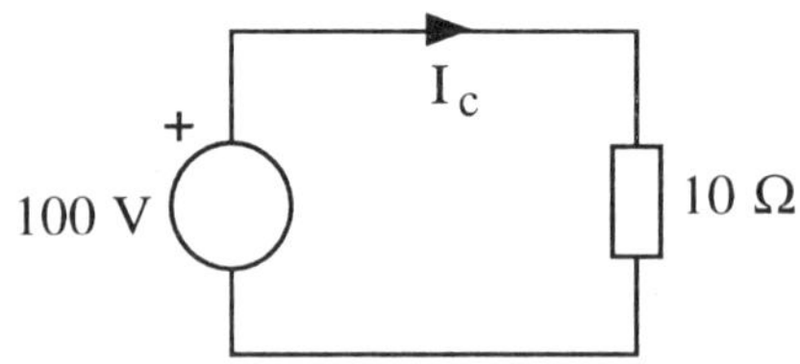

$$I_c = 10 = I_R.$$

$$P_{cR} = 1 \text{ kW}.$$

$\omega = 1000$

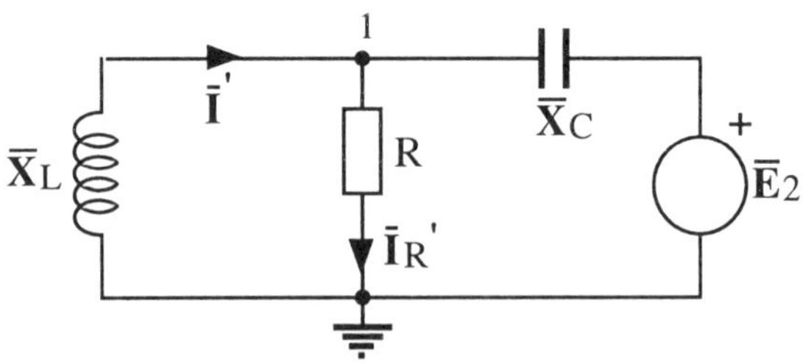

$$\bar{X}_L = j10; \quad \bar{X}_C = -j5; \quad \bar{E}_2 = 50\sqrt{2}\underline{/45°}.$$

Aplicando tensión de nudos:

$$\bar{V}_1 = j100 \Rightarrow \bar{I}_R' = j10. \Rightarrow P_R' = 1 \text{ kW}.$$

La potencia total consumida por la resistencia, será:

$$P_R = P_{cR} + P_R' = 2 \text{ kW}.$$

Respuesta B

SOLUCIÓN 3.119

Teniendo en cuenta los resultados del ítem anterior:

$$\bar{\mathbf{I}}' = -\frac{\bar{\mathbf{V}}_1}{\bar{\mathbf{X}}_L} = -10 \quad \Rightarrow \quad i' = -10\sqrt{2}\ \text{sen}1000t.$$

Aplicando el principio de superposición:

$$i = I_c + i' = 10 - 10\sqrt{2}\ \text{sen}1000t.$$

Respuesta B

ITEM 3.120-122

3.120. Sea una tensión periódica no sinusoidal de la forma:
$v = V_0 + \sqrt{2}\ V_1\ \text{sen}(\omega t + \varphi_1) + \sqrt{2}\ V_3\ \text{sen}(3\omega t + \varphi_3)$, cuyo factor de armónicos es de $\frac{\sqrt{30}}{40}$. Hacemos las siguientes mediciones:
- Con un voltímetro electrodinámico, obtenemos la lectura de 200 V.
- Con un voltímetro de cuadro móvil, la lectura es de 35 V.

El factor de onda fundamental, tiene el valor:

A. $1 - \frac{\sqrt{30}}{40}$.
B. $1 - \frac{\sqrt{30} + 7}{40}$.
C. 0,825.
D. 0,975.
E. Indeterminado.
F. Diferente.

3.121. Igual enunciado que el ítem 3.120. Si conectamos un voltímetro de cuadro móvil con rectificador de doble onda, su lectura tendrá el valor:

A. 176,57 V.
B. 235,22 V.
C. 35 V.
D. 200 V.
E. Indeterminado.
F. Diferente.

3.122. Igual enunciado que el ítem 3.120. Los valores de φ_1 y φ_3 -expresados en radianes- serán los siguientes:

A. $\varphi_1 = \pi;\ \varphi_3 = \frac{\pi}{3}$.

B. $\varphi_1 = \frac{\pi}{3};\ \varphi_3 = \pi$.

C. $\varphi_1 = 0;\ \varphi_3 = 0$.

D. $\varphi_1 = 0{,}825\pi;\ \varphi_3 = \frac{\sqrt{30}\pi}{40}$.

E. Indeterminado.

F. Diferente.

SOLUCIÓN 3.120

El voltímetro electrodinámico mide el valor eficaz y el de cuadro móvil la componente continua; por tanto:

$$200 = \sqrt{35^2 + V_1^2 + V_3^2}. \qquad (1)$$

A través del factor de armónicos podemos plantear otra ecuación:

$$f_a = \frac{V_3}{V} \quad => \quad V_3 = 200\frac{\sqrt{30}}{40} = 5\sqrt{30}.$$

Resolviendo (1), obtenemos:

$$V_1 = 195 \text{ V}.$$

Por tanto:

$$f_f = \frac{V_1}{V} = \frac{195}{200} = 0{,}975.$$

Respuesta D

SOLUCIÓN 3.121

Un voltímetro con rectificador de doble onda mide el valor medio aritmético absoluto; por tanto:

$$V' = V_0 + \frac{2}{\pi}\left(\sqrt{2}V_1 + \sqrt{2}V_3\right) = 235{,}22 \text{ V}.$$

Respuesta B

SOLUCIÓN 3.122

No disponemos de ningún dato para calcular φ_1, φ_3.

Respuesta E

4.
CIRCUITOS ACOPLADOS Y CUADRIPOLOS

ITEM 4.1

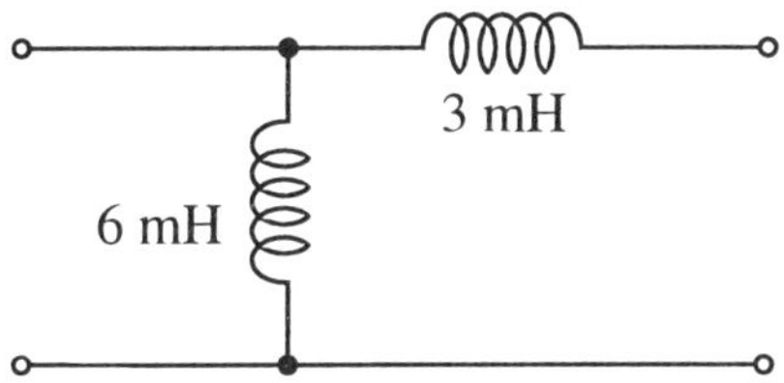

Las dos bobinas de la figura están acopladas magnéticamente. El valor máximo del coeficiente de inducción mútua, es:

A. Depende de los terminales correspondientes.
B. Depende de la pulsación de la excitación.
C. 1 mH.
D. 3 mH.
E. $3\sqrt{2}$ mH.
F. Diferente.

SOLUCIÓN 4.1

El coeficiente de inducción mútua $M = K\sqrt{L_1 \cdot L_2}$, siendo K el coeficiente de acoplo cuyo valor va de 0 a 1; por tanto: $M_{máx.} = \sqrt{18} = 3\sqrt{2}$ mH.

Respuesta E

ITEM 4.2

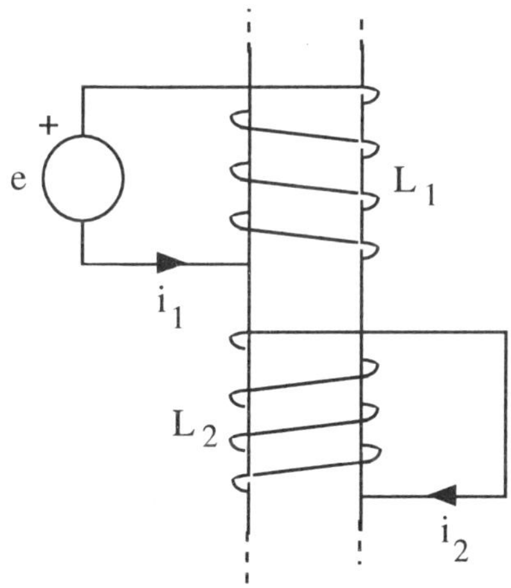

En el circuito de la figura, $e = 30\sqrt{2}\,\text{sen}(100t + 90°)$, $L_1 = 10$ mH, $L_2 = 30$ mH. y el coeficiente de acoplamiento vale $1/\sqrt{3}$. La intensidad $\bar{\mathbf{I}}_2$, tiene el valor:

A. 15.　　C. - 15.　　E. Cero.
B. 5.　　D. -5.　　F. Diferente.

SOLUCIÓN 4.2

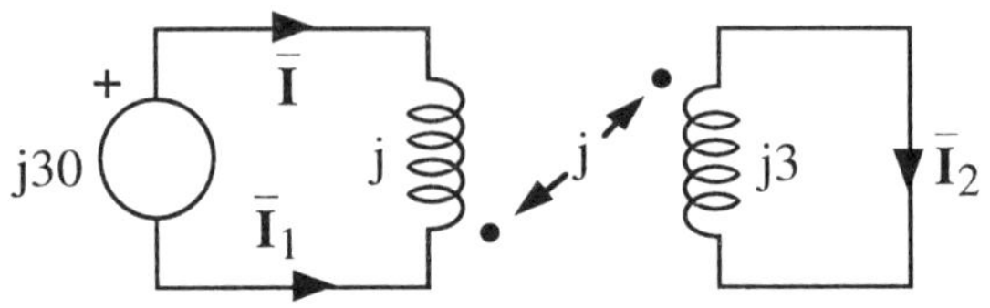

$$\overline{\mathbf{X}}_{L_1} = j; \quad \overline{\mathbf{X}}_{L_2} = j3. \quad \Rightarrow \quad \overline{\mathbf{X}}_M = j\,\frac{1}{\sqrt{3}}\,\sqrt{3} = j.$$

$$\overline{\mathbf{I}} = -\,\overline{\mathbf{I}}_1 \quad \Rightarrow \quad j30 = j\,\overline{\mathbf{I}} + j\,\overline{\mathbf{I}}_2. \;\; \text{y} \quad 0 = j3\,\overline{\mathbf{I}}_2 + j\,\overline{\mathbf{I}}.$$

$$j30 = -\,j3\,\overline{\mathbf{I}}_2 + j\,\overline{\mathbf{I}}_2 = -\,j2\,\overline{\mathbf{I}}_2 \quad \Rightarrow \quad \overline{\mathbf{I}}_2 = -\,15.$$

Respuesta C

ITEM 4.3

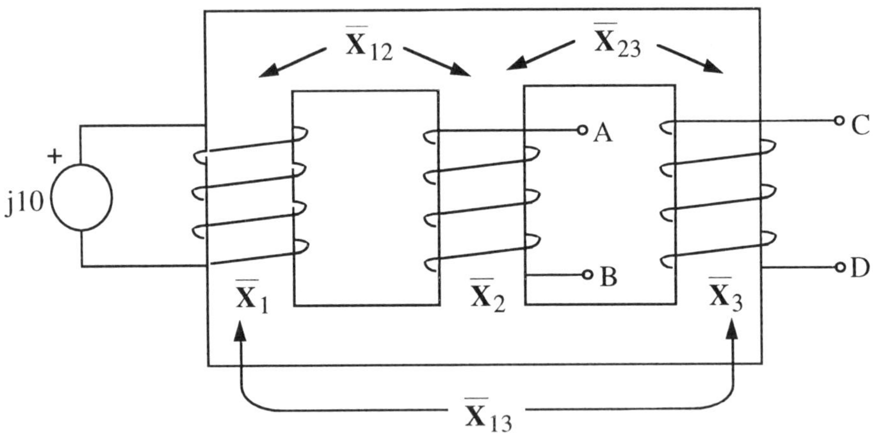

En el circuito de la figura, se verifica:

$$\overline{\mathbf{X}}_1 = \overline{\mathbf{X}}_2 = j2; \;\; \overline{\mathbf{X}}_3 = j5; \;\; \overline{\mathbf{X}}_{12} = \overline{\mathbf{X}}_{23} = j; \;\; \overline{\mathbf{X}}_{13} = j2.$$

La tensión $\overline{\mathbf{V}}_{AB}$, tiene el valor:

A. j5.　　C. j20.　　E. - j10.
B. - j5.　　D. j10.　　F. Diferente.

SOLUCIÓN 4.3

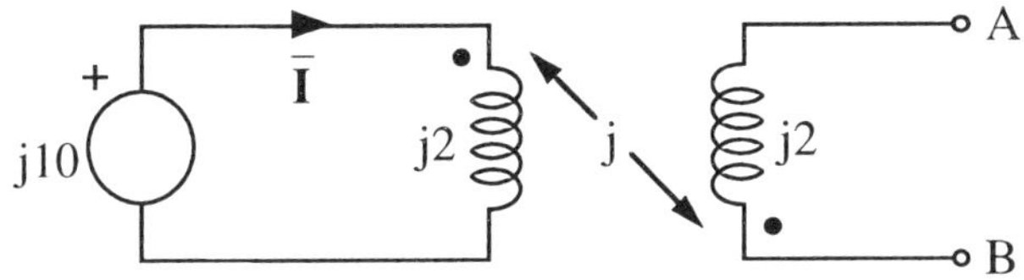

$$\bar{\mathbf{I}} = \frac{j10}{j2} = 5; \quad \bar{\mathbf{V}}_{AB} = -\,j5.$$

(La otra bobina no influye en este problema por estar en circuito abierto).

<u>Respuesta B</u>

ITEM 4.4

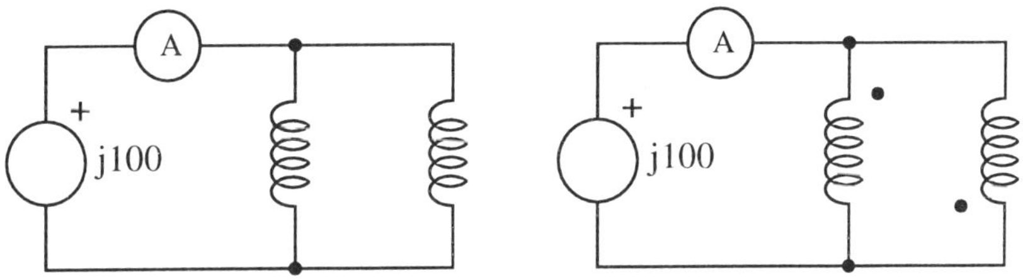

Figura 1 — Figura 2

En el circuito de la fig.1, las dos reactancias son iguales, siendo $\omega = 20$ rad/seg. En estas circunstancias el amperímetro marca 5 A. Si dichas bobinas se acoplan magnéticamente, según se indica en la fig. 2 - coeficiente de acoplo $k = 0{,}5$ - la lectura del amperímetro, tendrá el valor:

A. 2 A.

B. $\frac{8}{3}$ A.

C. $\frac{10}{3}$ A.

D. $\frac{5}{3}$ A.

E. 10 A.

F. Diferente.

SOLUCIÓN 4.4

Para el circuito de la figura 1:

$$\frac{\overline{\mathbf{X}}}{2} = \frac{j100}{5} = j20 \Rightarrow \overline{\mathbf{X}} = j40.$$

$$L_1 = L_2 = \frac{40}{20} = 2 \text{ H}.$$

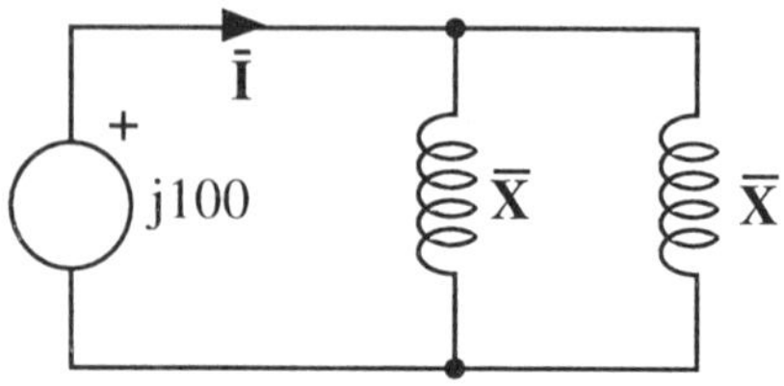

Figura 1

En la figura 2, se verificará:

$$M = k\sqrt{L_1 L_2} \Rightarrow \overline{\mathbf{X}}_M = 0{,}5\sqrt{\overline{\mathbf{X}}_{L_1}\,\overline{\mathbf{X}}_{L_2}}.$$

$$\overline{\mathbf{X}}_M = j20.$$

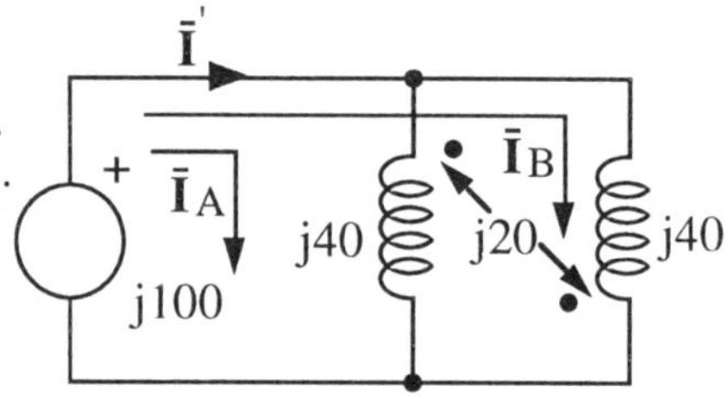

Figura 2

Resolviendo el sistema:

$$\begin{bmatrix} j40 & -j20 \\ -j20 & j40 \end{bmatrix} \begin{bmatrix} \overline{\mathbf{I}}_A \\ \overline{\mathbf{I}}_B \end{bmatrix} = \begin{bmatrix} j100 \\ j100 \end{bmatrix}.$$

$$\overline{\mathbf{I}}_A = 5 \text{ A.} \quad \text{e} \quad \overline{\mathbf{I}}_B = 5 \text{ A.}$$

Luego el amperímetro marca 10 A.

<u>Respuesta E</u>

ITEM 4.5

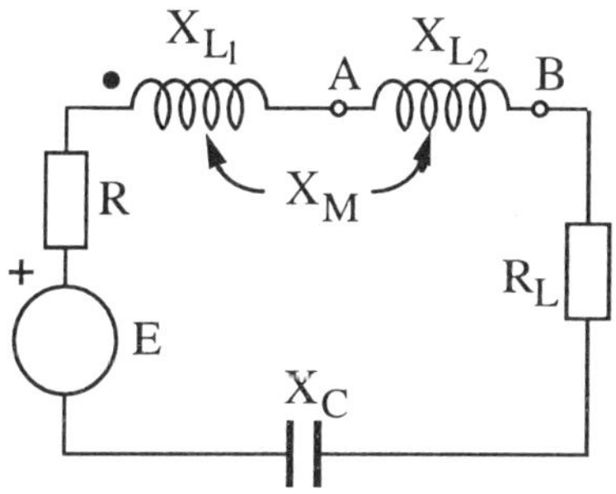

En el circuito de la figura, se verifica: $\overline{\mathbf{X}}_{L_1} + \overline{\mathbf{X}}_C = 0$. Para que se factor de potencia sea la unidad, ha de cumplirse:

A. $M = \frac{L_2}{2}$; el punto de la bobina 2 estará en A.
B. $M = \frac{L_2}{2}$; el punto de la bobina 2 estará en B.
C. $M = \frac{1}{\sqrt{2}}$; el punto de la bobina 2 estará en A.
D. $M = \frac{1}{\sqrt{2}}$; el punto de la bobina 2 estará en B.
E. Indeterminado.
F. Todas las respuestas son falsas.

SOLUCIÓN 4.5

La impedancia del circuito, es:

$$\overline{\mathbf{Z}}_e = R + R_L + j\left(X_{L_1} + X_{L_2} \pm 2X_M + X_C\right).$$

Para que el factor de potencia sea uno, la parte imaginaria ha de ser nula, entonces: $\overline{\mathbf{X}}_{L_2} \pm 2\overline{\mathbf{X}}_M = 0$. Solo es posible la solución $\overline{\mathbf{X}}_{L_2} = 2\overline{\mathbf{X}}_M$.

Por tanto, el punto de la bobina 2 estará en B.

Además:

$$L_2 = 2M \quad => \quad M = \frac{L_2}{2}.$$

Respuesta B

ITEM 4.6

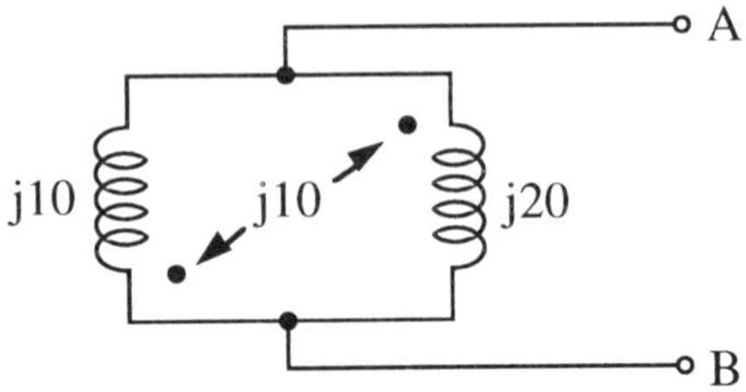

La impedancia equivalente -expresada en forma compleja- entre los terminales A-B, tiene el valor:

A. j5.
B. j2.
C. j10/3.
D. j20/3.
E. j50/3.
F. Diferente.

SOLUCIÓN 4.6

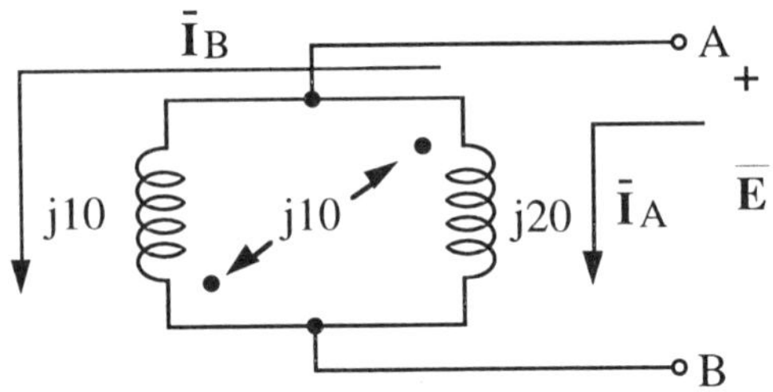

$$\begin{bmatrix} j20 & -j10 \\ -j10 & j10 \end{bmatrix} \begin{bmatrix} \bar{\mathbf{I}}_A \\ \bar{\mathbf{I}}_B \end{bmatrix} = \begin{bmatrix} \bar{\mathbf{E}} \\ \bar{\mathbf{E}} \end{bmatrix}.$$

$$\bar{\mathbf{I}}_A = \frac{\begin{vmatrix} \bar{\mathbf{E}} & -j10 \\ \bar{\mathbf{E}} & j10 \end{vmatrix}}{-100} = \frac{j2\bar{\mathbf{E}}}{-10}; \quad \bar{\mathbf{I}}_B = \frac{\begin{vmatrix} j20 & \bar{\mathbf{E}} \\ -j10 & \bar{\mathbf{E}} \end{vmatrix}}{-100} = \frac{j3\bar{\mathbf{E}}}{-10}.$$

$$\bar{\mathbf{Z}}_{AB} = \frac{\bar{\mathbf{E}}}{\bar{\mathbf{I}}_A + \bar{\mathbf{I}}_B} = \frac{-10}{j5} = j2.$$

<u>Respuesta B</u>

ITEM 4.7-8

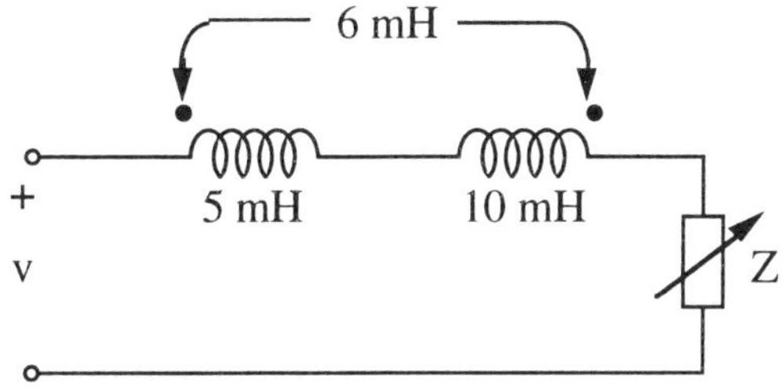

4.7. En el circuito de la figura, se verifica: $0 < Z < 100$. Aplicamos la tensión: $v = \sqrt{2}E\ \text{sen}1000t$. Z es una resistencia óhmica pura; para que el factor de potencia del circuito sea la unidad, Z ha de tener el valor:

A. 9 Ω.
B. 6 Ω.
C. 3 Ω.
D. Indeterminado.
E. Imposible.
F. Diferente.

4.8. Igual circuito y fuente que el ítem 4.7. Z es una impedancia de argumento -30°; para que el factor de potencia del circuito sea de 0,5 (i), Z ha de tener el valor:

A. 3 Ω.
B. 1,5 Ω.
C. $\dfrac{6}{1+\sqrt{3}}$ Ω.
D. Indeterminado.
E. Imposible.
F. Diferente.

SOLUCIÓN 4.7

$\overline{\mathbf{Z}}_{eq} = j\omega(5 + 10 - 12) + R = R + j\omega 3$ => Imposible, ya que no podemos anular la parte imaginaria de la impedancia equivalente.

<u>Respuesta E</u>

SOLUCIÓN 4.8

$$\overline{\mathbf{Z}}'_{eq} = Z\underline{/-30^\circ} + j3 = Z'\underline{/60^\circ} \quad \Rightarrow \quad \overline{\mathbf{Z}}'_{eq} = Z\left(\frac{\sqrt{3}}{2} - \frac{j}{2}\right) + j3 = \frac{Z\sqrt{3}}{2} + j\left(3 - \frac{Z}{2}\right).$$

Por tanto: $\text{tg } 60^\circ = \sqrt{3} = \dfrac{3 - Z/2}{Z\sqrt{3}/2}$. Operando: $Z = 1{,}5\ \Omega$.

<u>Respuesta B</u>

ITEM 4.9

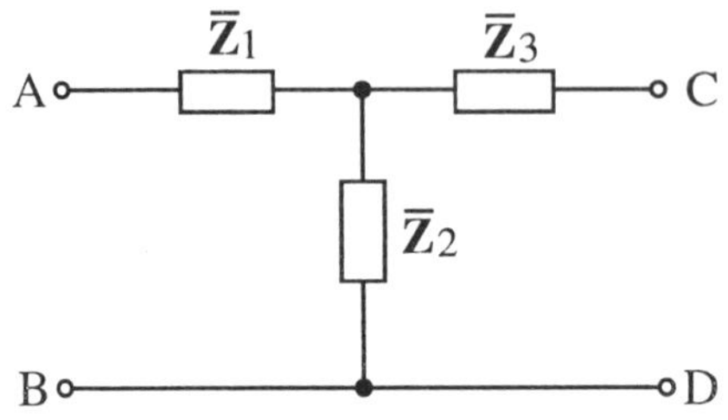

Figura 1

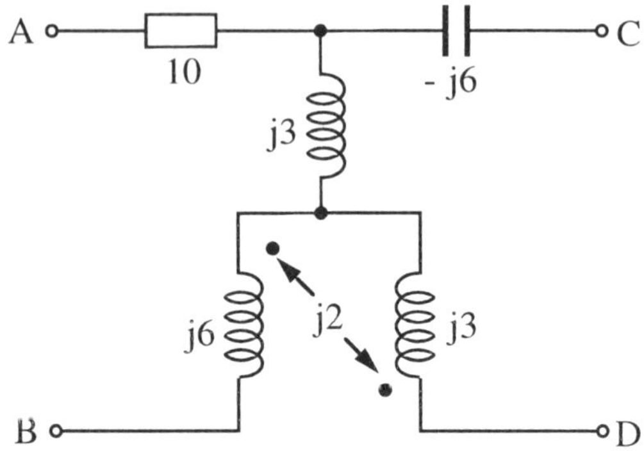

Figura 2

Para que los circuitos de las figuras 1 y 2 sean equivalentes, ha de verificarse:

A. $\overline{Z}_1 = 10 + j9$; $\overline{Z}_2 = j$; $\overline{Z}_3 = 0$.
B. $\overline{Z}_1 = 10$; $\overline{Z}_2 = j5$; $\overline{Z}_3 = -j6$.
C. $\overline{Z}_1 = 10 + j8$; $\overline{Z}_2 = j$; $\overline{Z}_3 = -j$.
D. $\overline{Z}_1 = 10 - j5$; $\overline{Z}_2 = j5$; $\overline{Z}_3 = -j11$.
E. No pueden ser equivalentes.
F. Condiciones diferentes.

SOLUCIÓN 4.9

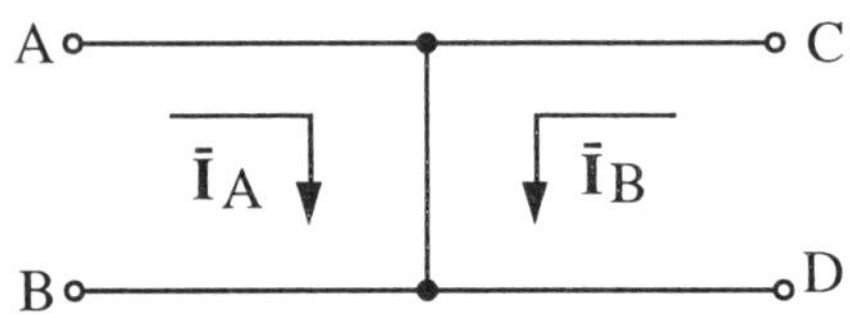

Tomando las intensidades reflejadas en el grafo, e identificando las matrices de impedancia, obtenemos:

$$\begin{bmatrix} 10 + j9 & j \\ j & 0 \end{bmatrix} = \begin{bmatrix} \overline{Z}_1 + \overline{Z}_2 & \overline{Z}_2 \\ \overline{Z}_2 & \overline{Z}_2 + \overline{Z}_3 \end{bmatrix}$$

Identificando términos:

$$\overline{Z}_2 = j; \quad \overline{Z}_1 = 10 + j8; \quad \overline{Z}_3 = -j.$$

<u>Respuesta C</u>

ITEM 4.10-11

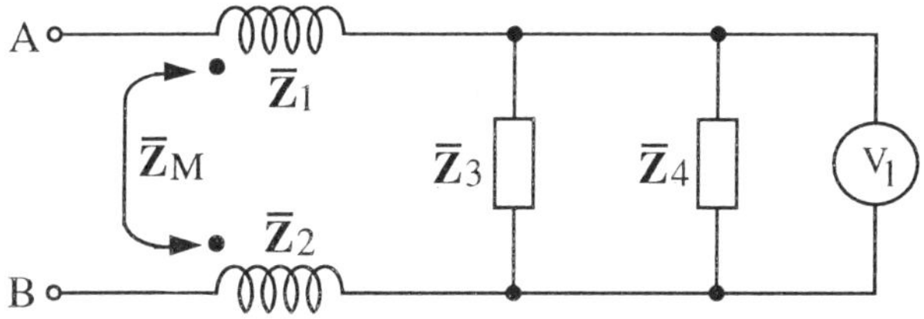

4.10. Sea el circuito de la figura. Se verifica:
$Z_1 = Z_2 = Z_3 = Z_4 = 2Z_M$; $\overline{\mathbf{Z}}_1$ y $\overline{\mathbf{Z}}_2$ son dos bobinas ideales; $\overline{\mathbf{Z}}_3$ y $\overline{\mathbf{Z}}_4$ son dos impedancias de factor de potencia 0,5, la primera inductiva y la segunda capacitiva. El factor de potencia de la red, tiene el valor:

A. Unidad.
B. $\frac{\sqrt{2}}{2}$ (i).
C. Nulo.
D. 0,5 (i).
E. Indeterminado.
F. Diferente.

4.11. Igual enunciado que el ítem 4.10. Sea V_1 la lectura del voltímetro; la tensión V_{AB}, tiene el valor:

A. $\sqrt{2}V_1$.
B. $3V_1$.
C. V_1.
D. Cero.
E. Indeterminado.
F. Diferente.

SOLUCIÓN 4.10

La impedancia equivalente de $\overline{\mathbf{Z}}_3$ y $\overline{\mathbf{Z}}_4$, vale:

$$\overline{\mathbf{Z}}_{3-4} = \frac{2Z_{M\underline{/60^\circ}} \cdot 2Z_{M\underline{/-60^\circ}}}{2Z_{M\underline{/60^\circ}} + 2Z_{M\underline{/-60^\circ}}} = 2Z_M.$$

La impedancia equivalente entre A y B, será:

$$\overline{\mathbf{Z}}_{AB} = j2Z_M - jZ_M + 2Z_M + j2Z_M - jZ_M = 2Z_M + j2Z_M. \quad \cos\varphi = \frac{\sqrt{2}}{2} \text{ (i)}.$$

<u>Respuesta B</u>

SOLUCIÓN 4.11

La lectura del voltímetro, será: $V_1 = 2IZ_M$, siendo I la intensidad total del circuito. El módulo de la tensión V_{AB}, es: $V_{AB} = IZ_{AB} = 2Z_M\sqrt{2}I = \sqrt{2}\ V_1$.

<u>Respuesta A</u>

ITEM 4.12-13

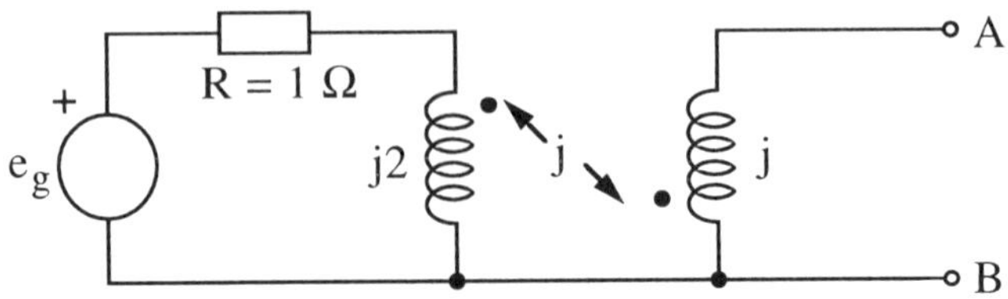

4.12. El circuito de la figura se encuentra en régimen permanente.

$$e_g = 100\sqrt{2}\ \text{sen}(100t + 90°).$$

La impedancia que tendremos que colocar entre los terminales A-B, para que la transferencia de potencia sea la máxima, tiene el valor:

A. $\sqrt{2}$.
B. $\sqrt{2}\underline{/45°}$.
C. $\sqrt{2}\underline{/-45°}$.
D. $1\underline{/45°}$.
E. $1\underline{/-45°}$.
F. Diferente.

4.13. Igual enunciado que el ítem 4.12. El valor máximo que puede tomar el coeficiente de inducción mútua, es:

A. $10\sqrt{2}$ mH.
B. $\sqrt{2}$ mH.
C. 10 mH.
D. 1 mH.
E. No puede determinarse.
F. Diferente.

SOLUCIÓN 4.12

Aplicando la definición de impedancia de entrada, tenemos:

$$\begin{bmatrix} 1+j2 & -j \\ -j & j \end{bmatrix} \begin{bmatrix} \bar{I}_A \\ \bar{I}_B \end{bmatrix} = \begin{bmatrix} \bar{E} \\ 0 \end{bmatrix}$$

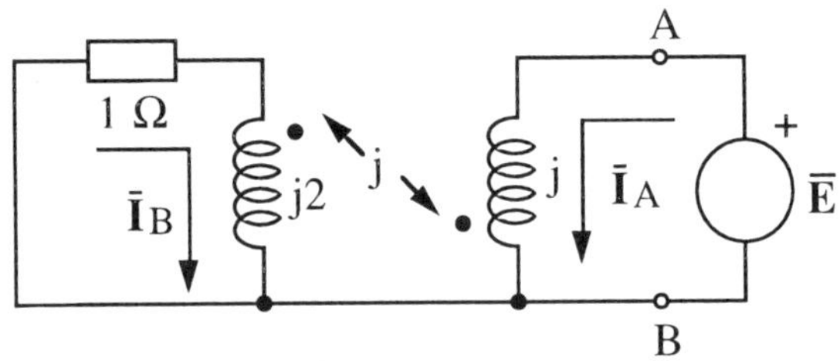

$$\bar{Z}_{AB} = \frac{\bar{E}}{\bar{I}_A}\ ; \text{ es decir: } \quad \bar{Z}_{AB} = \frac{\Delta_Z}{\Delta_{11}} = \frac{j-1}{j} = 1 + j.$$

Para que la potencia transferida sea máxima, la impedancia que hay que conectar, será: $\bar{Z}^*_{AB} = 1 - j$.

<u>Respuesta C</u>

SOLUCIÓN 4.13

El coeficiente de inducción mútua, vale:

$$M = K\sqrt{L_1 L_2}$$

Multiplicando ambos miembros por la pulsación:

$$M\omega = K\sqrt{L_1 L_2 \omega^2} \quad => \quad X_M = K\sqrt{X_{L_1} X_{L_2}}\,.$$

El máximo valor que toma X_M, es cuando el coeficiente de acoplamiento vale la unidad; es decir:

$$X_M(\text{máximo}) = \sqrt{2}\,.$$

Por tanto:

$$M = \frac{\sqrt{2}}{\omega} = \frac{\sqrt{2}}{100}\ H = 10\sqrt{2}\ mH.$$

Respuesta A

ITEM 4.14-15

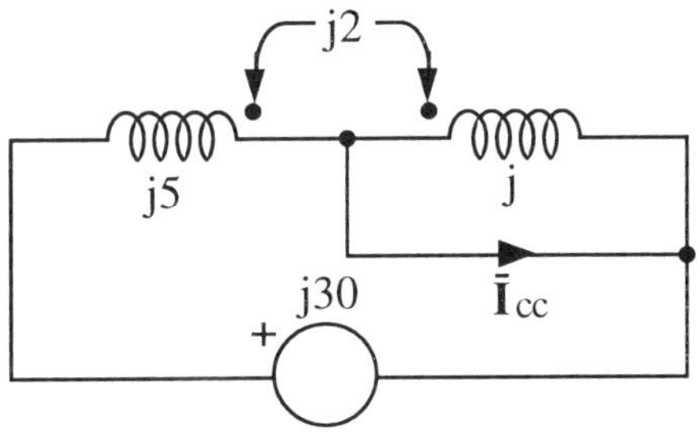

4.14. Sea la red de la figura. La intensidad de cortocircuito $\bar{I}_{cc}$, tiene el valor:

A. - j10.
B. j20.
C. - 30.
D. 30.
E. 60.
F. Diferente.

4.15. Igual enunciado que el ítem 4.14. El coeficiente de acoplamiento, tiene el valor:

A. $\sqrt{5}$.
B. j2.
C. 2.
D. $0{,}4\sqrt{5}$.
E. Indeterminado.
F. Diferente.

SOLUCIÓN 4.14

Aplicando la regla de puntos:

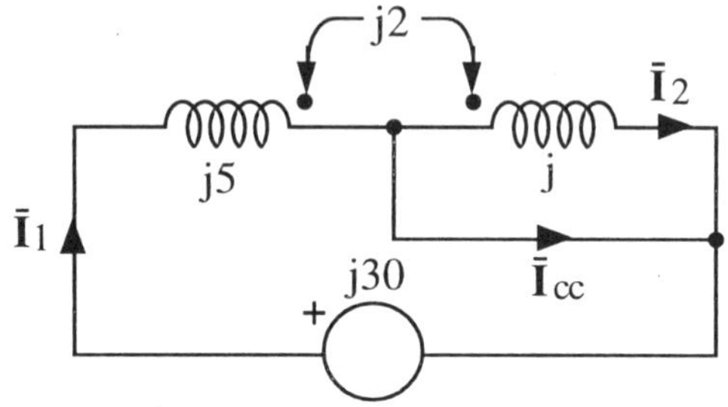

$$\left.\begin{aligned} j30 &= j5\bar{\mathbf{I}}_1 - j2\bar{\mathbf{I}}_2 \\ 0 &= -j2\bar{\mathbf{I}}_1 + j\bar{\mathbf{I}}_2 \end{aligned}\right\} \bar{\mathbf{I}}_2 = 2\bar{\mathbf{I}}_1.$$

Luego: $\bar{\mathbf{I}}_1 = \dfrac{j30}{j} = 30; \quad \bar{\mathbf{I}}_2 = 60. \quad \Rightarrow \quad \bar{\mathbf{I}}_{cc} = \bar{\mathbf{I}}_1 - \bar{\mathbf{I}}_2 = -30.$

Respuesta C

SOLUCIÓN 4.15

Por definición de coeficiente de acoplamiento:

$$K = \frac{M}{\sqrt{L_1 L_2}}.$$

Por tanto:

$$K = \frac{M\omega}{\sqrt{\omega^2 L_1 L_2}} = \frac{X_M}{\sqrt{X_{L_1} X_{L_2}}} = \frac{2}{\sqrt{5}} = 0{,}4\ \sqrt{5}.$$

Respuesta D

ITEM 4.16-17

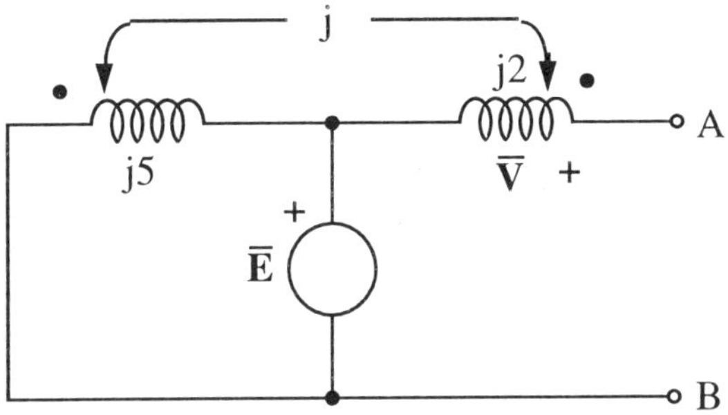

4.16. La impedancia de entrada entre los terminales A y B del circuito de la figura, tiene el valor:

A. j2.
B. j1,8.
C. j7.
D. j9.
E. Indeterminado.
F. Diferente.

4.17. Igual circuito que el ítem 4.16. La tensión $\overline{\mathbf{V}}$, tiene el valor:

A. $\overline{\mathbf{E}}$.
B. $\overline{\mathbf{E}}$ /9.
C. 4$\overline{\mathbf{E}}$ /9.
D. - $\overline{\mathbf{E}}$ /5.
E. Cero.
F. Diferente.

SOLUCIÓN 4.16

Aplicando la definición de impedancia de entrada:

$$\overline{\mathbf{Z}}_{AB} = \frac{\overline{\mathbf{V}}'}{\overline{\mathbf{I}}_A}$$

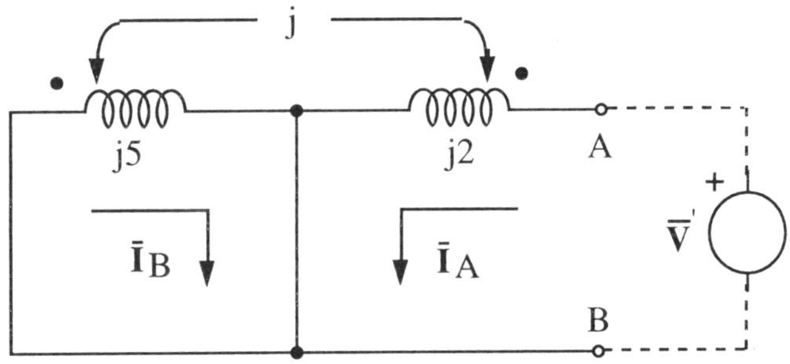

Aplicando el método de intensidades de malla:

$$\begin{bmatrix} j2 & j \\ j & j5 \end{bmatrix} \begin{bmatrix} \overline{\mathbf{I}}_A \\ \overline{\mathbf{I}}_B \end{bmatrix} = \begin{bmatrix} \overline{\mathbf{V}}' \\ 0 \end{bmatrix}$$

Por tanto:

$$\overline{\mathbf{Z}}_{AB} = \frac{\Delta_Z}{\Delta_{11}} = \frac{-10+1}{j5} = j1{,}8.$$

Respuesta B

SOLUCIÓN 4.17

En el circuito de la figura:

$$\overline{\mathbf{I}} = \frac{\overline{\mathbf{E}}}{j5}.$$

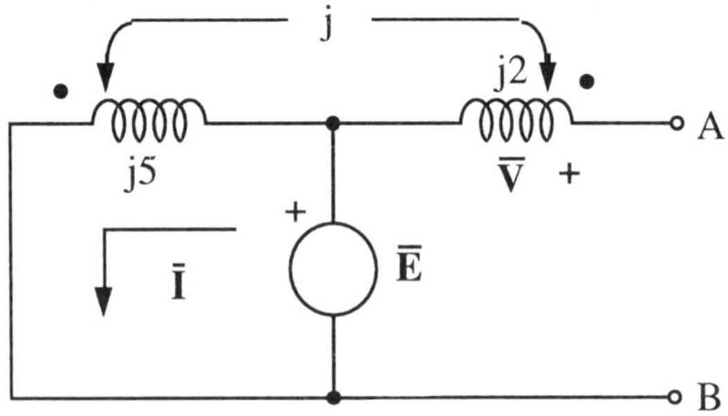

Luego la tensión $\overline{\mathbf{V}}$, tiene el valor:

$$\overline{\mathbf{V}} = -\,j\,\overline{\mathbf{I}} = -\,\overline{\mathbf{E}}\,/5.$$

Respuesta D

ITEM 4.18-20

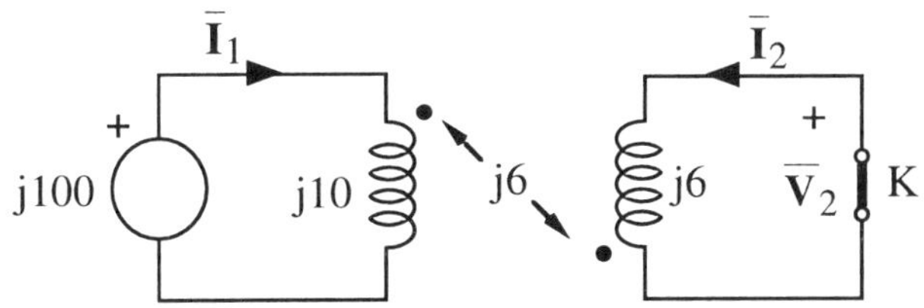

4.18. Sea el circuito acoplado de la figura. Estando K cerrado, el valor de la intensidad $\bar{\mathbf{I}}_2$, es:

A. Cero.
B. - 25.
C. 25.
D. -10.
E. 10.
F. Diferente.

4.19. Igual enunciado que el ítem 4.18. Estando K cerrado, la impedancia de entrada del circuito de la figura, tiene el valor:

A. j10.
B. j16.
C. j15/4.
D. j/4.
E. j4.
F. Diferente.

4.20. Igual circuito que el ítem 4.18. Abrimos el interruptor K. Una vez establecido el régimen permanente, la tensión $\bar{\mathbf{V}}_2$, tiene el valor:

A. Cero.
B. j100.
C. - j60.
D. 100.
E. Indeterminado.
F. Diferente.

SOLUCIÓN 4.18

De acuerdo con la polaridad de las bobinas, tenemos:

$$j100 = j10\ \bar{\mathbf{I}}_1 - j6\ \bar{\mathbf{I}}_2;$$

$$0 = j6\ \bar{\mathbf{I}}_2\ - j6\ \bar{\mathbf{I}}_1$$

Operando, se obtiene:

$$\bar{\mathbf{I}}_1 = 25; \qquad \bar{\mathbf{I}}_2 = \bar{\mathbf{I}}_1 = 25.$$

Respuesta C

SOLUCIÓN 4.19

Por definición de impedancia de entrada:

$$\overline{\mathbf{Z}}_e = j100 \ / \ \overline{\mathbf{I}}_1 = j4.$$

Respuesta E

SOLUCIÓN 4.20

El funcionamiento del circuito está definido por las ecuaciones:

$$\overline{\mathbf{V}}_2 = j6\overline{\mathbf{I}}_2 - j6\overline{\mathbf{I}}_1.$$

Pero:

$$\overline{\mathbf{I}}_2 = 0 \quad => \quad \overline{\mathbf{I}}_1 = j100 \ / \ j10 = 10.$$

Luego: $\overline{\mathbf{V}}_2 = - j60.$

Respuesta C

ITEM 4.21

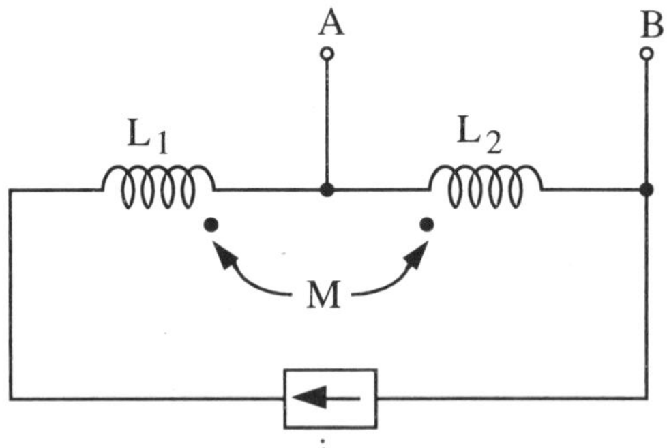

En el circuito de la figura, se verifica:

$i_g = 10\sqrt{2}$ sen($100t + 90°$) A; $L_1 = 50$ mH; $L_2 = 10$ mH y $M = 20$ mH.

La intensidad de cortocircuito entre los terminales A y B, tiene el valor:

A. - j10.
B. - j10$\sqrt{2}$.
C. - j30.
D. Cero.
E. j10.
F. Diferente.

SOLUCIÓN 4.21

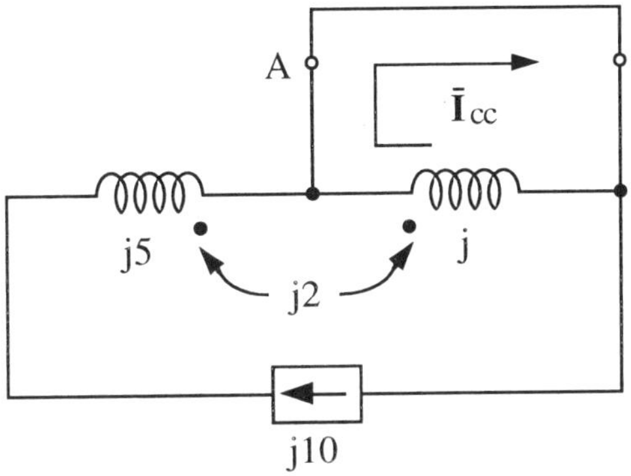

La tensión entre A y B, será:

$$\overline{\mathbf{V}}_{AB} = 0 = j(j10 - \overline{\mathbf{I}}_{cc}) - j2(j10). \quad => \quad - 10 - j\overline{\mathbf{I}}_{cc} + 20 = 0$$

Luego: $\overline{\mathbf{I}}_{cc} = - j10.$

<u>Respuesta A</u>

ITEM 4.22-23

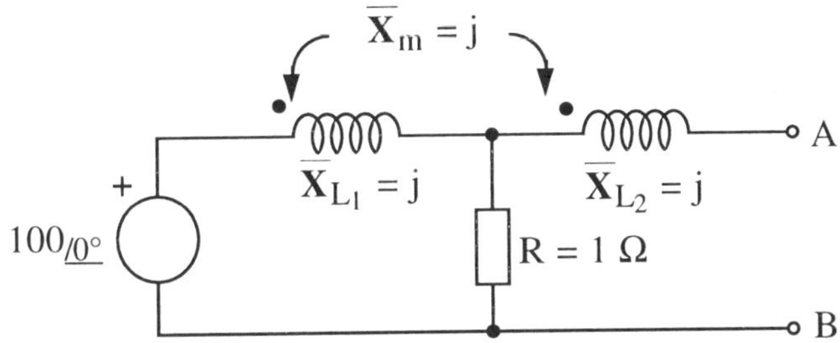

4.22. Sea el circuito de la figura. La tensión $\overline{\mathbf{V}}_{AB}$, tiene el valor:

A. - j100.
B. 100.
C. Cero.
D. $100\sqrt{2}\underline{/-45°}$.
E. $50\sqrt{2}\underline{/-45°}$.
F. Diferente.

4.23. Igual enunciado que el ítem 4.22. La impedancia $\overline{\mathbf{Z}}_{AB}$, tiene el valor:

A. Cero.
B. 0,5 + j1,5.
C. 0,25 + j0,25.
D. 2 + j 2.
E. 2 - j 2.
F. Diferente.

SOLUCIÓN 4.22

La intensidad, será:

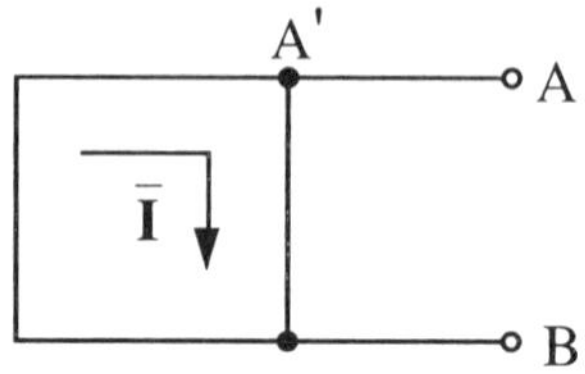

$$\overline{\mathbf{I}} = \frac{100_{/0^\circ}}{1 + j} = 50\sqrt{2}_{/-45^\circ}.$$

Por tanto:

$$\overline{\mathbf{V}}_{AB} = \overline{\mathbf{V}}_{AA'} + \overline{\mathbf{I}} \quad => \quad \overline{\mathbf{V}}_{AB} = - j\ \overline{\mathbf{I}} + \overline{\mathbf{I}} = - j100.$$

Respuesta A

SOLUCIÓN 4.23

Aplicando la definición de impedancia de entrada entre dos terminales, al circuito de la figura, se obtiene:

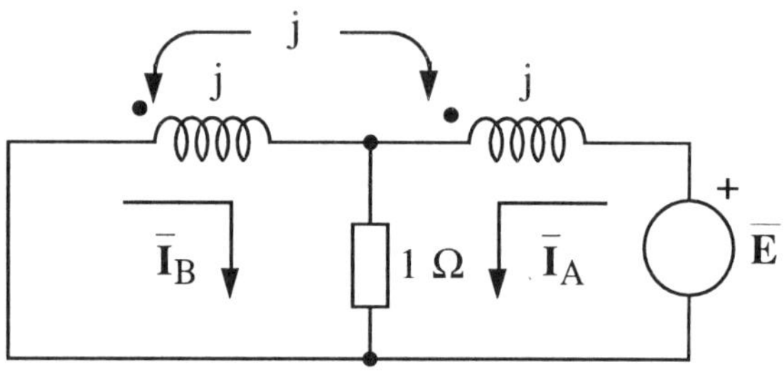

$$\begin{bmatrix} 1+j & 1-j \\ 1-j & 1+j \end{bmatrix} \begin{bmatrix} \overline{\mathbf{I}}_A \\ \overline{\mathbf{I}}_B \end{bmatrix} = \begin{bmatrix} \overline{\mathbf{E}} \\ 0 \end{bmatrix}.$$

Luego: $\overline{\mathbf{Z}}_{AB} = \dfrac{\overline{\mathbf{E}}}{\overline{\mathbf{I}}_A} = \dfrac{\Delta_Z}{\Delta_{11}} \quad => \quad \overline{\mathbf{Z}}_{AB} = \dfrac{j2 + j2}{\sqrt{2}_{/45^\circ}} = 2 + j2.$

Respuesta D

ITEM 4.24-26

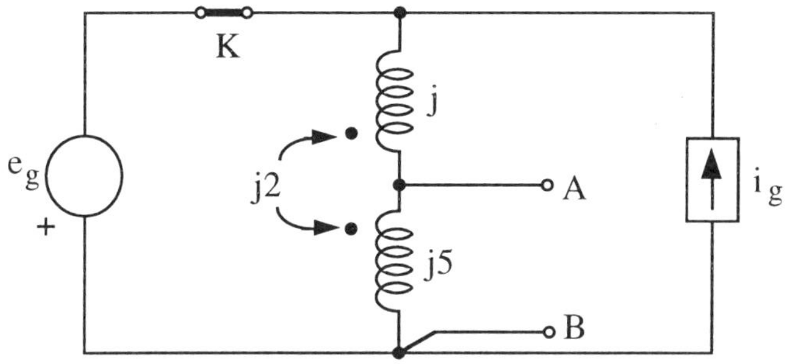

4.24. En el circuito de la figura, se verifica:

$$i_g = 10\sqrt{2}\ \text{sen}(100t + 90°);\quad e_g = 20\sqrt{2}\ \text{sen}(100t - 90°).$$

La tensión $\overline{V}_{AB}$, estando el interruptor K cerrado, tiene el valor:

A. 50 + j50.
B. j15.
C. j25.
D. j30.
E. j70.
F. Diferente.

4.25. Igual circuito que el ítem 4.24. Abrimos el interruptor K; La intensidad de cortocircuito entre los terminales A y B, en estas nuevas condiciones, tiene el valor:

A. j16.
B. j14.
C. j10.
D. j6.
E. j4.
F. Diferente.

4.26. Igual circuito que el ítem 4.24. El coeficiente de inducción mutua, tiene el valor:

A. Indeterminado.
B. $\sqrt{5}$ H.
C. 2 H.
D. $\frac{2}{\sqrt{5}}$ H.
E. $\frac{1}{50}$ H.
F. Diferente.

SOLUCIÓN 4.24

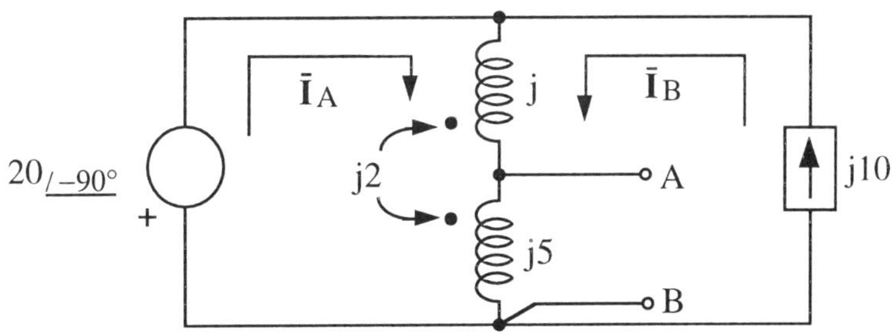

Se verifica: $\bar{\mathbf{I}}_B = j10.$

$$j20 = (\bar{\mathbf{I}}_A + j10)(j + j5 - j4).$$

De donde: $\bar{\mathbf{I}}_A = 10\sqrt{2}_{\underline{/-45^\circ}} = 10 - j10.$

Por lo que: $\bar{\mathbf{V}}_{AB} = (\bar{\mathbf{I}}_A + \bar{\mathbf{I}}_B)(j5 - j2) = j30.$

Respuesta D

SOLUCIÓN 4.25

La red queda tal como se indica en la figura:

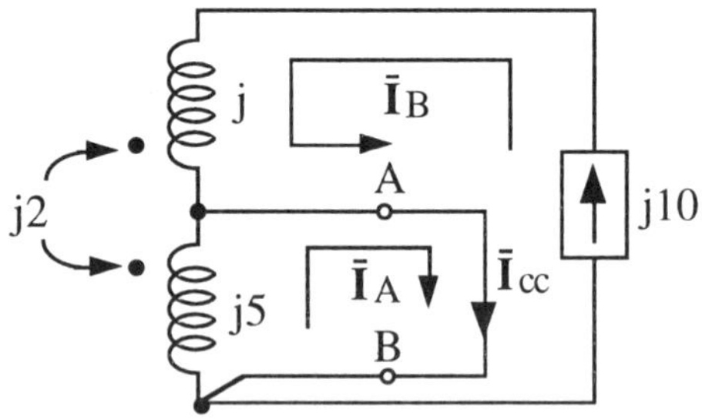

Evidentemente: $\bar{\mathbf{I}}_{cc} = \bar{\mathbf{I}}_A + \bar{\mathbf{I}}_B$; siendo $\bar{\mathbf{I}}_B = j10.$

De otro lado, en estas condiciones, la tensión $\bar{\mathbf{V}}_{AB}$ es nula; por tanto:

$$\bar{\mathbf{V}}_{AB} = 0 = -j5\bar{\mathbf{I}}_A + j2\bar{\mathbf{I}}_B \quad => \quad -j5\bar{\mathbf{I}}_A - 20 = 0 \quad => \quad \bar{\mathbf{I}}_A = j4.$$

Respuesta B

SOLUCIÓN 4.26

El coeficiente de inducción mutua, se define como: $M = \frac{X_M}{\omega}$; siendo X_M la reactancia de inducción mutua y ω la pulsación => $M = \frac{2}{100} = 0{,}02$ H.

Respuesta E

ITEM 4.27-28

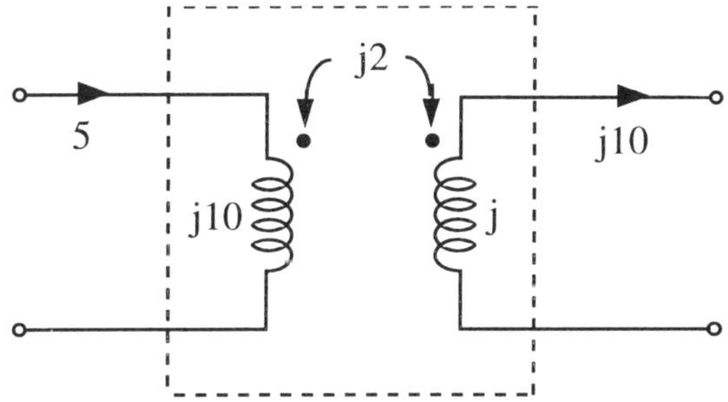

4.27. La potencia aparente compleja consumida por el circuito encerrado en un rectángulo, tiene el valor:

A. 200 + j150.
B. j150.
C. j200.
D. j350.
E. j450.
F. Diferente.

4.28. Igual enunciado que el ítem 4.27. El coeficiente de inducción mútua del circuito, tiene el valor:

A. $\sqrt{10}$.
B. j2.
C. 2.
D. $\frac{2}{\sqrt{10}}$.
E. Indeterminado.
F. Diferente.

SOLUCIÓN 4.27

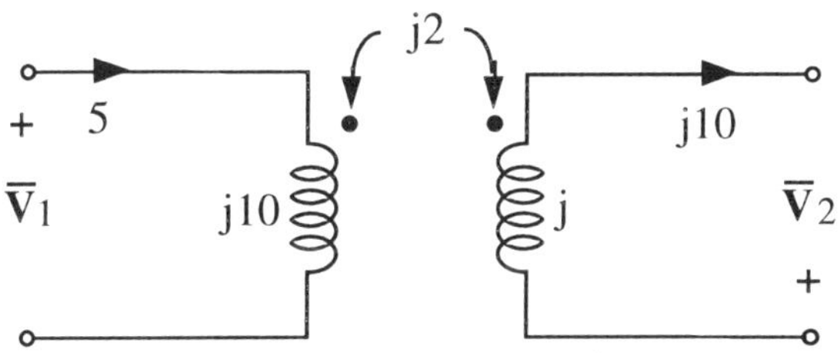

$$\overline{V}_1 = j50 - j10 \cdot j2 = 20 + j50$$

$$\overline{V}_2 = j \,.\, j10 - 5 \cdot j2 = -10 - j10$$

Como:

$$\overline{S} = \overline{V}_1 \cdot 5 + \overline{V}_2 \cdot (j10)^* \quad => \quad \overline{S} = 100 + j250 + j100 - 100 = j350.$$

Respuesta D

SOLUCIÓN 4.28

Por definición: $M = K\sqrt{L_1 L_2}$. Al desconocer la pulsación, no se puede determinar.

Respuesta E

ITEM 4.29

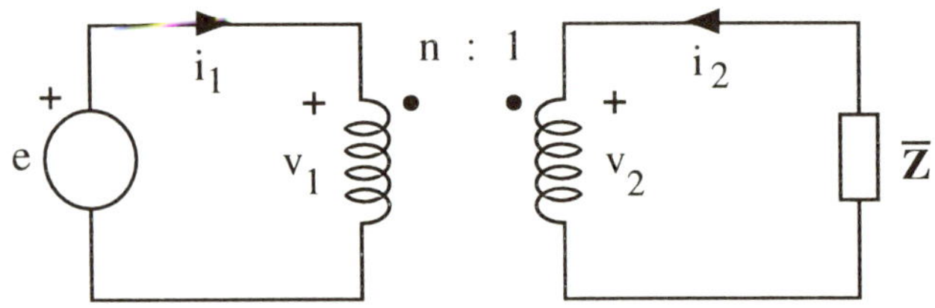

En el circuito de la figura, el transformador es ideal de relación n = 2.
La impedancia de transferencia entrada-salida, tiene el valor:

A. $0{,}25\overline{\mathbf{Z}}$.
B. $0{,}5\overline{\mathbf{Z}}$.
C. $\overline{\mathbf{Z}}$.
D. $2\overline{\mathbf{Z}}$.
E. $4\overline{\mathbf{Z}}$.
F. Diferente.

SOLUCIÓN 4.29

Al ser el transformador ideal de relación n : 1.

Se verifica:

$$v_2 = \frac{v_1}{n} = \frac{e}{2}.$$

Por otro lado $v_2 = - i_2 \overline{\mathbf{Z}}$.

Por definición de impedancia de transferencia, será:

$$z_{12} = \frac{v_1}{-\ i_2} = \frac{e}{v_2 / \overline{\mathbf{Z}}} = 2\overline{\mathbf{Z}}.$$

Respuesta D

ITEM 4.30

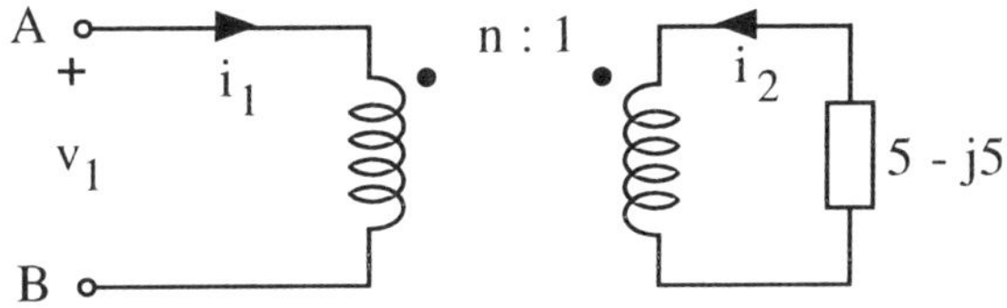

En el transformador ideal de la figura n = 2. La impedancia de entrada entre los terminales A y B, tiene el valor:

A. 20 + j20.
B. 20 - j20.
C. 1,25 + j1,25.
D. 1,25 - j1,25.
E. Indeterminado.
F. Diferente.

SOLUCIÓN 4.30

Al ser un transformador ideal de relación 2 : 1.

$$v_1 = 2 v_2; \quad i_1 = - \frac{i_2}{2}.$$

$$z_{AB} = \frac{v_1}{i_1} = \frac{2v_2}{- i_2 / 2} = 4 \left(- \frac{v_2}{i_2} \right) = 20 - j20.$$

Respuesta B

ITEM 4.31

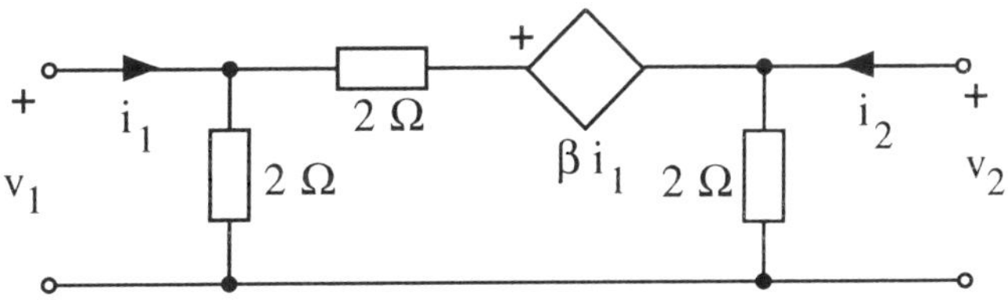

En el cuadripolo de la figura β = 3 Ω. El parámetro híbrido h_{21}, tiene el valor:

A. 0,25.
B. 0,5.
C. - 0,5.
D. 2.
E. 4.
F. Diferente.

SOLUCIÓN 4.31

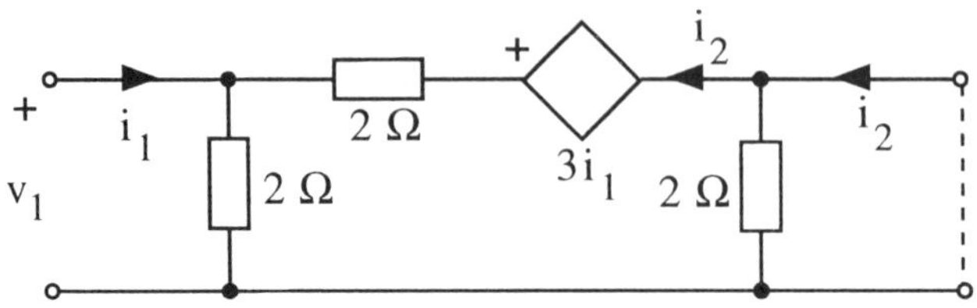

$$h_{21} = \left.\frac{i_2}{i_1}\right|_{v_2=0}$$

$$\left.\begin{aligned} v_1 &= -2i_2 + 3i_1 \\ v_1 &= 2(i_1 + i_2) \end{aligned}\right\}$$

$$2i_1 + 2i_2 = -2i_2 + 3i_1 \quad \Rightarrow \quad 4i_2 = i_1 \quad \Rightarrow \quad \frac{i_2}{i_1} = \frac{1}{4} = 0{,}25.$$

<u>Respuesta A</u>

ITEM 4.32

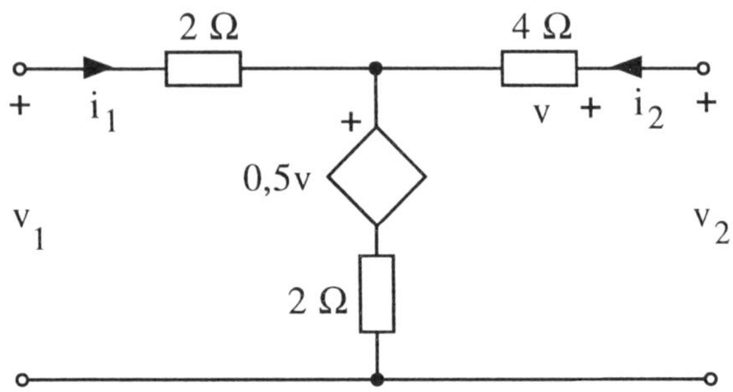

En el cuadripolo de la figura el parámetro h_{12}, tiene el valor:

A. Cero.
B. 0,4.
C. 0,5.
D. 2.
E. 4.
F. Diferente.

SOLUCIÓN 4.32

Por definición, el parámetro h_{12}, vale:

$$h_{12} = \frac{v_1}{v_2} \quad \text{con } i_1 = 0.$$

Pero:

$$v_1 = 0{,}5v + 2i_2.$$

$$v_2 = v + 0{,}5v + 2i_2 \quad \text{con } v = 4i_2.$$

Por tanto:

$$v_1 = v \;\; \text{y} \;\; v_2 = 2v. \quad \Rightarrow \quad h_{12} = 0{,}5.$$

<u>Respuesta C</u>

5.
CIRCUITOS POLIFÁSICOS

ITEM 5.1-2

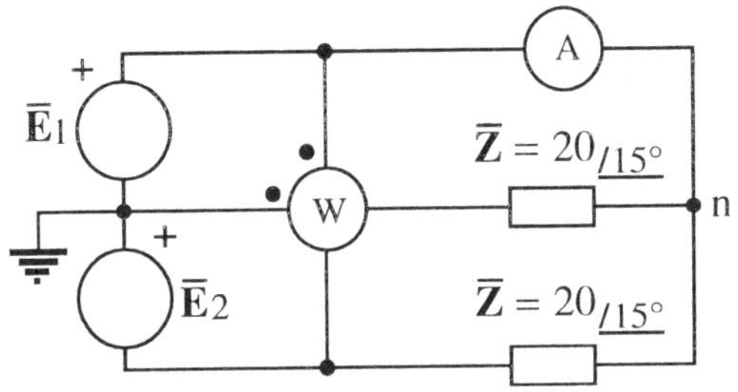

5.1. En la red de la figura, se verifica: $\overline{\mathbf{E}}_1 = 100$; $\overline{\mathbf{E}}_2 = 100_{/90°}$.
La lectura del amperímetro, tiene el valor:

A. Cero.
B. $5\sqrt{2}$ A.
C. 5 A.
D. 10 A.
E. $5\sqrt{5}$ A.
F. Diferente.

5.2. Igual enunciado que el ítem 5.1. La lectura del vatímetro, tiene el valor:

A. - $250\sqrt{2}$ W.
B. Cero.
C. $250\sqrt{2}$ W.
D. $250\sqrt{6}$ W.
E. $500\sqrt{2}$ W.
F. Diferente.

SOLUCIÓN 5.1

En la figura representamos de nuevo el circuito, asociándole con uno bifásico, de secuencia directa, y con la 1ª fase cortocircuitada.

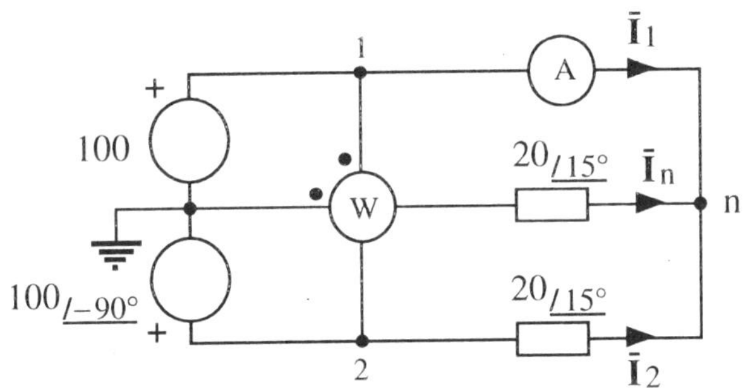

Se cumple: $\overline{\mathbf{V}}_{12} = 100\sqrt{2}_{/45°}$.

$$\text{Además: } \overline{\mathbf{I}}_2 = \frac{-\overline{\mathbf{V}}_{12}}{\overline{\mathbf{Z}}} = \frac{100\sqrt{2}_{/-135°}}{20_{/15°}} = 5\sqrt{2}_{/-150°}.$$

$$\overline{\mathbf{I}}_n = -\frac{\overline{\mathbf{E}}_1}{\overline{\mathbf{Z}}} = \frac{100_{\underline{/180°}}}{20_{\underline{/15°}}} = 5_{\underline{/165°}}.$$

Aplicando la 1ª ley de Kirchhoff:

$$-\overline{\mathbf{I}}_1 = \overline{\mathbf{I}}_2 + \overline{\mathbf{I}}_n = 5\sqrt{5}_{\underline{/11,57°}}.$$

Por tanto la lectura del amperímetro será: $5\sqrt{5}$ A.

Respuesta E

SOLUCIÓN 5.2

El vatímetro mide:

$$W = I_n V_{12} \cos(\overline{\mathbf{I}}_n, \overline{\mathbf{V}}_{12}) = 5 \cdot 100\sqrt{2} \cos 120° = -250\sqrt{2} \text{ W}.$$

Respuesta A

ITEM 5.3-5

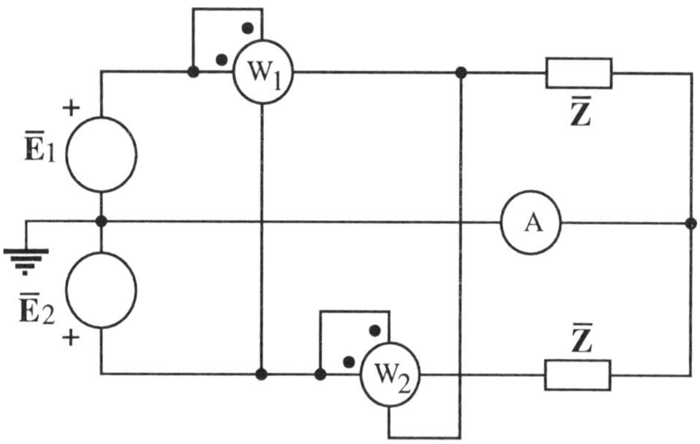

5.3. En la red de la figura, se verifica:

$$\overline{\mathbf{E}}_1 = 100;\ \overline{\mathbf{E}}_2 = 100_{\underline{/-90°}};\ W_1 = 0;\ W_2 = \sqrt{2} \text{ kW}.$$

La potencia reactiva consumida por la instalación, tiene el valor:

A. Indeterminado.

B. $\sqrt{6}$ kVAr (i).

C. $2\sqrt{2}$ kVAr (i).

D. $\frac{\sqrt{2}}{2}$ kVAr (i).

E. $\sqrt{2}$ kVAr (i).

F. Diferente.

5.4. Igual enunciado que el ítem 5.3. El valor de la impedancia $\overline{\mathbf{Z}}$, es:

A. $10\underline{/-45^\circ}$.
B. $10\sqrt{2}\underline{/45^\circ}$.
C. $10\underline{/45^\circ}$.
D. $10\sqrt{2}\underline{/-45^\circ}$.
E. Indeterminado.
F. Diferente.

5.5. Igual enunciado que el ítem 5.3. La lectura del amperímetro, tiene el valor:

A. 20 A.
B. 10 A.
C. $10\sqrt{2}$ A.
D. Cero.
E. Indeterminado.
F. Diferente.

SOLUCIÓN 5.3

$$W_1 = V_{12} I_1 \cos\left(\overline{\mathbf{V}}_{12}, \overline{\mathbf{I}}_1\right)$$

$$W_2 = V_{21} I_2 \cos\left(\overline{\mathbf{V}}_{21}, \overline{\mathbf{I}}_2\right)$$

$$W_1 = 0 \quad \Rightarrow \quad \cos\left(\overline{\mathbf{V}}_{12}, \overline{\mathbf{I}}_1\right) = 0 \quad \Rightarrow \quad \left(\overline{\mathbf{V}}_{12}, \overline{\mathbf{I}}_1\right) = 90^\circ \quad \Rightarrow \quad \varphi_1 = 45^\circ.$$

(Recuérdese que el ángulo formado por E_1 e I_1 no puede ser mayor de 90°)

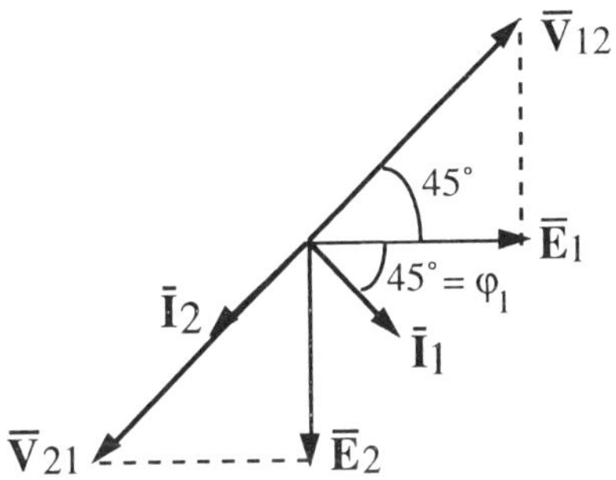

Por tanto: $\overline{\mathbf{I}}_1 = I_1\underline{/-45^\circ}$; $\overline{\mathbf{I}}_2 = I_2\underline{/-135^\circ}$; $I_1 = I_2 = I$; y $\left(\overline{\mathbf{V}}_{21}, \overline{\mathbf{I}}_2\right) = 0^\circ$.

$$W_2 = 1000\sqrt{2}\ \text{W}. \quad \Rightarrow \quad I_2 = I_1 = I = 10\ \text{A}.$$

$$Q = 2 \cdot 100 \cdot 10 \text{ sen } 45^\circ = 1000\sqrt{2}\ \text{VAr (i)} = \sqrt{2}\ \text{kVAr (i)}.$$

<u>Respuesta E</u>

SOLUCIÓN 5.4

Teniendo en cuenta los resultados del ítem anterior:

$$\bar{\mathbf{Z}} = \frac{\bar{\mathbf{E}}_1}{\bar{\mathbf{I}}_1} = \frac{100}{10_{\underline{/-45^\circ}}} = 10_{\underline{/45^\circ}}.$$

Respuesta C

SOLUCIÓN 5.5

$\bar{\mathbf{I}}_1 + \bar{\mathbf{I}}_2 = 10_{\underline{/-45^\circ}} + 10_{\underline{/-135^\circ}} = 10\sqrt{2}_{\underline{/-90^\circ}} \quad => \quad I_A = 10\sqrt{2}$ A.

Respuesta C

ITEM 5.6

En una red tetrafásica equilibrada y de secuencia inversa de fases, la tensión vale: $\bar{\mathbf{V}}_{ab} = 100\sqrt{2}_{\underline{/0^\circ}}$. La tensión $\bar{\mathbf{V}}_{cd}$, tiene el valor:

A. $100\sqrt{2}_{\underline{/-45}}$.
B. $100\sqrt{2}_{\underline{/45^\circ}}$.
C. $100\sqrt{2}_{\underline{/135^\circ}}$.
D. $-100\sqrt{2}$.
E. $100\sqrt{2}_{\underline{/225^\circ}}$.
F. Diferente.

SOLUCIÓN 5.6

De acuerdo con el diagrama fasorial:

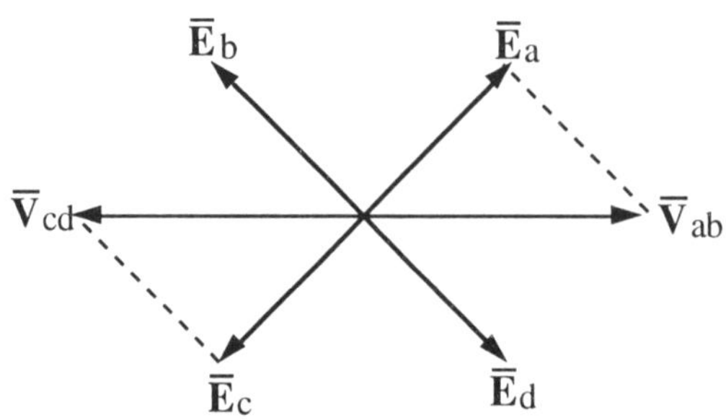

$$\overline{\mathbf{V}}_{cd} = \overline{\mathbf{E}}_c - \overline{\mathbf{E}}_d = 100\sqrt{2}\underline{/180°} = -100\sqrt{2}.$$

Respuesta D

ITEM 5.7-8

5.7. Sea un circuito hexafásico, equilibrado en tensiones y de secuencia directa de fases. La tensión $\overline{\mathbf{E}}_a = 300\underline{/-60°}$; la tensión $\overline{\mathbf{V}}_{af}$, tendrá el valor:

A. $300\underline{/-60°}$.
B. $300\underline{/-120°}$.
C. $300\sqrt{3}\underline{/-30°}$.
D. $300\sqrt{3}\underline{/-90°}$.
E. $300\sqrt{3}\underline{/30°}$.
F. Diferente.

4.8. Igual enunciado que el ítem 5.7, pero siendo el circuito de sucesión inversa de fases. La tensión $\overline{\mathbf{V}}_{af}$, tendrá el valor:

A. $300\underline{/120°}$.
B. $300\sqrt{3}\underline{/30°}$.
C. $300\underline{/30°}$.
D. $300\sqrt{3}\underline{/-30°}$.
E. $300\underline{/-60°}$.
F. Diferente.

SOLUCIÓN 5.7

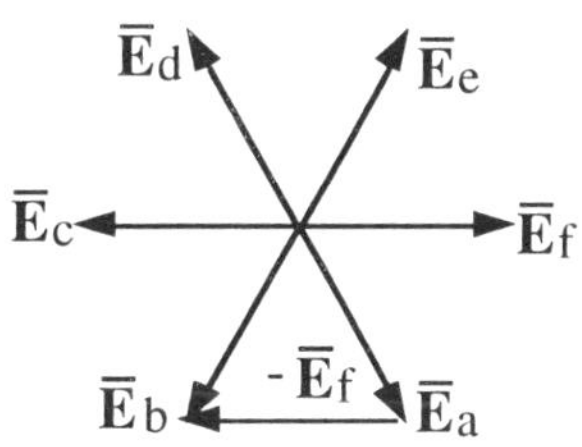

De acuerdo con el diagrama vectorial: $\overline{\mathbf{V}}_{af} = \overline{\mathbf{E}}_a - \overline{\mathbf{E}}_f = \overline{\mathbf{E}}_b = 300\underline{/-120°}$.

Respuesta B

SOLUCIÓN 5.8

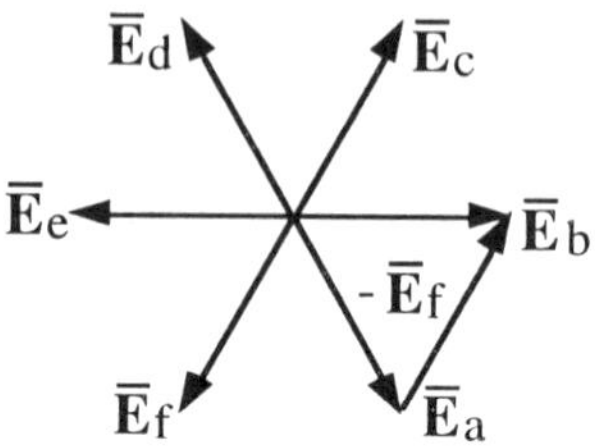

De acuerdo con el diagrama vectorial: $\overline{\mathbf{V}}_{af} = \overline{\mathbf{E}}_a - \overline{\mathbf{E}}_f = \overline{\mathbf{E}}_b = 300\underline{/0°}$.

Respuesta F

ITEM 5.9

Sea un sistema hexafásico equilibrado de secuencia inversa de fases. La tensión $\overline{\mathbf{V}}_{ac}$ tiene el valor $300\sqrt{3}\ \underline{/-30°}$. La forma fasorial de la tensión $\overline{\mathbf{V}}_{ef}$, será:

A. $300\sqrt{3}\underline{/120°}$.
B. $300\underline{/60°}$.
C. $300\sqrt{3}$.
D. $300\sqrt{3}\underline{/30°}$.
E. - 300.
F. Diferente.

SOLUCIÓN 5.9

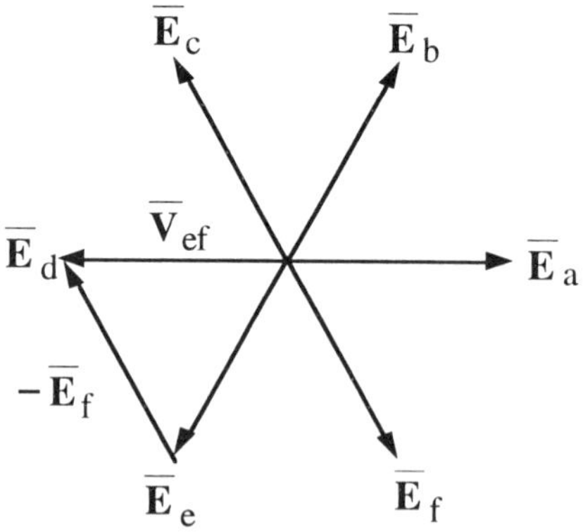

Si $\overline{\mathbf{V}}_{ac} = 300\underline{/-30°}$, el diagrama fasorial será el de la figura.

Por tanto: $\overline{\mathbf{V}}_{ef} = \overline{\mathbf{E}}_e - \overline{\mathbf{E}}_f = -300$.

Respuesta E

ITEM 5.10

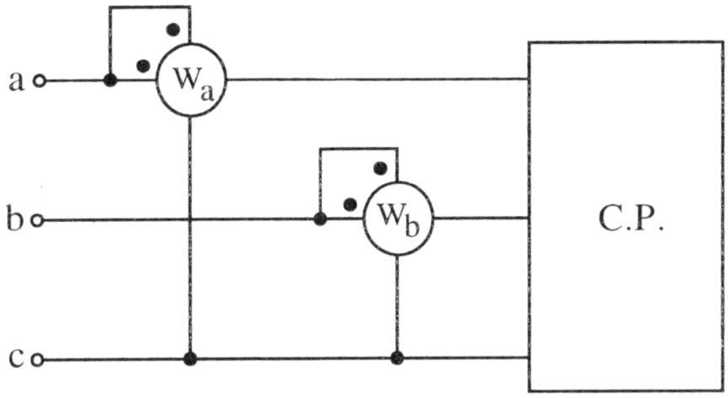

Sea el circuito de la figura, alimentado por un alternador equilibrado. C.P, es una red en estrella equilibrada de impedancia por fase $Z\underline{/30^\circ}$. A partir de las lecturas de los vatímetros, queremos determinar la secuencia de fases. Deducimos:

A. Si es de secuencia directa: $W_a = 3W_b$.
B. Si es de secuencia directa: $W_a = 2W_b$.
C. Si es de secuencia directa: $W_a = W_b / 2$.
D. Si es de secuencia inversa: $W_a = W_b$.
E. Si es de secuencia inversa: $W_a = 3W_b$.
F. Todas las respuestas son falsas.

SOLUCIÓN 5.10

Los diagramas fasoriales, serán:

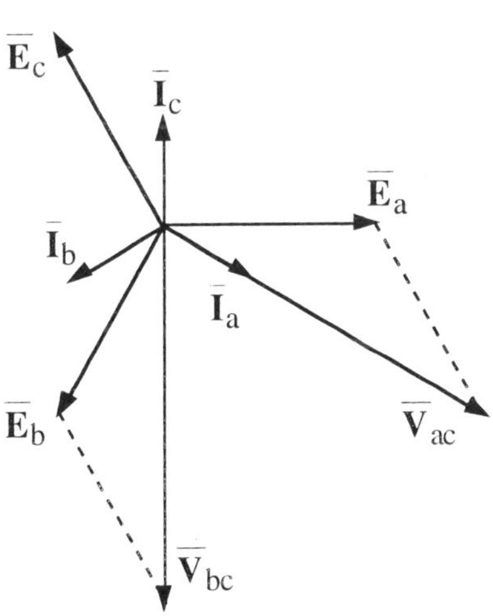

Sistema directo

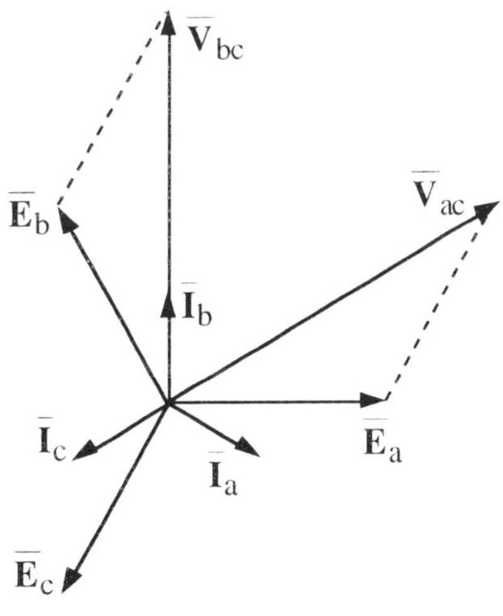

Sistema inverso

La intensidad de línea vendrá atrasada 30° respecto a las tensiones simples ya que la impedancia por fase de la estrella es $Z_{\underline{/30°}}$. Por tanto:

Sistema directo:

$W_a = V_L I \cos 0°$ y $W_b = V_L I \cos 60°$; es decir: $W_a = 2\ W_b$.

Sistema inverso:

$W_a = V_L I \cos 60°$ y $W_b = V_L I \cos 0°$; es decir: $W_b = 2\ W_a$.

Siendo V_L e I, la tensión e intensidad de línea respectivamente.

<u>Respuesta B</u>

ITEM 5.11-12

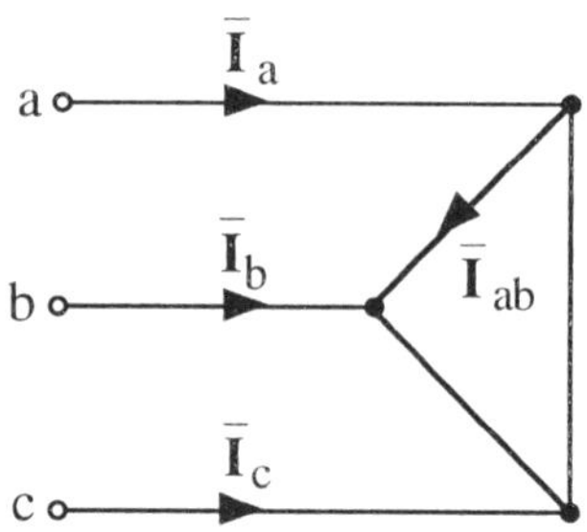

5.11. Sea una red trifásica equilibrada, con un receptor en triángulo, como se indica en la figura. Las intensidades de línea, tienen los valores siguientes:

$$\bar{\mathbf{I}}_b = 10_{\underline{/30°}}\ ;\quad \bar{\mathbf{I}}_c = 10_{\underline{/-90°}}.$$

Deducimos:

A. Es de secuencia directa, siendo $\bar{\mathbf{I}}_a = 10_{\underline{/120°}}$.
B. Es de secuencia directa, siendo $\bar{\mathbf{I}}_a = 10_{\underline{/150°}}$.
C. Es de secuencia inversa, siendo $\bar{\mathbf{I}}_a = 10_{\underline{/-150°}}$.
D. Es de secuencia inversa, siendo $\bar{\mathbf{I}}_a = 10_{\underline{/120°}}$.
E. Son posibles las respuestas B y C.
F. Todas las respuestas son falsas.

5.12. Igual circuito que el ítem 5.11. Si los datos son las intensidades:

$$\bar{\mathbf{I}}_a = 15_{\underline{/60°}}\ ;\quad \bar{\mathbf{I}}_{ab} = 5\sqrt{3}_{\underline{/90°}}.$$

Deducimos:

A. Es de secuencia directa, siendo $\bar{I}_c = -15$.
B. Es de secuencia directa, siendo $\bar{I}_c = 15\underline{/-60^\circ}$.
C. Es de secuencia inversa, siendo $\bar{I}_c = 15\underline{/60^\circ}$.
D. Es de secuencia inversa, siendo $\bar{I}_c = 15$.
E. Son posibles las respuestas B y C.
F. Todas las respuestas son falsas.

SOLUCIÓN 5.11

Teniendo en cuenta los valores de $\bar{I}_b$ e $\bar{I}_c$, el circuito equilibrado, es de secuen-

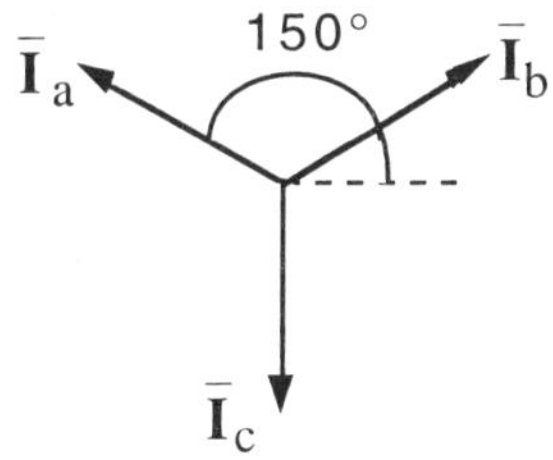

cia directa; además:

$$\bar{I}_a = -\bar{I}_b - \bar{I}_c \quad => \quad \bar{I}_a = 10\underline{/150^\circ}.$$

<u>Respuesta B</u>

SOLUCIÓN 5.12

Como $\bar{I}_a = \bar{I}_{ab} - \bar{I}_{ca}$ => $\bar{I}_{ca} = 5\sqrt{3}\underline{/210^\circ}$ tal como puede verse en el diagrama fasorial.

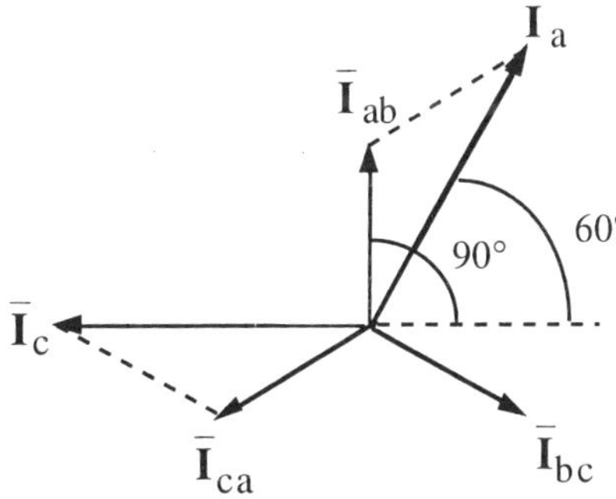

Por tanto, es de secuencia directa y además: $\bar{I}_c = -15$.

Respuesta A

ITEM 5.13

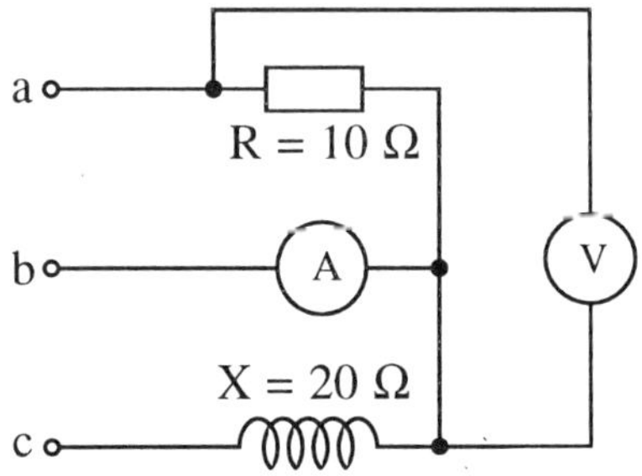

En el circuito de la figura, alimentado por un generador equilibrado, la lectura del voltímetro es de 380 V.
El amperímetro A, marcará la lectura:

A. 19 A.
B. $38\sqrt{3}$ A.
C. 57 A.
D. 55,28 A.
E. Indeterminado.
F. Diferente.

SOLUCIÓN 5.13

El voltímetro marca la tensión de línea, luego: $V_L = 380$ V.

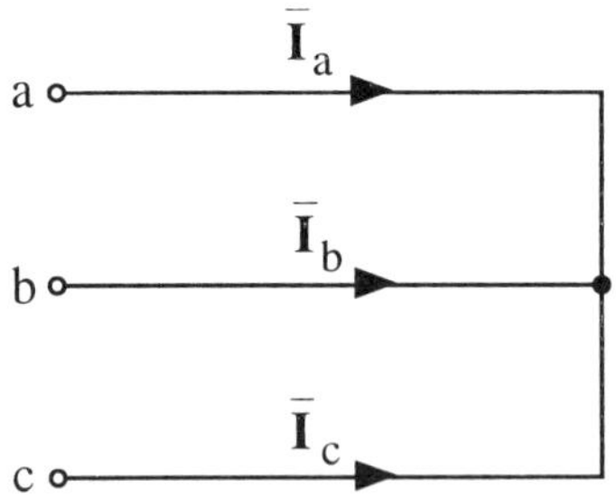

$$\bar{I}_a = \frac{\bar{V}_{ab}}{10} = \frac{380_{\underline{/30^\circ}}}{10} = 38_{\underline{/30^\circ}}.$$

$$\bar{I}_c = \frac{\bar{V}_{cb}}{20_{\underline{/90^\circ}}} = \frac{380_{\underline{/90^\circ}}}{20_{\underline{/90^\circ}}} = 19.$$

Como: $\bar{I}_b = - \bar{I}_a - \bar{I}_c = - 19(1 + \sqrt{3}) - j19 \quad => \quad I_A = I_b = 55{,}28$ A.

Respuesta D

ITEM 5.14

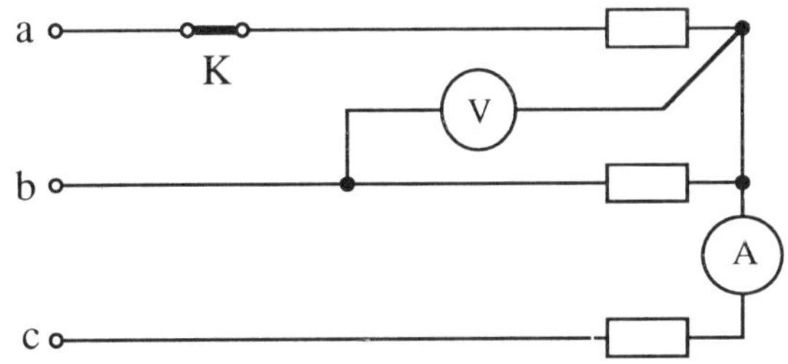

La red trifásica de la figura, está equilibrada con el interruptor K cerrado, siendo las lecturas de los aparatos de medida V y A. Con el interruptor K abierto, las nuevas lecturas que llamaremos V' y A', tendrán los valores:

A. $V' = \dfrac{V}{2}$; $A' = \dfrac{A}{2}$.

B. $V' = \dfrac{\sqrt{3}V}{2}$; $A' = \dfrac{\sqrt{3}A}{2}$.

C. $V' = \dfrac{V}{\sqrt{3}}$; $A' = \dfrac{A}{\sqrt{3}}$.

D. $V' = \sqrt{3}V$; $A' = \sqrt{3}A$.

E. Indeterminados.

F. Diferentes.

SOLUCIÓN 5.14

Con el interruptor K cerrado, la red está equilibrada; abriendo K, queda a dos hilos, verificándose:

$V' = \dfrac{V_L}{2}$ y $A' = \dfrac{V_L}{2Z}$, siendo V_L la tensión de línea; por tanto: $V_L = \sqrt{3}E$.

Luego: $V' = \dfrac{\sqrt{3}E}{2} = \dfrac{\sqrt{3}V}{2}$ y $A' = \dfrac{\sqrt{3}E}{2Z} = \dfrac{\sqrt{3}A}{2}$.

Respuesta B

ITEM 5.15

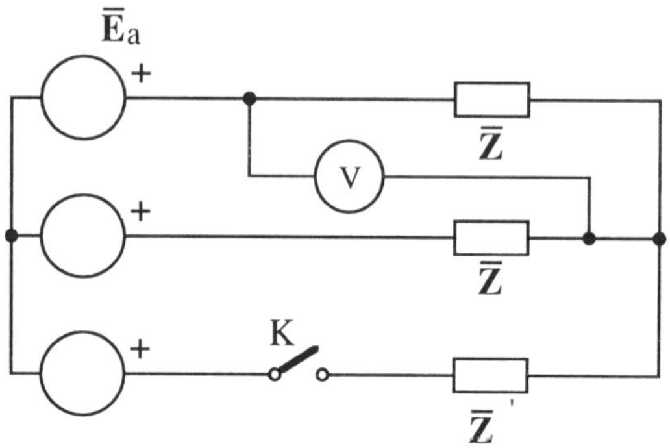

El circuito trifásico de la figura, está equilibrado en tensiones, con $\overline{\mathbf{E}}_a = 220$. $\overline{\mathbf{Z}}$ y $\overline{\mathbf{Z}}'$ tienen valores finitos diferentes de cero.

Si con K abierto la lectura del voltímetro es de $\frac{110}{\sqrt{3}}$ V, con K cerrado tendrá el valor:

A. Enunciado incongruente.

B. 220 V.

C. $\frac{110}{\sqrt{3}}$ V.

D. $110\sqrt{3}$ V.

E. 110 V.

F. Diferente.

SOLUCIÓN 5.15

Con K abierto, la lectura del voltímetro es:

$$V = \frac{V_{ab}}{2} = \frac{220\sqrt{3}}{2} = 110\sqrt{3} \text{ V.} \quad \Rightarrow \quad \text{el enunciado es incongruente.}$$

Recuérdese que la red está equilibrada en tensiones de entrada, por lo que la tensión de línea es $\sqrt{3}$ veces la tensión simple.

<u>Respuesta A</u>

ITEM 5.16-17

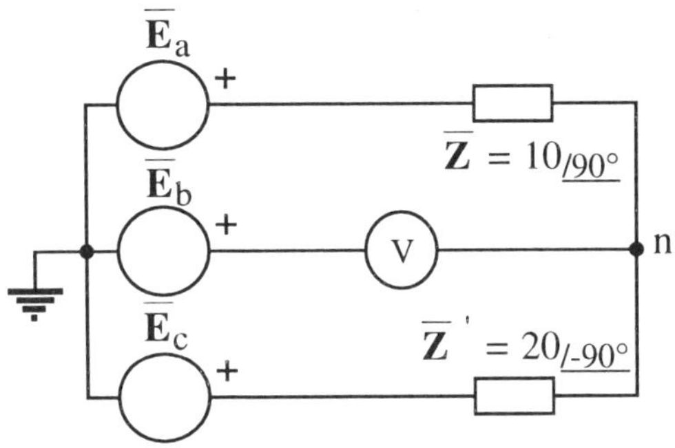

5.16. La fuente trifásica del circuito de la figura está equilibrada, con $\overline{\mathbf{E}}_a = 300$. La forma fasorial de la tensión $\overline{\mathbf{V}}_n$, tiene el valor:

A. $300\underline{/-120°}$.
B. Cero.
C. $750 - j150\sqrt{3}$.
D. $750 + j150\sqrt{3}$.
E $300\sqrt{3}\underline{/150°}$.
F. Diferente.

5.17. Igual enunciado que el ítem 5.16. El voltímetro V, marcará la lectura:

A. 300 V.
B. $300\sqrt{3}$ V.
C. Cero.
D. 150 V.
E. 900 V.
F. Diferente.

SOLUCIÓN 5.16

Suponiendo el voltímetro ideal, la segunda fase se encuentra a circuito abierto.

$$\overline{\mathbf{V}}_n\left(\frac{1}{j10} - \frac{1}{j20}\right) = \frac{\overline{\mathbf{E}}_a}{j10} - \frac{\overline{\mathbf{E}}_c}{j20} = \frac{300}{j10} - \frac{300\underline{/120°}}{j20}.$$

$$\overline{\mathbf{V}}_n = 600 - 300\underline{/120°} = 750 - j150\sqrt{3}.$$

Respuesta C

SOLUCIÓN 5.17

El voltímetro marca el módulo de la tensión $\overline{\mathbf{E}}_b - \overline{\mathbf{V}}_n$; luego:

$$\overline{\mathbf{E}}_b - \overline{\mathbf{V}}_n = 300\underline{/-120°} - 750 + j150\sqrt{3} = -900 \text{ V}.$$

La lectura del voltímetro es 900 V.

Respuesta E

ITEM 5.18

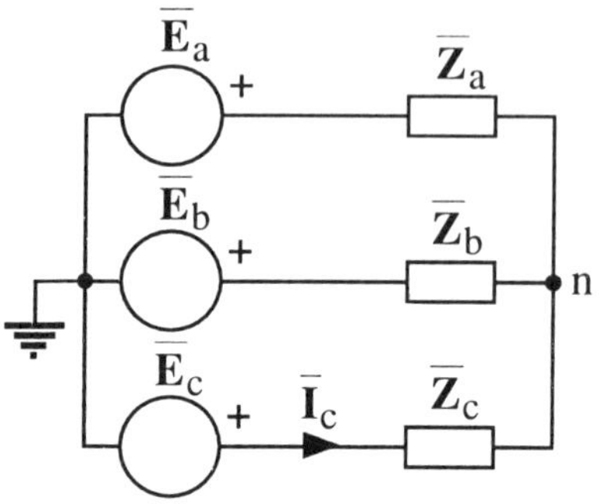

Fig. 1

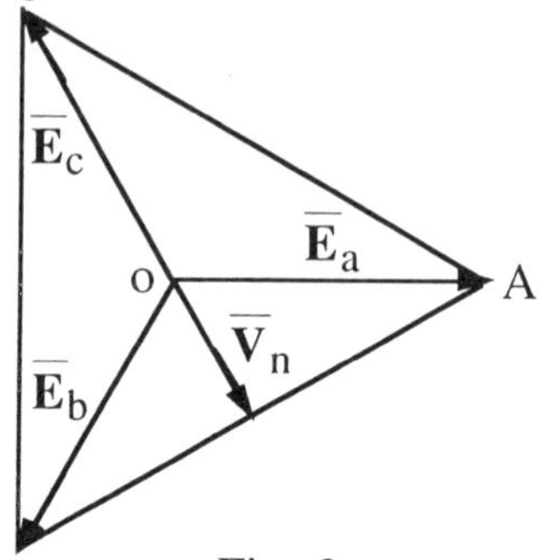

Fig. 2

El diagrama fasorial de la figura 2, corresponde al circuito trifásico de la figura 1. El triángulo ABC es equilátero; en la escala de tensiones AB corresponde a 900 V. Si $\overline{\mathbf{I}}_c = 30\sqrt{3}\underline{/60^\circ}$, la impedancia $\overline{\mathbf{Z}}_c$, tiene el valor:

A. $10\underline{/-60^\circ}$.

B. $10\underline{/60^\circ}$.

C. $\overline{\mathbf{E}}_c / \overline{\mathbf{I}}_c$.

D. $15\underline{/60^\circ}$.

E. Indeterminado.

F. Diferente.

SOLUCIÓN 5.18

De acuerdo con el diagrama fasorial, el módulo de $\overline{\mathbf{V}}_n$, será:

$$V_n = \sqrt{E_b^2 - (V_{BA}/2)^2} = 150\sqrt{3} \text{ V; por lo que:}$$

$\overline{\mathbf{V}}_n = 150\sqrt{3}\underline{/-60^\circ}$ y además, la impedancia $\overline{\mathbf{Z}}_c$ tendrá el valor:

$$\overline{\mathbf{Z}}_c = \frac{\overline{\mathbf{E}}_c - \overline{\mathbf{V}}_n}{\overline{\mathbf{I}}_c} = \frac{300\sqrt{3}\underline{/120^\circ} - 150\sqrt{3}\underline{/-60^\circ}}{30\sqrt{3}\underline{/60^\circ}} = 7{,}5 + j7{,}5\sqrt{3} = 15\underline{/60^\circ}.$$

Respuesta D

ITEM 5.19

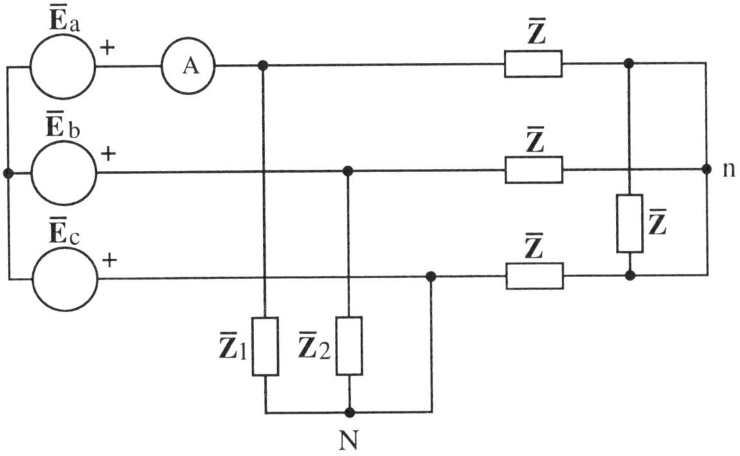

Sea el circuito equilibrado de la figura.

$$\bar{E}_a = 300; \quad \bar{Z}_1 = 10\sqrt{3}\underline{/-30^\circ}; \quad \bar{Z}_2 = 10\sqrt{3}\underline{/30^\circ}; \quad \bar{Z} = 10\underline{/90^\circ}.$$

La lectura del amperímetro A, tiene el valor:

A. 288 A.
B. 60 A.
C. $30\sqrt{2}$ A.
D. $30\sqrt{3}$ A.
E. Indeterminado.
F. Diferente.

SOLUCIÓN 5.19

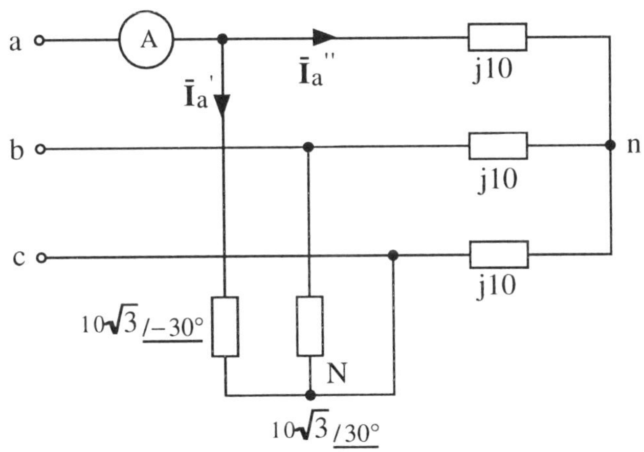

Como $\bar{V}_n = 0$, las intensidades tendrán el valor:

$$\bar{I}_a'' = \frac{300}{10\underline{/90^\circ}} = 30\underline{/-90^\circ}.$$

$$\bar{\mathbf{I}}_a' = \frac{\bar{\mathbf{V}}_{aN}}{10\sqrt{3}\underline{/-30^\circ}} = \frac{\bar{\mathbf{V}}_{ac}}{10\sqrt{3}\underline{/-30^\circ}} \quad => \quad \bar{\mathbf{I}}_a' = \frac{300\sqrt{3}\underline{/-30^\circ}}{10\sqrt{3}\underline{/-30^\circ}} = 30$$

$$\bar{\mathbf{I}}_a = \bar{\mathbf{I}}_a' + \bar{\mathbf{I}}_a'' = 30\sqrt{2}\underline{/-45^\circ}.$$

Por tanto, el amperímetro marcará un valor de $30\sqrt{2}$ A.

Respuesta C

ITEM 5.20-22

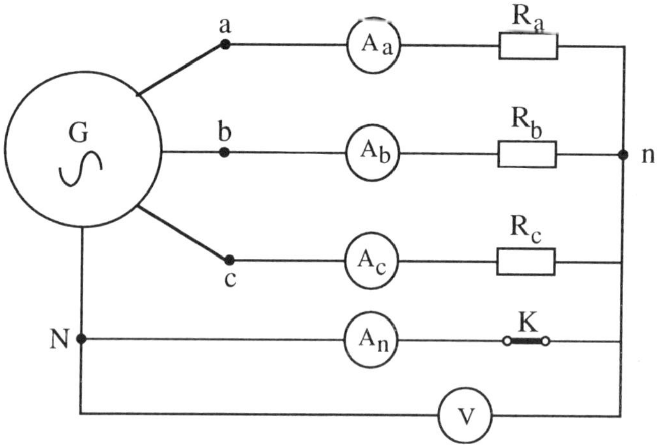

5.20. Sea un alternador en estrella, que suministra unas tensiones equilibradas de $300\sqrt{3}$ V entre fases. Suponemos despreciable la impedancia del hilo neutro. Estando el interruptor K cerrado, las lecturas de los amperímetros son las siguientes: A_a = 20 A; A_b = 10 A; A_c = 10 A.
El amperímetro A_n, indicará la lectura:

A. Indeterminado.
B. $10(2 - \sqrt{3})$ A.
C. Nula.
D. 40 A.
E. 10 A.
F. Diferente.

5.21 Igual enunciado que el ítem 5.20. Abrimos el interruptor K; una vez establecido el régimen permanente, la lectura del voltímetro tiene el valor:

A. Indeterminado.
B. 300 V.
C. 75 V.
D. 100 V.
E. $100\sqrt{3}$ V.
F. Diferente.

5.22. Igual enunciado que el ítem 5.21. La nueva lectura del amperímetro A_a, tiene el valor:

A. Indeterminado.

B. 15 A.

C. 25 A.

D. $\dfrac{20}{\sqrt{3}}$ A.

E. $20\sqrt{3}$ A.

F. Diferente.

SOLUCIÓN 5.20

Con K cerrado cada resistencia R_i soporta su tensión simple $\overline{\mathbf{E}}_i$; por tanto al ser el sistema equilibrado:

$$\overline{\mathbf{I}}_n = \overline{\mathbf{I}}_a + \overline{\mathbf{I}}_b + \overline{\mathbf{I}}_c = 20 + 10\underline{/-120^\circ} + 10\underline{/120^\circ} = 10 \text{ A.}$$

Por tanto: $A_n = 10$ A.

Respuesta E

SOLUCIÓN 5.21

De los resultados obtenidos en el ítem anterior:

$$R_a = \frac{300}{20} = 15\ \Omega. \quad \text{y} \quad R_b = R_c = \frac{300}{10} = 30\ \Omega.$$

Con K abierto la tensión $\overline{\mathbf{V}}_n$, valdrá:

$$\overline{\mathbf{V}}_n\left(\frac{1}{15} + \frac{2}{30}\right) = \frac{300\underline{/0^\circ}}{15} + \frac{300\underline{/-120^\circ}}{30} + \frac{300\underline{/120^\circ}}{30} = 10.$$

$$\overline{\mathbf{V}}_n = \frac{300}{4} = 75 \quad \Rightarrow \quad \text{la lectura del voltímetro, será 75 V.}$$

Respuesta C

SOLUCIÓN 5.22

Con K abierto, la intensidad de línea $\overline{\mathbf{I}}_a$, valdrá:

$$\overline{\mathbf{I}}_a = \frac{\overline{\mathbf{E}}_a - \overline{\mathbf{V}}_n}{R_a} = \frac{300 - 75}{15} = 15 \text{ A.}$$

Por lo que: $A_n = 15$ A.

Respuesta B

ITEM 5.23

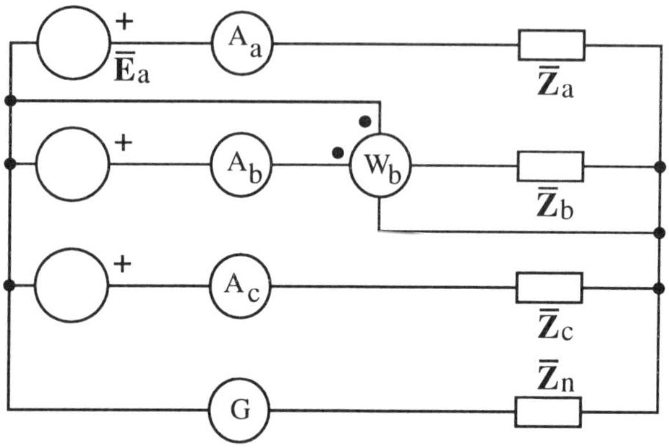

En el sistema trifásico de la figura, los tres generadores forman un circuito equilibrado. $E \neq 0$. A_a, A_b, A_c son las lecturas de los amperímetros y W_b la del vatímetro. El galvanómetro G no registra paso de corriente. En estas condiciones, indicar las proposiciones que han de ser, necesariamente ciertas:

A. $\overline{\mathbf{Z}}_a = \overline{\mathbf{Z}}_b = \overline{\mathbf{Z}}_c$.
B. Enunciado incongruente.
C. $W_b = 0$.
D. $A_a = A_b = A_c$.
E. Ciertas A, C y D.
F. Todas son falsas.

SOLUCIÓN 5.23

$$\text{Si } G = 0 \Rightarrow \overline{\mathbf{I}}_n = 0 \Rightarrow \overline{\mathbf{V}}_n = 0 \Rightarrow \overline{\mathbf{V}}_n \Sigma\, \overline{\mathbf{Y}}_i = \Sigma \frac{\overline{\mathbf{E}}_i}{\overline{\mathbf{Z}}_i} \Rightarrow \Sigma \frac{\overline{\mathbf{E}}_i}{\overline{\mathbf{Z}}_i} = 0$$

siendo : $\overline{\mathbf{Y}}_i = \dfrac{1}{\overline{\mathbf{Z}}_i}$.

De las deducciones anteriores, podemos afirmar que W_b es cero, ya que:

$$W_b = V_n I_b \cos(\overline{\mathbf{V}}_n,\ \overline{\mathbf{I}}_b).$$

Respuesta C

ITEM 5.24

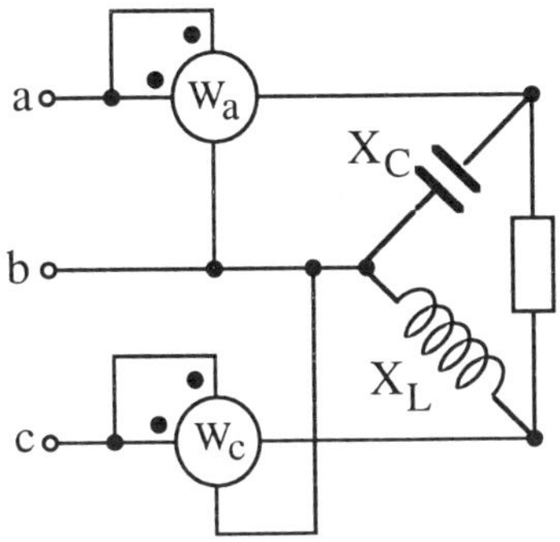

En la red de la figura, alimentada por un alternador equilibrado de 300 V de tensión de línea, las lecturas de los vatímetros son las siguientes: $W_a = 3$ kW; $W_c = -2$ kW.

La resistencia R, tiene el valor:

A. 18 Ω.
B. 9 Ω.
C. $30\sqrt{3}$ Ω.
D. 90 Ω.
E. Indeterminado.
F. Diferente.

SOLUCIÓN 5.24

Los vatímetros forman una conexión Aron; por tanto:

$$P = W_a + W_c = 1 \text{ kW}.$$

Esta potencia es consumida por la resistencia R, ya que los elementos reactivos no disipan potencia activa.

Por tanto: $P = I_R^2 R = \dfrac{V_L^2}{R}$ => $R = \dfrac{300^2}{1000} = 90\ \Omega.$

Respuesta D

ITEM 5.25-26

5.25. Tres impedancias iguales se conectan en estrella a una fuente trifásica equilibrada, consumiendo una potencia activa de 9 kW y una potencia reactiva de $-3\sqrt{3}$ kVAr. Conectamos en triángulo dichas impedancias a la misma fuente. El factor de potencia de la red en estas condiciones, tiene el valor:

A. $\dfrac{\sqrt{3}}{2}$ (i).
C. 0,5 (i).
E. $\dfrac{\sqrt{3}}{6}$ (c).

B. $\frac{\sqrt{3}}{2}$ (c). D. 0,5 (c). F. Diferente.

5.26. Igual enunciado que el ítem 5.25. Las lecturas de los vatímetros W_a y W_c conectados según la conexión Aron con las bobinas amperimétricas en las fases a y c, respectivamente, tienen los valores:

A. $W_a = 3$ kW; $W_c = 6$ kW.
B. $W_a = 6$ kW; $W_c = 3$ kW.
C. $W_a = 9$ kW; $W_c = 18$ kW.
D. $W_a = 18$ kW; $W_c = 9$ kW.
E. Indeterminados.
F. Diferentes.

SOLUCIÓN 5.25

El sistema es equilibrado y, por tanto, el factor de potencia es independiente de la forma de conexión.

Luego: $\operatorname{tg} \varphi = \frac{-3\sqrt{3}}{9} \Rightarrow \cos \varphi = \frac{\sqrt{3}}{2}$ (c).

Respuesta B

SOLUCIÓN 5.26

Según las especificaciones del enunciado, se obtienen las figuras siguientes:

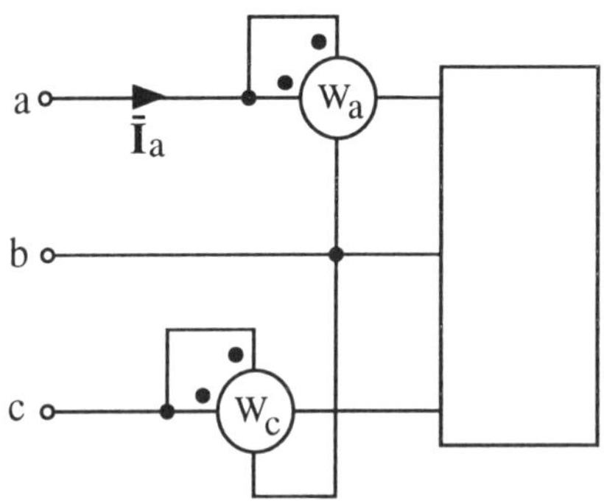

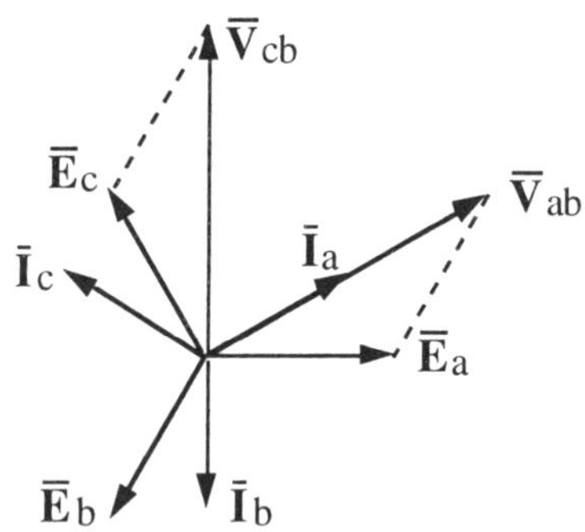

$$I_a = I_b = I_c = I \text{ y } V_{ab} = V_{cb} = V_L.$$

$$W_a = V_L I \cos 0° = V_L I$$

$$W_c = V_L\, I \cos 60° = \frac{V_L I}{2}.$$

Luego: $W_a = 2\, W_c$

En la estrella => $P = W_a + W_c = 9$ kW.

En el triángulo => $P = W_a + W_c = 27$ kW. => $3\, W_c = 27$ kW.

Por tanto: $W_c = 9$ kW. y $W_a = 18$ kW.

Respuesta D

ITEM 5.27-28

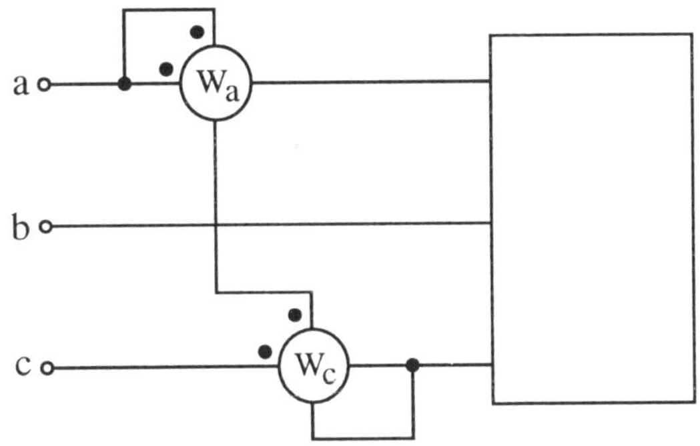

5.27. El circuito trifásico de la figura, está equilibrado en intensidades. Las lecturas de los vatímetros, son:

$$W_a = 300 \text{ W}; \quad W_c = -150 \text{ W}.$$

El factor de potencia del circuito, tiene el valor:

A. $\frac{\sqrt{3}}{2}$ (i).
C. 0,5 (i).
E. Indeterminado.
B. $\frac{\sqrt{3}}{2}$ (c).
D. 0,5 (c).
F. Diferente.

5.28. Igual enunciado que el ítem 5.27. La potencia activa consumida por la red, vale:

A. 450 W.
C. 150 W.
E. Indeterminado.
B. 900 W.
D. 300 W.
F. Diferente.

SOLUCIÓN 5.27

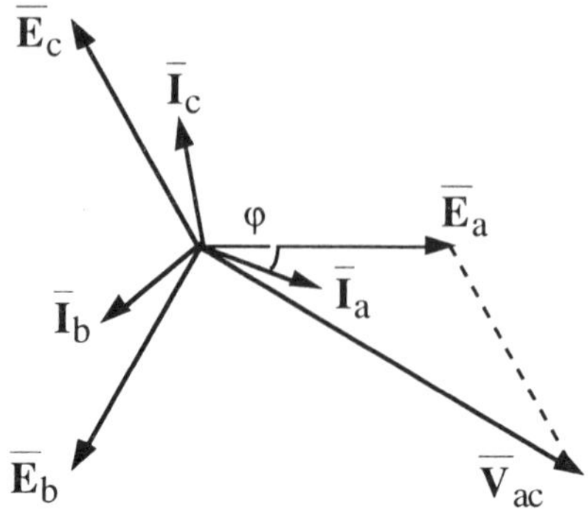

Las bobinas voltimétricas, al estar en serie, soportan la mitad de la tensión de línea $\overline{\mathbf{V}}_{ac}$. Por tanto, del diagrama fasorial obtenemos:

$$W_a = I \frac{V_L}{2} \cos(30^\circ - \varphi).$$

$$W_c = I \frac{V_L}{2} \cos(150^\circ - \varphi).$$

Si $W_a = 300$ W. y $W_c = -150$ W. => $W_a = -2\, W_c$.

Entonces: $\varphi = 30^\circ$ => $\cos\varphi = \frac{\sqrt{3}}{2}$ (i).

(Sistema inductivo, intensidad atrasada respecto de la tensión).

Respuesta A

SOLUCIÓN 5.28

Desarrollando las ecuaciones del ítem anterior:

$$W_a = I \frac{V_L}{2} \left(\frac{\sqrt{3}}{2} \cos\varphi + \frac{1}{2} \operatorname{sen}\varphi \right).$$

$$W_c = I \frac{V_L}{2} \left(-\frac{\sqrt{3}}{2} \cos\varphi + \frac{1}{2} \operatorname{sen}\varphi \right).$$

Restando: $W_a - W_c = I \frac{V_L}{2} \sqrt{3} \cos \varphi$ => La potencia activa del sistema, será:

$$P = I\, V_L \sqrt{3} \cos \varphi = 2(W_a - W_c) = 900 \text{ W.}$$

<u>Respuesta B</u>

ITEM 5.29

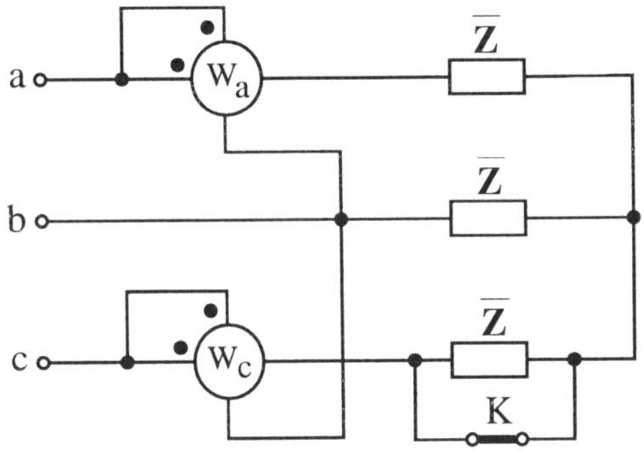

Sea la red trifásica de la figura, alimentada por un alternador equilibrado. La estrella receptora está formada por tres impedancias idénticas.
Estando el interruptor K cerrado, la suma de las lecturas de los vatímetros es de P W.
Abrimos el interruptor K; una vez establecido el régimen permanente, la potencia activa total consumida por la red, tendrá el valor:

A. P W.

B. $\frac{P}{2}$ W.

C. $\frac{3P}{2}$ W.

D. $\frac{P}{3}$ W.

E. Indeterminado.

F. Diferente.

SOLUCIÓN 5.29

Los vatímetros están conectados según el método Aron; por tanto, la suma de sus lecturas es la potencia activa de la red.

Si V_L es la tensión de línea, la intensidad con K cerrado, será:

$$I_a = V_L / Z = I_b \quad \text{y la potencia} \quad P = 2\,(V_L^2 / Z) \cos \varphi.$$

Con K abierto:

$$I_a = I_b = I_c = V_L \,/\, Z\sqrt{3}.$$

Por tanto:

$$P' = 3\,(V_L^2 \,/\, 3Z)\cos\varphi = P \,/\, 2.$$

<u>Respuesta B</u>

ITEM 5.30-31

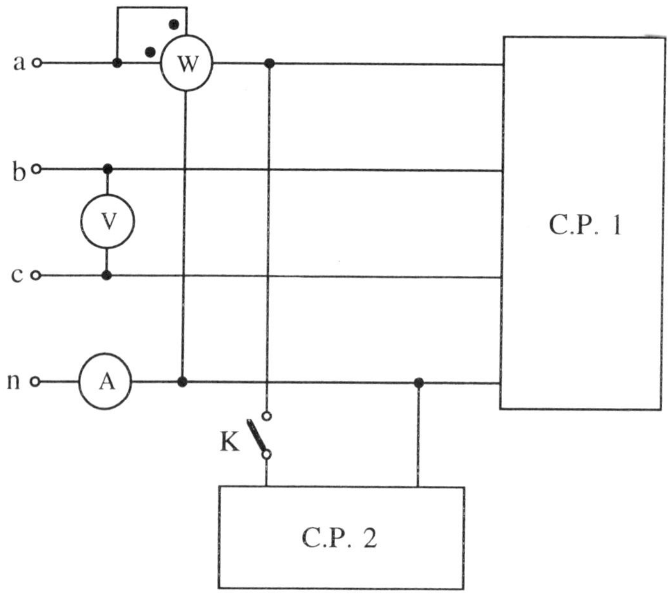

5.30. Sea el circuito trifásico de la figura, alimentado por un alternador equilibrado. C.P.1, es una carga equilibrada y C.P.2, una impedancia $\overline{\mathbf{Z}} = 10\angle{-30^\circ}$. La lectura del voltímetro es de 300 V. Estando el interruptor K abierto, el vatímetro W marca 1 kW. Cerramos el interruptor K, la lectura del vatímetro tendrá el valor:

A. $1 + \sqrt{3}$ kW.	C. $1 + 1{,}5\sqrt{3}$ kW.	E. Indeterminado.
B. 4 kW.	D. $1 + 3\sqrt{3}$ kW.	F. Diferente.

5.31. Igual enunciado que el ítem 5.30. Con el interruptor K cerrado, la lectura del amperímetro A, tendrá el valor:

A. Cero.

B. $10\sqrt{3}$ A.

C. 30 A.

D. $30\sqrt{3}$ A.

E. Indeterminado.

F. Diferente.

SOLUCIÓN 5.30

El vatímetro W marca la potencia activa consumida por la fase a. Si llamamos P_1 a la potencia consumida con K abierto, al cerrar K, la potencia de esta fase será $P = P_1 + P_2$, siendo P_2 la potencia consumida por C.P.2.

La intensidad absorbida por C.P.2, será:

$$I_2 = \frac{300/\sqrt{3}}{10} = 10\sqrt{3} \text{ A.} \quad \Rightarrow \quad P_2 = \left(10\sqrt{3}\right)^2 10 \cos(-30^\circ) = 1500\sqrt{3} \text{ W.}$$

El decir:

$$P_2 = 1{,}5\sqrt{3} \text{ kW.}$$

Por tanto:

$$P = W = 1 + 1{,}5\sqrt{3} \text{ kW.}$$

Respuesta C

SOLUCIÓN 5.31

Al ser C.P.1 un receptor equilibrado, a través del amperímetro circulará la misma intensidad que por C.P.2; es decir, $10\sqrt{3}$ A.

Respuesta B

ITEM 5.32

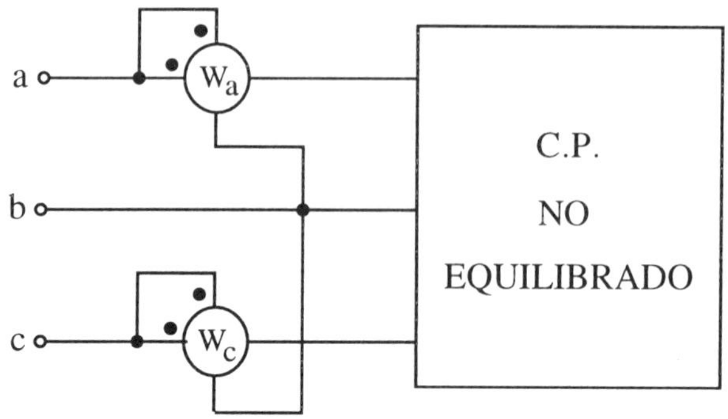

El circuito trifásico de la figura, está equilibrado en tensiones. Si la secuencia es directa, se verifica:

$$W_a = 200 \text{ W}; \;\; W_c = 600 \text{ W}.$$

Invertimos la secuencia de fases. Deducimos:

A. $W_a + W_c = 800$ W.
B. Se mantiene constante la potencia activa, solo si el C.P. está equilibrado.
C. No se modifica la potencia activa consumida por el C.P.
D. La potencia reactiva consumida es de $400\sqrt{3}$ VAr.
E. Son ciertas las respuestas A y C.
F. Son ciertas las respuestas A, C y D.

SOLUCIÓN 5.32

Al invertir la secuencia de fases, no se modifica el consumo del C.P. por lo que la potencia activa consumida permanece constante.

Por tanto:

$$P = W_a + W_c = 800 \text{ W}.$$

Son correctas las proposiciones A y C.

Respuesta E

ITEM 5.33-34

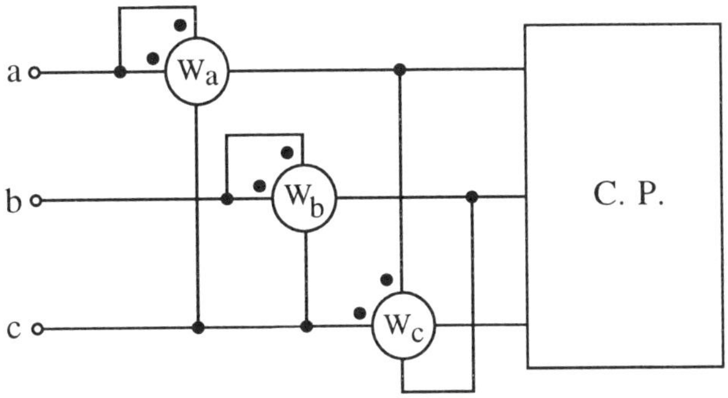

5.33. La red de la figura, está alimentada por un generador equilibrado, estando desequilibrado el C.P. Las lecturas de los vatímetros, son las siguientes:

$$W_a = 10 \text{ kW}; \quad W_b = 5 \text{ kW}; \quad W_c = 12 \text{ kW}.$$

Deducimos:

A. La potencia reactiva consumida por la segunda fase es de $4\sqrt{3}$ kVAr.
B. La potencia reactiva consumida por la tercera fase es de - $4\sqrt{3}$ kVAr.
C. La potencia activa consumida por la primera fase es de 10 kW.
D. La potencia activa consumida por la primera y segunda fases es de 15 kW.
E. La potencia activa consumida por la red es de 15 kW.
F. Todas las respuestas son falsas.

5.34. Igual enunciado que el ítem 5.33. La potencia aparente compleja generada por la tercera fase del alternador, tiene el valor:

A. $5000 + j4000\sqrt{3}$.
B. $5000 - j4000\sqrt{3}$.
C. $j4000\sqrt{3}$.
D. Indeterminado.
E. Son posibles A y B.
F. Diferente.

SOLUCIÓN 5.33

Los vatímetros W_a y W_b están formando una conexión Aron.

Por tanto:

$$P = W_a + W_b = 15 \text{ kW}.$$

Respuesta E

SOLUCIÓN 5.34

Al estar el circuito pasivo desequilibrado, no puede determinarse la potencia de cada fase.

Respuesta D

ITEM 5.35

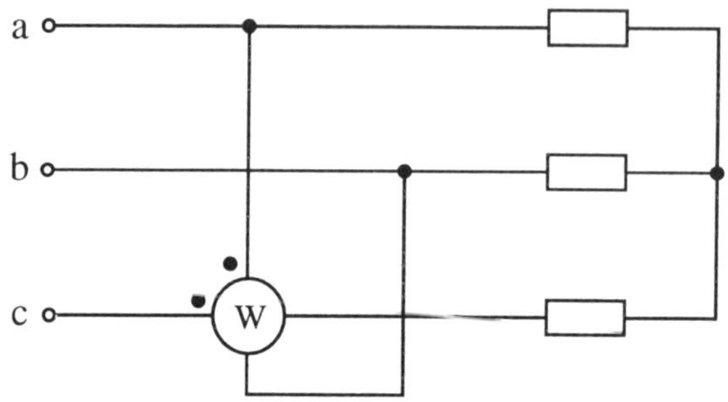

En el circuito trifásico de la figura, equilibrado en tensiones, la simple de generador es de 127 V. Las tres impedancias son iguales. La lectura del vatímetro W, es de M kW. Deducimos:

A. La potencia reactiva total consumida por la red es de $\sqrt{3}$M kVAr.
B. Necesitamos otro vatímetro para determinar la potencia reactiva consumida.
C. La potencia reactiva total es de M kVAr.
D. El vatímetro mide la potencia activa consumida por una fase.
E. Son correctas las respuestas B y D.
F. Todas las respuestas son falsas.

SOLUCIÓN 5.35

De acuerdo con el método de los tres vatímetros para la medida de la potencia reactiva, deducimos:

$$Q = \frac{3M}{\sqrt{3}} = M\sqrt{3} \text{ kVAr. (El sistema está equilibrado).}$$

Respuesta A

ITEM 5.36-37

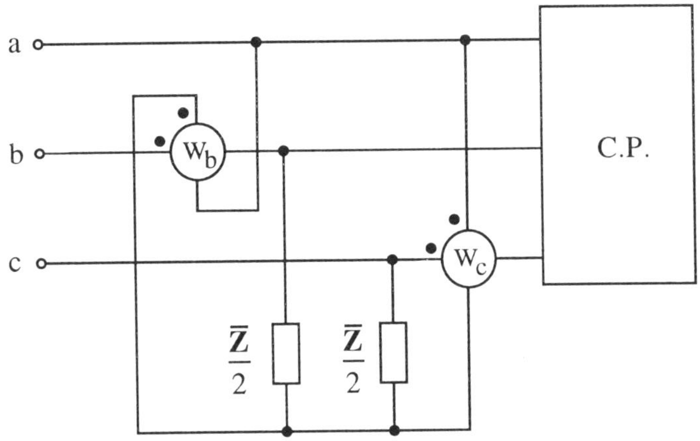

5.36. La red trifásica de la figura está equilibrada. La impedancia de las bobinas voltimétricas de los vatímetros vale $\overline{\mathbf{Z}}$. La potencia activa consumida, en función de las lecturas de los vatímetros, es:

A. $3(W_b - W_c)$.
B. $3(W_c - W_b)$.
C. $\sqrt{3}(W_b + W_c)$.
D. $3(W_b + W_c)$.
E. Indeterminada.
F. Diferente.

5.37. Igual enunciado que el ítem 5.36. La potencia reactiva consumida, en función de las lecturas de los vatímetros, es:

A. $3(W_b - W_c)$.
B. $\sqrt{3}(W_b - W_c)$.
C. $\sqrt{3}(W_b + W_c)$.
D. $3(W_b + W_c)$.
E. Indeterminada.
F. Diferente.

SOLUCIÓN 5.36

Al estar dos bobinas voltimétricas en derivación, las impedancias $\overline{\mathbf{Z}}/2$ originan un neutro artificial.

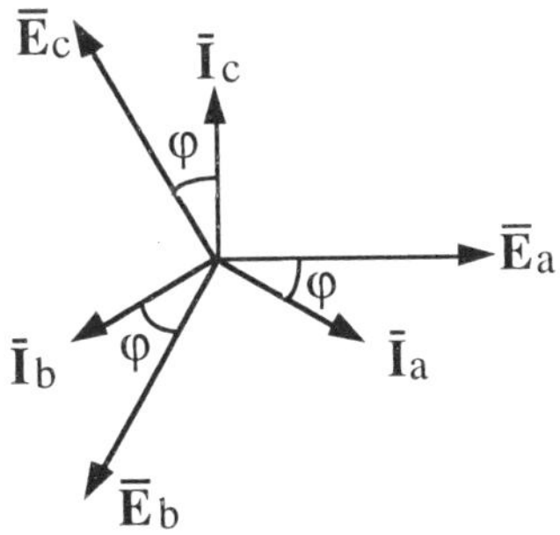

Los vatímetros miden:

$$W_b = E_a I_b \cos(- E_a, I_b) = E_a I_b \cos(60° - \varphi)$$

$$W_c = E_a I_c \cos(E_a, I_c) = E_a I_c \cos(120° - \varphi)$$

Desarrollando, tenemos:

$$W_b = E_a I_L (\cos 60° \cos \varphi + \text{sen } 60° \text{sen } \varphi) = E_a I_L [0{,}5 \cos \varphi + (\sqrt{3}/2) \text{ sen } \varphi]$$

$$W_c = E_a I_L (\cos 120° \cos \varphi + \text{sen} 120° \text{sen } \varphi) = E_a I_L [-0{,}5 \cos \varphi + (\sqrt{3}/2) \text{ sen } \varphi]$$

Sumando y restando miembro a miembro, obtenemos:

$$W_b + W_c = E_a I_L \sqrt{3} \text{ sen } \varphi$$

$$W_b - W_c = E_a I_L \cos \varphi$$

Luego:

$$P = \sqrt{3} V_L I_L \cos \varphi = 3(W_b - W_c).$$

$$Q = \sqrt{3} V_L I_L \text{ sen } \varphi = \sqrt{3}(W_b + W_c).$$

Respuesta A

SOLUCIÓN 5.37

La proposición correcta a este ítem, se deduce del anterior.

Respuesta C

ITEM 5.38-39

5.38. Una red trifásica equilibrada consume las potencias P, Q a la frecuencia f en la que la impedancia del C.P. es 10 - j10. Duplicamos la frecuencia del alternador de alimentación, manteniendo constante su tensión; la potencia P' consumida, tiene el valor:

A. 2P/5.
B. 4P/5.
C. P.
D. 6P/5.
E. 8P/5.
F. Diferente.

5.39. Igual enunciado que el ítem 5.38. La potencia Q' consumida, vale:

A. 2Q/5.
B. 4Q/5.
C. Q.
D. 6Q/5.
E. 8Q/5.
F. Diferente.

SOLUCIÓN 5.38

La impedancia a la frecuencia f es de $10\sqrt{2}\ \Omega$ y al doble, será:

$$\overline{\mathbf{Z}}' = 10 - j5 \quad \Rightarrow \quad Z' = 5\sqrt{5}\ \Omega.$$

Por tanto: $P = 3I^2R.$ $\qquad P' = 3I'^2R.$

$$I = \frac{E}{10\sqrt{2}}. \qquad I' = \frac{E}{5\sqrt{5}}.$$

$$P = \frac{3E^2R}{200}. \qquad P' = \frac{3E^2R}{125} = \frac{8P}{5}.$$

Respuesta E

SOLUCIÓN 5.39

De los resultados del ítem anterior, se obtiene para Q' el valor:

$$Q = 3I^2X. \qquad Q' = 3I'^2X'.$$

$$I = \frac{E}{10\sqrt{2}}. \qquad I' = \frac{E}{5\sqrt{5}}.$$

$$Q = \frac{3E^2X}{200}. \qquad Q' = \frac{3E^2X/2}{125} = \frac{4Q}{5}.$$

Respuesta B

ITEM 5.40-41

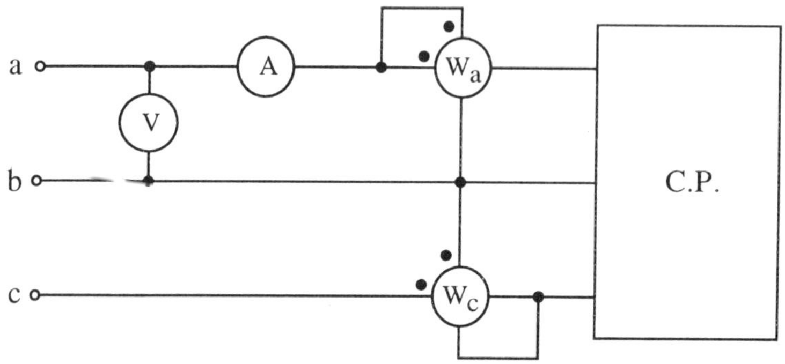

5.40. La red de la figura es de secuencia directa y está equilibrada. Las lecturas de los vatímetros son: $W_a = 0$; $W_c = -9$ kW.

Deducimos:

A. Consume las potencias P = 9 kW; $Q = 9\sqrt{3}$ kVAr.
B. Consume las potencias P = - 9 kW; $Q = -9\sqrt{3}$ kVAr.
C. Consume las potencias P = 9 kW; $Q = -9\sqrt{3}$ kVAr.
D. El C.P. no puede ser pasivo, sino que es una red activa.
E. Son ciertas las respuestas B y D.
F. Todas las respuestas son falsas.

5.41. Igual figura que el ítem 5.40. Si el C.P. estuviese constituido por un receptor equilibrado en triángulo de impedancia por fase $10\underline{/30^\circ}$, la lectura del amperímetro A, en función de la del voltímetro V, sería:

A. $\frac{\sqrt{3}V}{30}$.
B. $\frac{V}{10}$.
C. $\frac{\sqrt{3}V}{10}$.
D. $\frac{3V^2}{100}$.
E. $\frac{V}{30}$.
F. Diferente.

SOLUCIÓN 5.40

Es una conexión Aron con la bobina voltimétrica del vatímetro 2 conectada a la tensión opuesta; por tanto:

$$P = W_a + (-W_c) = 9kW \quad y \quad Q = \sqrt{3}[(-W_c) - W_a] = 9\sqrt{3}\ kVAr.$$

Respuesta A

SOLUCIÓN 5.41

La intensidad del receptor en triángulo, será:

$$I_\Delta = \frac{V_L}{Z_\Delta} = \frac{V}{10}.$$

Luego: $I_L = A = \sqrt{3}I_\Delta = \frac{\sqrt{3}V}{10}.$

Respuesta C

ITEM 5.42-43

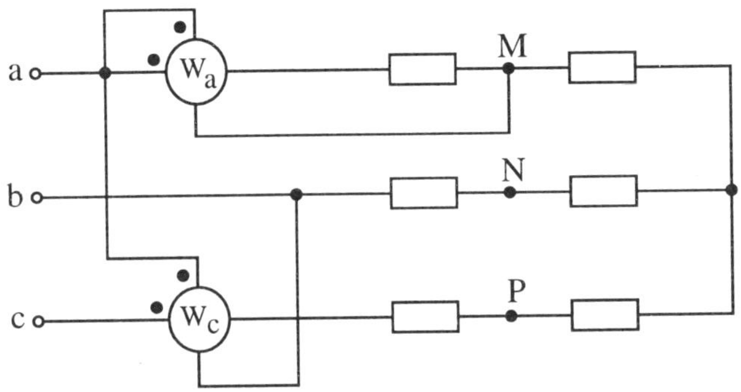

5.42. El circuito de la figura, está alimentado por un alternador equilibrado. Las seis impedancias son idénticas de valor $10\underline{/-30°}$.

La lectura del vatímetro $W_c = -750\sqrt{3}$ W.

La lectura del vatímetro W_a, tendrá el valor:

A. $750\sqrt{3}$ W.

B. $\frac{V_L^2}{40}$ W.

C. 750 W.

D. $375\sqrt{3}$ W.

E. Indeterminado.

F. Diferente.

5.43. Igual circuito que el ítem 5.42. Unimos en cortocircuito los puntos M, N y P. La relación $\frac{W_a'}{W_a}$ de las lecturas del vatímetro a, tiene el valor:

A. 2.
B. 1.
C. $\sqrt{3}$.
D. 3.
E. 4.
F. Diferente.

NOTA: W_a' es la lectura del vatímetro a, con M-N-P en cortocircuito.
W_a es la lectura del vatímetro a, según el ítem 5.42.

SOLUCIÓN 5.42

Al estar la red equilibrada, la lectura del vatímetro W_c es $\sqrt{3}$ veces la potencia reactiva de una fase (Método de tres vatímetros de reactiva).

$$Q_f = 750 \text{ VAr(c)} = -750 \text{ VAr.} \quad \text{y} \quad P_f = \frac{-750}{\text{tg}(-30°)} = 750\sqrt{3} \text{ W.}$$

El vatímetro W_a, marcará la mitad de la potencia activa por fase:

$$W_a = 375\sqrt{3} \text{ W.}$$

Respuesta D

SOLUCIÓN 5.43

Antes de cortocircuitar los puntos M, N y P la intensidad de línea, es:

$$I = \frac{V_L}{20\sqrt{3}} \quad \Rightarrow \quad P_f = I^2\, 20 \cos(-30°) \quad \text{y} \quad W_a = I^2\, 10 \cos(-30°).$$

Cortocircuitamos los mencionados puntos:

$$I' = \frac{V_L}{10\sqrt{3}} = 2I \quad \Rightarrow \quad P_f' = 4I^2\, 10 \cos(-30°) \quad \text{y} \quad W_a' = P_f' = 4W_a.$$

Por tanto:

$$\frac{W_a'}{W_a} = 4.$$

Respuesta E

ITEM 5.44-45

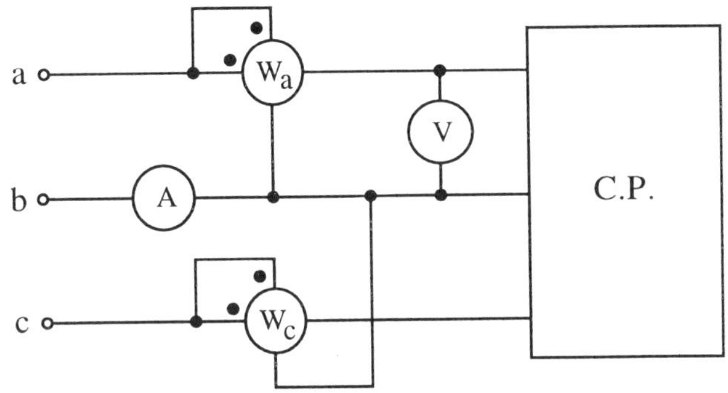

5.44. En el circuito trifásico equilibrado y de secuencia directa de la figura, las lecturas de los aparatos son: $W_a = 10$ kW; $W_c = 20$ kW; A = 50 A.
El voltímetro marcará la lectura:

A. $400\sqrt{3}$ V.
B. 400 V.
C. $200\sqrt{3}$ V.
D. $300\sqrt{3}$ V.
E. Indeterminado.
F. Diferente.

5.45. Igual circuito que el ítem 5.44. Conectamos una batería de condensadores de $10\sqrt{3}$ kVA. Las nuevas lecturas de los vatímetros, son:

A. $W_a' = 20$ kW; $W_c' = 20$ kW.
B. $W_a' = 0$; $W_c' = 20$ kW.
C. $W_a' = 15$ kW; $W_c' = 15$ kW.
D. $W_a' = 10$ kW; $W_c' = 20$ kW.
E. Indeterminados.
F. Diferentes.

SOLUCIÓN 5.44

$$P = W_a + W_c = 30 \text{ kW}; \; Q = \sqrt{3}(W_c - W_a) = 10\sqrt{3}; \; \text{y tg } \varphi = \frac{1}{\sqrt{3}} \Rightarrow \varphi = 30^\circ.$$

$P = \sqrt{3} V_L I_L \cos\varphi$; I_L es la lectura del amperímetro y V_L será la del voltímetro; por tanto:

$$30000 = \sqrt{3}\ V_L 50\ \frac{\sqrt{3}}{2}. \quad => \quad V_L = V = 400\ V.$$

Respuesta B

SOLUCIÓN 5.45

Al conectar la batería de condensadores anulamos el consumo de reactiva; por tanto:

$$Q' = 0;\ P' = P = 30\ kW = W_a^{'} + W_c^{'}. \quad => \quad W_a^{'} = W_c^{'} = 15\ kW.$$

Respuesta C

ITEM 5.46-47

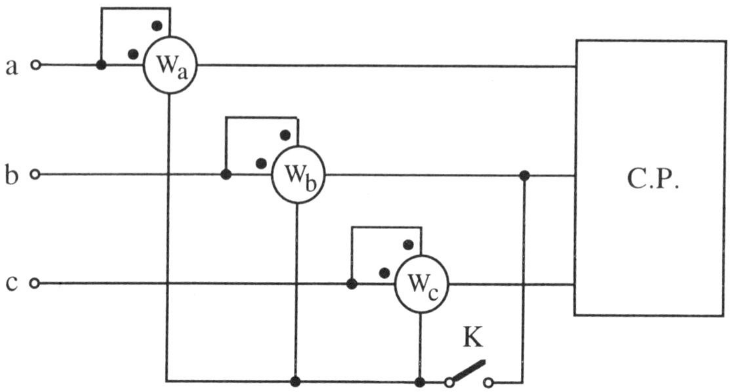

5.46. Sea el circuito trifásico equilibrado de la figura. Estando el interruptor K abierto, las lecturas de los vatímetros son: $W_a = W_b = W_c = 3$ kW.

Cerramos el interruptor; una vez establecido el régimen permanente, la lectura de W_a es de 6 kW. Las lecturas de los restantes vatímetros, tendrán los valores:

A. $W_b = 0$; $W_c = 3$ kW.
B. $W_b = W_c = 1{,}5$ kW.
C. $W_b = 0$; W_c = Indeterminada.
D. Ambas indeterminadas.
E. Resulta imposible.
F. Diferentes.

5.47. Igual enunciado que el ítem 5.46. La potencia reactiva consumida por el circuito con el interruptor K abierto, tiene el valor:

A. $4{,}5\sqrt{3}$ kVAr.
B. $9\sqrt{3}$ kVAr.
C. $3\sqrt{3}$ kVAr.
D. $-3\sqrt{3}$ kVAr.
E. Indeterminado.
F. Diferente.

SOLUCIÓN 5.46

Con K abierto, los vatímetros están conectados según el método de los tres vatímetros para medir la potencia activa de un sistema a tres hilos. La potencia activa del sistema, será:

$$P = W_a + W_b + W_c = 9 \text{ kW}.$$

Al cerrar K, el vatímetro W_b marcará cero ya que su bobina voltimétrica soporta una tensión nula; por otro lado los vatímetros W_a y W_c, forman una conexión Aron. Como la potencia activa no varía al cerrar el interruptor K, tenemos:

$$P = 9 = W_a + W_c \quad => \quad W_c = 9 - 6 = 3 \text{ kW}.$$

Luego:

$$W_a = 6 \text{ kW}; \quad W_b = 0; \quad W_c = 3 \text{ kW}.$$

Respuesta A

SOLUCIÓN 5.47

Al ser el sistema totalmente equilibrado, la conexión Aron también nos aporta información acerca de la potencia reactiva:

$$Q = \sqrt{3}(W_c - W_a) = -3\sqrt{3}; \quad \text{es decir:} \quad Q = 3\sqrt{3} \text{ kVAr (c)}.$$

Respuesta D

ITEM 5.48-50

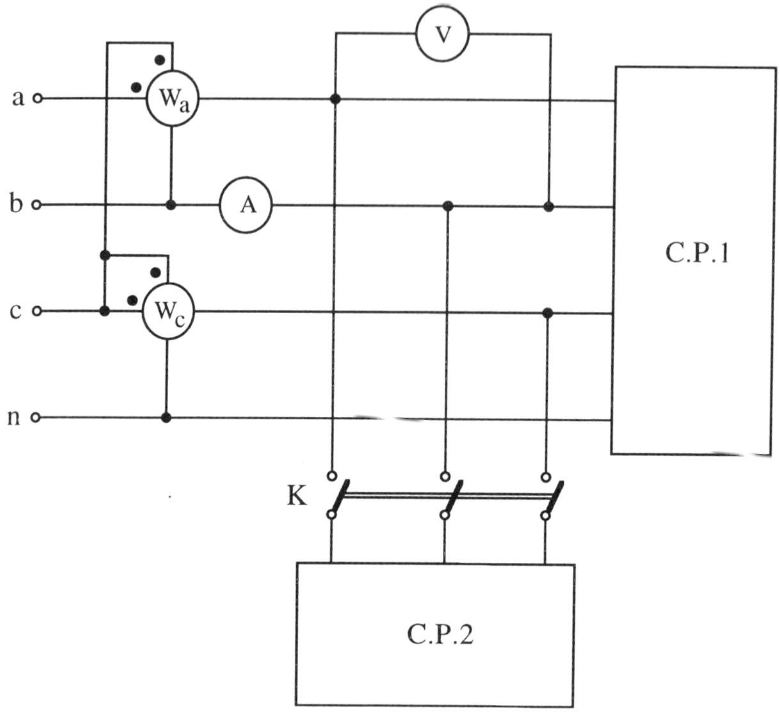

5.48. El circuito de la figura está alimentado por un generador trifásico equilibrado. La lectura del voltímetro es de 300 V. C.P.1 y C.P.2, son receptores equilibrados. Estando K abierto, las lecturas de los vatímetros son las siguientes:

$$W_a = 1500 \text{ W}; \; W_c = 500 \text{ W}.$$

La potencia activa (P) y reactiva (Q) consumidas por C.P.1, tienen los valores:

A. P = 2 kW; Q = $\sqrt{3}$ kVAr.
B. P = 1,5 kW; Q = 1,5$\sqrt{3}$ kVAr.
C. P = 1,5 kW; Q = - 1,5$\sqrt{3}$ kVAr.
D. P = 2 kW; Q = - $\sqrt{3}$ kVAr.
E. Resultan indeterminadas.
F. Todas las respuestas son falsas.

5.49. Igual circuito que el ítem 5.48. Cerramos el interruptor trifásico K. Una vez establecido el régimen permanente, las nuevas lecturas de los vatímetros son las siguientes:

$$W_a = 0 \text{ W}; \; W_c = 1000 \text{ W}.$$

La potencia activa (P) y reactiva (Q) consumidas por C.P.2, tienen los valores:

A. P = 0; Q = - 3$\sqrt{3}$ kVAr.
B. P = 1,5 kW; Q = 1,5$\sqrt{3}$ kVAr.
C. P = 1,5 kW; Q = - 1,5$\sqrt{3}$ kVAr.
D. Enunciado incongruente.
E. Resultan indeterminadas.
F. Todas las respuestas son falsas.

5.50. Igual enunciado que el ítem 5.49. Con K cerrado, la lectura del amperímetro A tiene el valor:

A. $\frac{10}{\sqrt{3}}$ A.
B. 10 A.
C. $\frac{10}{3\sqrt{3}}$ A.
D. Enunciado incongruente.
E. Indeterminado.
F. Diferente.

SOLUCIÓN 5.48

Teniendo en cuenta los métodos de tres vatímetros para la medida de la potencia activa y reactiva en sistemas equilibrados, deducimos:

$$W_a = 1500 \text{ W.} \quad => \quad Q_{C.P.1} = -1500\sqrt{3} \text{ VAr.}$$

$$W_c = 500 \text{ W.} \quad => \quad P_{C.P.1} = 1500 \text{ W.}$$

Respuesta C

SOLUCIÓN 5.49

Como $W_a = 0$ => $Q_T = 0 = Q_{C.P.1} + Q_{C.P.2}$ => $Q_{C.P.2} = 1500\sqrt{3}$ VAr.

Como $W_c = 1000$ W. => $P_T = 3$ kW $= P_{C.P.1} + P_{C.P.2}$ => $P_{C.P.2} = 1500$ W.

Respuesta B

SOLUCIÓN 5.50

En estas condiciones $P_T = 3000$ W y $Q_T = 0$, luego:

$$3000 = \sqrt{3}\,300 \text{ I} \cos 0° \quad => \quad I = \frac{10}{\sqrt{3}} \text{ A.}$$

Respuesta A

ITEM 5.51-52

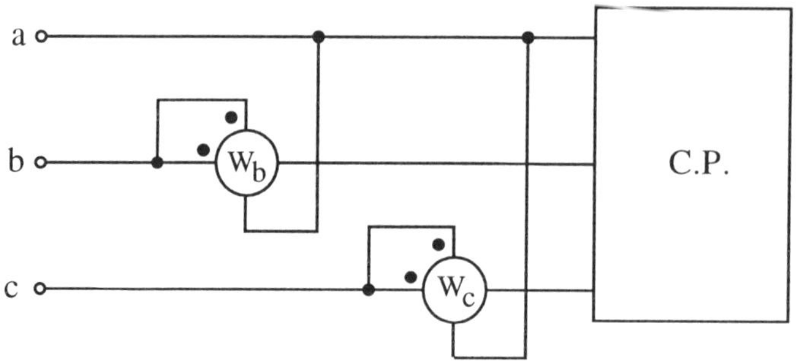

5.51. El C.P. equilibrado de la figura, está alimentado por una red trifásica, igualmente, equilibrada de secuencia directa: $\overline{E}_a = 300$. Las lecturas de los vatímetros son: $W_b = 9$ kW; $W_c = -9$ kW. La impedancia $\overline{Z}$ de la configuración en triángulo equivalente al C.P. tiene el valor:

A. $15\underline{/90°}$.
B. $15\underline{/-90°}$.
C. $15\sqrt{3}\underline{/90°}$.
D. $15\sqrt{3}\underline{/-90°}$.
E. Indeterminado.
F. Diferente.

5.52. Igual circuito que el ítem 5.51. Conectamos, en derivación, un nuevo receptor a la red de la figura; las lectura de los vatímetros son las siguientes:

$$W_b' = 9000 \text{ W}; \quad W_c' = 0.$$

La potencia aparente compleja consumida por el nuevo receptor, tiene el valor:

A. $9000 + j9000\sqrt{3}$.
B. $9000 - j9000\sqrt{3}$.
C. $j9000\sqrt{3}$.
D. $-j9000\sqrt{3}$.
E. Indeterminado.
F. Diferente.

SOLUCIÓN 5.51

Es una conexión Aron: $P = W_b + W_c = 0$; $Q = \sqrt{3}(W_b - W_c) = 18\sqrt{3}$ kVAr.

Por tanto, el C.P. está constituido por un receptor inductivo puro.

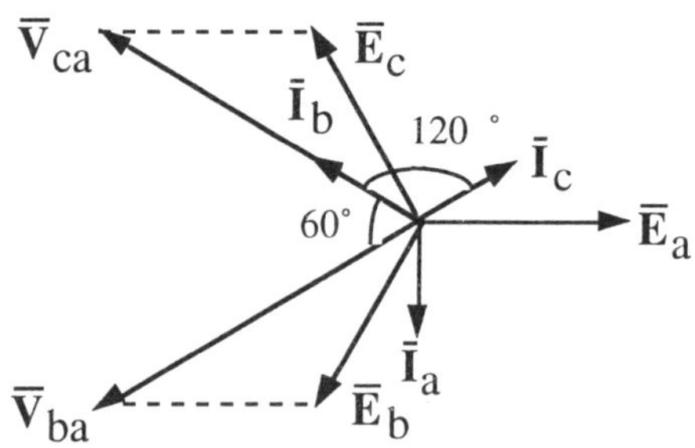

En el diagrama fasorial de la figura, justificamos el resultado; efectivamente, las lecturas de los vatímetros, serán:

$$W_b = V_L I_L \cos 60°;\ \ W_c = V_L I_L \cos 120°.$$

Vamos a calcular $\overline{\mathbf{Z}}$:

$$Q = V_L I_L \text{ sen } \varphi \ \Rightarrow\ 18000\sqrt{3} = \sqrt{3}\,300\sqrt{3}\,I_L.$$

$$I_L = 20\sqrt{3} \text{ A.} \ \Rightarrow\ I_\Delta = 20 \text{ A.} \ \Rightarrow\ Z = 300\sqrt{3}/20 = 15\sqrt{3}.$$

Luego:

$$\overline{\mathbf{Z}} = 15\sqrt{3}\,\underline{/90°}\,.$$

Respuesta C

SOLUCIÓN 5.52

Los nuevos valores de las potencias, serán:

$$P' = W_b' + W_c' = 9 \text{ kW. y } Q' = \sqrt{3}\left(W_b' - W_c'\right) = 9\sqrt{3} \text{ kVAr.}$$

Luego:

$$P' = P + \Delta P \ \Rightarrow\ \Delta P = 9 \text{ kW.}$$

$$Q' = Q + \Delta Q \ \Rightarrow\ \Delta Q = -\,9\sqrt{3} \text{ kVAr.}$$

Por tanto, el nuevo receptor consume la potencia aparente:

$$9000 - j9000\sqrt{3}.$$

Respuesta B

ITEM 5.53-56

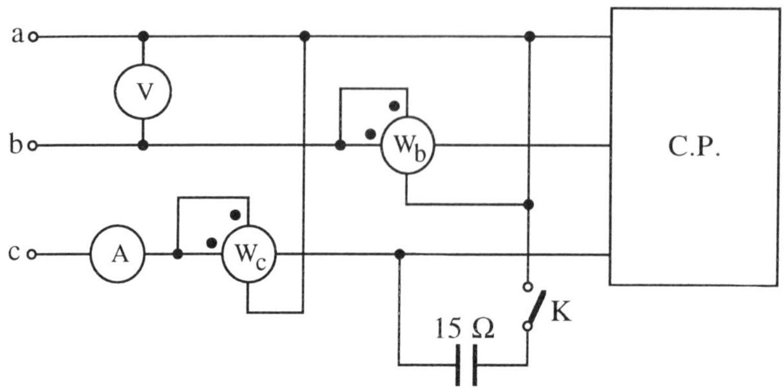

5.53. El C.P. equilibrado de la figura, está alimentado por un alternador que suministra un sistema de tensiones, igualmente equilibrado. Estando el interruptor K abierto, las lecturas de los aparatos son las siguientes:

$$W_b = 3 \text{ kW}; \ W_c = 6 \text{ kW}; \ A = 20 \text{ A}.$$

La lectura del voltímetro, tiene el valor:

A. $300\sqrt{3}$ V.
C. 300 V.
E. Indeterminado.
B. $150\sqrt{3}$ V.
D. 100 V.
F. Diferente.

5.54. Igual enunciado que el ítem 5.53. La impedancia compleja por fase del triángulo equivalente al C.P, tiene el valor:

A. $15\sqrt{3}\underline{/-30^\circ}$.
C. $7{,}5\underline{/30^\circ}$.
E. Indeterminado.
B. $15\sqrt{3}\underline{/30^\circ}$.
D. $15\underline{/60^\circ}$.
F. Diferente.

5.55. Igual enunciado que el ítem 5.53. Cerramos el interruptor K; una vez establecido el régimen permanente, la lectura del amperímetro tiene el valor:

A. $20\sqrt{3}$ A.
C. 20 A.
E. Indeterminado.
B. 40 A.
D. $20\sqrt{2}$ A.
F. Diferente.

5.56. Igual enunciado que el ítem 5.55. La suma de las lecturas de los vatímetros ($W_b + W_c$), tiene el valor:

A. 6 kW.
C. 9 kW.
E. Indeterminado.
B. 12 kW.
D. 18 kW.
F. Diferente.

SOLUCIÓN 5.53

Los vatímetros están formando una conexión Aron con las bobinas amperimétricas en la 2ª y 3ª fases; por lo que:

$$W_b + W_c = P = 9 \text{ kW}.$$

Como, además, el sistema es equilibrado: $Q = \sqrt{3}(W_b - W_c) = -3\sqrt{3}$ kVAr.

$$\text{tg } \varphi = -\sqrt{3}/3 \quad => \quad \varphi = -30° \text{ (Carga capacitiva).}$$

Por tanto, como:

$$P = \sqrt{3} V_L 20 \cos \varphi = 9000 \text{ W.} \quad => \quad V_L = 300 \text{ V.}$$

Respuesta C

SOLUCIÓN 5.54

Como el sistema es equilibrado, por cada rama del triángulo, circulará una intensidad: $I_\Delta = I/\sqrt{3} = 20/\sqrt{3}$ y, por tanto, la impedancia por fase del triángulo, será:

$$Z_\Delta = \frac{300}{20/\sqrt{3}} = 15\sqrt{3}.$$

Del ítem anterior, deducimos:

$$\bar{\mathbf{Z}}_\Delta = 15\sqrt{3}\underline{/-30°}.$$

Respuesta A

SOLUCIÓN 5.55

Como no han cambiado las tensiones de alimentación ni el C.P, tendremos:

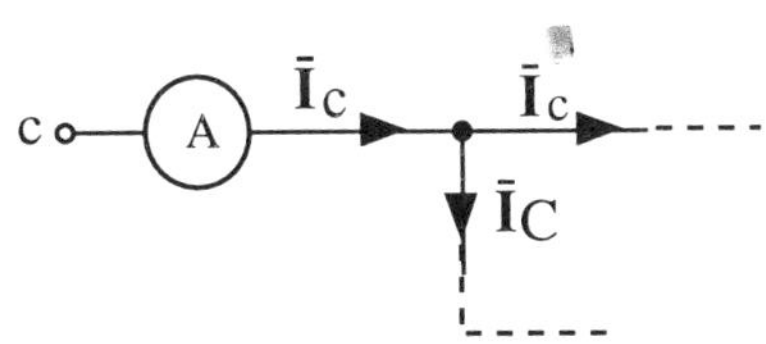

$$\bar{I}'_c = 20\underline{/150^\circ} \text{ (Igual que en el ítem 5.54).}$$

$$\bar{I}_C = \frac{\bar{V}_{ca}}{15\underline{/-90^\circ}} = \frac{300\underline{/150^\circ}}{15\underline{/-90^\circ}} \quad \Rightarrow \quad \bar{I}_C = 20\underline{/-120^\circ}. \quad \text{Como: } \bar{I}_c = \bar{I}'_c + \bar{I}_C$$

Por tanto, la lectura del amperímetro, será $20\sqrt{2}$ A.

Respuesta D

SOLUCIÓN 5.56

Como el condensador no consume potencia activa => $W_b + W_c = 9$ kW.

Respuesta C

ITEM 5.57

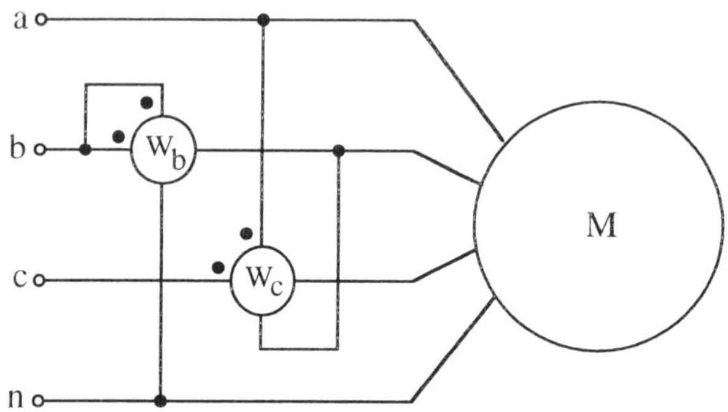

El motor de la figura está alimentado por una red equilibrada. Las características del referido motor son las siguientes:
Potencia útil ....10 kW.
Rendimiento .... 5/6.
Factor de potencia ....$\sqrt{3}/2$ (i)
Las lecturas de los vatímetros, serán:

A. $W_b = W_c = 4$ kW.
B. $W_b = 4$ kW; $W_c = 4\sqrt{3}$ kW.
C. $W_b = 6$ kW; $W_c = 4$ kW.
D. $W_b = 6$ kW; W_c Indeterminada.
E. W_b y W_c Indeterminadas.
F. Lecturas diferentes.

SOLUCIÓN 5.57

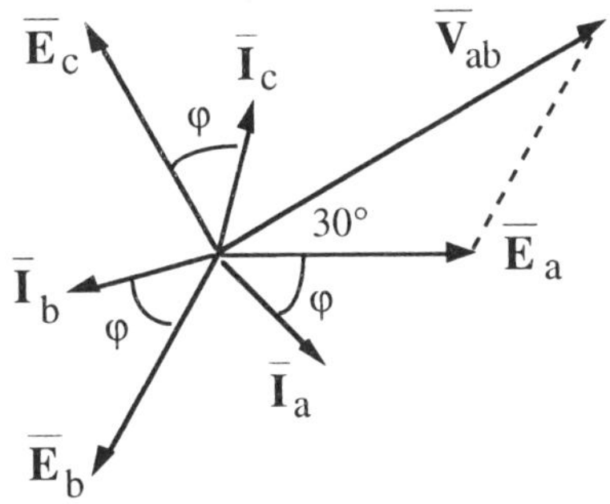

La potencia activa consumida por el motor, es:

$$P = 12 \text{ kW}.$$

El vatímetro indicará:

$$W_b = P/3 = 4 \text{ kW}.$$

Además:

$$P = \sqrt{3} V_L \, I \cos\varphi \qquad => \qquad V_L \, I = 8000.$$

Por otro lado:

$$\cos\varphi = \frac{\sqrt{3}}{2} \text{ (i)} \qquad => \qquad \overline{I}_a = I_{\underline{/-30^\circ}}.$$

$$\overline{I}_c = I_{\underline{/90^\circ}} \qquad => \qquad \langle \overline{V}_{ab}, \overline{I}_c \rangle = 60^\circ$$

La lectura del vatímetro W_c, es:

$$W_c = V_L I_c \cos\langle \overline{V}_{ab}, \overline{I}_c \rangle = 8000 \cos 60^\circ = 4 \text{ kW}.$$

También podríamos haber considerado:

$$W_c = Q/\sqrt{3} \quad \text{con} \quad Q = P \text{ tg } \varphi.$$

<u>Respuesta A</u>

ITEM 5.58-59

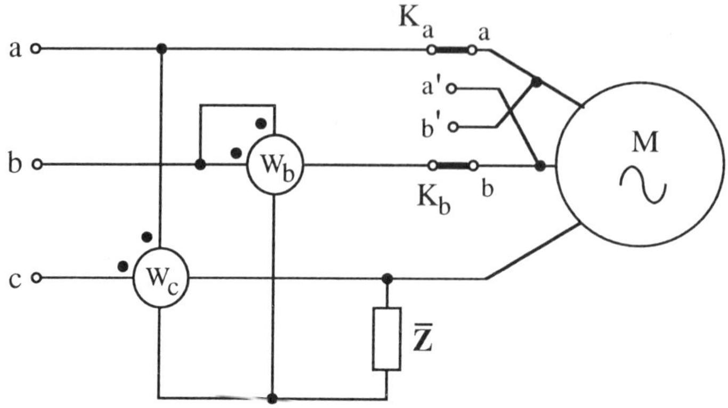

5.58. El sistema trifásico de la figura está equilibrado. Z es una impedancia idéntica a la de las bobinas voltimétricas de los vatímetros. La tensión simple es de 300 V. Estando K_a en la posición "a" y K_b en la "b", las lecturas de los vatímetros son:

$$W_b = 3 \text{ kW}; \quad W_c = 0.$$

Pasamos, simultáneamente, K_a a la posición a' y K_b a la posición b'. El factor de potencia del motor, tiene el valor:

A. $\frac{\sqrt{3}}{2}$ (i).
B. 0,5 (i).
C. $\frac{\sqrt{3}}{2}$ (c).
D. 0,5 (c).
E. Indeterminado.
F. Diferente.

5.59. Igual enunciado que el ítem 5.58. La potencia reactiva consumida por el motor, vale:

A. $\frac{9}{\sqrt{3}}$ kVAr (i).
B. $\frac{9}{\sqrt{3}}$ kVAr (c).
C. $9\sqrt{3}$ kVAr (i).
D. $9\sqrt{3}$ kVAr (c).
E. Indeterminado.
F. Diferente.

SOLUCIÓN 5.58

El cambio de orden de fases en el motor (receptor inductivo), no afecta al consumo de potencia activa y reactiva. Además, al estar el sistema equilibrado, el consumo de las tres fases es el mismo. Z solamente sirve para formar un neutro artificial.

$$W_b = P_b = 3 \text{ kW}.$$

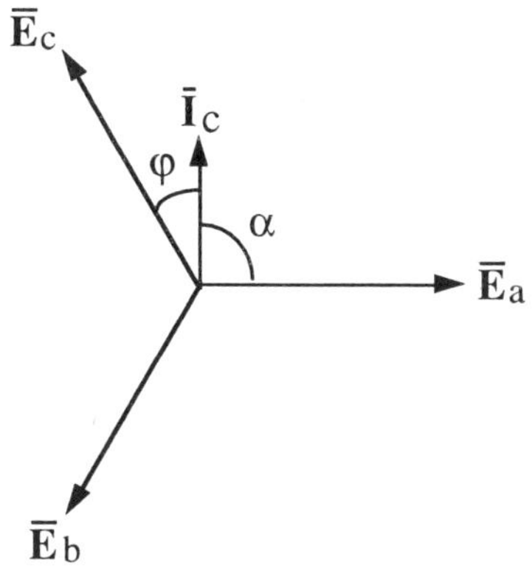

$$W_c = E_a I_c \cos \alpha = 0 \quad => \quad \alpha = 90°$$

Luego:

$$\varphi = 30° \quad => \quad \cos \varphi = \frac{\sqrt{3}}{2} \text{ (i).}$$

Respuesta A

SOLUCIÓN 5.59

La potencia activa consumida por el motor, será:

$$P = 3P_c = 9 \text{ kW.} \quad => \quad Q = P \text{ tg } \varphi \quad => \quad Q = 9/\sqrt{3} = 3\sqrt{3} \text{ kVAr (i).}$$

Respuesta A

ITEM 5.60

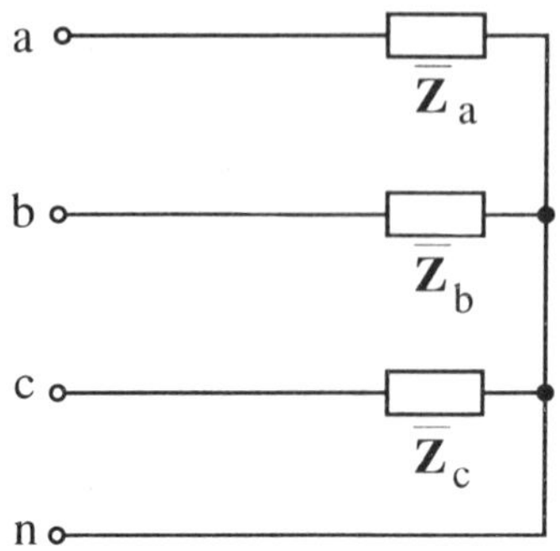

La red de la figura, está conectada a un generador equilibrado, consumiendo una potencia aparente compleja $\overline{\mathbf{S}}$. Se verifica:

$$\overline{\mathbf{Z}}_a = \overline{\mathbf{Z}}_b = 2\ \overline{\mathbf{Z}}_c.$$

La potencia aparente compleja consumida por $\overline{\mathbf{Z}}_c$, tiene el valor:

A. $\overline{\mathbf{S}} / \sqrt{3}$.
B. $\overline{\mathbf{S}} / 2$.
C. $\overline{\mathbf{S}} / 4$.
D. $\overline{\mathbf{S}} / 3$.
E. Indeterminado.
F. Diferente.

SOLUCIÓN 5.60

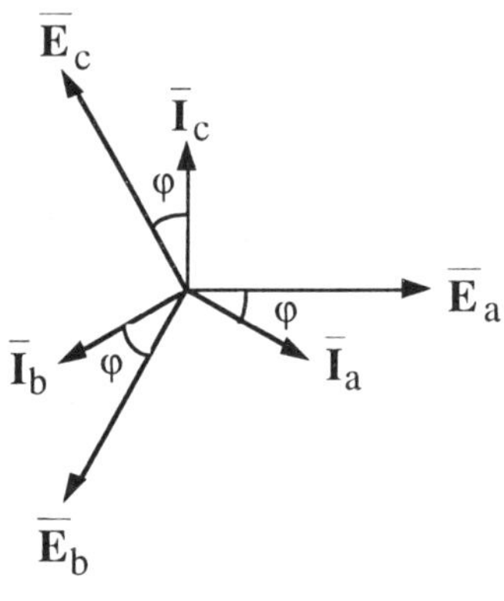

Efectivamente:

$$\overline{\mathbf{S}} = \overline{\mathbf{S}}_a + \overline{\mathbf{S}}_b + \overline{\mathbf{S}}_c.$$

Al ser el sistema a cuatro hilos y tener las impedancias el mismo argumento, se verifica:

$$\bar{\mathbf{I}}_c = 2\bar{\mathbf{I}}_a = 2\bar{\mathbf{I}}_b.$$

Luego:

$$\bar{\mathbf{S}}_a = \bar{\mathbf{S}}_b; \quad \bar{\mathbf{S}}_c = 2\bar{\mathbf{S}}_a = 2\bar{\mathbf{S}}_b.$$

Por lo que:

$$\bar{\mathbf{S}} = 2\bar{\mathbf{S}}_c.$$

Respuesta B

ITEM 5.61-62

5.61. Una red trifásica equilibrada consume una potencia aparente compleja de valor: $\bar{\mathbf{S}} = 9000\underline{/30^\circ}$. La forma fasorial de la tensión $\bar{\mathbf{V}}_{ab}$ es 300. Si la red es de secuencia directa, la forma fasorial de la intensidad $\bar{\mathbf{I}}_b$, será:

A. $-10\sqrt{3}$.	C. $10\sqrt{3}\underline{/150^\circ}$.	E. $10\underline{/90^\circ}$.
B. $10\sqrt{3}\underline{/-150^\circ}$.	D. 10.	F. Diferente.

5.62. Igual enunciado que el ítem 5.61. Si la red es de secuencia inversa, la forma fasorial de la intensidad $\bar{\mathbf{I}}_b$, será:

A. $-10\sqrt{3}$.	C. $10\sqrt{3}\underline{/150^\circ}$.	E. $10\underline{/-90^\circ}$.
B. $10\sqrt{3}\underline{/-150^\circ}$.	D. -10.	F. Diferente.

SOLUCIÓN 5.61

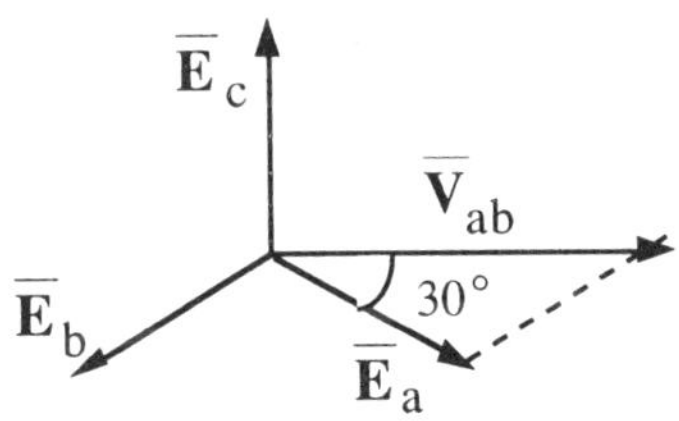

Por estar la red equilibrada: si $\bar{\mathbf{S}} = 9000\underline{/30^\circ}$ => $\bar{\mathbf{S}}_a = 3000\underline{/30^\circ}$.

Por ser de secuencia directa: si $\bar{\mathbf{V}}_{ab} = 300$ => $\bar{\mathbf{E}}_a = 100\sqrt{3}\underline{/-30^\circ}$.

$\bar{I}_a^* = 3000\underline{/30°} \,/\, 100\sqrt{3}\underline{/-30°}$ => $\bar{I}_a = 10\sqrt{3}\underline{/-60°}$ => $\bar{I}_b = -10\sqrt{3}$.

Respuesta A

SOLUCIÓN 5.62

Si la secuencia de fases es inversa, se verifica:

$$\bar{V}_{ab} = 300 \Rightarrow \bar{E}_a = 100\sqrt{3}\underline{/30°}.$$

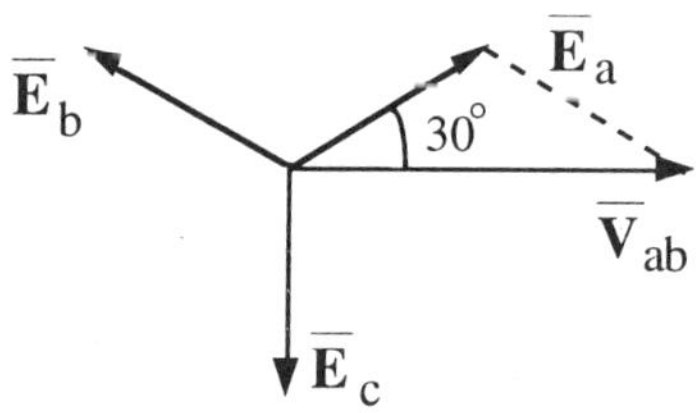

$\bar{I}_a^* = 3000\underline{/30°} \,/\, 100\sqrt{3}\underline{/30°} = 10\sqrt{3}$ => $\bar{I}_a = 10\sqrt{3}$ => $\bar{I}_b = 10\sqrt{3}\underline{/120°}$.

Respuesta F

ITEM 5.63-64

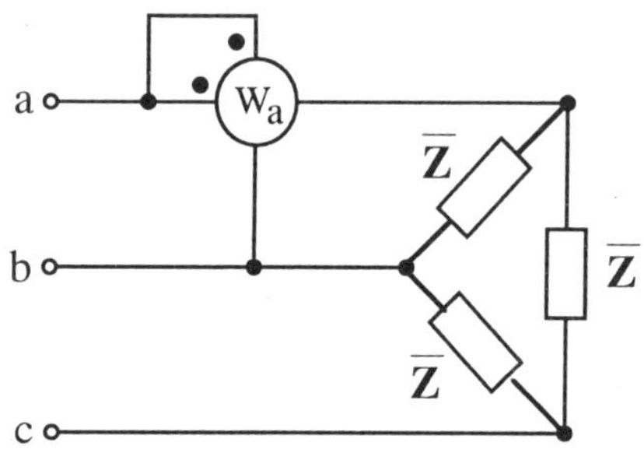

5.63. La red trifásica de la figura, de secuencia directa de fases, está equilibrada, consumiendo una potencia aparente compleja de $3000 + j3000\sqrt{3}$.
La lectura del vatímetro W_a, tiene el valor:

A. 3 kW.
B. 1 kW.
C. 1,5 kW.
D. Cero.
E. Indeterminado.
F. Diferente.

5.64. Igual enunciado que el ítem 5.63, salvo que la red trifásica es de secuencia inversa. La lectura del vatímetro W_a, tendrá el valor:

A. 3 kW.
B. 1 kW.
C. 1,5 kW.
D. Cero.
E. Indeterminado.
F. Diferente.

SOLUCIÓN 5.63

$$\bar{\mathbf{S}} = 3000 + j3000\sqrt{3} = 6000\underline{/60^\circ}.$$

Se trata, por tanto, de un sistema inductivo con $\varphi = 60°$.

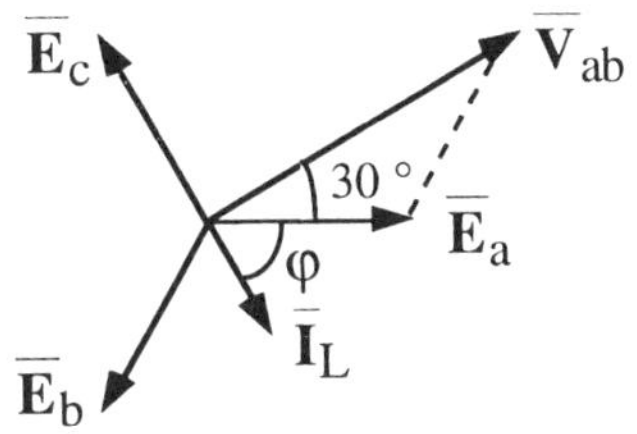

La lectura del vatímetro, será:

$$W_a = V_L\ I_L \cos(30° + 60°) = 0.$$

<u>Respuesta D</u>

SOLUCIÓN 5.64

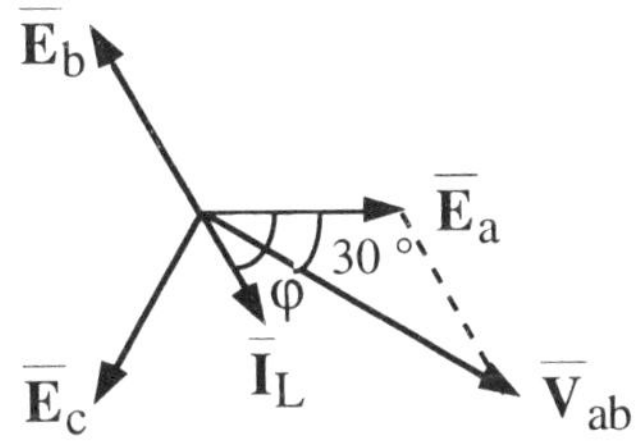

En estas condiciones, la lectura del vatímetro, es:

$$W_a = V_L I_L \cos 30°.$$

Como: $\sqrt{3} V_L I_L = 6000 \quad => \quad W_a = \frac{6000}{\sqrt{3}} \frac{\sqrt{3}}{2} = 3\ \text{kW}.$

<u>Respuesta A</u>

ITEM 5.65

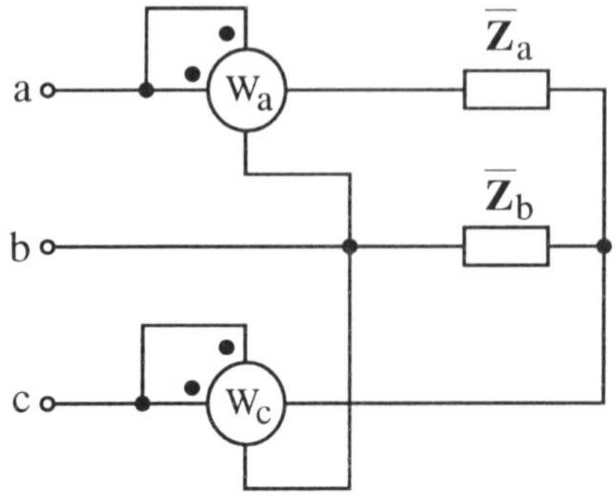

El circuito trifásico de la figura está desequilibrado en tensiones. La potencia aparente compleja consumida por los elementos pasivos es la siguiente:

$\overline{S}_{Z_a} = P_a + j\,Q_a$; $\overline{S}_{Z_b} = P_b + j\,Q_b$, siendo $P_a > P_b > 0$; $Q_a > 0 > Q_b$.

Con referencia a las lecturas de los vatímetros, podemos afirmar:

A. $W_a = P_a$; $W_c = P_b$.
B. $W_a + W_c = P_a + P_b$; $\sqrt{3}(W_a - W_c) = Q_a + Q_b$.
C. $W_a + W_c = P_a + P_b$; $\sqrt{3}(W_c - W_a) = Q_a + Q_b$.
D. $W_a + W_c = P_a + P_b$; $\sqrt{3}(W_a - W_c) = Q_a - Q_b$.
E. $W_a + W_c = P_a + P_b$.
F. Todas las respuestas son falsas.

SOLUCIÓN 5.65

Los vatímetros están conectados según la conexión Aron, por tanto, se verificará $W_a + W_c = P_a + P_b$.

Sin embargo, esta conexión no da información sobre la potencia reactiva en sistemas desequilibrados.

Respuesta E

ITEM 5.66-67

5.66. En un alternador trifásico equilibrado, su f.e.m. viene dada por la expresión: $e_a = 220\sqrt{2}$ sen314t, alimentando a un receptor equilibrado en estrella que consume la potencia aparente compleja $6600\underline{/60^\circ}$. Por una avería en el alternador, éste genera las tensiones:

$$e_a = 66 + 220\sqrt{2} \text{ sen } 314t; \quad e_b = 220\sqrt{2} \text{ sen } (314t - 120^\circ);$$

$$e_c = 220\sqrt{2} \text{ sen } (314t + 120^\circ).$$

El incremento de potencia activa consumida por el receptor en estrella, tiene el valor:

A. 132 W.
B. 825 W.
C. 297 W.
D. 264 W.
E. Indeterminado.
F. Diferente.

5.67. Igual enunciado que el ítem 5.66. Un amperímetro de cuadro móvil, conectado en la tercera fase del circuito, medirá:

A. Cero.
B. 2 A.
C. 4 A.
D. 1,5 A.
E. Indeterminado.
F. Diferente.

SOLUCIÓN 5.66

Calculamos Z_λ en función de la potencia aparente y la tensión simple:

$$S = 3I^2 Z_\lambda = \frac{3V_a^2}{Z_\lambda} \quad => \quad Z_\lambda = 22\ \Omega.$$

Luego: $\overline{\mathbf{Z}}_\lambda = 22\underline{/60^\circ} = 11 + j11\sqrt{3}$.

El incremento de la potencia activa consumida por el receptor, es debido a la componente continua.

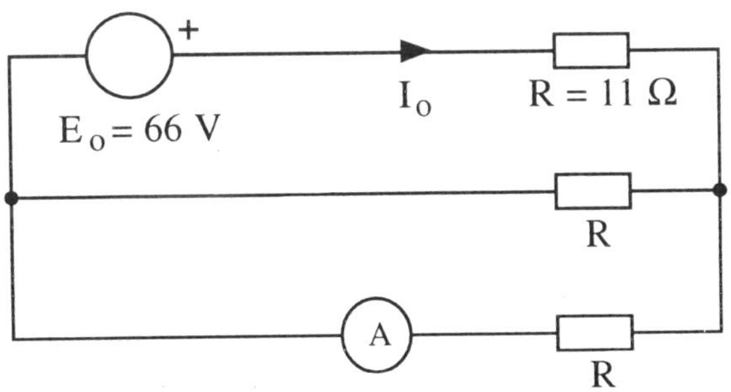

$\omega = 0.$

Por tanto: $\Delta P = 1{,}5\ I_o^2\ R = \dfrac{E_o^2}{1{,}5R} = 264$ W.

Respuesta D

SOLUCIÓN 5.67

El amperímetro de cuadro móvil mide la componente continua; según la figura, tendremos:

$$A = \frac{I_o}{2} = \frac{E_o}{3R} = \frac{66}{33} = 2 \text{ A.}$$

Respuesta B

ITEM 5.68-69

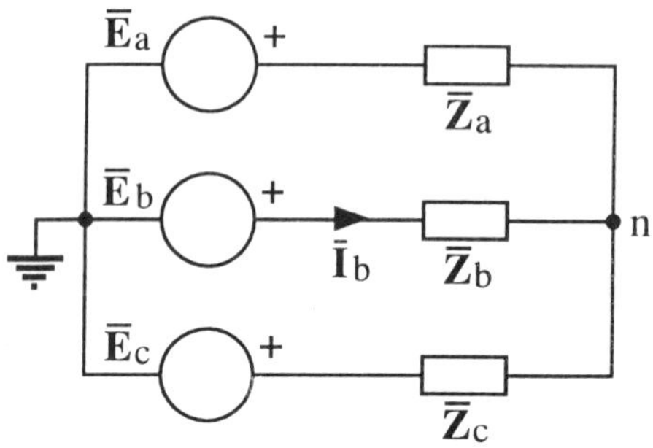

Figura 1

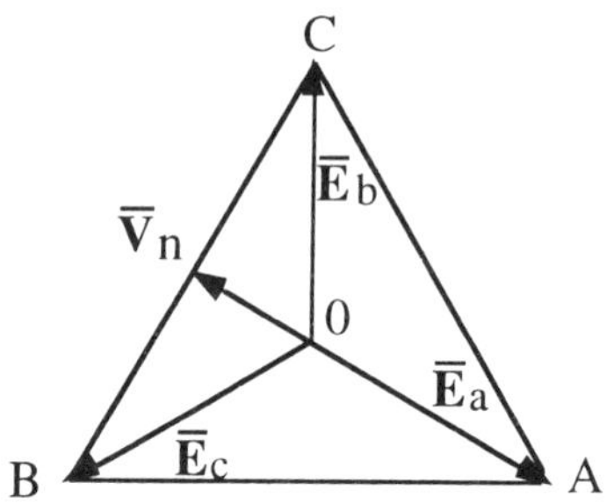

Figura 2

5.68. El diagrama fasorial de la figura 2, corresponde al circuito trifásico de la figura 1. El triángulo ABC es equilátero; en la escala de tensiones, AB corresponde a $300\sqrt{3}$ voltios. Si $\overline{Z}_b = 10\underline{/30°}$, la intensidad $\overline{I}_b$, tiene el valor:

A. $15\underline{/-60°}$.

B. $15\underline{/30°}$.

C. $15\underline{/60°}$.

D. $15\sqrt{3}\underline{/30°}$.

E. Indeterminado.

F. Diferente.

5.69. Igual enunciado que el ítem 5.68. La potencia aparente compleja generada por la segunda fase, tiene el valor:

A. $4500\sqrt{3}\underline{/60^\circ}$.

B. $2250\sqrt{3}\underline{/30^\circ}$.

C. $6750\sqrt{3}\underline{/30^\circ}$.

D. $4500\underline{/-30^\circ}$.

E. Indeterminado.

F. Diferente.

SOLUCIÓN 5.68

La tensión simple vale:

$$E = \frac{300\sqrt{3}}{\sqrt{3}} \quad \text{y además:} \quad \overline{\mathbf{V}}_{bn} = \overline{\mathbf{E}}_b - \overline{\mathbf{V}}_n.$$

Del diagrama fasorial de la figura 2, deducimos:

$$\overline{\mathbf{V}}_{bn} = 150\sqrt{3}\underline{/60^\circ}.$$

Por tanto:

$$\overline{\mathbf{I}}_b = \frac{\overline{\mathbf{V}}_{bn}}{\overline{\mathbf{Z}}_b} = \frac{150\sqrt{3}\underline{/60^\circ}}{10\underline{/30^\circ}} = 15\sqrt{3}\underline{/30^\circ}.$$

Respuesta D

SOLUCIÓN 5.69

Utilizando los resultados anteriores, obtenemos:

$$\overline{\mathbf{S}}_b = \overline{\mathbf{E}}_b \overline{\mathbf{I}}_b^*.$$

Por tanto:

$$\overline{\mathbf{S}}_b = 300\underline{/90^\circ} \cdot 15\sqrt{3}\underline{/-30^\circ} = 4500\sqrt{3}\underline{/60^\circ}.$$

Respuesta A

ITEM 5.70-71

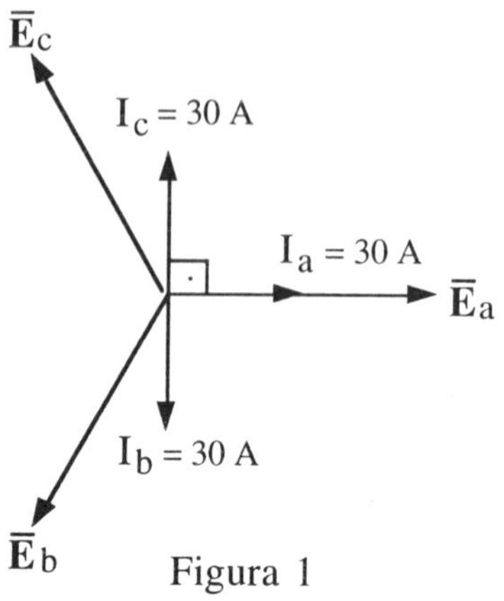

Figura 1

5.70. Un circuito trifásico está alimentado por unas tensiones equilibradas, siendo V_L = 380 V. La figura 1, muestra su diagrama fasorial. Deducimos:

A. Está desequilibrado en intensidades.
B. Puede ser un circuito a tres hilos.
C. Puede estar constituido, exclusivamente, por receptores en triángulo.
D. Tiene que ser, forzosamente, a cuatro hilos.
E. Son ciertas las respuestas A y D.
F. Son ciertas las respuestas A, B y C.

5.71. Igual enunciado que el ítem 5.70. Las figuras 2 y 3, son posibles triángulos de potencia del circuito. Son ciertas las siguientes proposiciones:

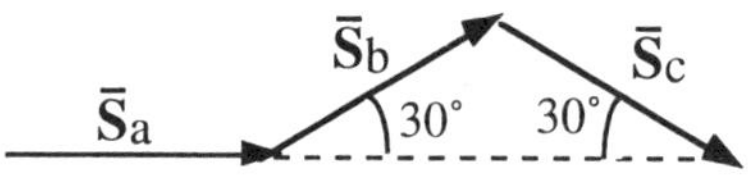

Figura 2

Figura 3

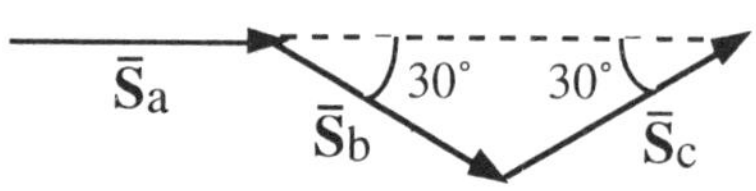

A. La figura 2 es la correcta, si se verifica $S_a = S_b = S_c$ = 11400 VA.
B. La figura 2 es la correcta, si se verifica $S_a = S_b = S_c = 3800\sqrt{3}$ VA.
C. La figura 3 es la correcta, si se verifica $S_a = S_b = S_c$ = 11400 VA.
D. La figura 3 es la correcta, si se verifica $S_a = S_b = S_c = 3800\sqrt{3}$ VA.
E. Son posibles las respuestas A y C.
F. Todas las respuestas son falsas.

SOLUCIÓN 5.70

Observamos que $\sum_{a}^{c} \bar{\mathbf{I}}_i$ es diferente de cero, luego no puede ni estar equilibrado, ni ser a tres hilos.

Respuesta E

SOLUCIÓN 5.71

Del diagrama fasorial de la figura 1: $\bar{\mathbf{I}}_a = 30$; $\bar{\mathbf{I}}_b = 30_{\underline{/-90°}}$; $\bar{\mathbf{I}}_c = 30_{\underline{/90°}}$.

Por tanto: $\bar{\mathbf{S}}_a = \bar{\mathbf{E}}_a \bar{\mathbf{I}}_a^* = \dfrac{380}{\sqrt{3}} \cdot 30 = 3800\sqrt{3}$ VA.

$$\bar{\mathbf{S}}_b = \bar{\mathbf{E}}_b \bar{\mathbf{I}}_b^* = 3800\sqrt{3}_{\underline{/-30°}} \text{ VA.}$$

$$\bar{\mathbf{S}}_c = \bar{\mathbf{E}}_c \bar{\mathbf{I}}_c^* = 3800\sqrt{3}_{\underline{/30°}} \text{ VA.}$$

Respuesta D

ITEM 5.72-73

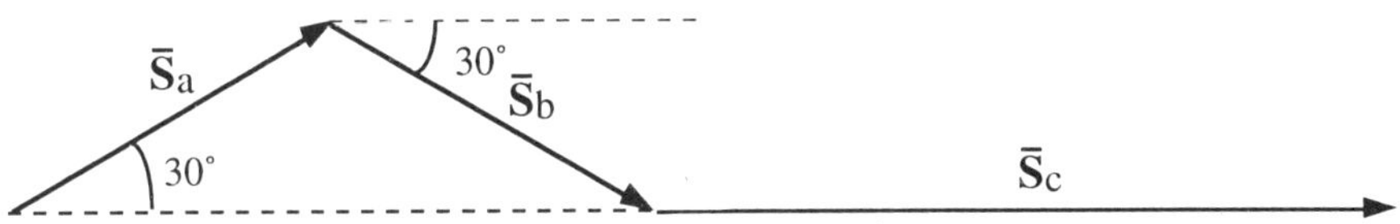

5.72. En la figura se muestra el triángulo de potencias de un alternador en estrella equilibrado en tensiones, que alimenta a un receptor en estrella, formando un sistema a tres hilos. Con relación al generador, podemos afirmar:

A. La intensidad de línea $\bar{\mathbf{I}}_a$ va atrasada 30° con relación a la tensión simple $\bar{\mathbf{E}}_a$.
B. La intensidad de línea $\bar{\mathbf{I}}_c$ va en fase con $\bar{\mathbf{E}}_c$.
C. La intensidad de línea $\bar{\mathbf{I}}_b$ va adelantada 30° con relación a $\bar{\mathbf{E}}_b$.
D. La tercera fase del alternador sólo genera potencia activa.
E. Son ciertas las respuestas A, B, C y D.
F. No podemos afirmar nada por ser un circuito a tres hilos.

5.73. Igual enunciado que el ítem 5.72. Con relación al receptor, deducimos:

A. La impedancia de la primera fase es de tipo inductivo.
B. La impedancia de la tercera fase es resistiva pura.
C. La impedancia de la segunda fase es de tipo capacitivo.
D. La impedancia de la tercera fase no consume potencia reactiva.
E. Son ciertas las respuestas A, B, C y D.
F. No podemos afirmar nada por ser un circuito a tres hilos.

SOLUCIÓN 5.72

Teniendo en cuenta la definición de potencia aparente compleja:

$$\bar{\mathbf{S}}_a = \bar{\mathbf{E}}_a\ \bar{\mathbf{I}}_a^* = E_{\underline{/0^\circ}}\ \bar{\mathbf{I}}_a^* = S_{a\underline{/30^\circ}}$$

$$\bar{\mathbf{I}}_a = I_{a\underline{/-30^\circ}} \quad => \quad \bar{\mathbf{I}}_a \text{ atrasada } 30° \text{ respecto } \bar{\mathbf{E}}_a$$

$$\bar{\mathbf{S}}_b = \bar{\mathbf{E}}_b\ \bar{\mathbf{I}}_b^* = E_{\underline{/-120^\circ}}\ \bar{\mathbf{I}}_b^* = S_{b\underline{/-30^\circ}}$$

$$\bar{\mathbf{I}}_b = I_{b\underline{/-90^\circ}} \quad => \quad \bar{\mathbf{I}}_b \text{ está adelantada } 30° \text{ respecto de } \bar{\mathbf{E}}_b.$$

$$\bar{\mathbf{S}}_c = \bar{\mathbf{E}}_c\ \bar{\mathbf{I}}_c^* = E_{\underline{/120^\circ}}\ \bar{\mathbf{I}}_c^* = S_{c\underline{/0^\circ}}$$

$\bar{\mathbf{I}}_c = I_{c\underline{/120^\circ}}$ => $\bar{\mathbf{I}}_c$ está en fase con $\bar{\mathbf{E}}_c$ y además ésta fase solo genera potencia activa por tener argumento nulo.

Respuesta E

SOLUCIÓN 5.73

Al ser el circuito a tres hilos con un receptor en estrella desequilibrado, la tensión que soporta cada fase receptora resulta desconocida y, por tanto, no podemos concretar el carácter de las impedancias.

Respuesta F

ITEM 5.74-76

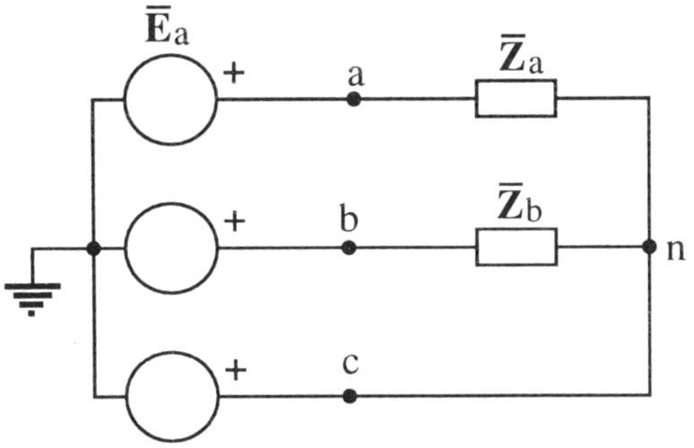

5.74. El circuito trifásico de la figura, está equilibrado en tensiones. $\overline{\mathbf{E}}_a = 300$. Se verifica: $\overline{\mathbf{S}}_{E_a} = \overline{\mathbf{S}}_{E_b} = 3000\underline{/30^\circ}$. La impedancia $\overline{\mathbf{Z}}_a$, tiene el valor:

A. $30\underline{/-30^\circ}$.
B. $30\underline{/30^\circ}$.
C. $30\sqrt{3}\underline{/30^\circ}$.
D. $30\sqrt{3}$.
E. 90.
F. Diferente.

5.75. Igual enunciado que el ítem 5.74. La potencia $\overline{\mathbf{S}}_{E_c}$, tiene el valor:

A. Cero.
B. $1500\underline{/30^\circ}$.
C. $3000\underline{/30^\circ}$.
D. $3000\underline{/-30^\circ}$.
E. $3000\underline{/210^\circ}$.
F. Diferente.

5.76. Igual enunciado que el ítem 5.74. La potencia aparente compleja consumida por $\overline{\mathbf{Z}}_b$, tiene el valor:

A. $1000\sqrt{3}\underline{/60^\circ}$.
B. $3000\underline{/30^\circ}$.
C. $3000\underline{/-30^\circ}$.
D. $3000\sqrt{3}\underline{/60^\circ}$.
E. $3000\sqrt{3}\underline{/120^\circ}$.
F. Diferente.

SOLUCIÓN 5.74

Al estar la tercera fase en cortocircuito, se verifica:

$$\overline{\mathbf{V}}_{an} = \overline{\mathbf{V}}_{ac} = 300\sqrt{3}\underline{/-30^\circ}.$$

Por tanto: $\overline{\mathbf{S}}_{E_a} = 3000\underline{/30^\circ} = 300\,\overline{\mathbf{I}}_a^* \quad => \quad \overline{\mathbf{I}}_a^* = 10\underline{/30^\circ}$.

$$\overline{\mathbf{I}}_a = 10\underline{/-30^\circ} \qquad => \qquad \overline{\mathbf{Z}}_a = \frac{300\sqrt{3}\underline{/-30^\circ}}{10\underline{/-30^\circ}}$$

Luego: $\overline{\mathbf{Z}}_a = 30\sqrt{3}$.

Respuesta D

SOLUCIÓN 5.75

La tensión $\overline{\mathbf{V}}_{bn}$, vale: $\overline{\mathbf{V}}_{bn} = \overline{\mathbf{V}}_{bc} = 300\sqrt{3}\underline{/-90°}$.

$$\overline{\mathbf{S}}_{E_b} = 3000\underline{/30°} = 300\underline{/-120°}\ \overline{\mathbf{I}}_b^* \quad => \quad \overline{\mathbf{I}}_b^* = 10\underline{/150°}. \quad => \quad \overline{\mathbf{I}}_b = 10\underline{/-150°}.$$

Aplicando la 1ª ley de Kirchhoff, resulta: $\overline{\mathbf{I}}_c = -(\overline{\mathbf{I}}_a + \overline{\mathbf{I}}_b) = 10\underline{/90°}$.

Por tanto: $\overline{\mathbf{S}}_{E_c} = \overline{\mathbf{E}}_c \overline{\mathbf{I}}_c^* = 300\underline{/120°} \cdot 10\underline{/-90°} = 3000\underline{/30°}$.

Respuesta C

SOLUCIÓN 5.76

$$\overline{\mathbf{S}}_{Z_b} = \overline{\mathbf{V}}_{bn} \overline{\mathbf{I}}_b^* = 300\sqrt{3}\underline{/-90°} \cdot 10\underline{/150°} = 3000\sqrt{3}\underline{/60°}.$$

El diagrama fasorial muestra que la red se comporta como si el receptor fuera equilibrado.

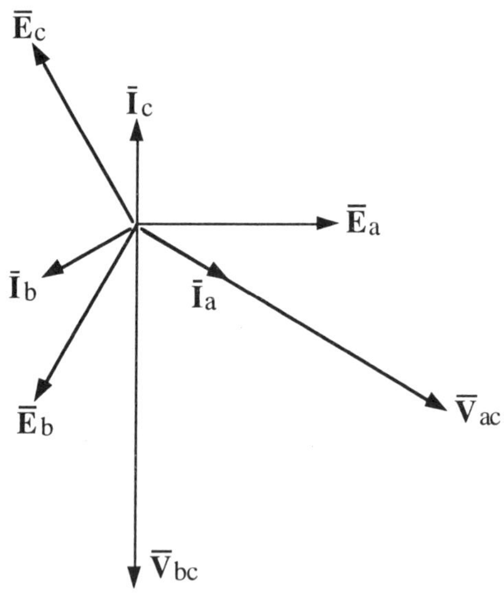

Respuesta D

ITEM 5.77-78

5.77. Sea una red alimentada por un alternador que suministra unas tensiones trifásicas equilibradas de secuencia directa. Las potencias aparentes complejas generadas por las fases primera y tercera son las siguientes:

$$\overline{\mathbf{S}}_a = A\underline{/0^\circ}; \ \overline{\mathbf{S}}_c = A\underline{/30^\circ}.$$

Si la red es a tres hilos, la potencia aparente compleja generada por la segunda fase, tiene el valor:

A. $A\underline{/-30^\circ}$.
B. $A\underline{/60^\circ}$.
C. $\sqrt{2}A\underline{/15^\circ}$.
D. $\sqrt{3}A\underline{/30^\circ}$.
E. Indeterminado.
F. Diferente.

5.78. Igual enunciado que el ítem 5.77. Si la red es a cuatro hilos, la potencia aparente compleja generada por la segunda fase, tiene el valor:

A. $A\underline{/-30^\circ}$.
B. $A\underline{/60^\circ}$.
C. $\sqrt{2}A\underline{/15^\circ}$.
D. $\sqrt{3}A\underline{/30^\circ}$.
E. Indeterminado.
F. Diferente.

SOLUCIÓN 5.77

Por definición de potencia aparente compleja:

$$\overline{\mathbf{S}}_a = A\underline{/0^\circ} = \overline{\mathbf{E}}_a\ \overline{\mathbf{I}}_a^* = E\underline{/0^\circ}\ \overline{\mathbf{I}}_a^* \quad => \quad \overline{\mathbf{I}}_a = \frac{A}{E}.$$

$$\overline{\mathbf{S}}_c = A\underline{/30^\circ} = \overline{\mathbf{E}}_c\ \overline{\mathbf{I}}_c^* = E\underline{/120^\circ}\ \overline{\mathbf{I}}_c^* \quad => \quad \overline{\mathbf{I}}_c = \frac{A}{E}\underline{/90^\circ}.$$

Por ser un sistema a tres hilos: $\overline{\mathbf{I}}_b = -\left(\overline{\mathbf{I}}_a + \overline{\mathbf{I}}_c\right)$.

$$\overline{\mathbf{I}}_b = \frac{A(-1-j)}{E} = \frac{\sqrt{2}A}{E}\underline{/225^\circ} \quad => \quad \overline{\mathbf{S}}_b = \overline{\mathbf{E}}_b\ \overline{\mathbf{I}}_b^* = E\underline{/-120^\circ}\ \overline{\mathbf{I}}_b^* = \sqrt{2}A\underline{/15^\circ}.$$

Recordemos que por ser equilibrado en tensiones de entrada:

$$E_a = E_b = E_c = E.$$

<u>Respuesta C</u>

SOLUCIÓN 5.78

Al ser el sistema desequilibrado en intensidades y además ser a cuatro hilos se deduce:

$\bar{I}_a + \bar{I}_b + \bar{I}_c \neq 0$ en general, por lo que no se puede determinar $\bar{I}_b$.

Respuesta E

ITEM 5.79

Una instalación trifásica equilibrada consume la potencia $S_{\underline{/30^\circ}}$ cuando tiene conectada su batería de condensadores en estrella. Si conectásemos los mismos condensadores en triángulo, el factor de potencia de la red pasaría a ser la unidad. La potencia reactiva de la batería de condensadores conectada en estrella, tiene el valor:

A. $- j3S/4$.
B. $- jS/\sqrt{3}$.
C. $- jS/3$.
D. $- jS/4$.
E. Indeterminado.
F. Diferente.

SOLUCIÓN 5.79

Con la batería de condensadores conectados en estrella, se verifica:

$$S_{\underline{/30^\circ}} = P + j(Q + Q_\lambda) = \frac{\sqrt{3}S}{2} + \frac{jS}{2} \quad => \quad Q + Q_\lambda = \frac{S}{2}.$$

Con la batería de condensadores en triángulo, tenemos:

$$S_{\underline{/0^\circ}} = P + j(Q + Q_D) = S \quad => \quad Q + Q_D = 0 \quad => \quad Q_D = - Q.$$

Como:

$$Q_\Delta = 3Q_\lambda \quad => \quad Q - \frac{Q}{3} = \frac{S}{2} \quad => \quad Q = \frac{3S}{4} \quad => \quad Q_\lambda = - \frac{S}{4}.$$

Respuesta D

ITEM 5.80

Disponemos de tres condensadores idénticos de capacidad C y cuya tensión eficaz máxima, en régimen permanente sinusoidal, es V_m. Las posibles formas de conexión, para la realización de una mejora del factor de potencia de una red trifásica equilibrada inductiva, de tensión de línea V_L, será:

A. Conexión λ , si $V_L > V_m > \frac{V_L}{\sqrt{3}}$.
B. Conexión λ , si $\frac{V_L}{\sqrt{3}} > V_m > \frac{V_L}{2}$.
C. Conexión Δ , si $V_L > V_m > \frac{V_L}{\sqrt{3}}$.
D. Conexión Δ, si $\sqrt{3}V_L > V_m > V_L$.
E. Son posibles B y C.
F. Son posibles A y D.

SOLUCIÓN 5.80

En estrella cada condensador soporta la tensión $\frac{V_L}{\sqrt{3}}$ y en triangulo V_L.

Son posibles las opciones A y D; sin embargo, la B y la C no lo son ya que se perforarían los condensadores.

Respuesta F

ITEM 5.81-83

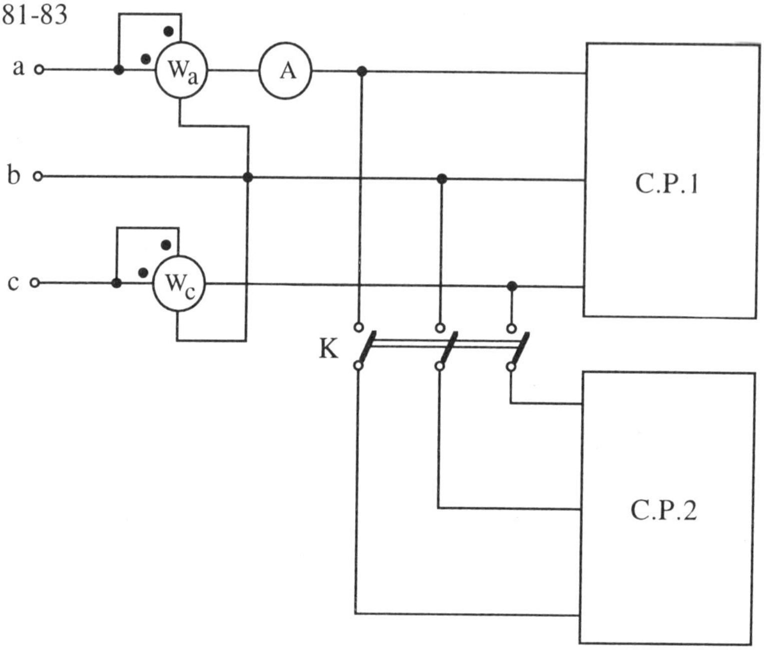

5.81. C.P.1 y C.P.2, son dos receptores trifásicos equilibrados. La red está conectada a un alternador que suministra unas tensiones equilibradas de valor:

$$V_L = 300 \text{ V.}$$

Estando el interruptor K abierto, las lecturas de los vatímetros son:

$$W_a = 4 + \sqrt{3} \text{ kW}; \quad W_c = 4 - \sqrt{3} \text{ kW.}$$

Con referencia al C.P.1, son ciertas las siguientes proposiciones:

A. Consume una potencia de 8 kW.
B. Tiene un factor de potencia de 0,8 (c).
C. Consume una potencia reactiva de - 6 kVAr.
D. Consume una potencia reactiva de 6 kVAr.
E. Son ciertas A y D.
F. Son ciertas A, B y C.

5.82. Igual enunciado que el ítem 5.81. Estando el interruptor K cerrado, las lecturas de los vatímetros son: $W_a = W_c = 4$ kW. Con referencia al receptor C.P.2, son ciertas las siguientes proposiciones:

A. Sólo consume energía reactiva.
B. Su factor de potencia es nulo.
C. Consume una potencia activa nula.
D. Tiene carácter inductivo puro.
E. Son ciertas A, B y C.
F. Son ciertas A, B, C y D.

5.83. Igual circuito que el ítem 5.81. Llamaremos A la lectura del amperímetro con K abierto y A' con K cerrado. Ha de verificarse:

A. A > A'.
B. A = A'.
C. A < A'.
D. Son posibles las respuestas A y B.
E. Son posibles las respuestas A y C.
F. Son posibles las respuestas A, B y C.

SOLUCIÓN 5.81

Es una conexión Aron; por tanto:

$$P_1 = W_a + W_c = 8 \text{ kW. y } \quad Q_1 = \sqrt{3}(W_c - W_a) = - 6 \text{ kVAr.}$$

Vemos que el circuito es capacitivo como puede comprobarse en el diagrama fasorial.

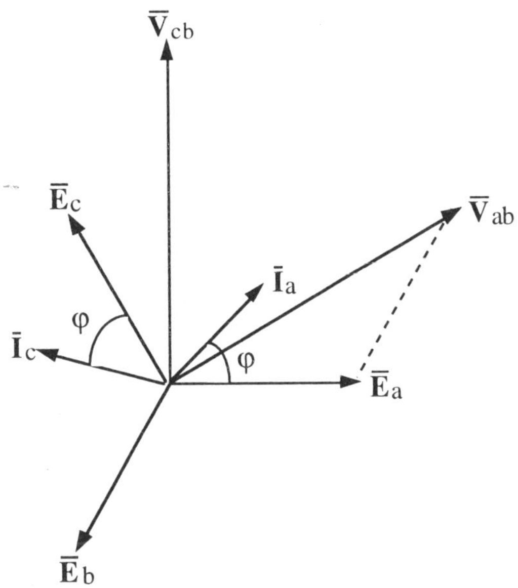

Efectivamente, $W_a > W_c$ al ser: $\widehat{\bar{I}_a, \bar{V}_{ab}} < \widehat{\bar{I}_c, \bar{V}_{cb}}$, por tanto las intensidades vienen adelantadas con respecto a las tensiones.

La potencia aparente es $S_1 = \sqrt{P_1^2 + Q_1^2} = 10$ kVA, luego:

$$\cos \varphi_1 = \frac{P_1}{S_1} = 0{,}8 \text{ (c)}.$$

Son ciertas las proposiciones A, B y C.

Respuesta F

SOLUCIÓN 5.82

Al cerrar el interruptor trifásico K, conectamos un nuevo receptor equilibrado. Aplicamos el teorema de Boucherot. Sean P', Q', las potencias activa y reactiva; por tanto:

$$P' = W_a' + W_c' = 8 \text{ kW} \quad \text{y} \quad Q' = \sqrt{3}\left(W_c' - W_a'\right) = 0 \text{ kVAr}.$$

Llamemos P_2, Q_2, $\cos \varphi_2$, las magnitudes referidas a C.P.2. Se verifica:

$$P' = P_1 + P_2 \quad => \quad P_2 = 0 \text{ kW}.$$

$$Q' = Q_1 + Q_2 \quad => \quad Q_2 = 6 \text{ kVAr}.$$

Luego son ciertas las proposiciones A, B, C y D.

Respuesta F

SOLUCIÓN 5.83

Al cerrar K, hemos realizado una mejora de factor de potencia, pasando a una potencia aparente más pequeña y, por tanto, a una intensidad menor.

Respuesta A

ITEM 5.84-86

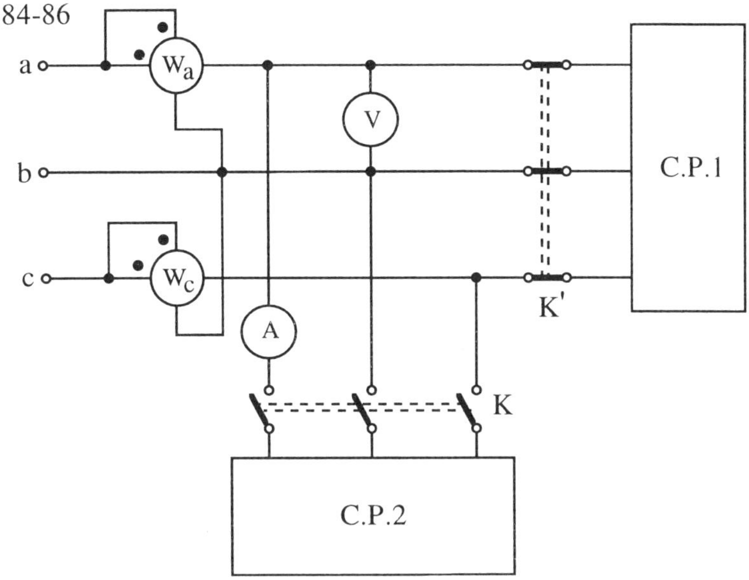

5.84. En el circuito de la figura, alimentado por un sistema de tensiones equilibrado, el interruptor trifásico K está abierto y el K' cerrado. Las lecturas de los aparatos son las siguientes:

$$W_a = W_c = 5 \text{ kW}; \;\; V = 300 \text{ V}.$$

C.P.1 y C.P.2, son redes pasivas trifásicas equilibradas. Cerramos el interruptor trifásico K, siendo las nuevas lecturas de los vatímetros:

$$W_a = 20 \text{ kW}; \;\; W_c = 10 \text{ kW}.$$

La lectura del amperímetro A, tiene el valor:

A. $\frac{100}{3}$ A.

B. $\frac{200}{3\sqrt{3}}$ A.

C. $\frac{200}{3}$ A.

D. 50,92 A.

E. Indeterminado.

F. Diferente.

5.85. Igual enunciado que el ítem 5.84. El factor de potencia del receptor C.P.2, tiene el valor:

A. $\frac{\sqrt{3}}{2}$ (i).

B. $\frac{\sqrt{3}}{2}$ (c).

C. $\frac{2}{\sqrt{7}}$ (c).

D. 0,5 (i).

E. $\frac{3}{\sqrt{11}}$ (i).

F. Diferente.

5.86. Igual circuito que en el ítem 5.84. Si desconectamos el receptor C.P.1 con el interruptor K' abierto -permaneciendo cerrado el interruptor K- las lecturas de los vatímetros W_a y W_c , serán las siguientes:

A. $W_a = 15$ kW; $W_c = 5$ kW.
B. $W_a = 20$ kW; $W_c = 10$ kW.
C. $W_a = 25$ kW; $W_c = -5$ kW.
D. $W_a = 5$ kW; $W_c = 15$ kW.
E. Indeterminadas.
F. Diferentes.

SOLUCIÓN 5.84

Los vatímetros están conectados según el método Aron.

Estando K abierto y K' cerrado:

$$Wa = Wc = 5 \text{ kW.} \qquad \begin{cases} \text{C.P.1 es resistivo puro.} \\ P_{C.P.1} = 10 \text{ kW. y } Q_{C.P.1} = 0. \end{cases}$$

Estando K cerrado y K' cerrado:

$$W_a = 20 \text{ kW y } W_c = 10 \text{ kW.}$$

$$\begin{cases} \text{El conjunto tiene un f.d.p}: \cos 30° = \dfrac{\sqrt{3}}{2} \text{ (c)} \\ P_{C.P.1} + P_{C.P.2} = 30 \text{ kW} = P_T. \end{cases}$$

Aplicando el teorema de Boucherot:

$$P_{C.P.2} = 30 - 10 = 20 \text{ kW}; \; Q_{C.P.2} = Q_T = P_T \text{ tg } (-30°) = 10\sqrt{3} \text{ kVAr (c).}$$

$$\bar{S}_{C.P.2} = 20 - j10\sqrt{3} = 10\sqrt{7}\underline{/-40{,}89°}.; \; S_{C.P.2} = 10000\sqrt{7} \text{ V.A.}$$

$$I_{C.P.2} = \frac{10000\sqrt{7}}{300\sqrt{3}} \approx 50{,}92 \text{ A.}$$

La lectura del amperímetro, sera: 50,92 A.

Respuesta D

SOLUCIÓN 5.85

De acuerdo con los resultados del ítem anterior:

$$\cos \varphi_2 = \cos(-40{,}89^\circ) = \frac{2}{\sqrt{7}} \text{ (c).}$$

Respuesta C

SOLUCIÓN 5.86

Por ser una conexión Aron y el sistema estar totalmente equilibrado:

$$P_{C.P.2} = W_a + W_c = 20.; \quad Q_{C.P.2} = \sqrt{3}(W_c - W_a) = -10\sqrt{3}.$$

De donde: $W_a = 15$ kW. y $W_c = 5$ kW.

Respuesta A

TEM 5.87-93

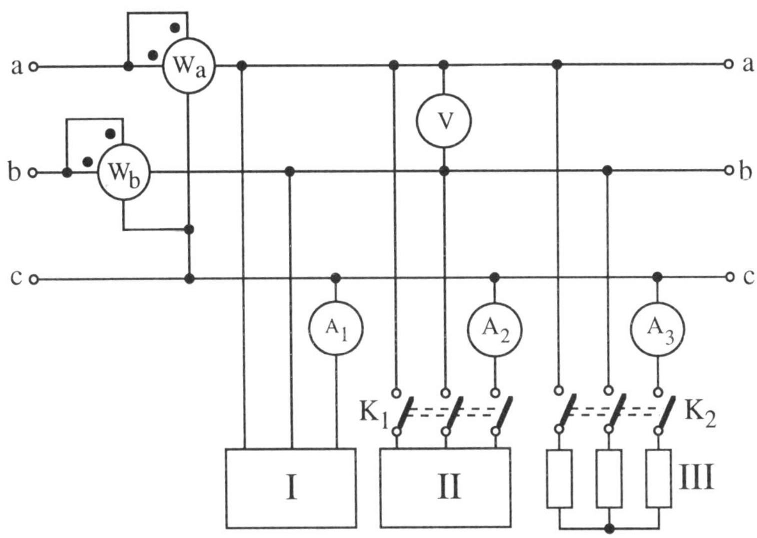

5.87. El circuito de la figura, está conectado a un alternador equilibrado. La lectura del voltímetro es de 600 V. **I**, **II** y **III** son receptores equilibrados, desconocidos los dos primeros; siendo **III** una estrella de $30\underline{/30^\circ}$ de impedancia por fase.

Estando los interruptores K_1 y K_2 abiertos, las lecturas de los vatímetros son:

$$W_a = W_b = 9000 \text{ W}.$$

La potencia aparente compleja consumida por **I**, vale:

A. 9000. C. $9000\angle 30°$. E. $9000\sqrt{3}\angle 60°$.
B. 18000. D. $18000\angle 90°$. F. Diferente.

5.88. Igual enunciado que el ítem 5.87. La impedancia compleja por fase de la estrella equivalente al receptor **I**, vale:

A. $10\angle 30°$. C. $20\angle 30°$. E. 10.
B. 20. D. 10/3. F. Diferente.

5.89. El mismo circuito que el ítem 5.87. Cerramos el interruptor K_1. Las lecturas de los vatímetros son: $W_a = 6$ kW; $W_b = 12$ kW. El factor de potencia de la red, tiene el valor:

A. 0,5 (i). C. $\sqrt{3}/2$ (i). E. Unidad.
B. 0,5 (c). D. $\sqrt{3}/2$ (c). F. Diferente.

5.90. Igual enunciado que el ítem 5.89. La potencia aparente compleja consumida por el receptor **II**, tiene el valor:

A. $6000\angle -60°$. C. $9000\angle 30°$. E. Indeterminado.
B. $6000\sqrt{3}\angle -90°$. D. $18000\angle 90°$. F. Diferente.

5.91. El mismo circuito que el ítem 5.87. Cerramos los interruptores K_1 y K_2. La lectura del amperímetro A_3, tiene el valor:

A. 20 A. C. $\frac{20}{\sqrt{3}}$ A. E. $20\angle -30°$ A.
B. $10\sqrt{3}$ A. D. $20\sqrt{3}$ A. F. Diferente.

5.92. Igual enunciado que el ítem 5.91. La suma de las lecturas de los vatímetros ($W_a + W_b$), tiene el valor:

A. 18 kW. C. 24 kW. E. Indeterminado.
B. $18 + 6\sqrt{3}$ kW. D. 12 kW. F. Diferente.

5.93. Igual enunciado que el ítem 5.91. La diferencia de las lecturas de los vatímetros (W_a - W_b), tiene el valor:

A. $6\sqrt{3}$ kW. C. $2\sqrt{3} - 6$ kW. E. Indeterminado.
B. 6 kW. D. $6 - 6\sqrt{3}$ kW. F. Diferente.

SOLUCIÓN 5.87

Los vatímetros W_a y W_b, estan conectados según una conexión Aron, por tanto:

$P = W_a + W_b$. Como: $W_a = W_b$ => el receptor **I** tiene un caracter resistivo puro; es decir: $\varphi_I = 0°$. La potencia aparente compleja, valdrá: $\bar{S}_I = 18000$.

Respuesta B

SOLUCIÓN 5.88

Con los resultados anteriores: $S_I = 18000 = 600\sqrt{3}\ I_I$ => $I_I = 10\sqrt{3}$ A.

Por tanto: $\bar{Z}_I = 20\ \Omega$.

Respuesta B

SOLUCIÓN 5.89

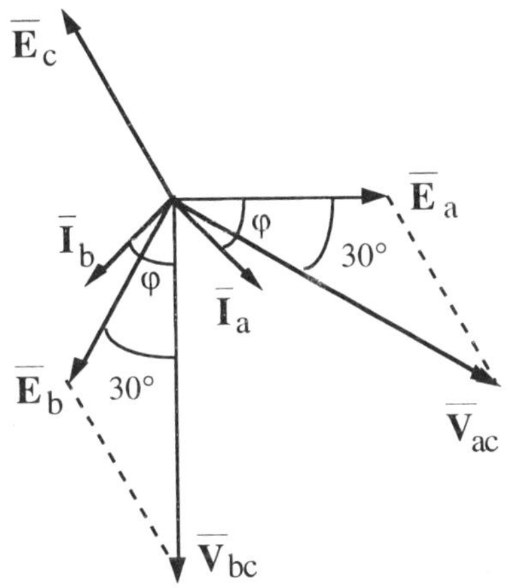

$$W_a = V_L I \cos(30° - \varphi)$$

$$W_b = V_L I \cos(30° + \varphi) \qquad (*).$$

Por tanto; si $W_b = 2W_a$ => $\cos\varphi = \dfrac{\sqrt{3}}{2}$ (c).

Respuesta D

SOLUCIÓN 5.90

Teniendo en cuenta las lecturas de los vatímetros con K_1 cerrado y K_2 abierto y la solución del ítem 5.87, deducimos:

$$P_{\mathbf{I}} + P_{\mathbf{II}} = 18 \text{ kW.} \quad => \quad P_{\mathbf{II}} = 0.$$

$$Q_{\mathbf{I}} + Q_{\mathbf{II}} = 18 \text{ tg}(-30^\circ) \quad => \quad Q_{\mathbf{II}} = -\frac{18}{\sqrt{3}} = -6\sqrt{3} \text{ kVAr} = 6\sqrt{3} \text{ kVAr (c).}$$

Por tanto: $\bar{\mathbf{S}}_{\mathbf{II}} = 6000\sqrt{3}\underline{/-90^\circ}$.

Respuesta B

SOLUCIÓN 5.91

La lectura del amperímetro, será: $I_{A_3} = \dfrac{600/\sqrt{3}}{30} = \dfrac{20}{\sqrt{3}}$ A.

Respuesta C

SOLUCIÓN 5.92

$W_a + W_b$, es la potencia activa total consumida con K_1 y K_2 cerrados.

Entonces:

$$W_a + W_b = P_t = P_{\mathbf{I}} + P_{\mathbf{II}} + P_{\mathbf{III}} = 18000 + 12000 \cos 30^\circ \quad =>$$

$$P_t = 18000 + 6000\sqrt{3} = 18 + 6\sqrt{3} \text{ kW.}$$

Respuesta B

SOLUCIÓN 5.93

Teniendo en cuenta las ecuaciones (*) del ítem 5.89, se obtiene $\sqrt{3}(W_a - W_b)$, que es la potencia reactiva total consumida por la red; es decir:

$$\sqrt{3}(W_a - W_b) = Q_t = Q_{\mathbf{I}} + Q_{\mathbf{II}} + Q_{\mathbf{III}} \quad => \quad Q_t = -6000\sqrt{3} + 6000 \text{ VAr.}$$

$$Q_t = 6 - 6\sqrt{3} \text{ kVAr.}$$

Por tanto:

$$W_a - W_b = \frac{\left(6 - 6\sqrt{3}\right)}{\sqrt{3}} = 2\sqrt{3} - 6 \text{ kW}.$$

Respuesta C

ITEM 5.94

Un alternador trifásico equilibrado de secuencia directa, genera la f.e.m.:

$$e_a = \sqrt{2}[300 \text{ sen } (314t + 45\ °) + 60 \text{ sen } (942t + 45\ °)].$$

La lectura de un amperímetro electrodinámico conectado en la segunda fase es de $2\sqrt{26}$ A, siendo el factor de armónicos de las corrientes de línea de $\frac{\sqrt{26}}{26}$. La impedancia $Z\underline{/\theta}$, de la estrella equilibrada del C.P. para la componente fundamental, tiene el valor:

A. $\frac{75\sqrt{26}}{13}$.

B. $\frac{90\sqrt{26}}{13}$.

C. $\left(\frac{90\sqrt{26}}{13}\right)\underline{/45°}$.

D. 30.

E. Indeterminado.

F. Diferente.

SOLUCIÓN 5.94

El factor de armónicos de la f.e.m. de alimentación, es:

$$f_{aE} = \frac{60}{\sqrt{300^2 + 60^2}} = \frac{\sqrt{26}}{26}.$$

Por tanto, es idéntico al de las intensidades de línea, lo que pone de manifiesro que el C.P. tiene caracter resistivo:

$$Z\underline{/\theta} = R = \frac{E_o}{A} = \frac{60\sqrt{26}}{2\sqrt{26}} = 30.$$

Respuesta D

6.
REGÍMENES TRANSITORIOS

ITEM 6.1

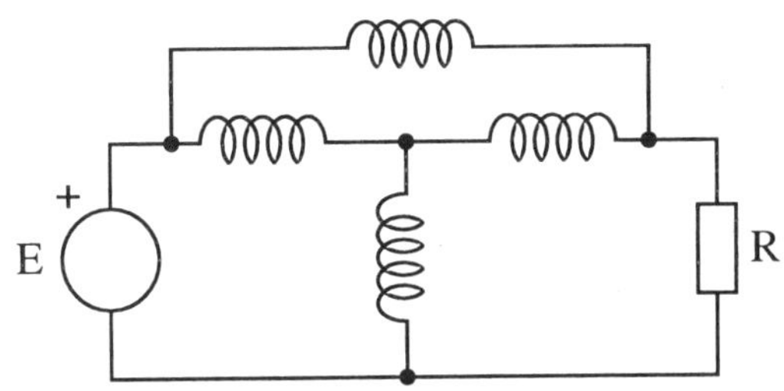

En la red de primer orden de la figura, todas las bobinas son de 1 H; la resistencia es de 1 Ω.
La constante de tiempo del circuito, tiene el valor:

A. 0,6 s.

B. $\frac{7}{23}$ s.

C. $\frac{5}{3}$ s.

D. 1,5 s.

E. No es de primer orden.

F. Todas las respuestas son falsas.

SOLUCIÓN 6.1

Dibujamos el circuito pasivo del dado, calculando la autoinducción equivalente entre los terminales A-B:

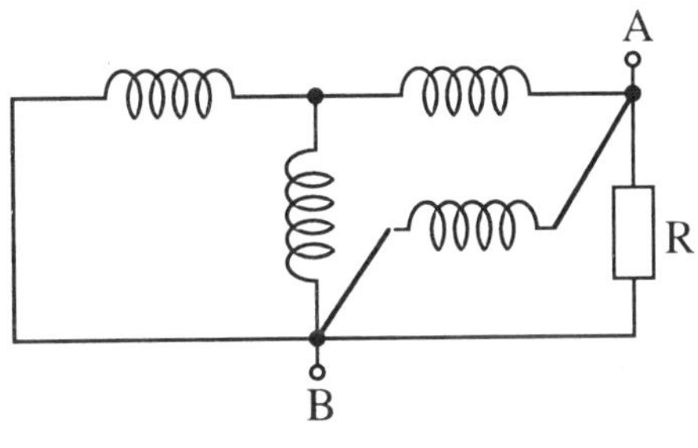

$$L_{eq} = \frac{(3/2)L^2}{(5/2)L} = \frac{3}{5}L.$$

Por tanto: $\tau = \frac{L_{eq}}{R} = \frac{3}{5} = 0{,}6$ s.

Respuesta A

ITEM 6.2

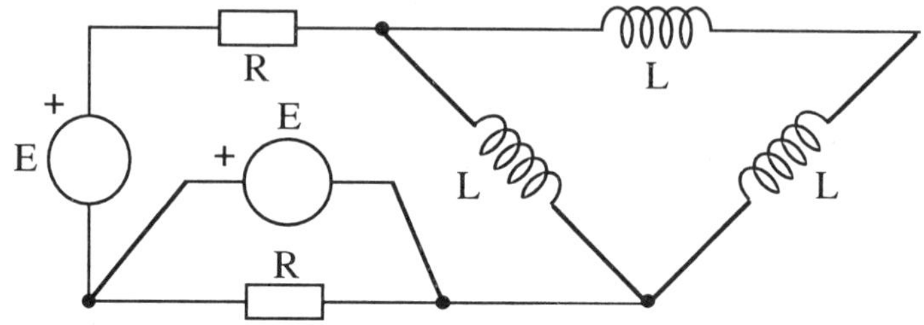

La constante de tiempo del circuito de primer orden de la figura, tiene el valor:

A. L/3R.
B. 3L/2R.
C. 3L/4R.
D. 2L/3R.
E. No es de primer orden.
F. Diferente.

SOLUCIÓN 6.2

Formando el circuito pasivo, obtenemos el de la figura.

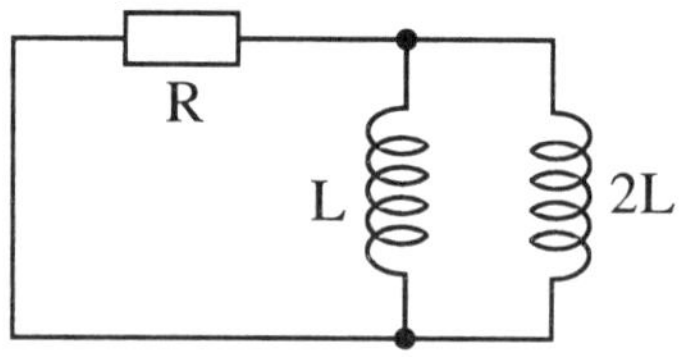

Por tanto: $\tau = \dfrac{2L/3}{R} = \dfrac{2L}{3R}$.

Respuesta D

ITEM 6.3

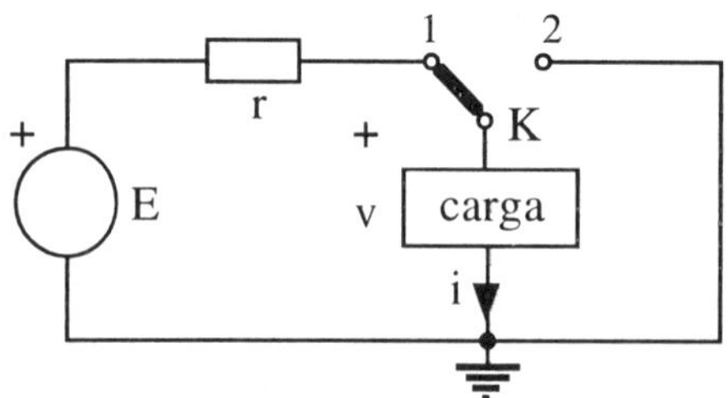

Fig. 1

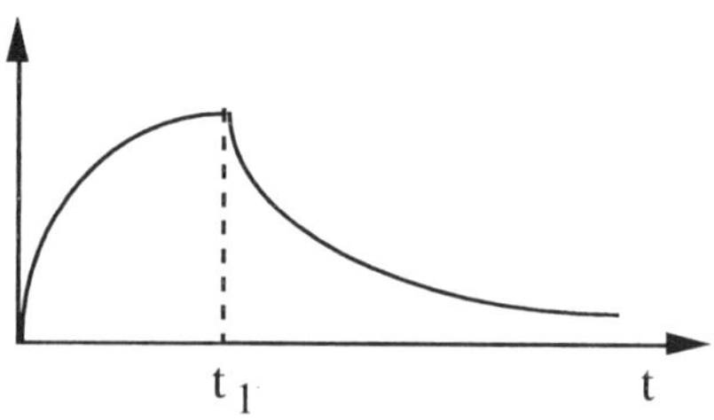

Fig. 2

El circuito de la figura 1 es de primer orden y se encuentra en régimen permanente con K en la posición 2.

Se sabe además, que el circuito de carga está constituido por dos elementos pasivos ideales.
En $t = 0$, pasamos K a la posición 1 y transcurrido un tiempo t_1, volvemos a colocar K en la posición 2.
Con relación a la figura 2, podemos afirmar:

A. Representa la tensión v, siendo la carga una red R-L paralelo.
B. Representa la intensidad i, siendo la carga una red R-C serie.
C. Son ciertas las respuestas A y B.
D. Representa la intensidad i, siendo la carga una red L-C serie.
E. Representa la intensidad i, siendo la carga dos bobinas en serie.
F. Todas las respuestas son falsas.

SOLUCIÓN 6.3

Las opciones A y B no pueden ser ciertas, ya que en ambos casos las funciones mencionadas son discontinuas.

Las opciones D y E no son ciertas, ya que en ambos casos la intensidad no puede tender a cero para $t > t_1$.

<u>Respuesta F</u>

<u>Nota</u>: Podría tratarse de la intensidad siendo la carga una red R-L serie.

ITEM 6.4

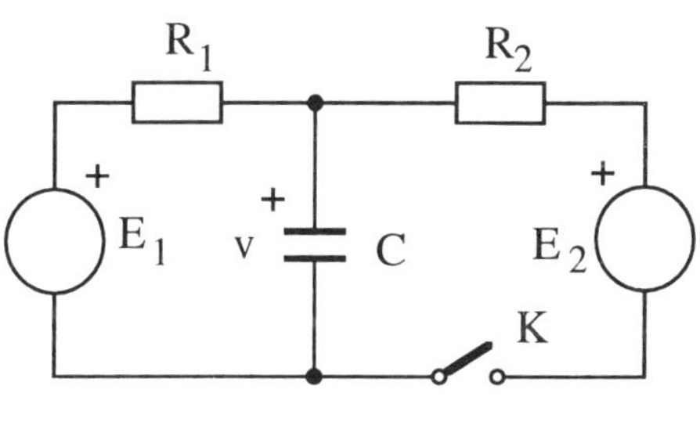

Figura 1

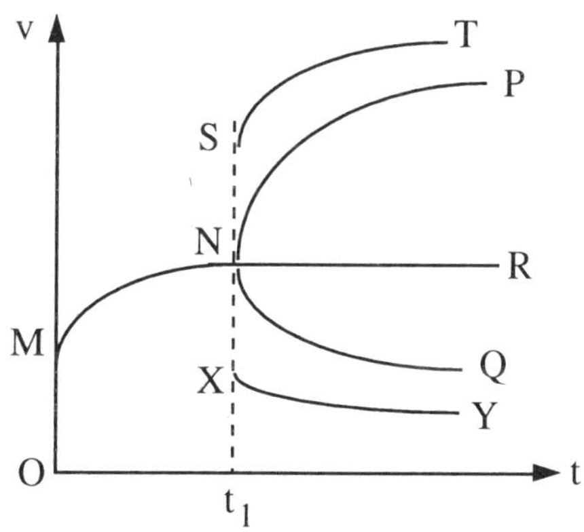

Figura 2

En el circuito de la figura 1, las fuentes son de corriente continua, verificándose: $E_2 > E_1 > 0$.

En $t = t_1$, cerramos el interruptor K. La figura 2, representa $v = f(t)$; en estas condiciones, son posibles los siguientes tramos de curva, para $t \geq t_1$:

A. El ST y el XY.
B. El NP, el NQ y el NR.
C. Solamente el NP.
D. Solamente el NQ.
E. Solamente el NR.
F. Todas las respuestas son falsas.

SOLUCIÓN 6.4

Si supusiésemos una discontinuidad en la tensión del condensador, admitiríamos un impulso de corriente; por otra parte, al aplicación de la fuente E_2 refuerza el proceso de carga del condensador.

Respuesta D

ITEM 6.5

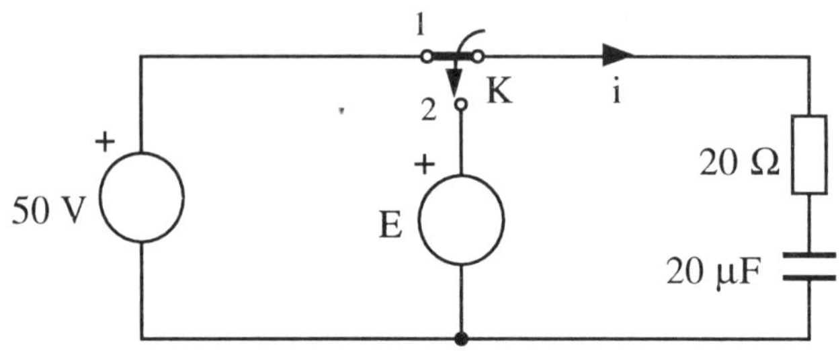

En el circuito de la figura, el conmutador está en la posición 1. Cuando la intensidad i es de - 5 A, pasamos le conmutador a la posición 2; para que el circuito quede en régimen permanente, la f.e.m. E, ha de tener el valor:

A. 50 V.
B. 150 V.
C. - 50 V.
D. 100 V.
E. Imposible.
F. Diferente.

SOLUCIÓN 6.5

En 0^-, se verifica:

$$50 = 20(-5) + V_C; \quad V_C = 150 \text{ V}.$$

Por tanto, para que la red quede en reposo, después de la commutación:

$$E = V_C = 150 \text{ V}.$$

<u>Respuesta B</u>

ITEM 6.6

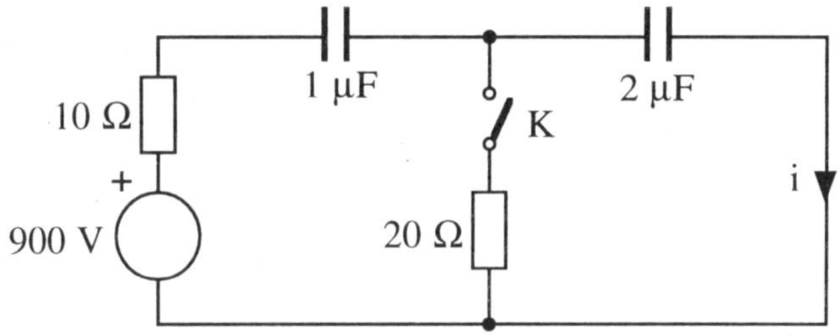

El circuito de la figura, se encuentra en régimen permanente con el interruptor K abierto. En t = 0, cerramos K. La intensidad i en $t = 0^+$, tiene el valor:

A. Cero.
B. 45 A.
C. 30 A.
D. 15 A.
E. - 15 A.
F. Diferente.

SOLUCIÓN 6.6

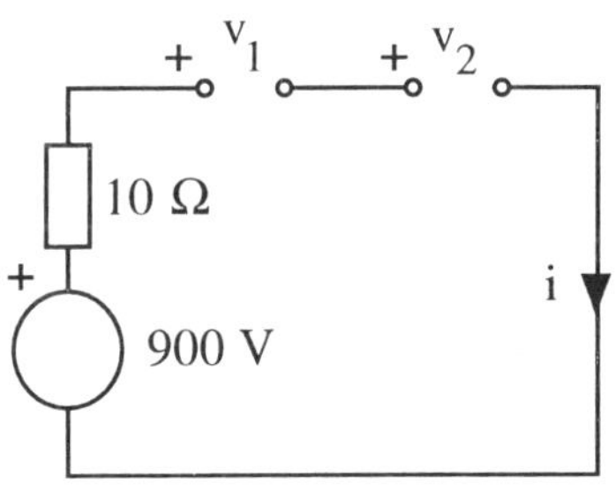

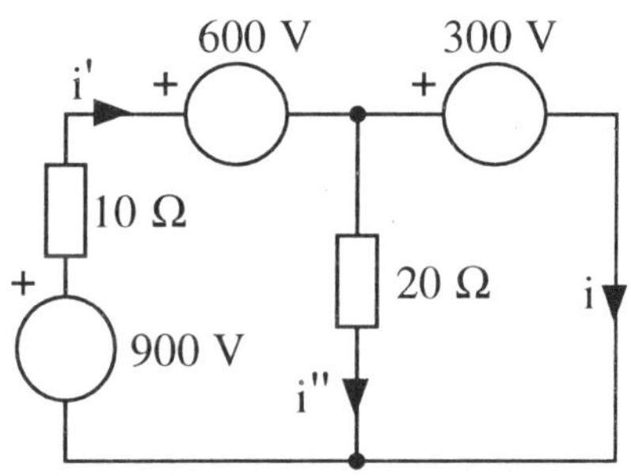

$t = 0^-$

$t = 0^+$

$i(0^-) = 0$ A.

$i''(0^+) = 15$ A.

$v_1 = 2v_2 = 600$ V.

$i'(0^+) = 0$ A.

$v_1(0^-) = 600$ V. y $v_2(0^-) = 300$ V. $i = i' - i'' = -15$ A.

<u>Respuesta E</u>

ITEM 6.7-8

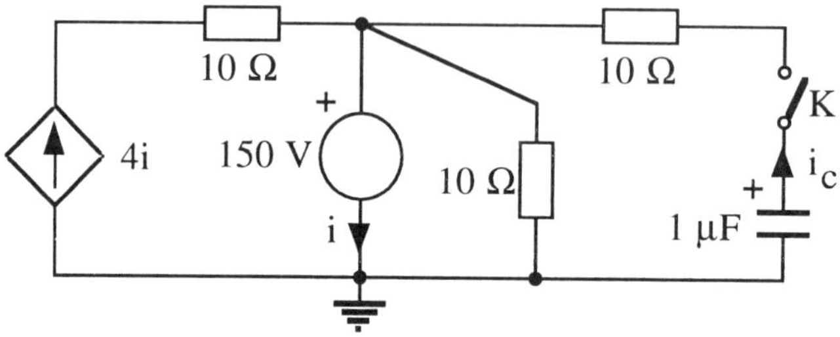

6.7. En el circuito de la figura la carga del condensador, con la polaridad de la figura, es de 450 μC, estando K abierto.

En t = 0, cerramos K. La intensidad i_C en $t = 0^+$, tiene el valor:

A. 30 A.
B. - 15 A.
C. - 30 A.
D. 15 A.
E. 60 A.
F. Diferente.

6.8. Igual enunciado que el ítem 6.7. La potencia generada por la fuente dependiente, una vez adquirido el régimen permanente, es:

A. 22 kW.
B. 7 kW.
C. - 1 kW.
D. 3 kW.
E. 45 kW.
F. Diferente.

SOLUCIÓN 6.7

En $t = 0^-$, se verifica: $q(0^-) = 450$ μC. => $v_C(0^-) = 450$ V.

En $t = 0^+$ y según el circuito de la figura, obtenemos:

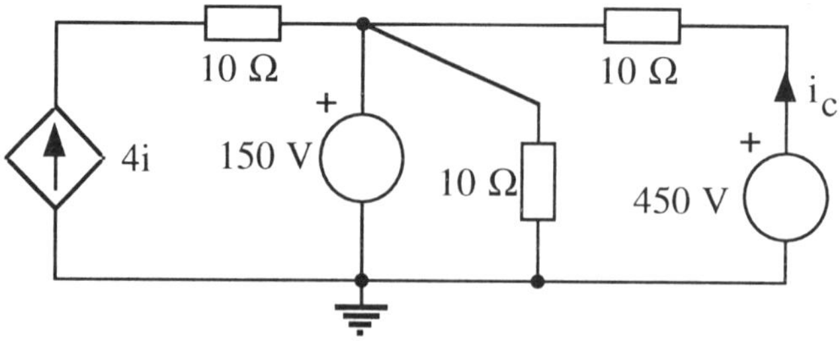

$v_C(0^+) = 450$ V.

Por tanto, la intensidad i_C es: $i_C(0^+) = (450 - 150) / 10 = 30$ A.

Respuesta A

SOLUCIÓN 6.8

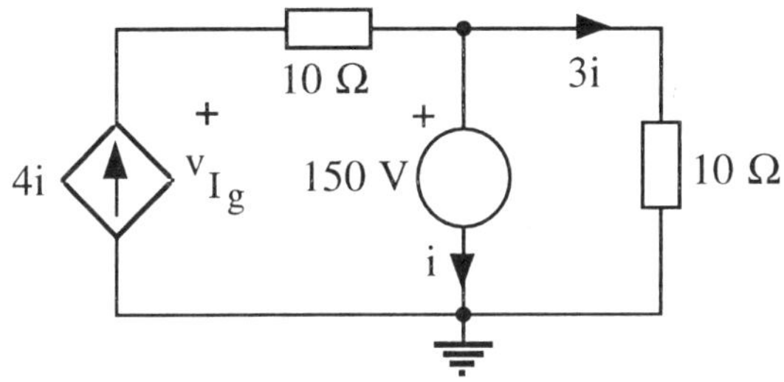

En $t = \infty$ => $150 = 30\, i$ => $i = 5$ A. y $v_{I_g} = 40\, i + 150 = 350$ V.

La potencia generada por la fuente dependiente, tiene el valor:

$$P_{I_g} = 20 \cdot 350 = 7000 \text{ W} = 7 \text{ kW}.$$

Respuesta B

ITEM 6.9

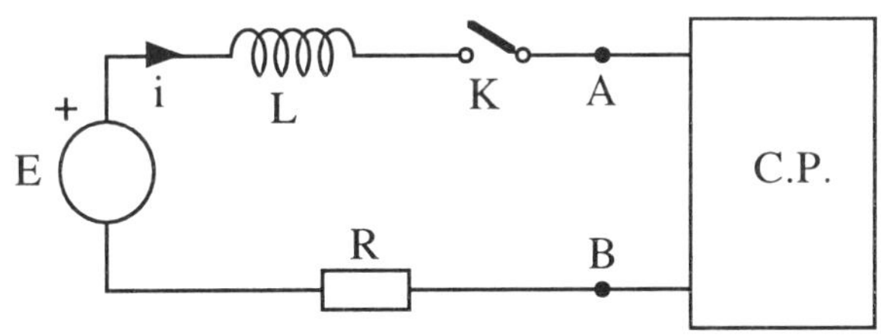

En el circuito de la figura, C.P. es una red pasiva resistiva. En t = 0, cerramos el interruptor K, estableciéndose la intensidad:

$$i = \frac{E}{3R}\left(1 - e^{-20t}\right).$$

Si llamamos R' la resistencia de entrada del C.P, se verificará:

A. $R' = 3R$; $L = 60R$.
B. $R' = R$; $L = R$.
C. $R' = 2R$; $L = 60R$.
D. $R' = 2R$; $20L = 3R$.
E. $R' = R$; $R = 5\ \Omega$; $L = 10$ mH.
F. Todas son falsas.

SOLUCIÓN 6.9

La respuesta genérica de un circuito de primer orden, es:

$$f(t) = f(\infty) + [f(0) - f(\infty)]\ e^{-t/\tau}$$

Como: $i = \frac{E}{3R}\left(1 - e^{-20t}\right)$; deducimos:

$$\tau = \frac{L}{R + R'} = \frac{1}{20} \text{ (constante de tiempo).}$$

$$\frac{E}{R + R'} = \frac{E}{3R} \text{ (régimen permanente).}$$

Por tanto: $R' = 2R$ y $L = \frac{3R}{20}$.

<u>Respuesta D</u>

ITEM 6.10

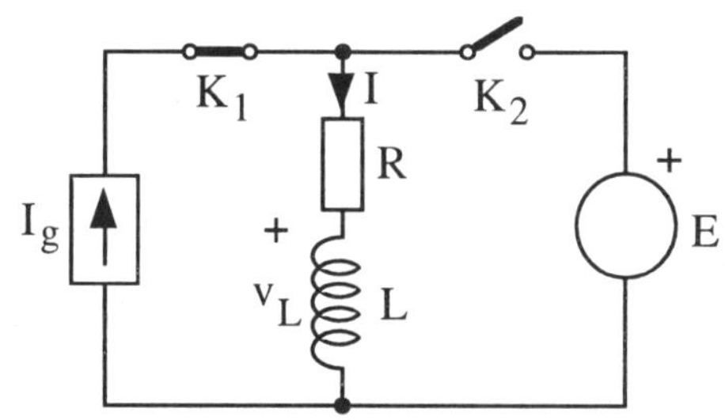

La red de la figura, está en régimen permanente con el interruptor K_1 cerrado y el K_2 abierto. En $t = 0$, abrimos K_1 y cerramos K_2. La tensión v_L en $t = 0^+$, tiene el valor:

A. E.
B. Cero.
C. $E + RI_g$.
D. $E - RI_g$.
E. Indeterminado.
F. Diferente.

SOLUCIÓN 6.10

En $t = 0^-$ => $I = I_g$.

En $t = 0^+$ => $E = I_g R + v_L$ => $v_L = E - I_g R$.

Respuesta D

ITEM 6.11-12

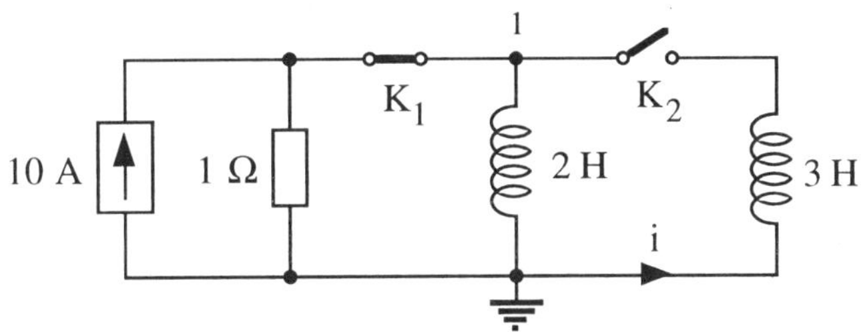

6.11. La red de la figura, cuya fuente es de continua, está en régimen permanente con el interruptor K_1 cerrado y el K_2 abierto.

En $t = 0$, cerramos K_2 y abrimos K_1; en $t = 0^+$, la intensidad i es:

A. 4 A.
B. 10 A.
C. 6 A.
D. 5 A.
E. Indeterminado.
F. Diferente.

6.12. Igual enunciado que el ítem 6.11. La intensidad i y la tensión v_1 el cabo de 1 segundo de la conmutación, tienen los valores:

A. $i = 4$ A; $v_1 = 0$.
B. $i = 5$ A; $v_1 = 10$ V.
C. $i = 0$; $v_1 = 0$.
D. $i = \frac{5}{e}$; $v_1 = \frac{10}{e}$.
E. Indeterminados.
F. Diferentes.

SOLUCIÓN 6.11

En $t = 0^-$, por la bobina de 2 H circula la corriente de 10 A, mientras que por la otra la intensidad es nula; en el momento de la conmutación se origina un impulso, por tanto: $i(0^-) = 4$ A.

Respuesta A

SOLUCIÓN 6.12

Como la red alcanza el régimen permanente de forma instantánea y además no tiene pérdidas, los valores de la corriente no se modifican, siendo nula la tensión en las bobinas.

Respuesta A

ITEM 6.13-14

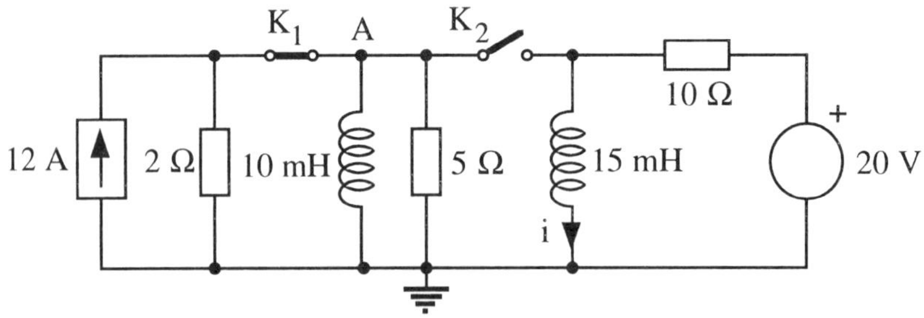

6.13. El circuito de la figura, se encuentra en régimen permanente con el interruptor K_1 cerrado y el K_2 abierto. En t = 0, abrimos K_1 y cerramos K_2. La tensión V_A en $t = 0^+$, tiene el valor:

A. 20 V.
B. $\frac{20}{3}$ V.
C. - 40 V.
D. Cero
E. -10 V.
F. Diferente.

6.14. Igual enunciado que el ítem 6.13. La intensidad i para $t = \infty$, tiene el valor:

A. $\frac{4}{3}$ A.
B. - 2,8 A.
C. 2 A.
D. 0,8 A.
E. $\frac{8}{15}$ A.
F. Diferente.

SOLUCIÓN 6.13

Ha de verificarse $i_L(0^-) = i_L(0^+)$. El circuito equivalente en $t = 0^+$, es el de la figura; en él hemos sustituido las bobinas por fuentes de corriente de valores iguales a los que tenían en 0^-.

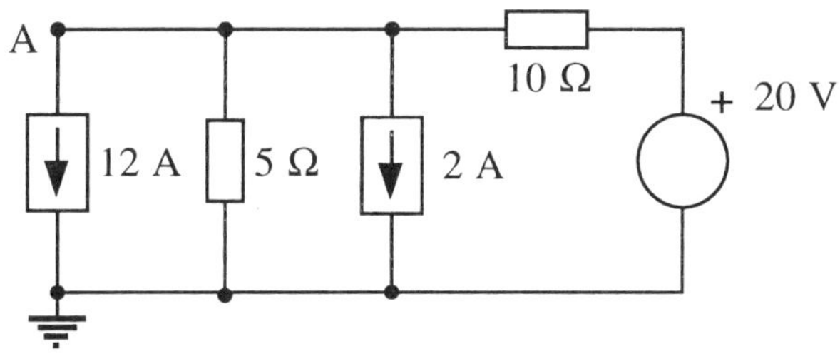

Aplicando tensión de nudos:

$$V_A\left(\frac{1}{5} + \frac{1}{10}\right) = -12 - 2 + \frac{20}{10} \quad \Rightarrow \quad V_A = -40 \text{ V.}$$

Respuesta C

SOLUCIÓN 6.14

En $t = \infty$, la intensidad consumida por el conjunto de bobinas vale $\frac{20}{10} = 2$ A.

Por tanto: $i = 2 + (2 - 14)\,\frac{10}{25} = -2{,}8$ A.

Respuesta B

ITEM 6.15-16

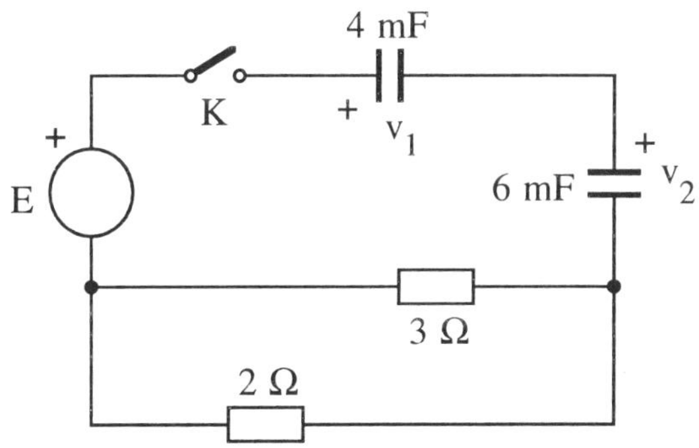

6.15. En el circuito el la figura, la fuente es de c.c. de 100 V de f.e.m. Los condensadores tienen las tensiones iniciales: $V_1 = -40$ V; $V_2 = 90$ V.
En $t = 0$, cerramos el interruptor K; la tensión $v_1 = f(t)$, viene dada por la ex-

presión:

A. $- 20 - 20\ e^{-3125t/9}$.
B. $- 40(1 - e^{-3125t/9})$.
C. $- 10 - 30\ e^{-3125t/9}$.
D. $100 - 140\ e^{-3125t/9}$.
E. $60 - 100\ e^{-3125t/9}$.
F. Diferente.

6.16. Igual enunciado que el ítem 6.15. Una vez alcanzado el régimen permanente, anulamos la fuente; la energía disipada por las resistencias del circuito durante el régimen transitorio que se origina, tiene el valor:

A. 36,5 J.
B. 36,1 J.
C. 24,5 J.
D. 73 J.
E. 72,2 J.
F. Diferente.

SOLUCIÓN 6.15

La resistencia equivalente es: $R_{eq} = \dfrac{3 \cdot 2}{3+2} = \dfrac{6}{5}\ \Omega.$

La capacidad del condensador equivalente, tiene el valor:

$$C_{eq} = \frac{4 \cdot 6}{4+6} = \frac{12}{5}\ \text{mF}.$$

Por tanto la constante de tiempo, valdrá: $\tau = R_{eq}C_{eq} = \dfrac{72}{25}$ ms.

La tensión que ha de adquirir el condensador C_1 en régimen permanente, será:

$$v_{1\infty} = V_{10} + \frac{V' C_2}{C_1 + C_2} = - 40 + \frac{50 \cdot 6}{10} = - 10\ \text{V}.$$

Por tanto: $v_1 = - 10 + (-40 + 10)\ e^{-t/\tau} = - 10 - 30\ e^{-3125t/9}$.

Respuesta C

SOLUCIÓN 6.16

En régimen permanente el condensador C_1 alcanza la tensión de - 10 V; por tanto C_2, tendrá la tensión $E - v_{1\infty} = 110$ V.

Al anular la fuente, las nuevas tensiones de los condensadores, serán:

$$v'_{1\infty} = V'_{10} + \frac{(-100)C_2}{C_1 + C_2} = -10 - \frac{600}{10} = -70 \text{ V.}$$

$$v'_{2\infty} = V'_{20} + \frac{(-100)C_1}{C_1 + C_2} = 110 - \frac{400}{10} = 70 \text{ V.}$$

Efectivamente, en ausencia de fuentes, ha de varificarse: $v'_{1\infty} + v'_{2\infty} = 0$.

La energía inicial del sistema, será:

$$W_i = \frac{\sum C_i V_{i\infty}^2}{2} = 36{,}5 \text{ J.}$$

La energía final, era:

$$W_f = \frac{\sum C_i V_{i\infty}^2}{2} = \frac{10^{-2} \cdot 70^2}{2} = 24{,}5 \text{ J.}$$

La energía disipada por el sistema, será:

$$W_R = W_i - W_f = 12 \text{ J.}$$

Respuesta F

ITEM 6.17-18

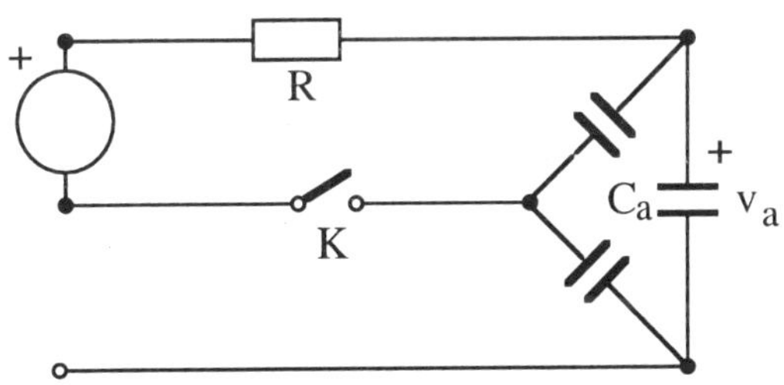

6.17. Sean los condensadores idénticos -de capacidad C faradios- del circuito de la figura, que están desprovistos de energía inicial.
En t = 0, cerramos el interruptor K, aplicando una fuente de c.c. de 300 V de f.e.m. La tensión del condensador C_a, viene dada por la expresión:

A. $150(1 - e^{-2t/3RC})$.
B. $300(1 - e^{-2t/3RC})$.
C. $150(1 - e^{-t/3RC})$.
D. $150(1 - e^{-3RCt/2})$.
E. $300(1 - e^{-3RCt/2})$.
F. Diferente.

6.18. Igual enunciado que el ítem 6.17. Cuando el condensador C_a alcanza la tensión de 100 voltios -instante t_1- anulamos la fuente. La energía disipada en la resistencia R, desde t_1 hasta t_2 (instante en que C_a soporta la tensión de 50 V), tiene el valor:

A. 30000C J.
B. 30000C W.
C. 7500C J.
D. 22500C J.
E. Indeternminado.
F. Diferente.

SOLUCIÓN 6.17

Es una red de primer orden cuya capacidad equivalente es:

$$C_e = \frac{C}{2} + C \quad => \quad C_e = \frac{3C}{2}; \text{ la constante de tiempos es: } \tau = \frac{3RC}{2}.$$

La tensión de C_a en $t = \infty$, será de 150 V; luego: $v_a = 150(1 - e^{-2t/3RC})$.

Respuesta A

SOLUCIÓN 6.18

Cuando C_a alcanza la tensión de 100 voltios, el otro condensador en serie tendrá la misma tensión y el tercero el doble; por tanto, la energía almacenada por el conjunto será:

$$\frac{C200^2}{2} + C100^2 = 30000C \text{ J.}$$

En el instante t_2, los condensadores se descargan hasta alcanzar la mitad de la tensión adquirida, almacenando la energía:

$$\frac{C100^2}{2} + C50^2 = 7500C \text{ J.}$$

La diferencia de energía es la disipada en la resistencia R. Por tanto:

$$30000C - 7500C = 22500C \text{ J.}$$

Respuesta D

ITEM 6.19-21

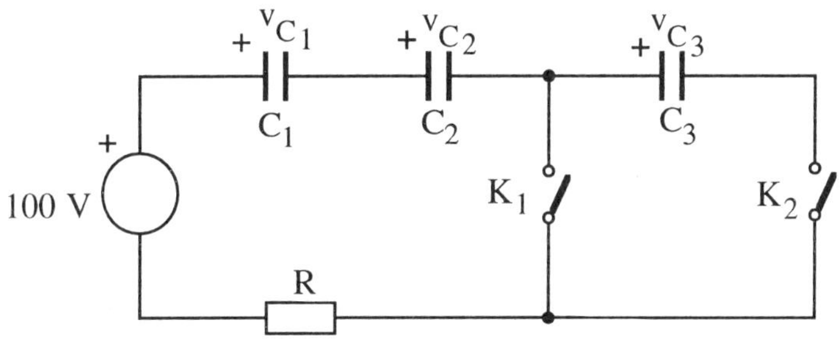

6.19. Sea el circuito de la figura. Los elementos pasivos tienen los siguientes valores:

$$R = 100\ \Omega;\ C_1 = 2C_2 = 3C_3 = 6 \text{ mF}.$$

La red está desprovista de energía inicial, con los interruptores K_1 y K_2 abiertos. En t = 0, cerramos el interruptor K_2, permaneciendo el K_1 abierto. La tensión v_{C_2} del condensador C_2, cuando se alcanza el régimen permanente, tiene el valor:

A. $\frac{50}{3}$ V.

B. $\frac{100}{3}$ V.

C. 50 V.

D. 100 V.

E. Indeterminado.

F. Diferente.

6.20. Igual enunciado que el ítem 6.19. La carga del condensador C_1, tiene el valor:

A. 0,1 C.

B. 360 μC.

C. 0,2 C.

D. $\frac{100}{3}$ mC.

E. $\frac{500}{3}$ mC.

F. Diferente.

6.21. Igual circuito que el ítem 6.19. Cuando la red está en régimen permanente, instante t_1, cerramos el interruptor K_1 y abrimos el K_2. La expresión de la tensión v_{C_2} del condensador C_2 para $t \geq t_1$, es:

A. $50 - 25\ e^{-10(t-t_1)}$.

B. $\frac{200}{3} - \frac{100}{3}\ e^{-10(t-t_1)}$.

C. $50 - 25\ e^{-5(t-t_1)}$.

D. $\frac{100}{3} + \frac{100}{3}\ e^{-5(t-t_1)}$.

E. $\frac{200}{3} - \frac{100}{3}\ e^{-5(t-t_1)}$.

F. Diferente.

SOLUCIÓN 6.19

Inicialmente están totalmente descargados: => $q_1 = q_2 = q_3 = 0$.

Una vez alcanzado el régimen permanente tras cerrar K_2, se verificará:

$$C_1 v_{C_1} = C_2 v_{C_2} = C_3 v_{C_3} = C_e v_e$$

Dónde $\frac{1}{C_e} = \frac{1}{6} + \frac{1}{3} + \frac{1}{2}$ y $v_e = 100$ V.

Por tanto: $v_{C2} = \frac{100}{3}$ V.

Respuesta B

SOLUCIÓN 6.20

Teniendo en cuenta el razonamiento del ítem anterior:

$$q_1 = q_2 = q_3 = q_e = C_e\ v_e = 100 \text{ mC} = 0{,}1 \text{ C}.$$

Respuesta A

SOLUCIÓN 6.21

En $t = t_1^-$ => $v_{C_1}(t_1^-) = \frac{50}{3}$ V; $v_{C_2}(t_1^-) = \frac{100}{3}$ V; $q_1(t_1^-) = q_2(t_1^-)$.

Para $t = \infty$, como parten de la misma carga inicial, se obtiene:

$C_1 v_{C_1}(\infty) = C_2 v_{C_2}(\infty) = C'_e v'_e(\infty)$, dónde $C'_e = 2$ mF. y $v'_e(\infty) = 100$ V.

Sustituyendo valores, resulta: $v_{C_2}(\infty) = \frac{200}{3}$ V.

Como $\tau = R C_e' = 100 \cdot 2 \cdot 10^{-3} = 0{,}2$ seg. => $1/\tau = 5$ seg^{-1}.

Por tanto: $v_{C_2} = \dfrac{200}{3} - \dfrac{100}{3} e^{-5(t-t_1)}$.

Respuesta E

ITEM 6.22-24

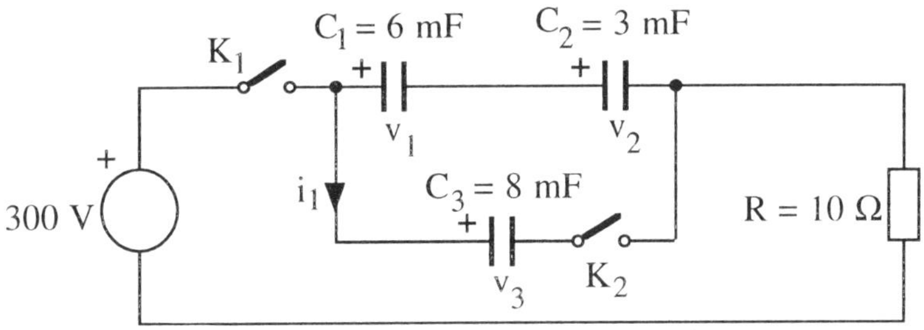

6.22. El circuito de la figura, está desprovisto de energía inicial; el interruptor K_1 está abierto y el K_2 cerrado. En $t = 0$, cerramos K_1.
La expresión de la tensión v_1, para $t > 0$, es:

A. $300(1 - e^{-10t})$ V.
B. $100(1 - e^{-10t})$ V.
C. $200(1 - e^{-10t})$ V.
D. $300\, e^{-10t}$ V.
E. $200\, e^{-0,1t}$ V.
F. Diferente.

6.23. Igual enunciado que el ítem 6.22. La expresión de la intensidad i_1, para $t > 0$, es:

A. $30(1 - e^{-10t})$ A.
B. $24(1 - e^{-10t})$ A.
C. $30\, e^{-10t}$ A.
D. $24\, e^{-0,1t}$ A.
E. $6\, e^{-0,1t}$ A.
F. Diferente.

6.24. Igual circuito que el ítem 6.22. Cuando la tensión del condensador C_3 es de 150 V, instante que llamaremos t_1, abrimos el interruptor K_2. La expresión de la tensión v_2, para $t \geq t_1$, tiene el valor:

A. $200 - 250\, e^{-10(t - t_1)}$ V.
D. $200(1 - e^{-(t - t_1)/3})$ V.

B. $200 - 100\ e^{-50(t - t_1)}$ V.

C. $200\ e^{-0,3(t - t_1)}$ V.

E. $200 - 100\ e^{-50(t - t_1)/3}$ V.

F. Diferente.

SOLUCIÓN 6.22

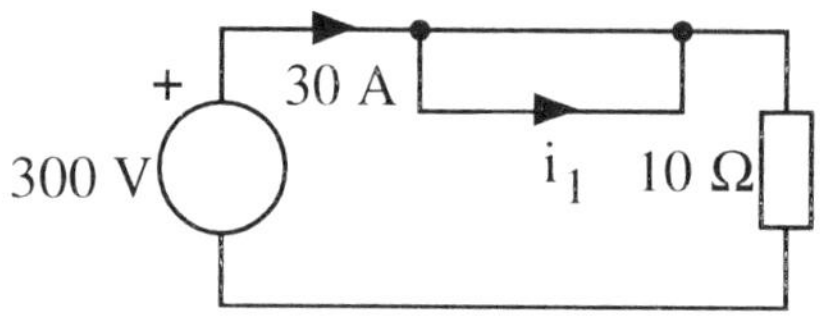

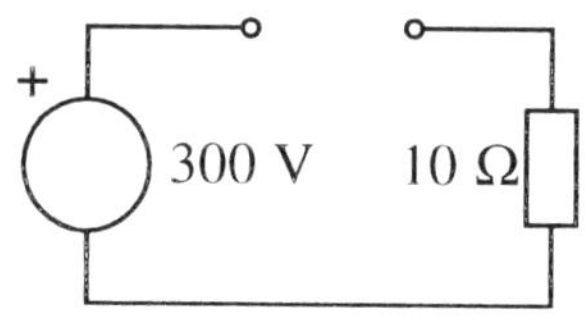

$t = 0^+$

$C_{eq} = C_{12} + C_3 = 2 + 8 = 10$ mF.

$v_1 = v_2 = 0$ y además:

$$\frac{i_1}{8} = \frac{30}{10} \quad => \quad i_1 = 24 \text{ A.}$$

Por tanto: $v_1 = 100(1 - e^{-10t})$ V.

$t = \infty$

$v_1 + v_2 = 300$ V.; $v_3 = 300$ V.

$i_1 = 0$; $v_1 = 100$ V. y $v_2 = 200$ V.

$\tau = 10^{-1} \quad => \quad 1/\tau = 10.$

<u>Respuesta B</u>

SOLUCIÓN 6.23

A partir de los resultados del ítem 6.22, se obtiene: $i_1 = 24\ e^{-10t}$ A.

<u>Respuesta F</u>

SOLUCIÓN 6.24

En $t = t_1^-$ => $v_3 = 300\ (1 - e^{-10t_1}) = 150$ V => $1 - e^{-10t_1} = 1/2$

$v_1(t_1^-) = 50$ V y $v_2(t_1^-) = 100$ V.

En $t = t_1^+$ => $v_2(t_1^+) = 100$ V.

En $t = \infty$ => $v_1(\infty) = 50 + (150 \cdot 2) / 6 = 100$ V;

con $\tau' = 2 \cdot 10^{-3} \cdot 10 = 0,02.$ => $1/\tau' = 50$

$v_2(\infty) = 100 + (150 \cdot 2) / 3 = 200$ V.

Por tanto: $v_2(t) = 200 - 100\ e^{-50(t - t_1)}$ V.

Respuesta B

ITEM 6.25-26

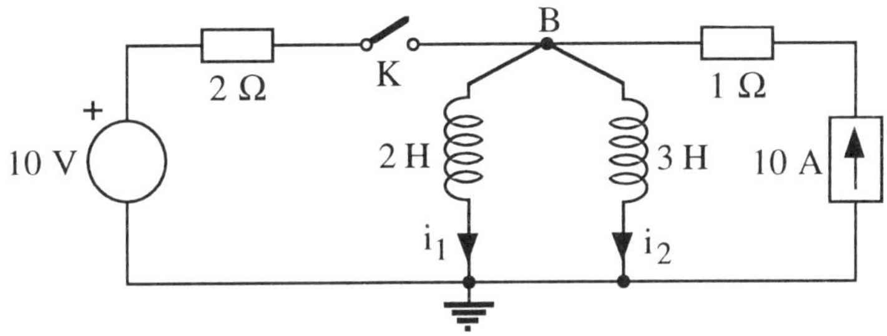

6.25. Las fuentes de la red de la figura, son de corriente continua. En $t = 0^-$, con el interruptor K abierto, la intensidad i_1 es de 4 A.

En t = 0, cerramos K. La tensión del nudo B en $t = 0^+$, tiene el valor:

A. $\frac{10}{3}$ V.	C. 10 V.	E. Indeterminado.
B. 5 V.	D. 30 V.	F. Diferente.

6.26. Igual enunciado que el ítem 6.25. La expresión de la intensidad $i_1 = f(t)$, para $t > 0$, es:

A. $6 - 2\ e^{-5t/3}$.	C. $9 - 5\ e^{-5t/3}$.	E. $6 - 2\ e^{-3t/5}$.
B. $7 - 3\ e^{-5t/3}$.	D. $15 - 11\ e^{-5t/3}$.	F. Diferente.

SOLUCIÓN 6.25

En $t = 0^-$: $i_1(0^-) = 4$ A. => $i_2(0^-) = 10 - i_1(0^-) = 6$ A.

En $t = 0^+$, según se indica en la figura:

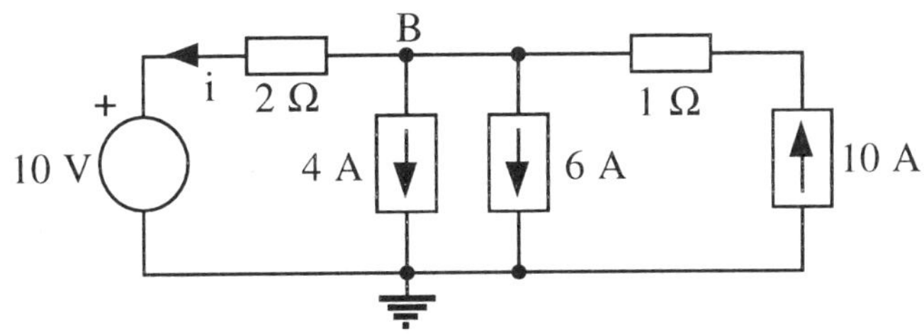

$$i(0^+) = 0 \text{ A.} \quad => \quad v_B(0^+) = 10 \text{ V.}$$

Respuesta C

SOLUCIÓN 6.26

Una vez alcanzado el régimen permanente, teniendo en cuenta el tipo de excitación, las bobinas se comportan como cortocircuitos y las intensidades se reparten:

$$i_1(\infty) = i_1(0) + i_1'(\infty)$$

$$i_2(\infty) = i_2(0) + i_2'(\infty)$$

Sumando miembro a miembro:

$$i_1(\infty) + i_2(\infty) = i_{eq}(\infty) = 10 + 5 = 15 \text{ A} = 10 + i_1'(\infty) + i_2'(\infty).$$

Además: $i_1'(\infty)\ L_1 = i_2'(\infty)\ L_2 = 5\ L_{eq}$ => $L_{eq} = 6/5 = 1{,}2$ mH.

Por tanto: $i_1(\infty) = 4 + \dfrac{5 \cdot 1{,}2}{2} = 7$ A. e $i_2(\infty) = 6 + \dfrac{5 \cdot 1{,}2}{3} = 8$ A.

La constante de tiempo, es:

$$\tau = \frac{6}{10} = \frac{3}{5} \text{ seg}^{-1}.$$

Luego:

$$i_1(t) = 7 - 3\ e^{-5t/3}.$$

Respuesta B

ITEM 6.27-28

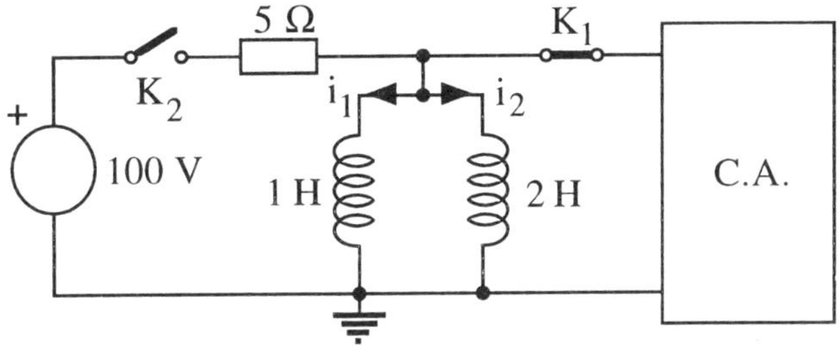

6.27. En el instante t = 0⁻, en el circuito de la figura, las intensidades en las bobinas tienen los valores: $i_1 = i_2 = 4$ A. En t = 0, abrimos K_1 y cerramos K_2. La expresión $i_1(t)$ para $t \geq 0$, tiene el valor:

A. $\frac{52}{3} - \left(\frac{40}{3}\right)e^{-7,5t}$.

B. $8 - 4e^{-7,5t}$.

C. $\frac{32}{3} - \left(\frac{20}{3}\right)e^{-7,5t}$.

D. $\frac{52}{3} - \left(\frac{40}{3}\right)e^{-5t/3}$.

E. $12 - 8e^{-7,5t}$.

F. Diferente.

6.28. Igual enunciado que el ítem 6.27. La energía almacenada por la bobina, cuyo coeficiente de autoinducción es de 2 H, al transcurrir un tiempo igual a la constante de tiempo del circuito, tiene el valor:

A. $\left(\frac{32}{3} - \frac{20}{3e}\right)^2$ julios.

B. $\left(12 - \frac{4}{e}\right)^2$ julios.

C. 64 julios.

D. $\left(8 - \frac{4}{e}\right)^2$ julios.

E. Indeterminado.

F. Diferente.

SOLUCIÓN 6.27

En $t = 0^-$ => $i_1 = i_2 = 4$ A.

En $t = 0^+$, se obtienen los valores:

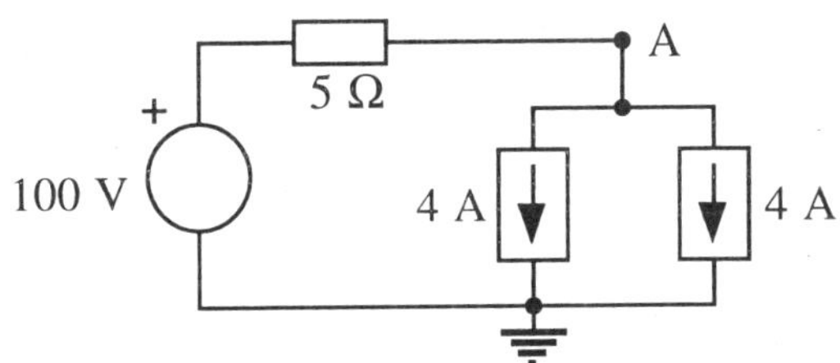

$$i_1(0^+) = i_2(0^+) = 4 \text{ A.} \quad \text{y} \quad v_A(0^+) = 100 - 40 = 60 \text{ V.}$$

En $t = \infty$ => $v_A(\infty) = 0$; siendo $\tau = L_{eq}/R = 2/15$ seg.

$$i_1(\infty) = 4 + 12 \cdot (2/3) = 12 \text{ A.} \quad \text{e} \quad i_2(\infty) = 4 + 12 \cdot (1/3) = 8 \text{ A.}$$

Por tanto: $i_1(t) = 12 - 8\, e^{-7{,}5t}$ para $t \geq 0$.

Respuesta E

SOLUCIÓN 6.28

De los valores obtenidos en el ítem anterior: $i_2(t) = 8 - 4\, e^{-7{,}5t}$.

El valor para un tiempo $t = 2/15$ seg, será: $i_2 = 8 - 4\, e^{-1}$ y la energía:

$$W_L = (1/2) \cdot 2 \cdot i_2^2 = (8 - 4\, e^{-1})^2 \text{ julios.}$$

Respuesta D

ITEM 6.29-30

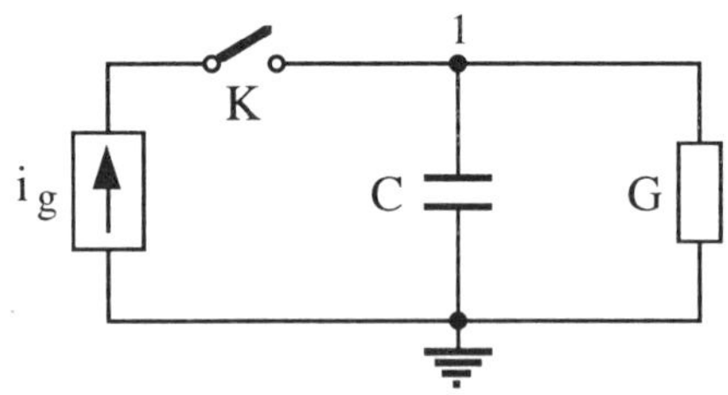

6.29. Sea el circuito de la figura, en régimen permanente con K abierto.
En $t = 0$, cerramos el interruptor K.

$$i_g = I_o \operatorname{sen}(\omega t + \phi); \quad v_{1\infty}(t) = V_o \operatorname{sen}(\omega t + \phi - \varphi).$$

Los valores de ϕ, expresados en grados sexagesimales, para que el circuito pase directamente al régimen permanente, son los siguientes:

A. 0°; 180°.
B. 0°; φ.
C. 180°; φ.
D. φ; 180° + φ.
E. Indeterminado.
F. Diferente.

6.30. Igual enunciado que el ítem 6.29. Los valores de ϕ, expresados en grados sexagesimales, para que el régimen libre tenga la máxima amplitud posible, son:

A. 90°; - 90°.
B. φ; $-\varphi$.
C. $90° + \varphi$; $90° - \varphi$.
D. $90° + \varphi$; $-90° + \varphi$.
E. Indeterminado.
F. Diferente.

SOLUCIÓN 6.29

La solución de un circuito de primer orden con excitación sinusoidal es de la forma:

$$f(t) = f_{\infty}(t) + [f(0) - f_{\infty}(0)]\ e^{-t/\tau}$$

Dónde f_{∞} es la respuesta en régimen permanente y τ la constante de tiempo.

Además, $f(0)$ y $f_{\infty}(0)$ son los valores de dichas funciones para $t = 0$.

La tensión en el condensador, teniendo en cuenta que $v_1(0^-) = 0$, será:

$$v_1(t) = V_0\ \mathrm{sen}(\omega t + \phi - \varphi) - V_0\ \mathrm{sen}(\phi - \varphi)\ e^{-t/\tau}$$

Para que pase directamente al régimen permanente sinusoidal:

$$V_0\ \mathrm{sen}(\phi - \varphi) = 0 \quad \Rightarrow \quad \phi - \varphi = 0° \quad ó \quad \phi - \varphi = 180°.$$

Respuesta D

SOLUCIÓN 6.30

Teniendo en cuenta el ítem anterior, el régimen libre viene dado por la expresión: $V_0\ \mathrm{sen}(\phi - \varphi)\ e^{-t/\tau}$.

Para que alcance la máxima amplitud, será:

$$\mathrm{sen}(\phi - \varphi) = 1 \quad \Rightarrow \quad \phi - \varphi = 90° \quad ó \quad \phi - \varphi = -90°.$$

Respuesta D

ITEM 6.31

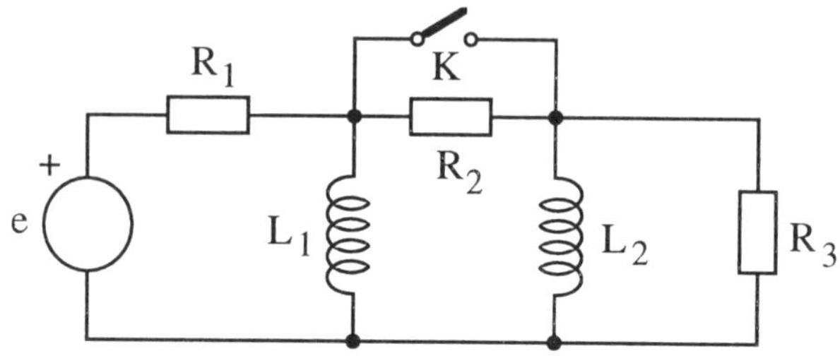

Sea el circuito de la figura, en el que se verifican las desigualdades siguientes:

$$R_1 \neq R_2 \neq R_3 \neq 0; \quad L_1 \neq L_2 \neq 0.$$

Deducimos:

A. Es de primer orden si K está cerrado.
B. Es de primer orden si K está abierto.
C. Es de orden superior al primero si K está abierto.
D. Son ciertas las respuestas A y C.
E. Son ciertas las respuestas A y B.
F. Son ciertas las respuestas A, B y C.

SOLUCIÓN 6.31

El sistema es de primer orden si tiene un solo elemento almacenador de energía o si teniendo varios de la misma naturaleza, se pueden sintetizar en uno solo.

<u>Respuesta D</u>

ITEM 6.32

La intensidad que circula por un dipolo R-L serie, en régimen transitorio, viene dada por la expresión: $i = 20\left(1 - e^{-10t}\right)$. Con referencia al circuito inverso (dual exacto), son ciertas las siguientes proposiciones:

A. Intensidad que circula por el condensador: $20\left(1 - e^{-10t}\right)$.

B. Intensidad que circula por la conductancia: $20\left(1 - e^{-10t}\right)$.

C. Tensión aplicada al condensador: $20\left(1 - e^{-10t}\right)$.

D. Son ciertas las respuestas A y B.
E. Son ciertas las respuestas A, B y C.
F. Todas las respuestas son falsas.

SOLUCIÓN 6.32

Según el concepto de elementos y magnitudes duales en circuitos inversos (duales exactos), la respuesta correcta es la C.

Respuesta C

ITEM 6.33

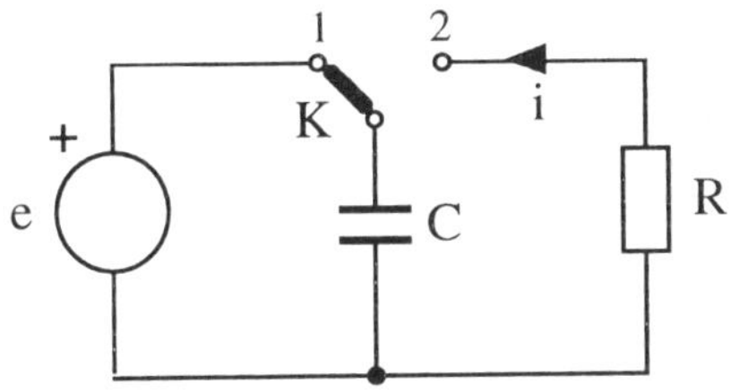

El circuito de la figura se encuentra en régimen permanente sinusoidal con el interruptor K en la posición 1, siendo:

$$e = 200\sqrt{2}\ \text{sen}(100t + 45°);\quad R = 100\ \Omega;\quad C = 100\ \mu F.$$

En t = 0, pasamos K a la posición 2. La intensidad i para t > 0, viene dada por la expresión:

A. $2\ \text{sen}(100t + 90°) - 2\sqrt{2}\ e^{-100t}$.

B. $2\ \text{sen}100t + 2\sqrt{2}\ e^{-100t}$.

C. $2\ \text{sen}(100t + 90°) + 2\ e^{-100t}$.

D. $- 2\ e^{-100t}$.

E. $2\sqrt{2}\ e^{-100t}$.

F. Diferente.

SOLUCIÓN 6.33

Si está en régimen permanente con K en la posición 1, $v_C = e$; por tanto:

$$v_C(0^-) = v_C(0^+) = 200\sqrt{2}\ \text{sen}45° = 200\ V.$$

Además: $i(0^+) = -\dfrac{200}{100} = -2\ A.$

Para $t = \infty \;\Rightarrow\; i_\infty(t) = 0;$ con $\tau = RC = 100 \cdot 100 \cdot 10^{-6} = 10^{-2}.$

Por tanto: $i(t) = -2\ e^{-100t}$, para todo $t > 0$.

Respuesta D

ITEM 6.34

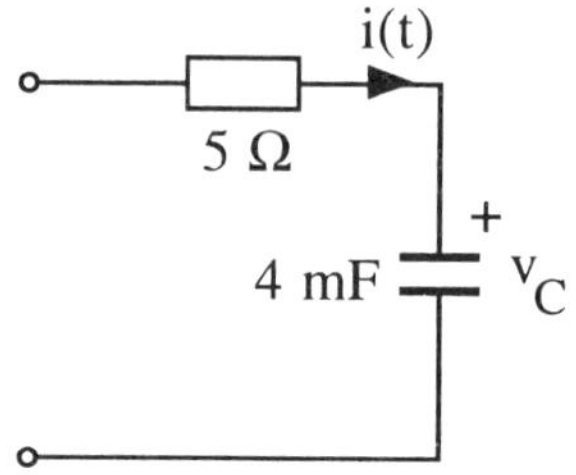

Figura 1

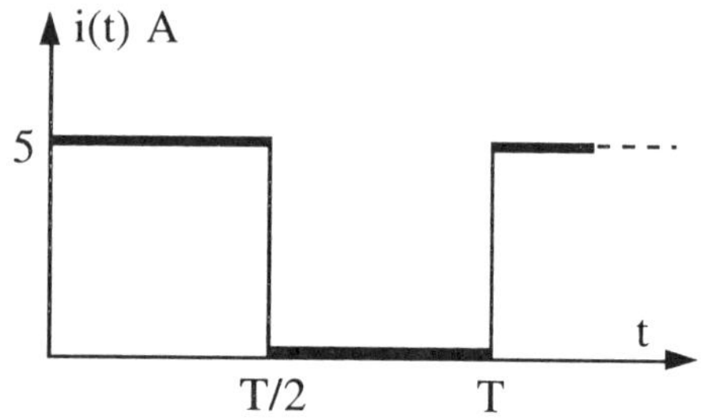

Figura 2

A la red de la figura 1, que se encuentra sin energía inicial, se le aplica una intensidad i(t) que representamos en la figura 2.
La tensión del condensador, en el instante t = 3T/4, tiene el valor:

A. 625T.
B. 1250T.
C. 937,5T.
D. $25(1 - e^{-37,5T})$.
E. $25\ e^{-37,5T}$.
F. Diferente.

SOLUCIÓN 6.34

La tensión en el condensador, será:

$$v_C(3T/4) = 250\left[\int_0^{T/2} 5dt + \int_{T/2}^{3T/4} 0dt\right] = 625T.$$

Respuesta A

ITEM 6.35-36

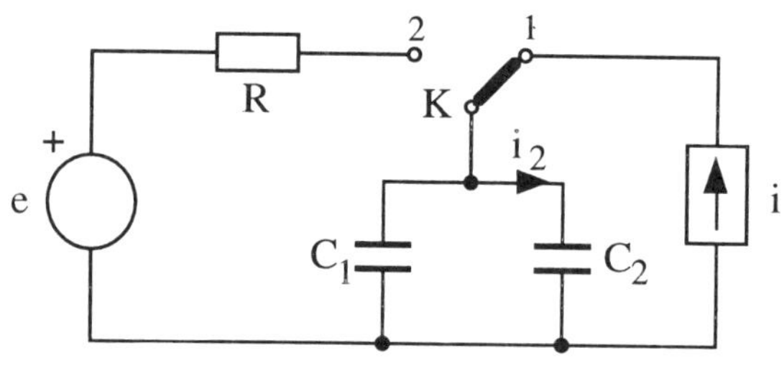

6.35. El circuito de la figura, se encuentra en régimen permanente sinusoidal con K en la posición 1, verificándose:

$$e = 60\sqrt{2}\ \text{sen}500t;\ \ i = 10\ \text{sen}(500t + 60°);$$

$$R = 5\ \Omega;\ \ C_1 = 200\ \mu F;\ \ C_2 = \frac{400}{3}\ \mu F.$$

En t = 0, pasamos el conmutador K a la posición 2. La intensidad i_2 en $t = 0^+$, tiene el valor:

A. - 2,4 A.
B. Cero
C. 2,4 A.
D. 3 A.
E. 3,6 A.
F. Diferente.

6.36. Igual enunciado que el ítem 6.35. La potencia generada en $t = 0^+$, tiene el valor:

A. $- 360\sqrt{2}$ W.
B. Cero.
C. $360\sqrt{2}$ W.
D. $450\sqrt{2}$ W.
E. $540\sqrt{2}$ W.
F. Diferente.

SOLUCIÓN 6.35

Primeramente calculamos las impedancias $\overline{\mathbf{Z}}_1$, $\overline{\mathbf{Z}}_2$ de C_1, C_2, respectivamente

(con $\overline{\mathbf{E}} = 60$ e $\overline{\mathbf{I}} = 5\sqrt{2}\underline{/60^\circ}$):

$$Z_1 = \frac{10^6}{500 \cdot 200} = 10\ \Omega \quad \text{y} \quad Z_2 = \frac{10^6}{500 \cdot 400/3} = 15\ \Omega.$$

Luego, $\overline{\mathbf{Z}}_{eq}$ será: $$\overline{\mathbf{Z}}_{eq} = \frac{10\underline{/-90^\circ} \cdot 15\underline{/-90^\circ}}{25\underline{/-90^\circ}} = 6\underline{/-90^\circ}.$$

Calculamos la tensión que soportan en régimen permanente sinusoidal:

$$\overline{\mathbf{V}}_C = \overline{\mathbf{Z}}_{eq} \cdot \overline{\mathbf{I}} = 6\underline{/-90^\circ} \cdot 5\sqrt{2}\underline{/60^\circ} = 30\sqrt{2}\underline{/-30^\circ} \quad \Rightarrow \quad v_C(t) = 60 \operatorname{sen}(500t - 30^\circ).$$

Por tanto: $v_C(0) = 60 \operatorname{sen}(- 30^\circ) = - 30$ V.

En la figura representamos el circuito en $t = 0^+$ [con e(0) = 0]·

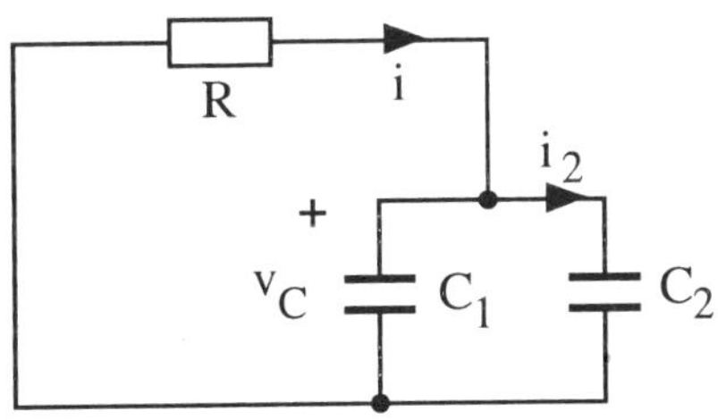

Por tanto: $$i = - \frac{v_C(0)}{5} = 6 \text{ A}.$$

Luego: $i_2 = \dfrac{C_2 \cdot i}{C_1 + C_2} = 2{,}4$ A.

Respuesta C

SOLUCIÓN 6.36

Como la f.e.m. de la fuente es nula en t = 0, la potencia generada en este instante también lo es.

Respuesta B

ITEM 6.37

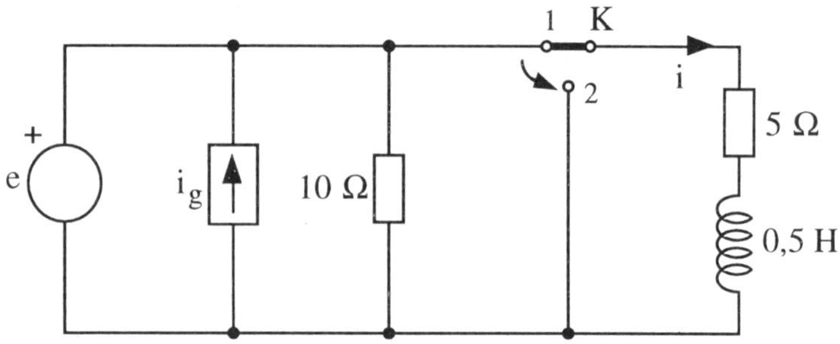

El circuito de la figura, está en régimen permanente sinusoidal con K en la posición 1. e = 50 sen10t; ig = 5 sen(10t + 45°).
En t = 0, pasamos K a la posición 2, la expresión de i, para t > 0, es:

A. - (25/3) e^{-10t}.
B. Cero.
C. 5 $e^{-0,1t}$.
D. - 5 e^{-10t}.
E. 5 sen(10t - 45°) - 8,55 e^{-10t}.
F. Diferente.

SOLUCIÓN 6.37

Con K en la posición 1, en régimen permanente:

$$\bar{I} = \frac{25\sqrt{2}}{5\sqrt{2}\underline{/45^\circ}} = 5\underline{/-45^\circ}. \quad => \quad i = 5\sqrt{2}\ \text{sen}(10t - 45^\circ) \quad => \quad i(0^-) = -5 \text{ A.}$$

Pasamos K a la posición 2:

$$i(0^+) = -5\ A.$$

$$i(\infty) = 0.\ \text{ y la constante de tiempo }\ \tau = \frac{0,5}{5} = 0,1\ seg^{-1}.$$

Por tanto: $i(t) = -5\ e^{-10t}$ A.

Respuesta D

ITEM 6.38

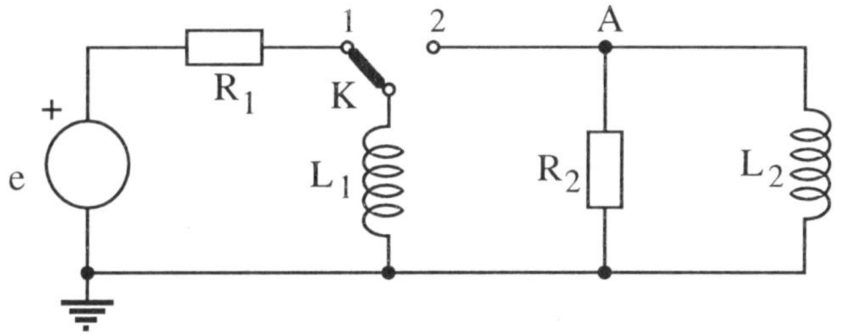

El circuito de la figura, se encuentra en régimen permanente con K en la posición 1.

$e = 100\cos(1000t + 30°)$; $R_1 = 10\sqrt{3}\ \Omega$; $R_2 = 20\ \Omega$; $L_1 = 10$ mH; $L_2 = 20$ mH.

En t = 0, pasamos K a la posición 2. La tensión v_A en $t = 0^+$, tiene el valor:

A. Cero.
B. - 100 V.
C. $-50\sqrt{3}$ V.
D. 50 V.
E. $250\sqrt{3}$ V.
F. Diferente.

SOLUCIÓN 6.38

En $t = 0^-$, está en régimen permanente sinusoidal.

$$\overline{\mathbf{X}}_{L_1} = j10,\ \ \overline{\mathbf{X}}_{L_2} = j20\ \text{ y }\ \overline{\mathbf{E}} = 50\sqrt{2}\underline{/120°}.$$

En el circuito de la figura, se verifica:

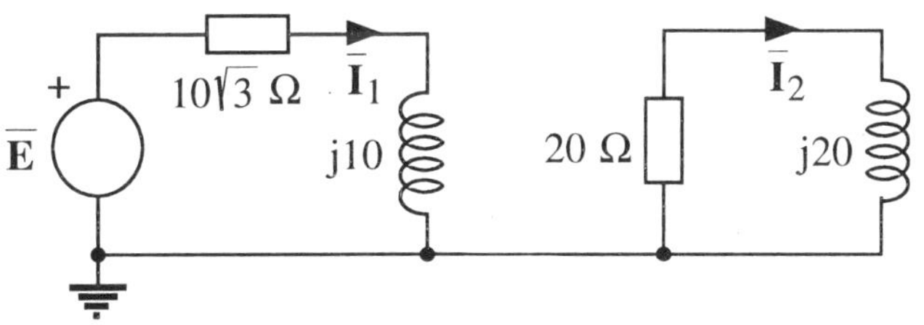

$$\bar{I}_1 = 2{,}5\sqrt{2}\,\underline{/90^\circ} \;\Rightarrow\; i_1 = 5\ \text{sen}(1000t + 90^\circ) \;\Rightarrow\; i_1(0^-) = 5\ \text{A}.$$

$$\bar{I}_2 = 0 \;\Rightarrow\; i_2 = 0 \;\Rightarrow\; i_2(0^-) = 0.$$

En $t = 0^+$, se verificará:

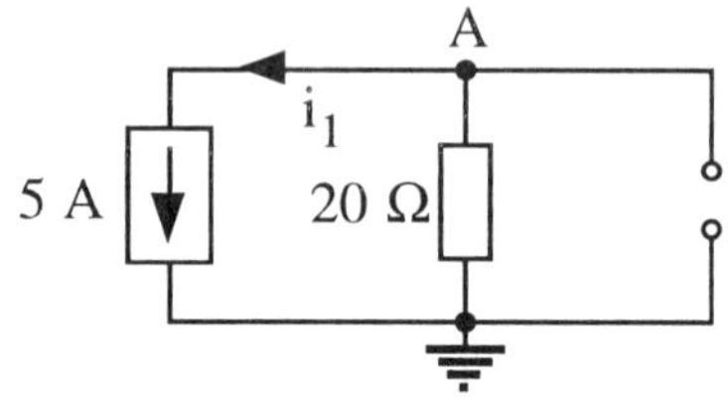

$$i_1(0^-) = i_1(0^+) = 5\ \text{A}.$$

$$i_2(0^-) = i_2(0^+) = 0$$

Luego, en el circuito de la figura: $v_A = -100$ V.

Respuesta B

ITEM 6.39

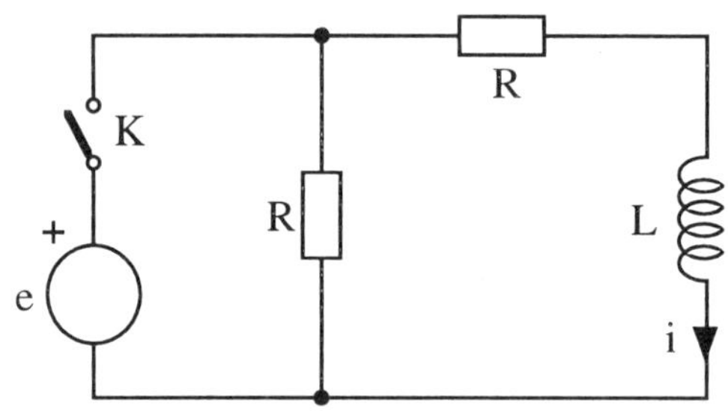

En la red de la figura: $R = 10\ \Omega$; $L = 0{,}1$ H; $e = 100\ \text{sen}100t$. En $t = 0$, cerramos el interruptor K siendo la intensidad i, en ese instante, de 10 A; la intensidad i, para $t > 0$, viene dada por la expresión:

A. $5\sqrt{2}\,\text{sen}(100t - 45^\circ) + 5e^{-100t}$.
B. $5\sqrt{2}\,\text{sen}(100t - 45^\circ) + 15e^{-100t}$.
C. $5\sqrt{2}\,\text{sen}(100t - 45^\circ) + 5e^{-50t}$.
D. $5\sqrt{2}\,\text{sen}(100t - 45^\circ) + 10e^{-50t}$.
E. $5\sqrt{2}\,\text{sen}(100t + 45^\circ) + 5e^{-100t}$.
F. Diferente.

SOLUCIÓN 6.39

La intensidad i en régimen permanente, será:

$$i_\infty(t) = \frac{100}{Z}\,\text{sen}\big(100t\ -\ \varphi\big),\ \text{siendo}\ Z = \sqrt{R^2+\omega^2L^2}\ =\ 10\sqrt{2}\ \Omega.\ \text{y}$$

$$\varphi = \text{arctg}\,\frac{\omega L}{R}\ =\ 45°.\ \text{Por tanto:}\ \ i_\infty(t) = 5\sqrt{2}\,\text{sen}(100t\ \text{-}\ 45°).$$

En t = 0, la intensidad permanente vale: $i_\infty(0) = 5\sqrt{2}\,\text{sen}(-\ 45°) = -\ 5$ A.

La constante de tiempo es: $\tau = \frac{L}{R} = 10^{-2}$.

La intensidad transitoria es: $i(t) = i_\infty(t) + [\ i(0) - i_\infty(0)\ ]\ e^{-t/\tau}$.

Por tanto: $i(t) = 5\sqrt{2}\,\text{sen}(100t - 45°) + 15e^{-100t}$.

Respuesta B

ITEM 6.40-41

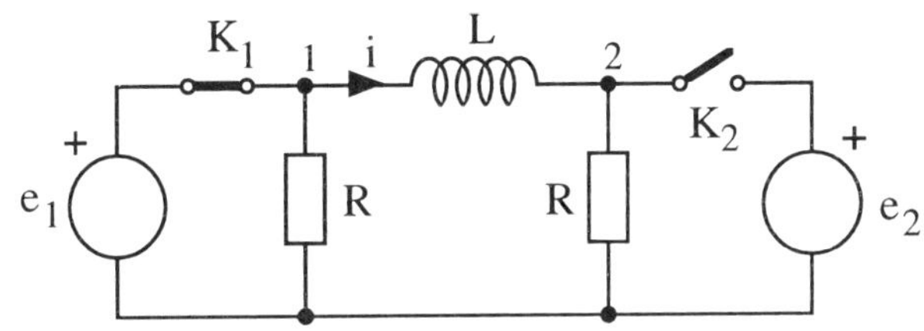

6.40. El circuito de la figura, está en régimen permanente sinusoidal con el interruptor K_1 cerrado y el K_2 abierto. Siendo:

$R = 1\ \Omega;\ \ L = 0{,}5$ H.

$e_1 = 10$ sen 2t V.

$e_2 = 20$ sen(2t + 90°) V.

En t = 0, abrimos K_1 y cerramos K_2. La intensidad i = f(t), para t > 0, viene dada por la expresión:

A. $10\sqrt{2}$ sen(2t - 45°) + 5 e^{-4t}.

B. $10\sqrt{2}$ sen(2t - 135°) + 5 e^{-4t}.

C. $10\sqrt{2}$ sen(2t + 45°) - 15 e^{-4t}.

D. $10\sqrt{2}$ sen(2t + 45°) - 5 e^{-2t}.

E. $10\sqrt{2}$ sen(2t - 135°) + 5 e^{-2t}.

F. Diferente.

6.41. Igual enunciado que el ítem 6.40. La tensión v_{12} para t > 0, viene dada por la expresión:

A. $10\sqrt{2}$ sen(2t + 45°) -10 e^{-4t}.
B. $10\sqrt{2}$ sen(2t - 45°) - 10 e^{-4t}.
C. $20\sqrt{2}$ sen(2t + 135°) - 60 e^{-4t}.
D. $10\sqrt{2}$ sen(2t + 135°) - 5 e^{-2t}.
E. $10\sqrt{2}$ sen(2t - 45°) - 5 e^{-2t}.
F. Diferente.

SOLUCIÓN 6.40

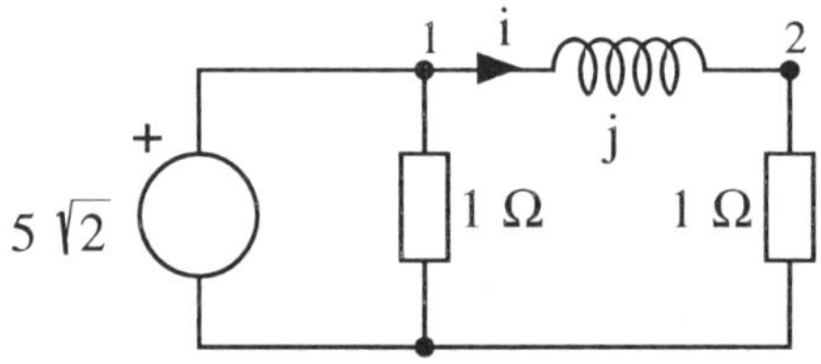

En régimen permanente con K_1 cerrado y K_2 abierto, tenemos:

$$\bar{I} = \frac{5\sqrt{2}}{\sqrt{2}_{\underline{/45^\circ}}} = 5_{\underline{/-45^\circ}} \quad \Rightarrow \quad i = 5\sqrt{2}\ \text{sen}(2t - 45^\circ).$$

$$i(0^-) = 5\sqrt{2}\ \text{sen}(-45^\circ) = -5\ A = i(0^+)$$

Para t = ∞, tenemos:

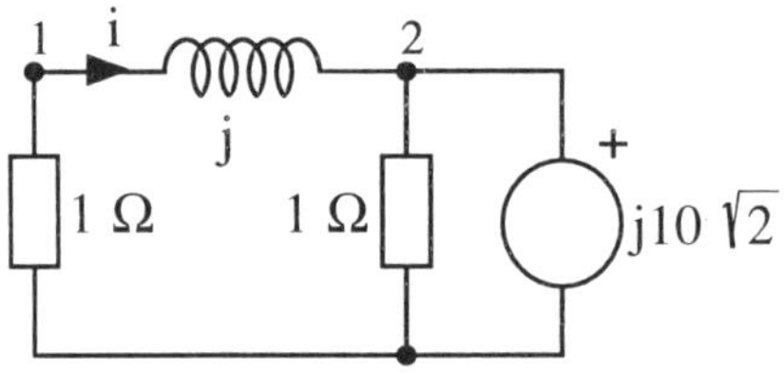

En régimen permanente con K_1 abierto y K_2 cerrado, tenemos:

$$\bar{I} = \frac{-10\sqrt{2}_{\underline{/90^\circ}}}{\sqrt{2}_{\underline{/45^\circ}}} = 10_{\underline{/-135^\circ}}.$$

$i_\infty(t) = 10\sqrt{2}$ sen(2t - 135°)

$i_\infty(0) = -10$, con: $\tau = 0{,}5/1 \Rightarrow 1/\tau = 2$.

Por tanto:

$$i(t) = 10\sqrt{2}\ \text{sen}(2t - 135°) + 5\ e^{-2t}.$$

Respuesta E

SOLUCIÓN 6.41

La tensión: $v_{12} = L\ \dfrac{di}{dt} = 0,5\left[20\sqrt{2}\ \cos(2t - 135°) - 10e^{-2t}\right]$ =>

$v_{12} = 10\sqrt{2}\ \text{sen}(2t - 45°) - 5\ e^{-2t}$.

Respuesta E

ITEM 6.42-43

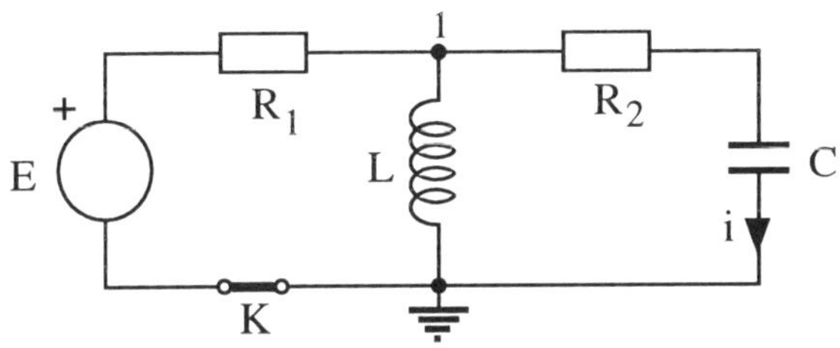

6.42. El circuito de la figura, está en régimen permanente con el interruptor K cerrado. En t = 0, abrimos K. La intensidad i en $t = 0^+$, tiene el valor:

A. Cero.
B. E / R_1.
C. $- E / R_1$.
D. $E / (R_1 + R_2)$.
E. Indeterminado.
F. Diferente.

6.43. Igual enunciado que el ítem 6.42. La tensión v_1 en $t = 0^+$, tiene el valor:

A. $ER_2 / (R_1 + R_2)$.
B. $ER_1 / (R_1 + R_2)$.
C. E.
D. - E.
E. Indeterminado.
F. Diferente.

SOLUCIÓN 6.42

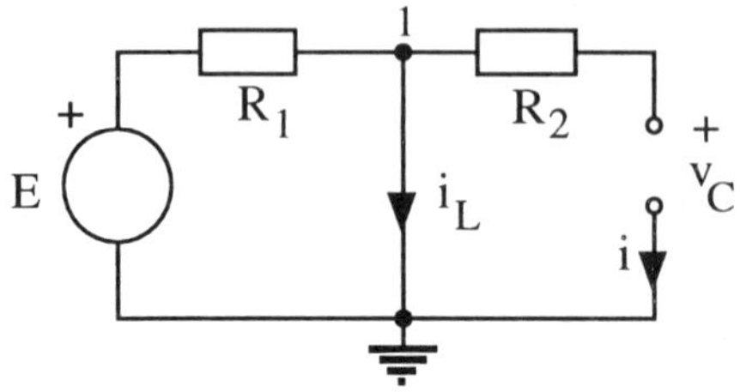

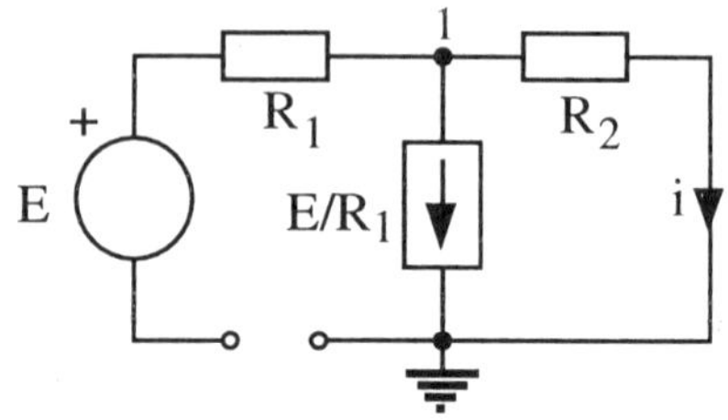

En t = 0^-

$i_L(0^-) = E / R_1$ y $v_C(0^-) = 0$.

En t = 0^+

$i(0^+) = - E / R_1$.

Respuesta C

SOLUCIÓN 6.43

De acuerdo con los resultados del ítem 6.42:

$$v_1(0^-) = 0 \quad \text{y} \quad v_1(0^+) = - ER_2 / R_1.$$

Respuesta F

ITEM 6.44-45

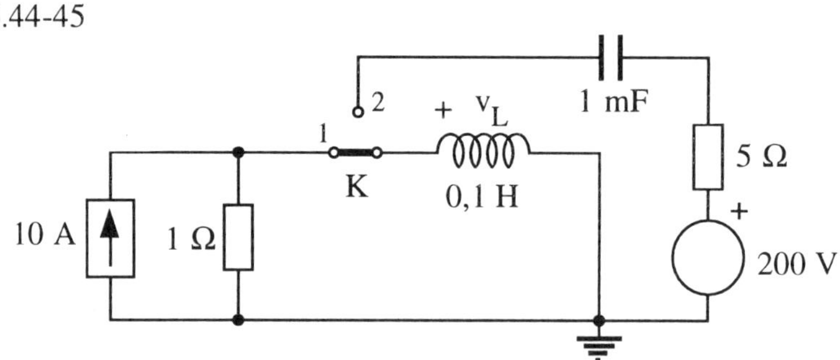

6.44. Las fuentes de la red de la figura, son de corriente continua. El circuito se encuentra en régimen permanente con K en la posición 1 y el condensador descargado.

En t = 0, pasamos K a la posición 2. La tensión v_L en t = 0^+, tiene el valor:

A. Cero.
B. 50 V.
C. 150 V.
D. 200 V.
E. 250 V.
F. Diferente.

6.45. Igual enunciado que el ítem 6.44. La potencia disipada por la resistencia de 5 Ω, en el instante $t = 0^+$, tiene el valor:

A. 12,5 kW.
B. 8 kW.
C. 4,5 kW.
D. 0,5 kW.
E. Cero.
F. Diferente.

SOLUCIÓN 6.44

En $t = 0^-$, la tensión que soporta el condensador es de cero voltios y la intensidad que recorre la bobina es de 10 A.

En $t = 0^+$, tal como se indica en la figura, se verificará:

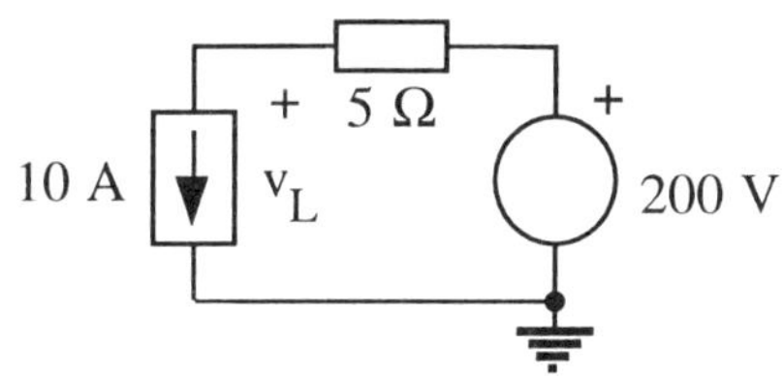

$v_C(0^+) = 0$ V; entonces: $v_L(0^+) = - 10 \cdot 5 + 200 = 150$ V.

Respuesta C

SOLUCIÓN 6.45

Del ítem anterior, obtenemos:

$$P = 500 \text{ W} = 0,5 \text{ kW}.$$

Respuesta D

ITEM 6.46

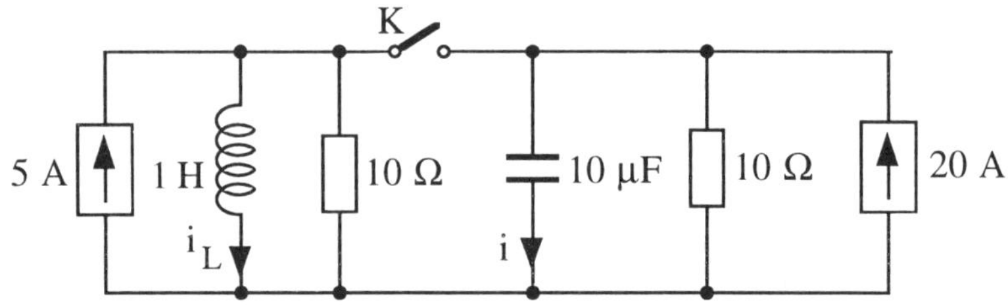

El circuito de la figura, se encuentra en régimen permanente con el interruptor K abierto.

En t = 0 cerramos K. La intensidad i en $t = 0^+$, tiene el valor:

A. - 20 A.
B. 15 A.
C. 20 A.
D. 25 A.
E. Cero.
F. Diferente.

SOLUCIÓN 6.46

Dibujamos el circuito equivalente en $t = 0^+$.

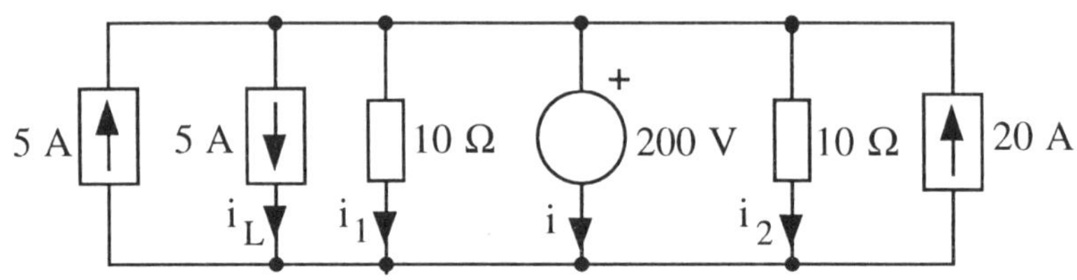

La bobina la sustituimos por la fuente ideal de corriente de valor $i_L(0^-)$ y el condensador por una fuente ideal de tensión de f.e.m. igual a la tensión en 0^-:

$$i_1 = i_2 = \frac{200}{10} = 20 \text{ A.}$$

Aplicando la 1ª ley de Kirchhoff, resulta: i = - 20 A.

Respuesta A

ITEM 6.47

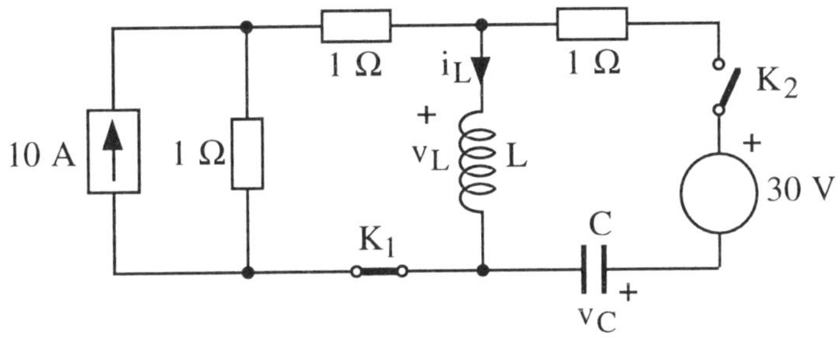

El circuito de la figura, está en régimen permanente con el interruptor K_1 cerrado y el K_2 abierto, siendo la tensión v_C del condensador de 10 V. En t = 0, abrimos K_1 y cerramos K_2. La tensión de la bobina en $t = 0^+$, tiene el valor:

A. 25 V.
B. 30 V.
C. 15 V.
D. 35 V.
E. Indeterminado.
F. Diferente.

SOLUCIÓN 6.47

En $t = 0^-$ => $i_L(0^-) = 5$ A y $v_C(0^-) = 10$ V.

En $t = 0^+$:

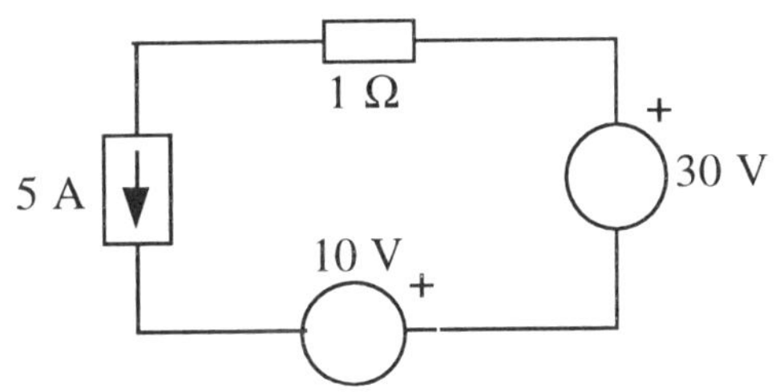

$i_L(0^+) = 5$ A y $v_C(0^+) = 10$ V. (tal como se muestra en la figura).

Por tanto:

$$v_L(0^+) = -5 + 30 + 10 = 35 \text{ V}.$$

Respuesta D

ITEM 6.48-49

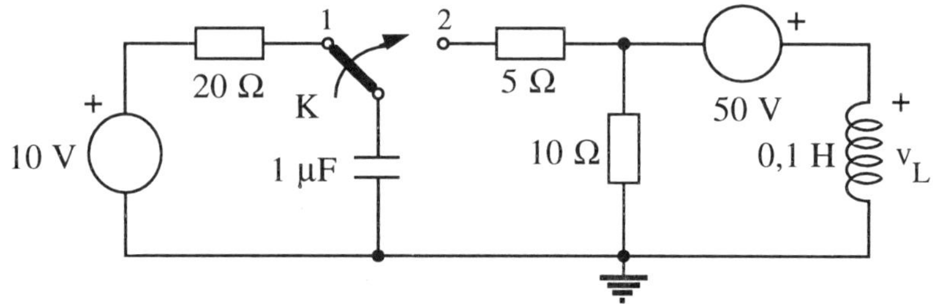

6.48. La red de la figura, se encuentra en régimen permanente con K en la posición 1. En t = 0, pasamos K a la posición 2.

La tensión v_L en $t = 0^+$, tiene el valor:

A. - 60 V.
B. 40 V.
C. 60 V.
D. Cero.
E. 10 V.
F. Diferente o imposible de calcular.

6.49. Igual enunciado que el ítem 6.48. La potencia consumida por la resistencia de 10 Ω en $t = 0^+$, tiene el valor:

A. 250 W.
B. 40 W.
C. $\frac{100}{9}$ W.
D. $\frac{40}{9}$ W.
E. 10 W.
F. Diferente.

SOLUCIÓN 6.48

En $t = 0^-$:

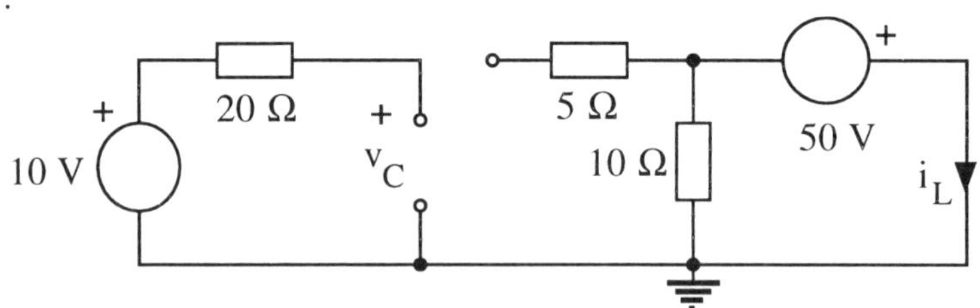

$v_C(0^-) = 10$ V. $i_L(0^-) = 5$ A.

En $t = 0^+$:

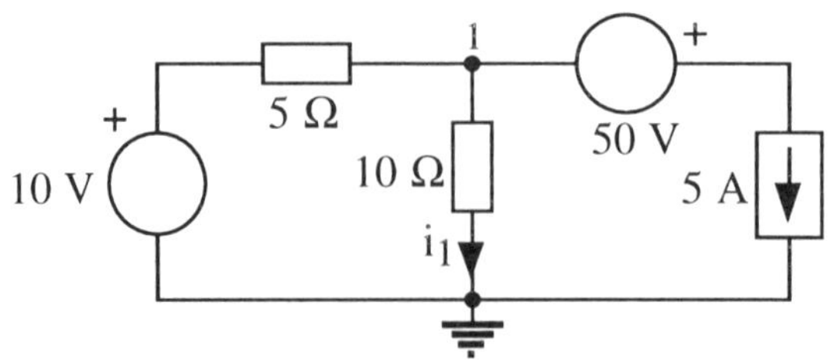

$v_C(0^+) = 10$ V; $i_L(0^+) = 5$ A.

$$v_1\left(\frac{1}{5} + \frac{1}{10}\right) = \frac{10}{5} - 5 \quad \Rightarrow \quad v_1(0^+) = -10 \text{ V}.$$

$$v_L(0^+) = 50 + v_1 = 40 \text{ V}.$$

Respuesta B

SOLUCIÓN 6.49

Teniendo en cuenta los resultados del ítem anterior:

$$i_1(0^+) = v_1(0^+)/10 = -1 \text{ A}. \quad \Rightarrow \quad p_R(0^+) = 10 \text{ W}.$$

Respuesta E

ITEM 6.50-51

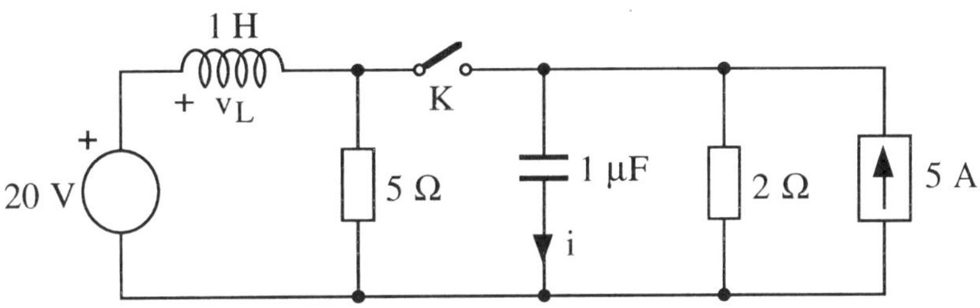

6.50. El circuito de la figura, está en régimen permanente con el interruptor K abierto. En t = 0 cerramos K. La intensidad i en $t = 0^+$, tiene el valor:

A. - 3 A.
B. - 2 A.
C. Cero.
D. 2 A.
E. 5 A.
F. Diferente.

6.51. Igual enunciado que el ítem 6.50. La tensión v_L en la bobina en $t = 0^+$, tiene el valor:

A. - 30 V.
B. - 10 V.
C. Cero.
D. 10 V.
E. 30 V.
F. Diferente.

SOLUCIÓN 6.50

En $t = 0^-$.

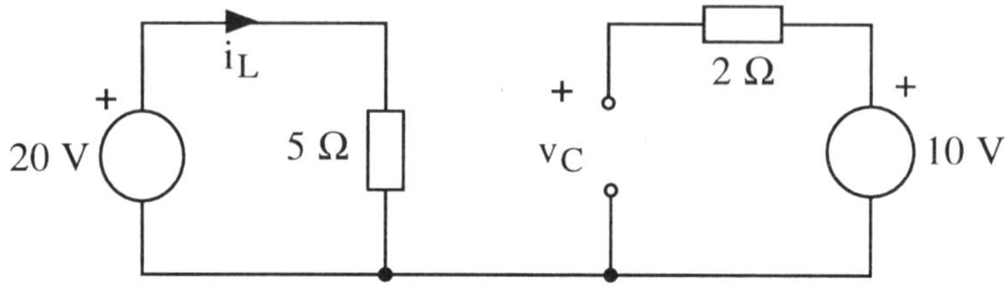

$$i_L(0^-) = 4\ A; \quad v_C(0^-) = 10\ V.$$

En $t = 0^+$.

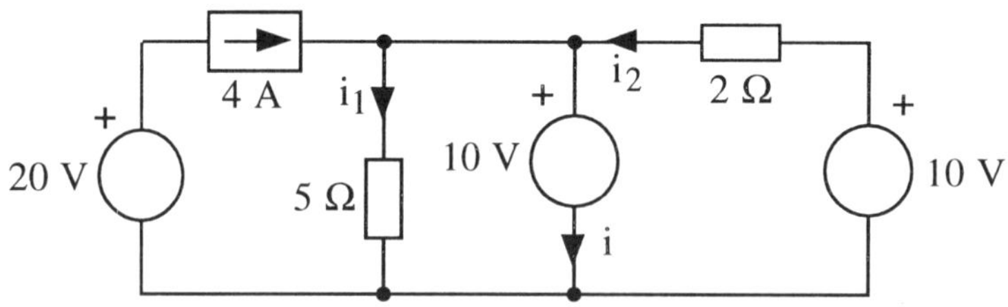

$$i(0^+) = 4 + i_2 - i_1 = 4 - \frac{10}{5} = 2\ A.$$

Respuesta D

SOLUCIÓN 6.51

Teniendo en cuenta los resultados del ítem anterior:

$$20 = v_L(0^+) + 10 \quad => \quad v_L(0^+) = 10\ V.$$

Respuesta D

ITEM 6.52-53

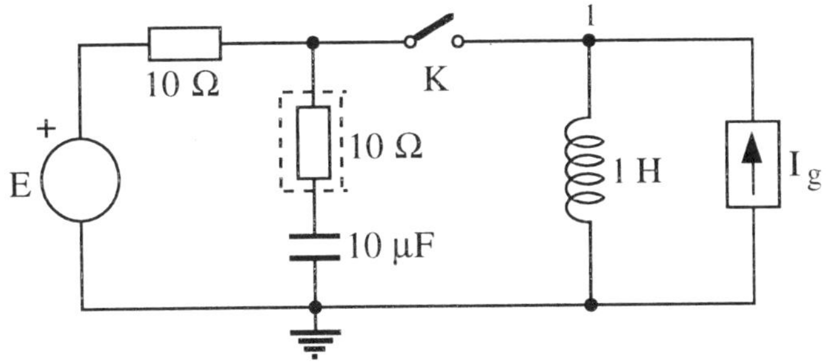

6.52. En el circuito de la figura, $I_g = 5$ A; E = 100 V. La red está en régimen permanente con el interruptor K abierto. En t = 0, cerramos el interruptor anulando, simultáneamente, las dos fuentes del circuito.

La tensión del nudo 1 en $t = 0^+$, tiene el valor:

A. 100 V.
B. 50 V.
C. 25 V.
D. 150 V.
E. Indeterminado.
F. Diferente.

6.53. Igual enunciado que el ítem 6.52. La potencia consumida por la resistencia encerrada en un rectángulo, en el instante $t = 0^+$, tiene el valor:

A. 562,5 W.
B. 250 W.
C. Nulo.
D. 0,5 J.
E. Indeterminado.
F. Diferente.

SOLUCIÓN 6.52

En $t = 0^-$:

$$v_C(0^-) = 100 \text{ V.}$$

$$i_L(0^-) = 5 \text{ A.}$$

$$v_1(0^-) = 0.$$

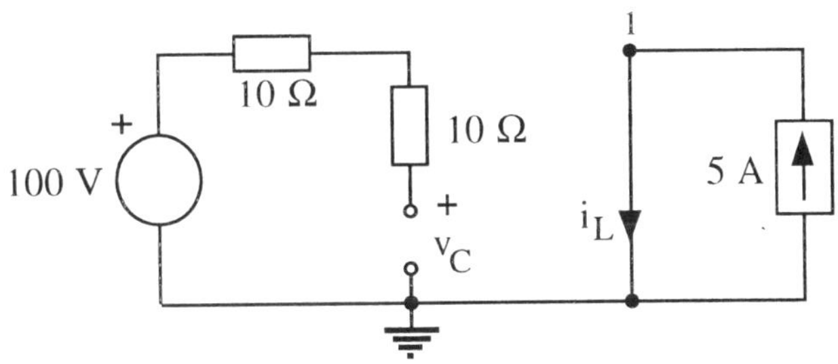

En $t = 0^+$:

$$v_1\left(\frac{2}{10}\right) = \frac{100}{10} - 5$$

$$v_1(0^+) = 25 \text{ V.}$$

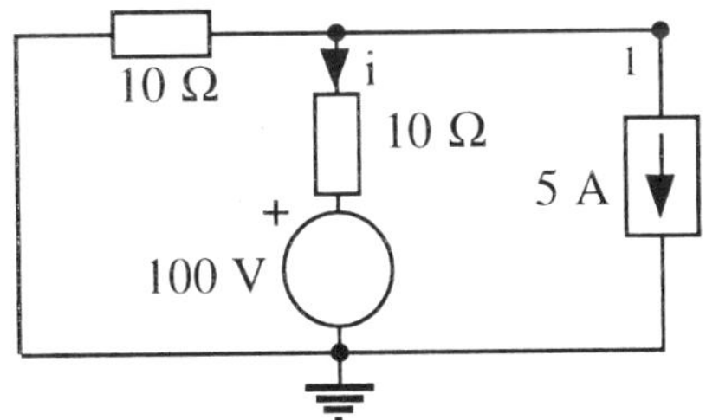

Respuesta C

SOLUCIÓN 6.53

Basándonos en la respuesta del ítem anterior:

$$i(0^+) = \frac{25 - 100}{10} = -7{,}5 \text{ A.}$$

La potencia disipada en 0^+, será :

$$P_R = 7{,}5^2 \cdot 10 = 562{,}5 \text{ W.}$$

Respuesta A

ITEM 6.54-55

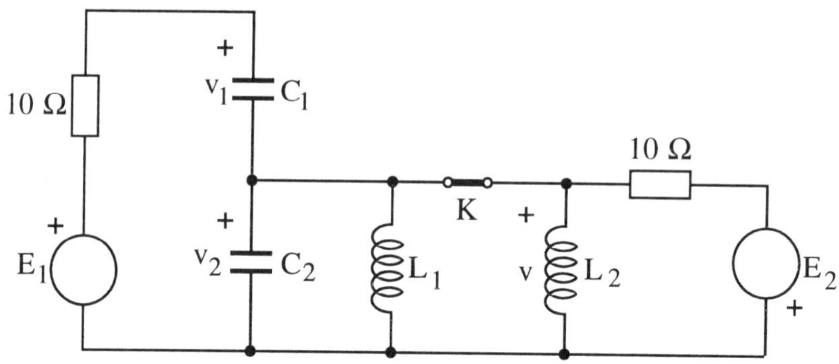

6.54. El circuito de la figura, se encuentra en régimen permanente con el interruptor K cerrado.

$C_1 = 1\ \mu F$; $C_2 = 2\mu F$.; $L_1 = 1$ mH; $L_2 = 2$ mH.; $E_1 = E_2 = 300$ V.

Las tensiones v_1 y v_2 que soportan los condensadores C_1 y C_2, tienen el valor:

A. $v_1 = 0$; $v_2 = 300$ V.
B. $v_1 = 0$; $v_2 = -300$ V.
C. $v_1 = 300$ V; $v_2 = 0$.
D. $v_1 = -300$ V; $v_2 = 0$.
E. $v_1 = v_2 = 0$.
F. Diferente.

6.55. Igual enunciado que el ítem 6.54. En t = 0, abrimos K. La tensión v en $t = 0^+$, vale:

A. Cero.
B. - 100 V.
C. - 200 V.
D. - 300 V.
E. 200 V.
F. Diferente.

SOLUCIÓN 6.54

En $t = 0^-$:

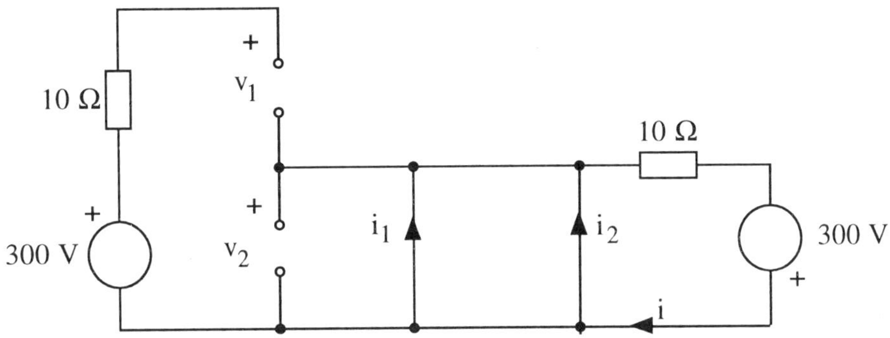

$$v_2(0^-) = 0; \quad v_1(0^-) = 300 \text{ V}; \quad i(0^-) = \frac{300}{10} = 30 \text{ A}.$$

Además se verificará:

$$i_1L_1 = i_2L_2 = i\ \frac{L_1L_2}{L_1 + L_2}. \quad \Rightarrow \quad i_2(0^-) = 30 \cdot \frac{1}{3} = 10 \text{ A}.$$

Respuesta C

SOLUCIÓN 6.55

En $t = 0^+$:

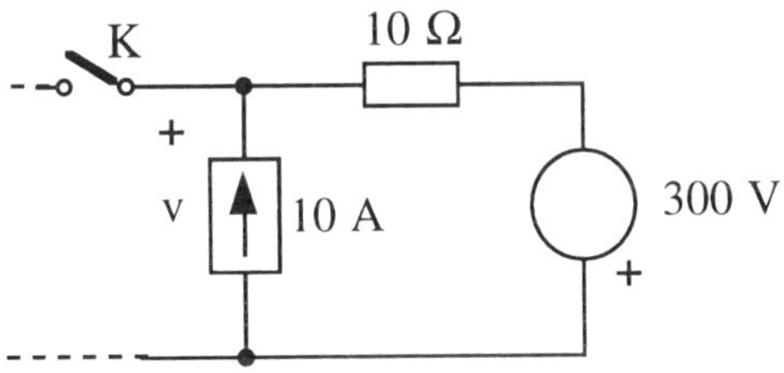

$$v(0^+) = 100 - 300 = - 200 \text{ V}.$$

Respuesta C

ITEM 6.56

La tensión de un dipolo G-C-L derivación sin fuentes, viene dada por la expresión: $v = 15\ e^{-100t}$ sen 200t V.

El coeficiente de amortiguamiento α y la pulsación de resonancia ω_o, tienen los valores:

A. $\alpha = -100$; $\omega_o = 200$.

B. $\alpha = -100$; $\omega_o = 100\sqrt{5}$.

C. $\alpha = 100$; $\omega_o = 100\sqrt{3}$.

D. $\alpha = 100$; $\omega_o = 200$.

E. $\alpha = 100$; $\omega_o = 100\sqrt{5}$.

F. Diferentes.

SOLUCIÓN 6.56

La expresión de la tensión del régimen libre de un cuadripolo G-C-L, es:

$v = A\ e^{-\alpha t}$ sen $(\omega_z t + \Phi)$, siendo α el coeficiente de amortiguamiento

y $\omega_z = \sqrt{\omega_o^2 - \alpha^2}$ la pulsación de la respuesta; por tanto:

$\alpha = 100$ y $200 = \sqrt{\omega_o^2 - 100^2}$ => $\omega_o = 100\sqrt{5}$.

Respuesta E

ITEM 6.57

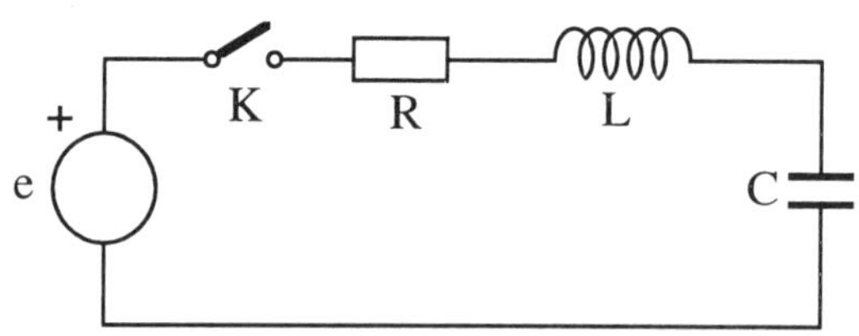

El circuito de la figura, se encuentra sin energía inicial y con el interruptor K abierto. R = 10 Ω; L = 1 mH; C = 100 μF; e = 100 senωt.
En t = 0, cerramos K. La pulsación ω de la fuente que origina un régimen libre aperiódico crítico, tiene el valor:

A. 1000 rad/s.
B. 0,001 rad/s.
C. 10 rad/s.
D. No puede ser un régimen aperiódico crítico.
E. No puede determinarse.
F. Diferente.

SOLUCIÓN 6.57

En el caso de amortiguamiento crítico, la ecuación característica del circuito tiene dos soluciones reales iguales; por tanto ha de verificarse:

$$\left(\frac{R}{2L}\right)^2 = \frac{1}{LC}.$$

Aquí: $\left(\frac{10}{2\cdot 10^{-3}}\right)^2 \neq \frac{1}{10^{-3}\cdot 100\cdot 10^{-6}}$; por tanto, no puede ser aperiódico crítico.

Respuesta D

ITEM 6.58

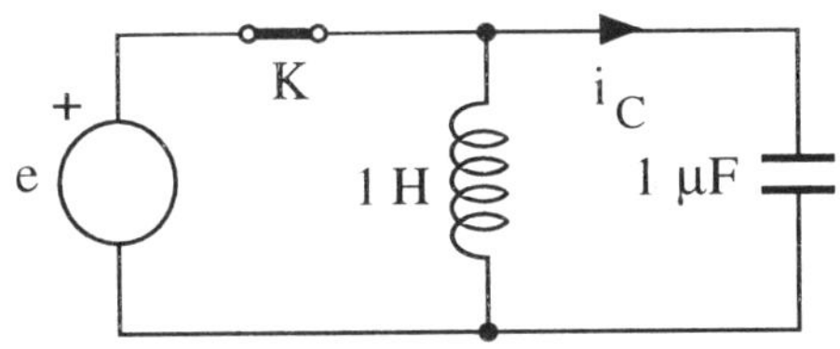

El circuito de la figura se encuentra en régimen permanente con K cerrado.

$$e = 100\sqrt{2}\,\mathrm{sen}(1000t + 45°).$$

En t = 0, abrimos el interruptor K. La intensidad i_C en 0^+, vale:

A. Cero.
B. - 0,1 + j0,1.
C. 0,1 - j0,1.
D. 0,1.
E. - 0,1.
F. Diferente.

SOLUCIÓN 6.58

Si el circuito está en régimen permanente con K cerrado, se verifica:

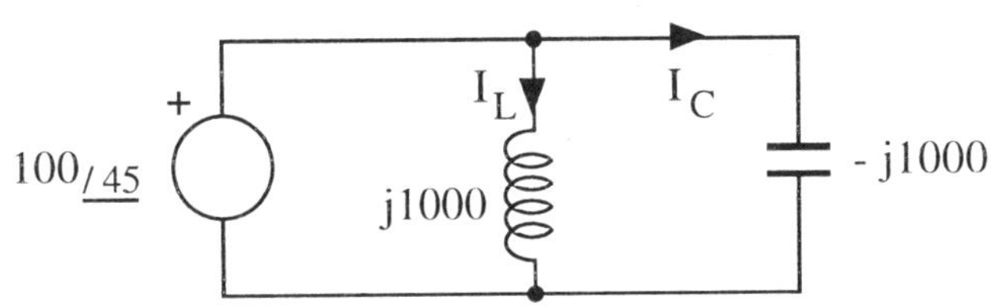

$$\bar{I}_L = \frac{100\underline{/45°}}{j1000} = 0{,}1\underline{/-45°} \Rightarrow i_L = 0{,}1\sqrt{2}\,\text{sen}(1000t - 45°) \Rightarrow i_L(0^-) = -0{,}1 \text{ A.}$$

Por tanto si abrimos K, se verificará:

$$i_L(0^-) = i_L(0^+) = -i_C(0^+) \quad \Rightarrow \quad i_C(0^+) = 0{,}1 \text{ A.}$$

<u>Respuesta D</u>

ITEM 6.59-60

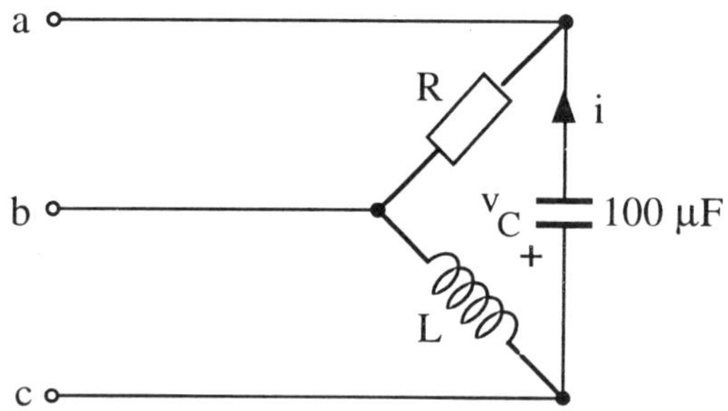

6.59. La red de la figura está en régimen permanente sinusoidal. Conectada a un alternador trifásico que suministra unas tensiones equilibradas siendo:

$$v_{ab} = 400 \text{ sen}(100\pi t + 30°) \text{ V.}$$

En t = 0, la red pasiva queda a circuito abierto como muestra la figura.
Para que la intensidad i sea sinusoidal de igual frecuencia que la de la fuente de alimentación, R y L han de tener los valores:

A. R = 0; L = 100π mH.

B. R = 0; $L = \frac{1}{\pi^2}$ H.

C. R = Indeterminado; L = 100π mH.

D. R = Infinito; $L = \frac{1}{\pi^2}$ H.

E. No es posible.

F. Diferentes.

6.60. Mismo enunciado que el ítem 6.59. La expresión de la intensidad i , para t > 0, es:

A. $2\pi \text{ sen}(100\pi t - 90°)$.

B. $4\pi \text{ sen}(100\pi t + 90°)$.

C. $4\pi \text{ sen}100\pi t$.

D. $-2\pi \text{ sen}100\pi t$.

E. $2\,e^{-2t} \text{ sen}(100\pi t + 90°)$.

F. Diferente.

SOLUCIÓN 6.59

Para que la respuesta del régimen libre que se origina sea sinusoidal, el circuito no ha de tener pérdidas; por tanto: R = 0.

La pulsación $\omega_o = 100\pi$; luego: $\omega_o^2 = \frac{1}{LC}$; $L = \frac{1}{\omega_o^2 C} = \frac{1}{\pi^2}$ H.

Respuesta B

SOLUCIÓN 6.60

En $t = 0^-$, la forma fasorial de la intensidad de la bobina, será:

$$\bar{\mathbf{I}}_L = \frac{\bar{\mathbf{V}}_{bc}}{\bar{\mathbf{X}}_L} = \frac{400_{/-90°}}{X_{L/90°}} = \left(\frac{400}{X_L}\right)_{/-180°}.$$

luego: $i_L = A \text{ sen } (100\pi t + 180°)$ y para $t = 0$, $i_L(0) = 0$.

Calculamos la tensión del condensador:

$$v_C = v_{ca} = 400 \text{ sen } (100\pi t + 150°); \quad \Rightarrow \quad v_C(0) = 200 \text{ V}.$$

Por tanto: $i = K_1 \text{ sen } 100\pi t + K_2 \cos 100\pi t$.

Para $t = 0 \Rightarrow i = 0$; luego: $K_2 = 0$.

Como:

$$\frac{di}{dt} = 100\pi\, K_1 \cos 100\pi t.$$

Para $t = 0$, se tiene: $L\left(\frac{di}{dt}\right)_o + 200 = 0; \quad \Rightarrow \quad \left(\frac{di}{dt}\right)_o = -\,200\pi^2.$

Por tanto: $-\,200\pi^2 = 100\pi K_1; \quad \Rightarrow \quad K_1 = -\,2\pi.$

$$i = -\,2\pi \text{ sen} 100\pi t.$$

Respuesta D

ITEM 6.61

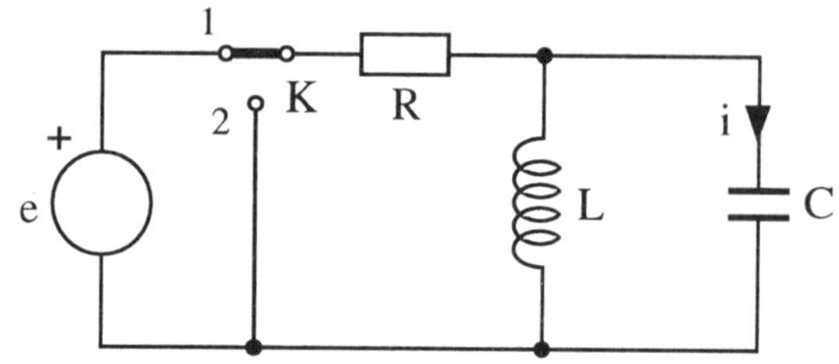

El circuito de la figura, se encuentra en régimen permanente con K en la posición 1. $e = 300 \text{ sen}(500t + 60°)$; $R = 25\sqrt{3}\ \Omega$; $L = 20$ mH; $C = 200\ \mu F$.
En $t = 0$, pasamos K a la posición 2. La intensidad i en el instante $t = 0^+$, vale:

A. -15 A.
B. Cero.
C. 15 A.
D. 9 A.
E. 21 A.
F. Diferente.

SOLUCIÓN 6.61

Calculamos las impedancias de la bobina y el condensador: $Z_L = Z_C = 10\ \Omega$;

por tanto: $Z_{eq} = \infty$.

En régimen permanente sinusoidal, se verifica:

$$\bar{\mathbf{I}}_L = \frac{\bar{\mathbf{E}}}{\bar{\mathbf{Z}}_L} = \frac{150\sqrt{2}\underline{/60°}}{10\underline{/90°}} = 15\sqrt{2}\underline{/-30°} \text{ ; es decir:}$$

$$i_L(t) = 30 \text{ sen}(500t - 30°) \quad => \quad i_L(0) = -15 \text{ A.}$$

La tensión del condensador en 0^- es la misma de la fuente e; por tanto, i_R en 0^+,

será:

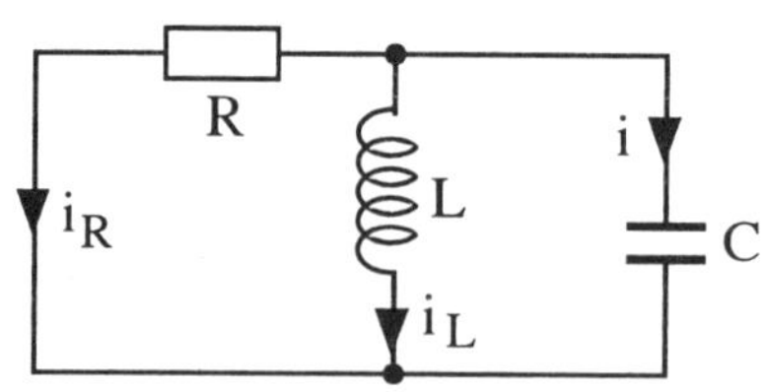

$$i_R = \frac{e(0)}{R} = \frac{300\text{sen}60°}{25\sqrt{3}} = 6 \text{ A.}$$

Aplicando la 1ª ley de Kirchhoff a la figura, tenemos:

$$i + (-15) + 6 = 0 \quad \Rightarrow \quad i = 9\ \text{A}.$$

Respuesta D

ITEM 6.62

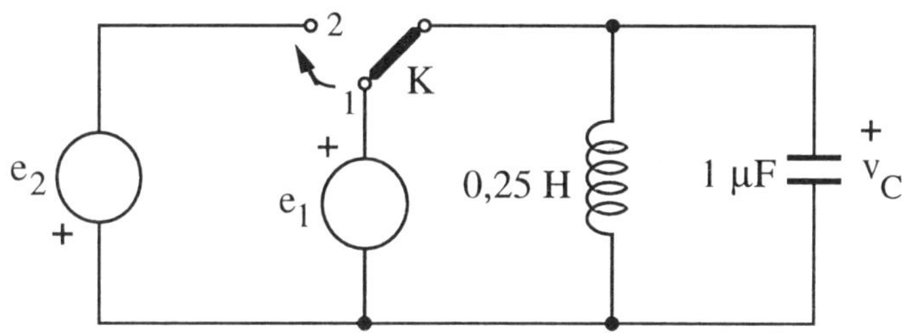

El circuito de la figura, se encuentra en régimen permanente con K en la posición 1, verificándose:

$$e_1 = 100\sqrt{2}\cos(\omega_1 t + 60°); \quad e_2 = 100\sqrt{2}\,\text{sen}(2000t + \Phi).$$

siendo $\omega_1 \neq 2000$ rad/s. En t = 0, queremos pasar K a la posición 2, sin que aparezcan tensiones ni intensidades infinitas en el circuito; deducimos:

A. No es posible por ser distintas las pulsaciones de las fuentes.
B. No es posible por ser un circuito resonante para $\omega = 2000$ rad/s.
C. Es posible para $\Phi = -30°$.
D. Es posible para $\Phi = -150°$.
E. Indeterminado por ser desconocido ω_1.
F. Son ciertas las respuestas C y D.

SOLUCIÓN 6.62

Con K en la posición 1, se cumple:

$$v_C = e_1 = 100\sqrt{2}\cos(\omega_1 t + 60°)$$

$$v_C(0^-) = \frac{100\sqrt{2}}{2} = 50\sqrt{2}\ \text{V}.$$

Para que no haya tensiones infinitas, al pasar K a la posición 2, ha de verificarse:

$v_C(0^+) = - e_2(0^+) \quad => \quad 50\sqrt{2} = - 100\sqrt{2}\,\text{sen}\,\Phi \quad => \quad \text{sen}\,\Phi = -\dfrac{1}{2}.$

luego : - 150° y - 30°.

<u>Respuesta F</u>

ITEM 6.63-64

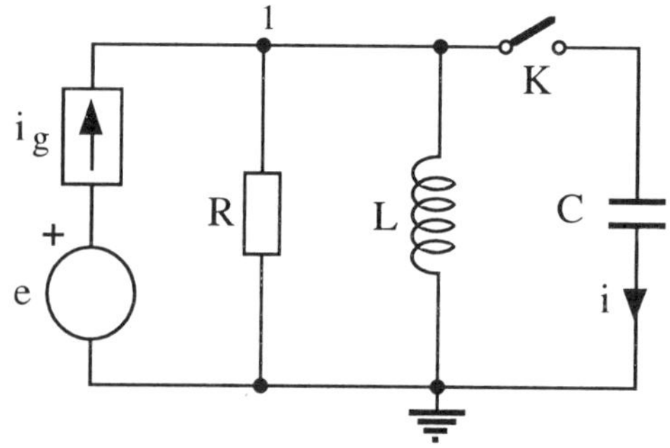

6.63. El circuito de la figura, se encuentra en régimen permanente con el interruptor K abierto y el condensador C descargado. Las fuentes vienen dadas por las expresiones:

$$i_g = 20\sqrt{2}\cos 100t; \quad e = 300\sqrt{2}\,\text{sen}(100t + 45°).$$

Se verifica: R = 10 Ω; L = 0,1 H; C = 500 μF.

En t = 0, cerramos el interruptor K. La tensión del nudo1, en $t = 0^-$, tiene el valor:

A. Cero.
B. $400\sqrt{2}$ V.
C. 300 V.
D. $200\sqrt{2}$ V.
E. $100\sqrt{2}$ V.
F. Diferente.

6.64. Igual enunciado que el ítem 6.63. La intensidad i en $t = 0^+$, tiene el valor:

A. - 15 A.
B. Cero.
C. $5\sqrt{2}$ A.
D. $10\sqrt{2}$ A.
E. $20\sqrt{2}$ A.
F. Diferente.

SOLUCIÓN 6.63

Estando K abierto y en régimen permanente, se verifica:

$$i_g = 20\sqrt{2}\cos 100t = 20\sqrt{2}\,\text{sen}(100t + 90°) \quad => \quad \bar{I}_g = 20\underline{/90°}.$$

$$e = 300\sqrt{2}\ \text{sen}(100t + 45°) \quad => \quad \overline{\mathbf{E}} = 300_{\underline{/45°}}.$$

Además: $\overline{\mathbf{X}}_L = j100 \cdot 0{,}1 = j10$ está en paralelo con R. La impedancia equivalente, será: $\dfrac{j100}{10 + j10} = \dfrac{100_{\underline{/90°}}}{10\sqrt{2}_{\underline{/45°}}} = 5\sqrt{2}_{\underline{/45°}}.$

Por tanto:

$$\overline{\mathbf{V}}_1 = 20_{\underline{/90°}} \cdot 5\sqrt{2}_{\underline{/45°}} = 100\sqrt{2}_{\underline{/135°}} \quad => \quad v_1 = 200\ \text{sen}(100t + 135°)$$

Luego: $v_1(0^-) = 100\sqrt{2}$ V.

Respuesta E

SOLUCIÓN 6.64

En $t = 0^-$, teniendo en cuenta los resultados obtenidos en el ítem anterior:

$$v_C(0^-) = 0\ \text{V}.$$

$$\overline{\mathbf{I}}_L = \frac{\overline{\mathbf{V}}_1}{\overline{\mathbf{X}}_{L_1}} = \frac{100\sqrt{2}_{\underline{/135°}}}{10_{\underline{/90°}}} = 10\sqrt{2}_{\underline{/45°}}.$$

$$i_L = 20\ \text{sen}(100t + 45°) \quad => \quad i_L(0^-) = 10\sqrt{2}\ \text{A}.$$

En la figura, se muestra el circuito en $t = 0^+$; obteniéndose los siguientes resultados:

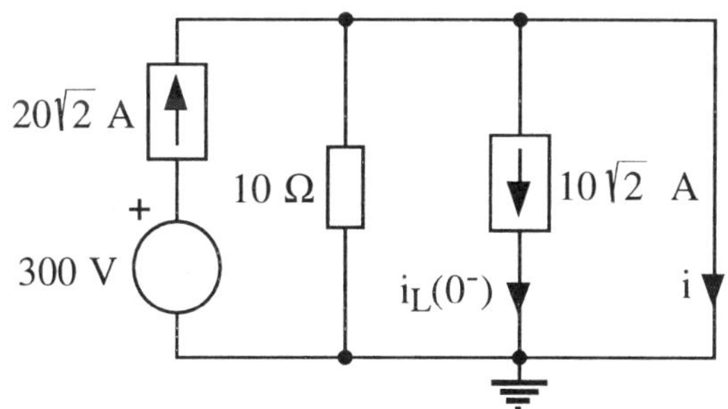

$v_C(0^+) = 0$ V; $i_L(0^+) = 10\sqrt{2}$ A; $i(0^+) = 20\sqrt{2} - i_L(0^+) = 10\sqrt{2}$ A.

<u>Respuesta D</u>

ITEM 6.65-67

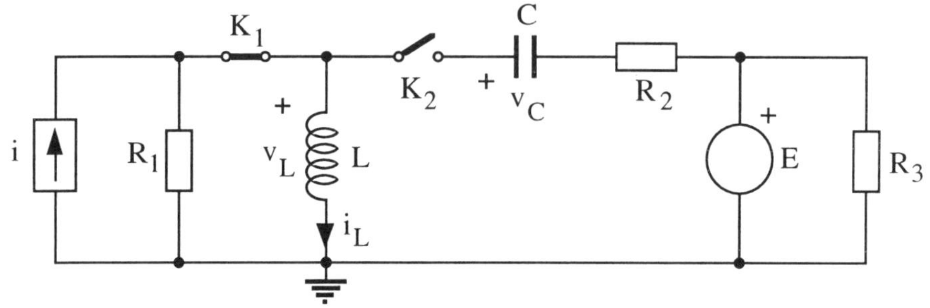

6.65. El circuito de la figura, se encuentra en régimen permanente con el interruptor K_1 cerrado, el K_2 abierto y el condensador C descargado.
La fuente de tensión es de corriente continua y la de intensidad sinusoidal:

$$E = 300 \text{ V}; \quad i = 10 \cos(2000t + 60°).$$

Los elementos pasivos, tienen los siguientes valores:

$$R_1 = 10\sqrt{3}\ \Omega; \quad R_2 = R_3 = 10\ \Omega; \quad L = 5 \text{ mH}.$$

En t = 0, abrimos K_1 y cerramos K_2. La tensión v_L en $t = 0^+$, tiene el valor:

A. 75 V.
B. - 75 V.
C. 300 V.
D. 225 V.
E. 375 V.
F. Diferente.

6.66. Igual enunciado que el ítem 6.65. El valor de la potencia suministrada por la fuente E en $t = 0^+$, es:

A. 9000 W.
B. 6750 W.
C. 2250 W.
D. Cero.
E. 11250 W.
F. Diferente.

6.67. Igual enunciado que el ítem 6.65. El valor que ha de tener el condensador C, para que se establezca en el circuito un régimen oscilatorio amortiguado de pulsación $500\sqrt{2}$ rad/seg., es:

A. 57,14 μF.
B. 400 μF.
C. $\frac{400}{3}$ μF.
D. 800 μF.
E. Ningún valor de C satisface la condición.
F. Diferente.

SOLUCIÓN 6.65

En $t = 0^-$: $X_L = 5 \cdot 10^{-3} \cdot 2 \cdot 10^3 = 10\ \Omega$.

$$i = 10\ \text{sen}(2000t + 150°) \quad \Rightarrow \quad \bar{I} = 5\sqrt{2}\underline{/150°}.$$

Si convertimos la fuente de intensidad real, en su equivalente de tensión:

$$\bar{I}_L = \frac{50\sqrt{6}\underline{/150°}}{10\sqrt{3} + j10} = \frac{50\sqrt{6}\underline{/150°}}{20\underline{/30°}} = 2{,}5\sqrt{6}\underline{/120°}\ ; \ \text{por tanto:}$$

$i_L = 5\sqrt{3}\ \text{sen}(2000t + 120°) \quad \Rightarrow \quad i_L(0^-) = 7{,}5$ A; con $v_C(0^-) = 0$ V.

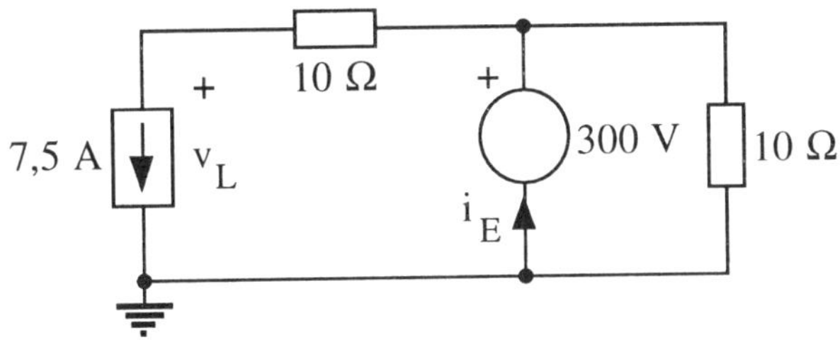

En $t = 0^+$, como indica la fig: $i_L(0^+) = i_L(0^-) = 7{,}5$ A; $v_C(0^+) = v_C(0^-) = 0$ V.

Por tanto: $v_L(0^+) = -75 + 300 = 225$ V.

<u>Respuesta D</u>

SOLUCIÓN 6.66

Teniendo en cuenta el ítem anterior: $i_E(0^+) = 7{,}5 + 300/10 = 37{,}5$ A.

Entonces la potencia suministrada por la fuente E, será: $P_E(0^+) = 11250$ W.

<u>Respuesta E</u>

SOLUCIÓN 6.67

Teniendo en cuenta la ecuación característica de la ecuación diferencial del circuito, para que la pulsación del régimen oscilatorio amortiguado que se establezca en el circuito sea $500\sqrt{2}$ rad/seg, ha de verificarse:

$$500\sqrt{2} = \sqrt{\frac{1}{5 \cdot 10^{-3} C} - \left(\frac{10}{10 \cdot 10^{-3}}\right)^2}$$

Operando, obtenemos: $C = 1{,}33 \cdot 10^{-4}$ F = 133,33 μF = $\frac{400}{3}$ μF.

Respuesta C

ITEM 6.68-70

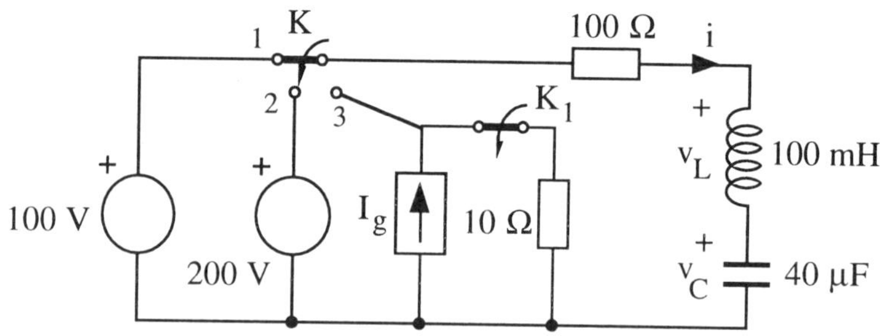

6.68. El circuito de la figura está en régimen permanente con K en la posición 1 y K_1 cerrado. Las tres fuentes son de corriente continua. En t = 0, pasamos K a la posición 2. La tensión de la bobina v_L en $t = 0^+$, tiene el valor:

A. 200 V.
B. 100 V.
C. - 300 V.
D. 1000 V.
E. - 100 V.
F. Diferente.

6.69. Igual enunciado que el ítem 6.68. La expresión de i = f(t), para t ≥ 0, es:

A. $1000t\, e^{-500t}$.
B. $3000t\, e^{-1000t}$.
C. $-2t\, e^{-500t}$.
D. $2t\, e^{-1000t}$.
E. $1000t\, e^{-1000t}$.
F. Diferente.

6.70. Igual enunciado que el ítem 6.68. Cuando i tiene el valor de 0,5 amperios, pasamos K a la posición 3 y simultáneamente abrimos K_1. Para que no se origine ninguna tensión infinita en el circuito, I_g ha de tener el valor:

A. 0,5 A.
B. - 0,5 A.
C. Función de la resistencia R.
D. Función de la capacidad C.
E. Son ciertas C y D.
F. Todas son falsas.

SOLUCIÓN 6.68

En $t = 0^-$

$$i(0^-) = 0; \quad v_L(0^-) = 0; \quad v_C(0^-) = 100 \text{ V}.$$

En $t = 0^+$

$$i(0^+) = 0; \quad v_C(0^+) = 100 \text{ V}. \quad \Rightarrow \quad v_L(0^+) = 200 - 100 = 100 \text{ V}.$$

Respuesta B

SOLUCIÓN 6.69

Es un sistema de 2º orden cuya ecuación característica, es:

$$s^2 + \frac{Rs}{L} + \frac{1}{LC} = 0 \quad \Rightarrow \quad s^2 + 1000\, s + 250000 = 0.$$

La solución, es: $s_1 = s_2 = -500$ (Régimen aperiódico crítico).

$$i(t) = (K_1 + K_2 t)\, e^{-500t}.$$

Como: $i(0) = 0 \quad \Rightarrow \quad K_1 = 0.$

$$\left.\frac{di(t)}{dt}\right|_{t=0} = \frac{v_L(0^+)}{L} = 1000 = K_2.$$

Por tanto: $i(t) = 1000t\, e^{-500t}.$

Respuesta A

SOLUCIÓN 6.70

Si llamamos t_1 el instante considerado, para que no haya tensiones infinitas en la red, es necesario que: $i(t_1^-) = i(t_1^+)$.

Respuesta A

LIBROS DE INGENIERÍA

Curso de Mecánica (4.ª ed.)
José María Bastero y *Joaquín Casellas*

Deontología para ingenieros
Rafael Escolá Gil

Curso de Álgebra Lineal (2.ª ed.)
Juan Flaquer, Javier Olaizola, Juan Olaizola

Curso de análisis estructural
Juan Tomás Celigüeta

Ingeniería de proyectos
Fernando Santos Sabrás

Ética para ingenieros
Rafael Escolá y *José Ignacio Murillo*

Pruebas objetivas de circuitos eléctricos
Luis I. Eguíluz, Paulino Sánchez, M.ª de los Ángeles Cavia y *José C. Lavandero*